国家出版基金资助项目

现代数学中的著名定理纵横谈丛书

丛书主编　王梓坤

KY FAN THEOREM

Ky Fan定理

刘培杰数学工作室　编

哈爾濱工業大學出版社
HARBIN INSTITUTE OF TECHNOLOGY PRESS

内 容 简 介

本书分为六章，内容涉及矩阵的基础理论，投影阵和广义逆矩阵，不等式与极值问题，矩阵的特殊乘积与矩阵函数的微商，Ky Fan 引理及应用，详细介绍了 Ky Fan 定理及相关理论，内容丰富且全面.

本书适合高等院校理工科师生及数学爱好者研读.

图书在版编目(CIP)数据

Ky Fan 定理/刘培杰数学工作室编. — 哈尔滨：哈尔滨工业大学出版社，2024.3

(现代数学中的著名定理纵横谈丛书)

ISBN 978 - 7 - 5603 - 8287 - 6

Ⅰ.①K… Ⅱ.①刘… Ⅲ.①矩阵 - 研究 Ⅳ.①O151.21

中国版本图书馆 CIP 数据核字(2019)第 104787 号

KY FAN DINGLI

策划编辑　刘培杰　张永芹
责任编辑　刘立娟
封面设计　孙茵艾
出版发行　哈尔滨工业大学出版社
社　　址　哈尔滨市南岗区复华四道街 10 号　邮编 150006
传　　真　0451 - 86414749
网　　址　http://hitpress.hit.edu.cn
印　　刷　辽宁新华印务有限公司
开　　本　787 mm×960 mm　1/16　印张 19.5　字数 221 千字
版　　次　2024 年 3 月第 1 版　2024 年 3 月第 1 次印刷
书　　号　ISBN 978 - 7 - 5603 - 8287 - 6
定　　价　198.00 元

⊙代序

读书的乐趣

你最喜爱什么——书籍.

你经常去哪里——书店.

你最大的乐趣是什么——读书.

这是友人提出的问题和我的回答.真的,我这一辈子算是和书籍,特别是好书结下了不解之缘.有人说,读书要费那么大的劲,又发不了财,读它做什么?我却至今不悔,不仅不悔,反而情趣越来越浓.想当年,我也曾爱打球,也曾爱下棋,对操琴也有兴趣,还登台伴奏过.但后来却都一一断交,"终身不复鼓琴".那原因便是怕花费时间,玩物丧志,误了我的大事——求学.这当然过激了一些.剩下来唯有读书一事,自幼至今,无日少废,谓之书痴也可,谓之书橱也可,管它呢,人各有志,不可相强.我的一生大志,便是教书,而当教师,不多读书是不行的.

读好书是一种乐趣,一种情操;一种向全世界古往今来的伟人和名人求教的方法，一种和他们展开讨论的方式；一封出席各种活动、体验各种生活、结识各种人物的邀请信；一张迈进科学宫殿和未知世界的入场券；一股改造自己、丰富自己的强大力量. 书籍是全人类有史以来共同创造的财富，是永不枯竭的智慧的源泉. 失意时读书，可以使人重整旗鼓；得意时读书，可以使人头脑清醒；疑难时读书，可以得到解答或启示；年轻人读书，可明奋进之道；年老人读书，能知健神之理. 浩浩乎！洋洋乎！如临大海，或波涛汹涌，或清风微拂，取之不尽，用之不竭. 吾于读书，无疑义矣，三日不读，则头脑麻木，心摇摇无主.

潜能需要激发

我和书籍结缘，开始于一次非常偶然的机会. 大概是八九岁吧，家里穷得揭不开锅，我每天从早到晚都要去田园里帮工. 一天，偶然从旧木柜阴湿的角落里，找到一本蜡光纸的小书，自然很破了. 屋内光线暗淡，又是黄昏时分，只好拿到大门外去看. 封面已经脱落，扉页上写的是《薛仁贵征东》. 管它呢，且往下看. 第一回的标题已忘记，只是那首开卷诗不知为什么至今仍记忆犹新：

日出遥遥一点红，飘飘四海影无踪.

三岁孩童千两价，保主跨海去征东.

第一句指山东，二、三两句分别点出薛仁贵(雪、人贵). 那时识字很少，半看半猜，居然引起了我极大的兴趣，同时也教我认识了许多生字. 这是我有生以来独立看的第一本书. 尝到甜头以后，我便千方百计去找书，向小朋友借，到亲友家找，居然断断续续看了《薛丁山征西》《彭公案》《二度梅》等，樊梨花便成了我心中的女英雄.我真入迷了.从此,放牛也罢,车水也罢,我总要带一本书,还练出了边走田间小路边读书的本领,读得津津有味,不知人间别有他事.

当我们安静下来回想往事时,往往会发现一些偶然的小事却影响了自己的一生.如果不是找到那本《薛仁贵征东》,我的好学心也许激发不起来.我这一生,也许会走另一条路.人的潜能,好比一座汽油库,星星之火,可以使它雷声隆隆、光照天地;但若少了这粒火星,它便会成为一潭死水,永归沉寂.

抄,总抄得起

好不容易上了中学,做完功课还有点时间,便常光顾图书馆.好书借了实在舍不得还,但买不到也买不起,便下决心动手抄书.抄,总抄得起.我抄过林语堂写的《高级英文法》,抄过英文的《英文典大全》,还抄过《孙子兵法》,这本书实在爱得狠了,竟一口气抄了两份.人们虽知抄书之苦,未知抄书之益,抄完毫末俱见,一览无余,胜读十遍.

始于精于一,返于精于博

关于康有为的教学法,他的弟子梁启超说:"康先生之教,专标专精、涉猎二条,无专精则不能成,无涉猎则不能通也."可见康有为强烈要求学生把专精和广博(即"涉猎")相结合.

在先后次序上,我认为要从精于一开始.首先应集中精力学好专业,并在专业的科研中做出成绩,然后逐步扩大领域,力求多方面的精.年轻时,我曾精读杜布(J. L. Doob)的《随机过程论》,哈尔莫斯(P. R. Halmos)的《测度论》等世界数学名著,使我终身受益.简言之,即"始于精于一,返于精于博".正如中国革命一样,必须先有一块根据地,站稳后再开创几块,最后连成一片.

丰富我文采,澡雪我精神

辛苦了一周,人相当疲劳了,每到星期六,我便到旧书店走走,这已成为生活中的一部分,多年如此.一次,偶然看到一套《纲鉴易知录》,编者之一便是选编《古文观止》的吴楚材.这部书提纲挈领地讲中国历史,上自盘古氏,直到明末,记事简明,文字古雅,又富于故事性,便把这部书从头到尾读了一遍.从此启发了我读史书的兴趣.

我爱读中国的古典小说,例如《三国演义》和《东周列国志》.我常对人说,这两部书简直是世界上政治阴谋诡计大全.即以近年来极时髦的人质问题(伊朗人质、劫机人质等),这些书中早就有了,秦始皇的父亲便是受害者,堪称"人质之父".

《庄子》超尘绝俗,不屑于名利.其中"秋水""解牛"诸篇,诚绝唱也.《论语》束身严谨,勇于面世,"己所不欲,勿施于人",有长者之风.司马迁的《报任少卿书》,读之我心两伤,既伤少卿,又伤司马;我不知道少卿是否收到这封信,希望有人做点研究.我也爱读鲁迅的杂文,果戈理、梅里美的小说.我非常敬重文天祥、秋瑾的人品,常记他们的诗句:"人生自古谁无死,留取丹心照汗青""休言女子非英物,夜夜龙泉壁上鸣".唐诗、宋词、《西厢记》《牡丹亭》,丰富我文采,澡雪我精神,其中精粹,实是人间神品.

读了邓拓的《燕山夜话》,既叹服其广博,也使我动了写《科学发现纵横谈》的心.不料这本小册子竟给我招来了上千封鼓励信.以后人们便写出了许许多多的“纵横谈”.

从学生时代起,我就喜读方法论方面的论著.我想,做什么事情都要讲究方法,追求效率、效果和效益,方法好能事半而功倍.我很留心一些著名科学家、文学家写的心得体会和经验.我曾惊讶为什么巴尔扎克在51年短短的一生中能写出上百本书,并从他的传记中去寻找答案.文史哲和科学的海洋无边无际,先哲们的明智之光沐浴着人们的心灵,我衷心感谢他们的恩惠.

读书的另一面

以上我谈了读书的好处,现在要回过头来说说事情的另一面.

读书要选择.世上有各种各样的书:有的不值一看,有的只值看20分钟,有的可看5年,有的可保存一辈子,有的将永远不朽.即使是不朽的超级名著,由于我们的精力与时间有限,也必须加以选择.决不要看坏书,对一般书,要学会速读.

读书要多思考.应该想想,作者说得对吗?完全吗?适合今天的情况吗?从书本中迅速获得效果的好办法是有的放矢地读书,带着问题去读,或偏重某一方面去读.这时我们的思维处于主动寻找的地位,就像猎人追找猎物一样主动,很快就能找到答案,或者发现书中的问题.

有的书浏览即止,有的要读出声来,有的要心头记住,有的要笔头记录.对重要的专业书或名著,要勤做笔记,“不动笔墨不读书”.动脑加动手,手脑并用,既可加深理解,又可避忘备查,特别是自己的灵感,更要及时抓住.清代章学诚在《文史通义》中说:“札记之功必不可少,如不札记,则无穷妙绪如雨珠落大海矣.”

许多大事业、大作品,都是长期积累和短期突击相结合的产物.涓涓不息,将成江河;无此涓涓,何来江河?

爱好读书是许多伟人的共同特性,不仅学者专家如此,一些大政治家、大军事家也如此.曹操、康熙、拿破仑、毛泽东都是手不释卷,嗜书如命的人.他们的巨大成就与毕生刻苦自学密切相关.

王梓坤

目录

第 0 章　绪论　//1

§1　一道最值问题的本质　//1

§2　奇异值分解的几何意义　//8

第 1 章　矩阵的基础理论　//15

§1　线性空间与线性映射　//18

§2　矩阵的数值特征　//35

§3　矩阵的标准形与矩阵的分解　//55

问题和补充　//88

第 2 章　投影阵和广义逆矩阵　//93

§1　投影阵　//93

§2　矩阵的 g－逆　//102

§3　矩阵的 Moore-Penrose 逆　//109

§4　其他 Penrose 逆　//115

问题和补充　//121

第 3 章　不等式与极值问题　//125

§1　基本不等式　//126

§2　矩阵不等式　//141

§3　二次型极值与特征值的表示　//155

§4　关于特征值的不等式　//167

§5　正交不变范数下的极值问题　//188

问题和补充　//216

第 4 章　矩阵的特殊乘积与矩阵函数的微商　//223

§1　矩阵的特殊乘积和拉直　//224

§2　线性矩阵方程的求解　//234

§3　矩阵函数的微商　//241

§4　一些简单的变量替换的 Jacobi 行列式　//254

第 5 章　Ky Fan 引理及应用　//261

§1　Ky Fan 引理的推广及其应用　//262

§2　关于非凸的有限理性的稳定性　//274

第0章 绪论

§1 一道最值问题的本质

Ky Fan(樊𰵨,1914—2010),美籍华人,生于浙江杭州,数学家,曾任美国普林斯顿高级研究员,加州大学等校数学教授.

Ky Fan的学术成就是多方面的,从线性分析到非线性分析,从有限维空间到无限维空间,从纯粹数学到应用数学,都留有他的科学业绩.以Ky Fan的名字命名的定理、引理、等式和不等式,常见于各种数学文献.他在非线性分析、不动点理论、凸分析、集值分析、数理经济学、对策论、线性算子理论及矩阵论等方面的贡献,已成为许多当代论著的出发点和一些分支的基石.

Ky Fan的学术成就具有广泛的国际声誉,特别是由于他的工作多半涉及一些数学学科的基本核心,因此常被列为基本文献或写入教科书,有些已成为经典性成果. 他的论著从任何角度都是纯数学的,条件自然、结论简洁、论证优美. 但是这些纯数学结论又有极广泛的应用,尤其对数理经济学的发展促进很大. 例如,诺贝尔经济学奖获得者G. Debreu(德布勒)等创立的数理经济学基本定理就可由 Ky Fan 的极大极小不等式直接导出. 因此,Ky Fan 的研究工作体现了纯粹数学和应用数学的统一.

许康华老师在微信公众号“许康华竞赛优学”中介绍了这样一道最值问题:

问题 1.1 设实数 x,y,z 满足 $xy+yz+zx=1$,求 $40x^2+20y^2+10z^2$ 能取到的最小整数值.

而后田开斌老师将其推广为下述形式:

问题 1.2 设实数 x,y,z 满足 $xy+yz+zx=1$,对给定的正实数 a,b,c,求 $ax^2+by^2+cz^2$ 的最小值.

事实上这个问题还可以进一步推广,并且从理论上给出解的结构.

我们用线性代数中二次型的语言将问题 1.2 重新叙述一下:

问题 1.3 设

$$\boldsymbol{A}=\begin{bmatrix} a & 0 & 0 \\ 0 & b & 0 \\ 0 & 0 & c \end{bmatrix},\boldsymbol{B}=\frac{1}{2}\begin{bmatrix} 0 & 1 & 1 \\ 1 & 0 & 1 \\ 1 & 1 & 0 \end{bmatrix}$$

其中 a,b,c 都是正数. 对于$\mathbb{R}^3$中满足条件 $\boldsymbol{v}^*\boldsymbol{B}\boldsymbol{v}=1$ 的向量 $\boldsymbol{v}$,求 $\boldsymbol{v}^*\boldsymbol{A}\boldsymbol{v}$ 的最小值,即求

$$\min_{\boldsymbol{v}^*\boldsymbol{B}\boldsymbol{v}=1} \boldsymbol{v}^*\boldsymbol{A}\boldsymbol{v}$$

问题1.3可以用线性代数很清晰地求解,并且可以进一步推广.由于本节涉及的线性代数知识比较高级,我们只简单介绍结论.

在线性代数中寻找矩阵在某种变换下的标准形是一类重要的问题,其中Hermite(埃尔米特)矩阵的谱分解定理(定理1.1)可以认为是线性代数中最为深刻的定理之一.与之等价的奇异值分解常被称为线性代数基本定理.我们先来回顾一下谱分解定理.

定理1.1(谱分解)　对于Hermite矩阵$\boldsymbol{A}$($\boldsymbol{A}\in\mathbb{C}^{n\times n}$),一定存在酉矩阵$\boldsymbol{X}$和实对角阵$\boldsymbol{\Lambda}$,使得

$$\boldsymbol{X}^*\boldsymbol{A}\boldsymbol{X}=\boldsymbol{\Lambda}$$

谱分解定理完全刻画了Hermite矩阵的特征值问题

$$\boldsymbol{A}\boldsymbol{x}=\boldsymbol{x}\lambda$$

的解.如果把$\boldsymbol{X}$分块成$\boldsymbol{X}=[\boldsymbol{x}_1\cdots\boldsymbol{x}_n]$,把$\boldsymbol{\Lambda}$的第$k$个对角元记为$\lambda_k$,那么对$\boldsymbol{A}\boldsymbol{X}=\boldsymbol{X}\boldsymbol{\Lambda}$按分块乘法展开可得

$$[\boldsymbol{A}\boldsymbol{x}_1\cdots\boldsymbol{A}\boldsymbol{x}_n]=[\boldsymbol{x}_1\lambda_1\cdots\boldsymbol{x}_n\lambda_n]$$

这里λ_k是$\boldsymbol{A}$的特征值,$\boldsymbol{x}_k$是相应的特征向量.

还有一类问题是所谓的广义特征值问题

$$\boldsymbol{A}\boldsymbol{x}=\boldsymbol{B}\boldsymbol{x}\lambda$$

其特征多项式为$\det(\lambda\boldsymbol{B}-\boldsymbol{A})$.在实际应用中最重要的广义特征值问题是满足$\boldsymbol{A}^*=\boldsymbol{A}$,$\boldsymbol{B}^*=\boldsymbol{B}$且$\boldsymbol{B}$正定的问题,也就是说,$\boldsymbol{A}$是Hermite矩阵,$\boldsymbol{B}$是Hermite正定阵.这类问题本质上可以归结为标准的Hermite特征值问题

$$B^{-\frac{1}{2}}AB^{-\frac{1}{2}}y = y\lambda \quad (y = B^{\frac{1}{2}}x)$$

相应的谱分解由下面的定理 1.2 给出，其中 $\boldsymbol{\Lambda}$ 的对角元是特征值，$\boldsymbol{X}$ 的对应列是特征向量.

定理 1.2 对于 Hermite 矩阵 $\boldsymbol{A} \in \mathbb{C}^{n \times n}$ 和 Hermite 正定阵 $\boldsymbol{B} \in \mathbb{C}^{n \times n}$，一定存在非奇异矩阵 $\boldsymbol{X}$ 和实对角阵 $\boldsymbol{\Lambda}$ 使得

$$\boldsymbol{X}^*\boldsymbol{A}\boldsymbol{X} = \boldsymbol{\Lambda}, \boldsymbol{X}^*\boldsymbol{B}\boldsymbol{X} = \boldsymbol{I}_n$$

还有一类稍微广泛一点的广义特征值问题针对的是所谓的正定束. 对于 Hermite 矩阵 $\boldsymbol{A}, \boldsymbol{B} \in \mathbb{C}^{n \times n}$ 而言，如果存在实数 λ_0 使得 $\boldsymbol{A} - \lambda_0\boldsymbol{B}$ 正定，那么我们称 $\boldsymbol{A} - \lambda\boldsymbol{B}$ 为一个正定束. 对于正定束也有相应的谱分解，见定理 1.3.

定理 1.3 对于正定束 $\boldsymbol{A} - \lambda\boldsymbol{B} \in \mathbb{C}^{n \times n}$，一定存在非奇异矩阵 $\boldsymbol{X}$ 和实对角阵 $\boldsymbol{\Lambda}_+, \boldsymbol{\Lambda}_-$，使得

$$\boldsymbol{X}^*\boldsymbol{A}\boldsymbol{X} = \begin{bmatrix} \boldsymbol{\Lambda}_+ & \boldsymbol{0} & \boldsymbol{0} \\ \boldsymbol{0} & -\boldsymbol{\Lambda}_- & \boldsymbol{0} \\ \boldsymbol{0} & \boldsymbol{0} & \boldsymbol{I}_{n_0} \end{bmatrix}$$

$$\boldsymbol{X}^*\boldsymbol{B}\boldsymbol{X} = \begin{bmatrix} \boldsymbol{I}_{n_+} & \boldsymbol{0} & \boldsymbol{0} \\ \boldsymbol{0} & -\boldsymbol{I}_{n_-} & \boldsymbol{0} \\ \boldsymbol{0} & \boldsymbol{0} & \boldsymbol{0}_{n_0} \end{bmatrix}$$

其中 (n_+, n_-, n_0) 是 $\boldsymbol{B}$ 的惯性指数. 进一步，$\boldsymbol{\Lambda}_+$ 的对角元 $\lambda_1^+, \cdots, \lambda_{n_+}^+$ 和 $\boldsymbol{\Lambda}_-$ 的对角元 $\lambda_1^-, \cdots, \lambda_{n_-}^-$ 可以排列成

$$\lambda_{n_-}^- \leqslant \cdots \leqslant \lambda_1^- < \lambda_1^+ \leqslant \cdots \leqslant \lambda_{n_+}^+$$

我们不难发现，问题 1.3 中的矩阵 $\boldsymbol{A}$ 和 $\boldsymbol{B}$ 可以构成正定束 $\boldsymbol{A} - \lambda\boldsymbol{B}$，这是因为 $\boldsymbol{A} - 0 \cdot \boldsymbol{B}$ 就是正定阵. 而

问题 1.3 中的最优化问题就是正定束的变分问题,其一般性结论是定理 1.4,通常称为 Ky Fan 最小化迹原理.

定理 1.4　对于正定束 $\boldsymbol{A}-\lambda\boldsymbol{B}\in\mathbb{C}^{n\times n}$,$\boldsymbol{B}$ 的惯性指数为(n_+,n_-,n_0). 对于满足 $k_+\leqslant n_+,k_-\leqslant n_-$ 的自然数 k_+ 和 k_-,令

$$\boldsymbol{J}_k=\begin{bmatrix}\boldsymbol{I}_{k_+} & \boldsymbol{0}\\ \boldsymbol{0} & -\boldsymbol{I}_{k_-}\end{bmatrix}\in\mathbb{C}^{k\times k}$$

则有

$$\min_{\substack{\boldsymbol{Z}\in\mathbb{C}^{n\times k}\\ \boldsymbol{Z}^*\boldsymbol{B}\boldsymbol{Z}=\boldsymbol{J}_k}}\operatorname{tr}\boldsymbol{Z}^*\boldsymbol{A}\boldsymbol{Z}=\sum_{i=1}^{k_+}\lambda_i^+-\sum_{j=1}^{k_-}\lambda_j^-$$

其中 λ_i^+ 和 λ_j^- 是由定理 1.3 给出的 $\boldsymbol{A}-\lambda\boldsymbol{B}$ 的特征值,最优解 $\boldsymbol{Z}$ 的列由相应的特征向量构成.

至此我们已经彻底解决了问题 1.3 以及更为广泛的正定束的变分问题. 由于涉及的知识相对比较高级,因此我们并没有给出相应结论的证明,对于有兴趣知其然并且知其所以然的读者,我们建议在学完线性代数课程后再阅读相关的文献.

当然,对于具体的问题而言,要求出精确的最小值难免需要计算特征值. 我们以带有具体数字的问题 1.1 为例,令

$$\boldsymbol{A}=\begin{bmatrix}40 & 0 & 0\\ 0 & 20 & 0\\ 0 & 0 & 10\end{bmatrix},\boldsymbol{B}=\frac{1}{2}\begin{bmatrix}0 & 1 & 1\\ 1 & 0 & 1\\ 1 & 1 & 0\end{bmatrix}$$

其特征多项式为

$$\det(\lambda \boldsymbol{B}-\boldsymbol{A})=\frac{1}{4}(\lambda^3+70\lambda^2-32\,000)$$

三个特征值为

$$\lambda_1^+\approx 18.97,\lambda_1^-\approx -27.41,\lambda_2^-\approx -61.55$$

所以在 $\boldsymbol{v}^*\boldsymbol{B}\boldsymbol{v}=1$ 的约束下,$\boldsymbol{v}^*\boldsymbol{A}\boldsymbol{v}$ 的取值范围是 $[\lambda_1^+,+\infty)$,从而最小整数解是 19.

这是一个用牛刀杀鸡的例子,不过从高观点来审视比较容易透过数学技巧直接看清问题的本质.

许多初等数学问题都可用矩阵论解决,如证明:在满足递推公式

$$x_{n+3}-6x_{n+2}+12x_{n+1}-8x_n=0,n=0,1,2,\cdots$$

的实数列 $\{x_n\}_{n\geqslant 0}$ 中,满足 $x_0=1,x_1=3,x_2=9$ 的数列的通项可表示为

$$x_n=2^n+n2^{n-1}+\mathrm{C}_n^2 2^{n-2}$$

证明 设 V 为满足题设递推公式的全体实数列 $\{x_n\}_{n\geqslant 0}$ 构成的线性空间,设 $\boldsymbol{b}_0$ 为 V 的元中满足 $x_0=1,x_1=x_2=0$ 者,$\boldsymbol{b}_1$ 为满足 $x_1=1,x_0=x_2=0$ 者,$\boldsymbol{b}_2$ 为满足 $x_2=1,x_0=x_1=0$ 者,则 $\{\boldsymbol{b}_0,\boldsymbol{b}_1,\boldsymbol{b}_2\}$ 为 V 的一组基底. 线性映射

$$\boldsymbol{T}:V\to V,\{x_n\}_{n\geqslant 0}\mapsto\{x_{n+1}\}_{n\geqslant 0}$$

对此基底的表示矩阵为

$$\boldsymbol{A}=\begin{bmatrix}0 & 1 & 0\\ 0 & 0 & 1\\ 8 & -12 & 6\end{bmatrix}$$

$$Y_{\boldsymbol{T}}(t)=(t-2)^{3}$$

$$\boldsymbol{A}-2\boldsymbol{E}\neq\boldsymbol{0}$$

$$(\boldsymbol{A}-2\boldsymbol{E})^{2}\neq\boldsymbol{0}$$

$$(\boldsymbol{A}-2\boldsymbol{E})^{3}=\boldsymbol{0}$$

因此，令 $\boldsymbol{p}_3=\boldsymbol{b}_2,\boldsymbol{p}_2=(\boldsymbol{T}-2\boldsymbol{I}_V)\boldsymbol{p}_3,\boldsymbol{p}_1=(\boldsymbol{T}-2\boldsymbol{I}_V)\boldsymbol{p}_2$，则 $\{\boldsymbol{p}_1,\boldsymbol{p}_2,\boldsymbol{p}_3\}$ 是 V 的一组基底，$\boldsymbol{T}$ 对此基底的表示矩阵为$\boldsymbol{J}(2,3)$，即

$$\boldsymbol{T}\boldsymbol{p}_1=2\boldsymbol{p}_1,\boldsymbol{T}\boldsymbol{p}_2=\boldsymbol{p}_1+2\boldsymbol{p}_2,\boldsymbol{T}\boldsymbol{p}_3=\boldsymbol{p}_2+2\boldsymbol{p}_3$$

从而

$$\boldsymbol{p}_1=\{2^{n}\}_{n\geqslant 0},\boldsymbol{p}_2=\{n2^{n-1}\}_{n\geqslant 0},\boldsymbol{p}_3=\{\mathrm{C}_n^2 2^{n-1}\}_{n\geqslant 0}$$

所以所求数列 $\boldsymbol{X}=\{x_n\}_{n\geqslant 0}$可表示为

$$\boldsymbol{X}=a\boldsymbol{p}_1+b\boldsymbol{p}_2+c\boldsymbol{p}_3$$

$$x_n=2^{n}a+n2^{n-1}b+\mathrm{C}_n^2 2^{n-1}c$$

令 $n=0,1,2$，则

$$1=x_0=a,3=x_1=2a+b,9=x_2=4a+4b+2c$$

所以

$$a=b=1,c=\frac{1}{2}$$

$$x_n=2^{n}+n2^{n-1}+\mathrm{C}_n^2 2^{n-2}$$

§2　奇异值分解的几何意义

1. 奇异值分解

该部分是从几何层面上去理解二维的奇异值分解：对于任意的 2×2 阶矩阵，通过奇异值分解可以将一个相互垂直的网格变换成另外一个相互垂直的网格.

我们可以通过向量的方式来描述这个事实：首先，选择两个相互正交的单位向量 $\boldsymbol{v}_1$ 和 $\boldsymbol{v}_2$，向量 $\boldsymbol{M}\boldsymbol{v}_1$ 和 $\boldsymbol{M}\boldsymbol{v}_2$ 正交(图 1).

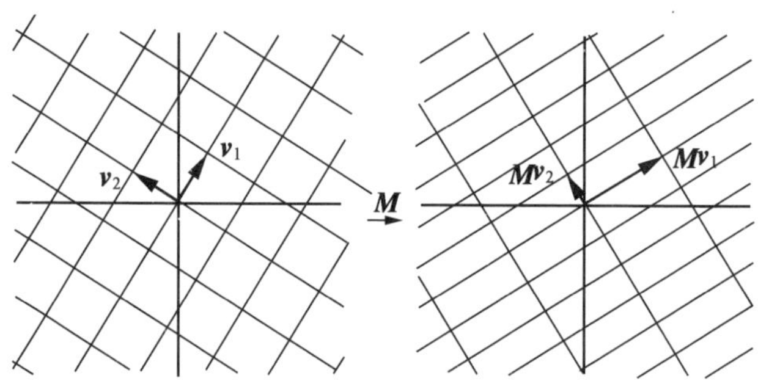

图 1

$\boldsymbol{u}_1$ 和 $\boldsymbol{u}_2$ 分别表示 $\boldsymbol{M}\boldsymbol{v}_1$ 和 $\boldsymbol{M}\boldsymbol{v}_2$ 的单位向量(图 2)

$$\sigma_1 * \boldsymbol{u}_1 = \boldsymbol{M}\boldsymbol{v}_1, \sigma_2 * \boldsymbol{u}_2 = \boldsymbol{M}\boldsymbol{v}_2$$

σ_1 和 σ_2 分别表示不同方向向量上的模，也称为矩阵 $\boldsymbol{M}$ 的奇异值.

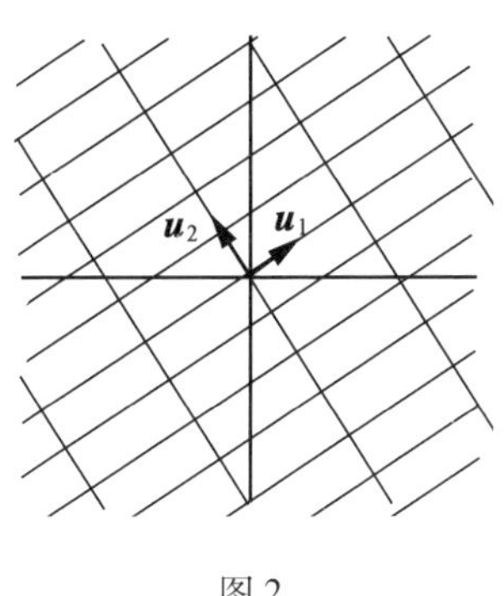

图2

这样我们就有了如下关系式

$$Mv_1 = \sigma_1 u_1$$

$$Mv_2 = \sigma_2 u_2$$

我们现在可以简单描述经过 M 线性变换后的向量 x 的表达形式. 由于向量 v_1 和 v_2 是正交的单位向量,我们可以得到如下式子

$$x = (v_1 \cdot x)v_1 + (v_2 \cdot x)v_2$$

这就意味着

$$Mx = (v_1 \cdot x)Mv_1 + (v_2 \cdot x)Mv_2$$

$$Mx = (v_1 \cdot x)\sigma_1 u_1 + (v_2 \cdot x)\sigma_2 u_2$$

向量的内积可以用向量的转置来表示,即

$$v \cdot x = v^{\mathrm{T}} x$$

则最终的式子为

$$Mx = u_1 \sigma_1 v_1^{\mathrm{T}} x + u_2 \sigma_2 v_2^{\mathrm{T}} x$$

$$M = u_1 \sigma_1 v_1^{\mathrm{T}} + u_2 \sigma_2 v_2^{\mathrm{T}}$$

上述的式子经常表示为

$$M = U \Sigma V^{\mathrm{T}}$$

其中矩阵 $\boldsymbol{U}$ 的列向量分别是 $\boldsymbol{u}_1,\boldsymbol{u}_2$，$\boldsymbol{\Sigma}$ 是一个对角矩阵，对角元素分别是对应的 σ_1 和 σ_2，矩阵 $\boldsymbol{V}$ 的列向量分别是 $\boldsymbol{v}_1,\boldsymbol{v}_2$，上角标 T 表示转置.

这就表明任意的矩阵 $\boldsymbol{M}$ 可以分解成三个矩阵之积，$\boldsymbol{V}$ 表示原始域的标准正交基，$\boldsymbol{U}$ 表示经过 $\boldsymbol{M}$ 变换后的域的标准正交基，$\boldsymbol{\Sigma}$ 表示 $\boldsymbol{V}$ 中的向量与 $\boldsymbol{U}$ 中相对应向量之间的关系.

2. 如何获得奇异值分解?

事实上，我们可以找到任何矩阵的奇异值分解，那么我们是如何做到的呢? 假设在原始域中有一个单位圆，如图 3 所示. 经过矩阵 $\boldsymbol{M}$ 变换以后的域中单位圆会变成一个椭圆，它的长轴($\boldsymbol{M}\boldsymbol{v}_1$)和短轴($\boldsymbol{M}\boldsymbol{v}_2$)分别对应变换后的两个标准正交向量，也是在椭圆范围内最长和最短的两个向量.

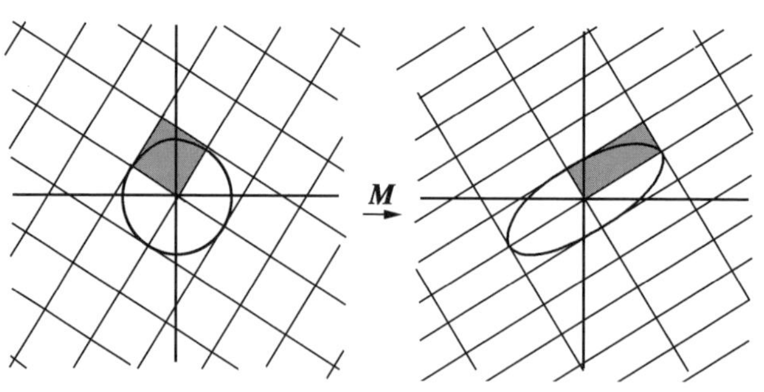

图 3

换句话说，定义在单位圆上的函数$|\boldsymbol{M}\boldsymbol{x}|$分别在 $\boldsymbol{v}_1$ 和 $\boldsymbol{v}_2$ 方向上取得最大值和最小值. 这样我们就把寻找

矩阵的奇异值分解过程缩小到了优化函数$|\boldsymbol{Mx}|$上,结果发现(具体的推导过程这里就不详细介绍了),这个函数取得最优值的向量分别是矩阵 $\boldsymbol{M}^{\mathrm{T}}\boldsymbol{M}$ 的特征向量. 由于 $\boldsymbol{M}^{\mathrm{T}}\boldsymbol{M}$ 是对称矩阵,因此不同特征值对应的特征向量都是相互正交的,我们用 $\boldsymbol{v}_i$ 表示 $\boldsymbol{M}^{\mathrm{T}}\boldsymbol{M}$ 的所有特征向量,奇异值 $\sigma_i = |\boldsymbol{Mv}_i|$,向量 $\boldsymbol{u}_i$ 为 $\boldsymbol{Mv}_i$ 方向上的单位向量. 但为什么 $\boldsymbol{u}_i$ 也是正交的呢? 推导如下:

σ_i 和 σ_j 分别是两个不同的奇异值

$$\boldsymbol{Mv}_i = \sigma_i\boldsymbol{u}_i, \boldsymbol{Mv}_j = \sigma_j\boldsymbol{u}_j$$

我们先看一下 $\boldsymbol{Mv}_i \cdot \boldsymbol{Mv}_j$,并假设它们分别对应的奇异值都不为零. 一方面,这个表示的值为0,推导如下

$$\boldsymbol{Mv}_i \cdot \boldsymbol{Mv}_j = \boldsymbol{v}_i^{\mathrm{T}}\boldsymbol{M}^{\mathrm{T}}\boldsymbol{Mv}_j = \boldsymbol{v}_i \cdot \boldsymbol{M}^{\mathrm{T}}\boldsymbol{Mv}_j = \lambda_j\boldsymbol{v}_i \cdot \boldsymbol{v}_j = 0$$

另一方面,我们有

$$\boldsymbol{Mv}_i \cdot \boldsymbol{Mv}_j = \sigma_i\sigma_j\boldsymbol{u}_i \cdot \boldsymbol{u}_j = 0$$

因此,$\boldsymbol{u}_i$ 和 $\boldsymbol{u}_j$ 是正交的. 但实际上,这并非是求解奇异值的方法,效率会非常低. 这里主要也不是讨论如何求解奇异值,为了演示方便,采用的都是二阶矩阵.

3. 应用实例

现在我们来看两个实例.

实例 2.1

$$\boldsymbol{M} = \begin{bmatrix} 1 & 1 \\ 2 & 2 \end{bmatrix}$$

经过这个矩阵变换后的效果如图 4 所示.

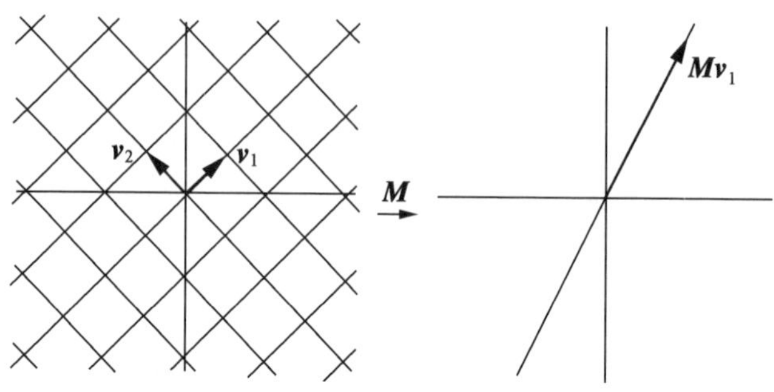

图 4

在这个例子中,第二个奇异值为 0,因此经过变换后只有一个方向上有表达式

$$\boldsymbol{M}=\boldsymbol{u}_1\sigma_1\boldsymbol{v}_1^{\mathrm{T}}$$

换句话说,如果某些奇异值非常小,那么其相对应的几项就可以不同时出现在矩阵 $\boldsymbol{M}$ 的分解式中. 因此,我们可以看到矩阵 $\boldsymbol{M}$ 的秩的大小等于非零奇异值的个数.

实例 2.2 数据分析.

我们搜集的数据中总是存在噪声:无论采用的设备有多么精密,方法有多么好,总是会存在一些误差.如果你们还记得大的奇异值对应了矩阵中的主要信息,那么运用奇异值分解进行数据分析,提取其中的主要部分,还是相当合理的.

作为例子,假设我们搜集的数据如图 5 所示.

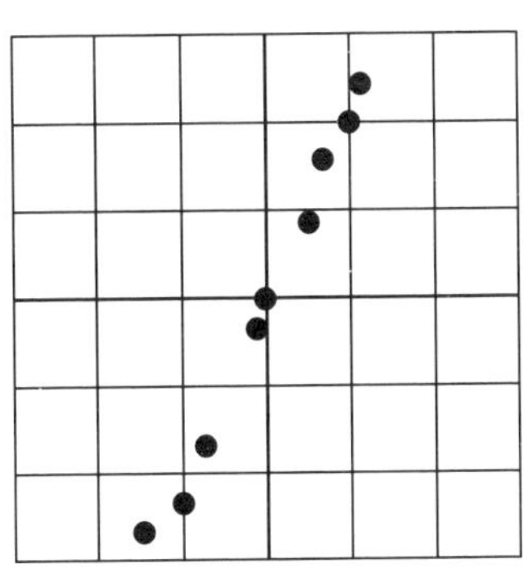

图 5

我们将数据用矩阵的形式表示

$$\begin{bmatrix} -1.03 & 0.74 & -0.02 & 0.51 & -1.31 & 0.99 & 0.69 & -0.12 & -0.72 & 1.11 \\ -2.23 & 1.61 & -0.02 & 0.88 & -2.39 & 2.02 & 1.62 & -0.35 & -1.67 & 2.46 \end{bmatrix}$$

经过奇异值分解后，得到

$$\sigma_1 = 6.04, \sigma_2 = 0.22$$

由于第一个奇异值远比第二个要大，数据中包含一些噪声，因此第二个奇异值在原始矩阵分解相对应的部分可以忽略. 经过奇异值分解后，保留了主要样本点，如图 6 所示.

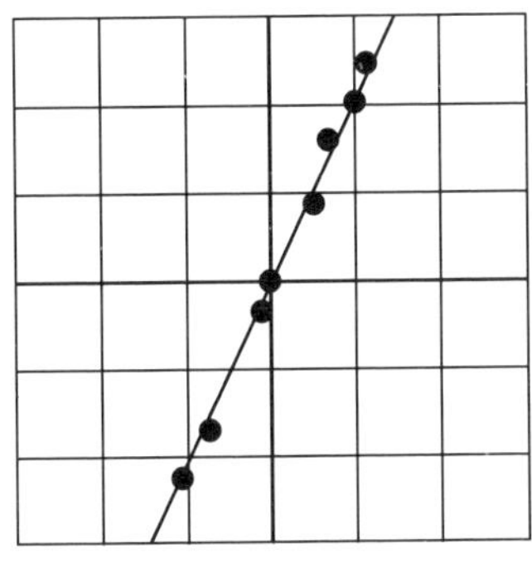

图 6

Ky Fan 定理

就保留主要样本数据来看,该过程与 PCA(Principal Component Analysis)技术有一些联系,PCA 也使用了奇异值分解检测数据间依赖和冗余的信息.

4. 总结

本节非常清晰地讲解了奇异值分解的几何意义,不仅从数学的角度进行分析,而且还联系了两个应用实例形象地论述奇异值分解是如何发现数据中主要信息的. 在 Netflix Prize 中许多团队都运用了矩阵分解的技术,该技术就来源于奇异值分解的分解思想,矩阵分解算是奇异值分解的变形,但思想还是一致的.

第1章 矩阵的基础理论

为了尽量不引用其他书中的结论，并且贯穿我们所强调的观点和方法，我们将在本章中扼要叙述矩阵的基础理论，其内容相当于一般高等代数教材中所包含的矩阵部分. 我们将在线性空间观点下展开矩阵的基础理论，在方法上强调分块矩阵的运用，即把不必过细剖分的部分当作一个整体来处理，这样既避免了烦琐的表达式，又易于抓住主要特征. 为了节省篇幅，我们只给出一些关键的或有特色的定理，并省略了许多一般化的证明，或仅仅给出证明的提要. 小节后面的习题与章末的问题，大部分是正文的补充，但也有少量问题较难. 证明这些结果，可作为对运用理论与方法的练习.

矩阵是一个十分常见的数学对象. 将 $m \times n$ 个元素排成 m 行、n 列的一个矩形阵,就称为**矩阵**,如

$$\boldsymbol{A} \triangleq \begin{bmatrix} a_{11} & a_{12} & \cdots & a_{1n} \\ a_{21} & a_{22} & \cdots & a_{2n} \\ \vdots & \vdots & & \vdots \\ a_{m1} & a_{m2} & \cdots & a_{mn} \end{bmatrix}^{①}$$

其中 a_{ij}称为矩阵 $\boldsymbol{A}$ 的(i,j) - 元,即 $\boldsymbol{A}$ 中处于第 i(横)行、第 j(纵)列位置的元素,常简记为 $\boldsymbol{A} \triangleq (a_{ij})$. 矩阵的元素可以取自抽象的代数系统,如域和环等. 但在本书中,我们只讨论元素为实数或复数的矩阵,并且,为了叙述方便,在不加说明时,我们仅讨论实数阵. $m \times n$称为矩阵 $\boldsymbol{A}$ 的阶. 矩阵 $\boldsymbol{A}$ 与 $\boldsymbol{B}$ 相等,意味着它们的阶相同,且各个元素对应相等.

由 $\boldsymbol{A}$ 导出的 $n \times m$ 阶阵

$$\boldsymbol{A}^{\mathrm{T}} \triangleq \begin{bmatrix} a_{11} & a_{21} & \cdots & a_{m1} \\ a_{12} & a_{22} & \cdots & a_{m2} \\ \vdots & \vdots & & \vdots \\ a_{1n} & a_{2n} & \cdots & a_{mn} \end{bmatrix}$$

称为 $\boldsymbol{A}$ 的**转置**. 显然有 $\boldsymbol{A}^{\mathrm{T}}$ 的(i,j) - 元是 a_{ji},且有

$$(\boldsymbol{A}^{\mathrm{T}})^{\mathrm{T}} = \boldsymbol{A}$$

一个 $p \times 1$ 阶的矩阵称为 p 维**向量**,如

① 今后,凡是定义式或记号,常用符号"≜"表示.

$$\boldsymbol{b}^{\mathrm{T}} \triangleq \begin{bmatrix} b_1 \\ b_2 \\ \vdots \\ b_p \end{bmatrix} = [\, b_1 \ b_2 \ \cdots \ b_p \,]^{\mathrm{T}}$$

其中 b_i 称为 $\boldsymbol{b}$ 的第 i 个**分量**.

将矩阵 $\boldsymbol{A}$ 剖分为若干个较低阶矩阵(**子阵**)的做法是十分有用的. 经过剖分的矩阵称为**分块矩阵**,如将 $\boldsymbol{A}$ 剖分为

$$\boldsymbol{A} \triangleq \left[\begin{array}{c:c} \boldsymbol{A}_{11} & \boldsymbol{A}_{12} \\ \hdashline \boldsymbol{A}_{21} & \boldsymbol{A}_{22} \end{array}\right] \begin{matrix} p \\ \\ \end{matrix}$$
$$\underset{q}{}$$

其中 $\boldsymbol{A}_{11}$ 是 $p \times q$ 阶的子阵,其余子阵的阶数相应可得,如 $\boldsymbol{A}_{21}$ 是 $(m-p) \times q$ 阶的子阵. 剖分成多少个子阵可按问题的需要而定. 除上面的四块形式外,最常用的还有如下的列剖分和行剖分形式

$$\boldsymbol{A} \triangleq [\, \boldsymbol{a}_1 \ \vdots \ \cdots \ \vdots \ \boldsymbol{a}_n \,] \triangleq \left[\begin{array}{c} \boldsymbol{a}_{(1)}^{\mathrm{T}} \\ \hdashline \vdots \\ \hdashline \boldsymbol{a}_{(m)}^{\mathrm{T}} \end{array}\right]$$

其中 $\boldsymbol{a}_j = [\, a_{1j} \ \cdots \ a_{mj} \,]^{\mathrm{T}}$,$\boldsymbol{a}_{(i)}^{\mathrm{T}} = [\, a_{i1} \ \cdots \ a_{in} \,]$,分别称为 $\boldsymbol{A}$ 的第 j 个**列向量**和第 i 个**行向量**.

上述标准记法,一般将不再重复赘述. 在不致混淆时,我们将省略剖分记法中划分子阵的虚线. 注意,矩阵一般用黑体的大写英文字母表示,向量用黑体的小写英文字母表示,数则用小写的英文字母或希腊字

母表示. 处在同一矩阵中的元素,常用同名的字母来记.

§1 线性空间与线性映射

1. 线性空间及其维数

线性空间是直观的二维与三维向量空间的自然推广. 在给出它的抽象定义和讨论它的种种性质时,始终有一个直观的形象作为背景是十分有益的.

定义 1.1 设 L 是一个非空集合. 如果定义了 L 中的二元运算,称为加法,又定义了数域 F 中的数对 L 中元素的运算,称为数乘,而加法和数乘又满足以下规律:

(1)结合律:$(\boldsymbol{a}+\boldsymbol{b})+\boldsymbol{c}=\boldsymbol{a}+(\boldsymbol{b}+\boldsymbol{c})$;

(2)交换律:$\boldsymbol{a}+\boldsymbol{b}=\boldsymbol{b}+\boldsymbol{a}$;

(3)有零元:存在 $\boldsymbol{0}\in L$,使得 $\boldsymbol{0}+\boldsymbol{a}=\boldsymbol{a}$;

(4)有负元:$\forall \boldsymbol{a}\in L$,有 $-\boldsymbol{a}$ 使得 $\boldsymbol{a}+(-\boldsymbol{a})=\boldsymbol{0}$;

(5)单位数乘不变律:$1\cdot\boldsymbol{a}=\boldsymbol{a}$;

(6)数乘结合律:$\lambda\cdot(\mu\cdot\boldsymbol{a})=(\lambda\mu)\cdot\boldsymbol{a}$;

(7)分配律

$$\lambda\cdot(\boldsymbol{a}+\boldsymbol{b})=\lambda\cdot\boldsymbol{a}+\lambda\cdot\boldsymbol{b}$$

$$(\lambda+\mu)\cdot\boldsymbol{a}=\lambda\cdot\boldsymbol{a}+\mu\cdot\boldsymbol{a}$$

那么称 L 是数域 F 上的**线性空间**,在不致混淆时就简称为线性空间.

定义中提到的数域,实质上可以是抽象的域. 但与前面类似,若无特别声明,我们将仅限于数域,尤其是实数域.

线性空间中的元素,通常称为向量. 这里的向量是在抽象意义下理解的. 它与前面提到的 p 维向量($p\times1$阶矩阵)既有密切联系又有一定区别,这将在以后逐步说明.

很明显,向量的减法可规定为

$$\boldsymbol{a}-\boldsymbol{b}=\boldsymbol{a}+(-\boldsymbol{b})$$

关于线性空间中运算(如加、减、数乘等)的一些初步性质,读者不难自行导出,我们将随意引用.

定义 1.2　设 L 是线性空间,$\boldsymbol{a}_1,\cdots,\boldsymbol{a}_r\in L$. 如果存在不全为零的一组数 $\lambda_1,\cdots,\lambda_r$,满足

$$\sum_{i=1}^{r}\lambda_i\boldsymbol{a}_i\triangleq\lambda_1\boldsymbol{a}_1+\cdots+\lambda_r\boldsymbol{a}_r=\boldsymbol{0}$$

则称 $\boldsymbol{a}_1,\cdots,\boldsymbol{a}_r$ **线性相关**或简称**相关**. 否则,称 $\boldsymbol{a}_1,\cdots,\boldsymbol{a}_r$ **线性无关**,或简称**无关**.

显然,线性无关的定义等价于

$$\sum_{i=1}^{r}\lambda_i\boldsymbol{a}_i=\boldsymbol{0}\Rightarrow\lambda_1=\cdots=\lambda_r=0$$

如果向量 $\boldsymbol{b}=\sum_{i=1}^{r}\lambda_i\boldsymbol{a}_i$,那么称 $\boldsymbol{b}$ 可被$\{\boldsymbol{a}_1,\cdots,\boldsymbol{a}_r\}$**线性表出**. 若一组向量$\{\boldsymbol{b}_1,\cdots,\boldsymbol{b}_s\}$中的任一个可被$\{\boldsymbol{a}_1,\cdots,\boldsymbol{a}_r\}$线性表出,则称$\{\boldsymbol{b}_1,\cdots,\boldsymbol{b}_s\}$可被$\{\boldsymbol{a}_1,\cdots,\boldsymbol{a}_r\}$**表出**. 可相互表出的两组向量被认为是**等价**的.

这些概念是线性空间理论的出发点. 下面的定理在建立线性空间的特征——维数概念时,是至关重

要的.

定理 1.1 设 L 为线性空间,$\{\boldsymbol{a}_1,\cdots,\boldsymbol{a}_r\}$,$\{\boldsymbol{b}_1,\cdots,\boldsymbol{b}_s\}\subset L$. 如果$\{\boldsymbol{a}_1,\cdots,\boldsymbol{a}_r\}$无关,且可被$\{\boldsymbol{b}_1,\cdots,\boldsymbol{b}_s\}$表出,则有 $r\leqslant s$,且有$\{\boldsymbol{b}_1,\cdots,\boldsymbol{b}_s\}$中的 r 个向量存在,不妨设为$\{\boldsymbol{b}_1,\cdots,\boldsymbol{b}_r\}$,当用$\{\boldsymbol{a}_1,\cdots,\boldsymbol{a}_r\}$代换它时,所得$\{\boldsymbol{a}_1,\cdots,\boldsymbol{a}_r,\boldsymbol{b}_{r+1},\cdots,\boldsymbol{b}_s\}$可将$\{\boldsymbol{b}_1,\cdots,\boldsymbol{b}_s\}$表出(称为代换定理).

证明可对 r 用数学归纳法得出.

定义 1.3 设 S 是线性空间 L 的子集,如果 S 的任意有限子集都线性无关,且 L 的任何向量均可被 S 表出,那么称 S 是 L 的基.

定理 1.2 如果线性空间 L 的基 S 恰含 n 个向量,那么 L 的任何基都恰含 n 个向量.

称有上述性质的线性空间为**有限维线性空间**,n 为它的**维数**,记作 $n=\dim L$.

证明易于从代换定理推出.

本书仅讨论有限维线性空间 L,如果需要写出它的维数,那么就记为 L^n.

我们约定,由单个零向量所构成的线性空间的维数为零.

例 1.1 设$\mathbb{R}^{m\times n}$是实数域上 $m\times n$ 阶矩阵的全体. 任给 $\boldsymbol{A}=(a_{ij})$,$\boldsymbol{B}=(b_{ij})\in\mathbb{R}^{m\times n}$,定义

$$\boldsymbol{A}+\boldsymbol{B}=(a_{ij}+b_{ij})$$

$$\mu\boldsymbol{A}=(\mu a_{ij})$$

即 $\boldsymbol{A}+\boldsymbol{B}$ 以 $a_{ij}+b_{ij}$ 为(i,j)-元,$\mu\boldsymbol{A}$ 以 μa_{ij} 为(i,j)-元. 由此给出的$\mathbb{R}^{m\times n}$的加法和数乘满足定义 1.1 中的(1)~(7),因此$\mathbb{R}^{m\times n}$是线性空间. 以后,我们总认为矩

阵的**和**与**数乘**已按此定义.

设 $\boldsymbol{E}_{ij}$ 是 $\mathbb{R}^{m\times n}$ 中除 (i,j) -元为 1 外,其余元素皆为 0 的矩阵,则 $S=\{\boldsymbol{E}_{ij}\mid i=1,\cdots,m;j=1,\cdots,n\}$ 是 $\mathbb{R}^{m\times n}$ 的基(思考题). 所以,$\mathbb{R}^{m\times n}$ 是 $m\times n$ 维线性空间.

作为特例,p 维向量的全体 $\mathbb{R}^p$ 是 p 维线性空间.

定义 1.4　设 $S=\{\boldsymbol{e}_1,\cdots,\boldsymbol{e}_n\}$ 是 n 维线性空间 L 的基,将 S 中向量排好次序,记为 $(\boldsymbol{e}_1,\cdots,\boldsymbol{e}_n)$,称作 L 的**有序基**. 任给 $\boldsymbol{x}\in L$,必有唯一的一组数 $x_1,\cdots,x_n$,满足

$$\boldsymbol{x}=\sum_{i=1}^{n}x_i\boldsymbol{e}_i\quad（思考题）$$

称 $x_1,\cdots,x_n$ 为 $\boldsymbol{x}$ 在基 $(\boldsymbol{e}_1,\cdots,\boldsymbol{e}_n)$ 下的坐标,而 n 维向量 $[x_1\ \cdots\ x_n]^{\mathrm{T}}$ 称作 $\boldsymbol{x}$ 在基 $(\boldsymbol{e}_1,\cdots,\boldsymbol{e}_n)$ 下的**坐标表示**.

由此可见,在确定了 n 维线性空间 L^n 的有序基之后,它的向量和 n 维向量是一一对应的,并且,这种对应保持了 L^n 与 $\mathbb{R}^n$ 的运算关系不变,即当 $\boldsymbol{x},\boldsymbol{y}(\boldsymbol{x},\boldsymbol{y}\in L^n)$ 的坐标分别为 $x_1,\cdots,x_n$ 与 $y_1,\cdots,y_n$ 时,$\boldsymbol{x}+\boldsymbol{y}$ 所对应的 $\mathbb{R}^n$ 中的向量恰为 $[x_1+y_1\ \cdots\ x_n+y_n]^{\mathrm{T}}$,而且数乘运算也保持不变. 这类一一对应关系,在代数中称为同构. 单纯从线性空间的观点来看,两个同构的线性空间被认为是没有区别的. 由于实数域上的任一 n 维线性空间都同构于 $\mathbb{R}^n$,因此维数 n 成为线性空间的特征.

应当注意,L^n 与 $\mathbb{R}^n$ 的一一对应关系是依赖于有序基选取的,或者说 L^n 中抽象向量的坐标表示是与有序基相关联的. 当有序基变换时,向量的坐标将如何变

换,显然是值得研究的问题.

定义 1.5 设 $S\subset L^n$. 如果 S 对加法和数乘封闭(即 S 中任两向量的和皆仍在 S 中,S 中任一向量与任一数的乘积亦仍在 S 中),那么称 S 是 L^n 的**子空间**. 显然,子空间本身是线性空间.

注意,S 是零维子空间,当且仅当 $S=\{\mathbf{0}\}$,即单个零向量所构成的子空间.

例 1.2 T 所张成的子空间.

设 T 是 L^n 的子集. 令

$$R(T)=\Big\{\boldsymbol{x}=\sum_{i=1}^{n}\lambda_i\boldsymbol{y}_i \mid n\text{ 为任意正整数},$$
$$\boldsymbol{y}_i\in T,\lambda_i\text{ 是数},i=1,\cdots,n\Big\}$$

则可验证 $R(T)$ 是 L^n 的子空间(思考题),称 $R(T)$ 为 T 所**张成的子空间**.

例 1.3 和空间与交空间.

设 T,S 都是 L^n 的子空间. 令

$$S+T=\{\boldsymbol{x}+\boldsymbol{y}\mid \boldsymbol{x}\in S,\boldsymbol{y}\in T\}$$
$$S\cap T=\{\boldsymbol{x}\mid \boldsymbol{x}\in S\text{ 且 }\boldsymbol{x}\in T\}$$

易证此两集合均为 L^n 的子空间(思考题),分别称为 S 与 T 的**和空间**与**交空间**. 要注意空间的和与集合的并的区别.

当 $S\cap T=\{\mathbf{0}\}$时,称 S 与 T 的和空间为**直和**,记作 $S\oplus T$.

习 题 1

1.1. 设$\{\boldsymbol{a}_1,\cdots,\boldsymbol{a}_r\}$是 L^n 的无关集,$r<n$,则可在

其中添加 $n-r$ 个向量,使$\{\boldsymbol{a}_1,\cdots,\boldsymbol{a}_r,\boldsymbol{a}_{r+1},\cdots,\boldsymbol{a}_n\}$为 L^n 的基.

1.2. 设 S,T 是 L^n 的子空间,且 $S\subset T$,则有

$$\dim S\leqslant\dim T$$

且

$$\dim S=\dim T\Rightarrow S=T$$

1.3. 证明

$$\dim(S+T)=\dim S+\dim T-\dim(S\cap T)$$

(提示:利用习题 1.1,从 $S\cap T$ 的基出发.)

1.4. $S+T$ 是直和,等价于下列条件之一:

(1) $\forall\boldsymbol{x}\in S+T,\boldsymbol{x}$ 可分解为 $\boldsymbol{x}=\boldsymbol{y}+\boldsymbol{z},\boldsymbol{y}\in S,\boldsymbol{z}\in T$,且分解式是唯一的;

(2) $\exists\boldsymbol{x}\in S+T,\boldsymbol{x}$ 可分解为 $\boldsymbol{x}=\boldsymbol{y}+\boldsymbol{z},\boldsymbol{y}\in S,\boldsymbol{z}\in T$,且分解式是唯一的;

(3)零向量的如上分解唯一,即 $\boldsymbol{0}=\boldsymbol{0}+\boldsymbol{0}$;

(4) $\{\boldsymbol{a}_1,\cdots,\boldsymbol{a}_r\}$与$\{\boldsymbol{b}_1,\cdots,\boldsymbol{b}_s\}$分别是 S 与 T 的任意两个无关集,则$\{\boldsymbol{a}_1,\cdots,\boldsymbol{a}_r,\boldsymbol{b}_1,\cdots,\boldsymbol{b}_s\}$无关.

2. 内积空间与正交化

直观的三维空间中,向量的长度和夹角的概念不难推广到 n 维线性空间. 为此,需要引进内积的概念.

定义 1.6　设 L 是实数域$\mathbb{R}$ 上的线性空间. 如果定义映射$(\cdot,\cdot):L\times L\to\mathbb{R}$,满足:

(1) $(\boldsymbol{x},\boldsymbol{y})=(\boldsymbol{y},\boldsymbol{x})$;

(2) $(\alpha\boldsymbol{x},\boldsymbol{y})=\alpha(\boldsymbol{x},\boldsymbol{y})$;

(3) $(\boldsymbol{x}+\boldsymbol{y},\boldsymbol{z})=(\boldsymbol{x},\boldsymbol{z})+(\boldsymbol{y},\boldsymbol{z})$;

(4) $(\boldsymbol{x},\boldsymbol{x})\geqslant 0$,且仅当 $\boldsymbol{x}=\boldsymbol{0}$ 时才有等号成立.

那么称此二元运算为**内积**.

当数域是复数域 U 时,只需将上面定义中的 $\mathbb{R}$ 换为 U,(1)换为:

(1′) $(\boldsymbol{x},\boldsymbol{y})=\overline{(\boldsymbol{y},\boldsymbol{x})}$,

同样有内积的定义.

定义了内积的线性空间就称为**内积空间**.

例 1.4 标准内积.

对于实数域上的 n 维向量空间 $\mathbb{R}^n$,令 $(\boldsymbol{x},\boldsymbol{y})=\boldsymbol{y}^{\mathrm{T}}\boldsymbol{x}$,易证如此定义的二元运算为一内积. 对于复数域上的 n 维向量空间 U^n,令 $(\boldsymbol{x},\boldsymbol{y})=\boldsymbol{y}^*\boldsymbol{x}$(这里 $\boldsymbol{A}^*$ 是矩阵 $\boldsymbol{A}$ 的**共轭转置**,即将 $\boldsymbol{A}$ 转置后再将其元素换为它的共轭复数),亦给出一内积. 这里给出的内积称为**标准内积**. 上述空间在定义了标准内积后,分别称为 n 维**欧氏空间**和 n 维**酉空间**.

在内积空间中,可以自然地定义向量 $\boldsymbol{x}$ 的**范数**为

$$\|\boldsymbol{x}\|=(\boldsymbol{x},\boldsymbol{x})^{\frac{1}{2}}$$

$\|\cdot\|$ 满足以下三条性质:

(1) $\|\boldsymbol{x}\|\geqslant 0$,且仅当 $\boldsymbol{x}=\boldsymbol{0}$ 时才有等号成立;

(2) $\|\alpha\boldsymbol{x}\|=|\alpha|\,\|\boldsymbol{x}\|$;

(3) $\|\boldsymbol{x}+\boldsymbol{y}\|\leqslant\|\boldsymbol{x}\|+\|\boldsymbol{y}\|$(三角形不等式).

性质(3)的验证可根据著名的 Cauchy-Schwarz(柯西-施瓦兹)不等式(证明见第 3 章)

$$|(\boldsymbol{x},\boldsymbol{y})|\leqslant(\boldsymbol{x},\boldsymbol{x})^{\frac{1}{2}}(\boldsymbol{y},\boldsymbol{y})^{\frac{1}{2}}$$

由此又可定义非零向量 $\boldsymbol{x}$ 与 $\boldsymbol{y}$ 的**夹角** θ,由

$$\cos\theta=\frac{(\boldsymbol{x},\boldsymbol{y})}{(\boldsymbol{x},\boldsymbol{x})^{\frac{1}{2}}(\boldsymbol{y},\boldsymbol{y})^{\frac{1}{2}}},0\leqslant\theta\leqslant\pi$$

给出.

当$(\boldsymbol{x},\boldsymbol{y})=0,\theta=\frac{\pi}{2}$时,称$\boldsymbol{x},\boldsymbol{y}$正交,或记为$\boldsymbol{x}\perp\boldsymbol{y}$.

我们将认为零向量与任何向量正交,这样在推理时较为方便.

注意,正交概念是依赖于内积的. $\mathbb{R}^n$中除标准内积外,还可以定义其他内积(参看本章问题和补充 9). 但在未予声明时,我们将默认正交性是在标准内积下给定的.

定义 1.7　设 S,T 是内积空间 L 的两个子集. 如果

$$(\boldsymbol{x},\boldsymbol{y})=0,\ \forall\boldsymbol{x}\in S,\ \forall\boldsymbol{y}\in T$$

那么称 S 与 T 正交,记为 $S\perp T$. 如果

$$(\boldsymbol{x}_1,\boldsymbol{x}_2)=0,\ \forall\boldsymbol{x}_1,\boldsymbol{x}_2\in S\text{ 且 }\boldsymbol{x}_1\neq\boldsymbol{x}_2$$

那么称 S 是**正交集**. 若正交集 S 满足

$$\|\boldsymbol{x}\|=1,\ \forall\boldsymbol{x}\in S$$

则称 S 是**正交规范集**.

内积空间中一个基本的事实是:可以从任一线性无关集 A 出发,去构造与 A 等价的正交规范集 S. 所用的方法来源于立体几何中正交投影的思想,称作 **Schmidt(施密特)正交化方法**,见如下的定理.

定理 1.3　设 $A=\{\boldsymbol{a}_1,\cdots,\boldsymbol{a}_r\}$是 L 中的无关集,则存在与 A 等价的正交规范集 $S=\{\boldsymbol{e}_1,\cdots,\boldsymbol{e}_r\}$,且满足$\{\boldsymbol{a}_1,\cdots,\boldsymbol{a}_k\}$与$\{\boldsymbol{e}_1,\cdots,\boldsymbol{e}_k\}$等价,$k=1,\cdots,r$.

Ky Fan 定理

证明 对 r 用归纳法. 当 $r=1$ 时,必有 $\boldsymbol{a}_1 \neq \boldsymbol{0}$,令 $\boldsymbol{e}_1 = \dfrac{\boldsymbol{a}_1}{\|\boldsymbol{a}_1\|}$,得命题成立. 现设 $r=l-1$ 时命题为真,考虑 $r=l$ 时的情形,令

$$\boldsymbol{b}_l = \boldsymbol{a}_l - \sum_{i=1}^{l-1} \xi_i \boldsymbol{e}_i, \xi_i \text{ 待定}$$

注意到$(\boldsymbol{b}_l, \boldsymbol{e}_i)=0$,即

$$\begin{aligned} 0 &= (\boldsymbol{a}_l - \sum_{i=1}^{l-1} \xi_i \boldsymbol{e}_i, \boldsymbol{e}_i) \\ &= (\boldsymbol{a}_l, \boldsymbol{e}_i) - (\sum_{i=1}^{l-1} \xi_i \boldsymbol{e}_i, \boldsymbol{e}_i) \\ &= (\boldsymbol{a}_l, \boldsymbol{e}_i) - \xi_i \\ &\Rightarrow \xi_i = (\boldsymbol{a}_l, \boldsymbol{e}_i), i = 1, \cdots, l-1 \end{aligned}$$

且由归纳假设知$\{\boldsymbol{e}_1, \cdots, \boldsymbol{e}_{l-1}\}$可被$\{\boldsymbol{a}_1, \cdots, \boldsymbol{a}_{l-1}\}$表出,而$\{\boldsymbol{a}_1, \cdots, \boldsymbol{a}_l\}$是无关的,则 $\boldsymbol{b}_l$ 不能为零. 由此可令 $\boldsymbol{e}_l = \dfrac{\boldsymbol{b}_l}{\|\boldsymbol{b}_l\|}$,得$\{\boldsymbol{e}_1, \cdots, \boldsymbol{e}_l\}$满足定理的要求.

推论 维数不为零的有限维线性空间一定有正交规范基.

定义 1.8 设 L 是内积空间,$S \subset L$. 令

$$S^{\perp} = \{\boldsymbol{x} \mid \boldsymbol{x} \perp S\}$$

则易证 $S^{\perp}$ 是 L 的子空间(思考题),称作 S 的**正交补空间**.

习 题 2

1.5. 证明:$S \subset (S^{\perp})^{\perp}$,并且

$$S=(S^{\perp})^{\perp}\Leftrightarrow S\text{ 是子空间}$$

1.6. 设 S,T 是子空间，证明

$$S\subset T\Leftrightarrow S^{\perp}\supset T^{\perp}$$

1.7. 如果 L 的子空间 S 与 T 的交为零向量，且 $S\perp T$，那么称和 $S+T$ 为**正交直和**，记为 $S\dotplus T$. 证明：当 S 是 L 的子空间时，有

$$S\dotplus S^{\perp}=L$$

这正是称 $S^{\perp}$ 为 S 的正交补的由来.

3. 线性映射及其矩阵表示

先引进矩阵的乘法：设 $\boldsymbol{A}=(a_{ij})$ 是 $m\times n$ 阶阵，$\boldsymbol{B}=(b_{ij})$ 是 $n\times k$ 阶阵，令

$$\boldsymbol{AB}\triangleq\boldsymbol{C}=(c_{ij})$$

由 $c_{ij}=\sum_{l=1}^{n}a_{il}b_{lj}$ 给定，$i=1,\cdots,m;j=1,\cdots,k$. $\boldsymbol{C}$ 称作 $\boldsymbol{A}$ 与 $\boldsymbol{B}$ 的**乘积**，为 $m\times k$ 阶阵.

应当注意，要使两个矩阵的乘法可行，要求（且仅要求）前一矩阵的列数等于后一矩阵的行数，因此，交换次序后乘法就可能无定义，即使令 $\boldsymbol{AB},\boldsymbol{BA}$ 都可乘，也不一定有 $\boldsymbol{AB}=\boldsymbol{BA}$. 故乘法交换律不成立，这是与数的乘法不同之处. 但读者将不难验证，只要若干个矩阵的乘积有意义，那么乘法结合律总满足（思考题）.

一个 $n\times n$ 阶矩阵亦称 n 阶**方阵**. 方阵

$$\boldsymbol{I}=(\delta_{ij}),\delta_{ij}=\begin{cases}1, & \text{当 } i=j\\ 0, & \text{当 } i\neq j\end{cases}$$

称为**单位阵**. 如需记出它的阶数 n，就记为 $\boldsymbol{I}_n$. $\boldsymbol{I}$ 被称为单位阵的理由是：用它去左乘任一 $n\times l$ 阶阵或去右乘

任一 $k\times n$ 阶阵，并不改变该被乘的矩阵. 元素全部是零的矩阵，称为**零矩阵**，仍记为 $\mathbf{0}$. 显然，零矩阵与任何和它可乘的矩阵的积为零矩阵. 元素 $a_{ii}(i=1,\cdots,n)$ 作为 $\boldsymbol{A}$ 的**主对角元**，它们所处的位置叫作 $\boldsymbol{A}$ 的**主对角线**. 除主对角元外全为零的方阵，称为**对角阵**，记为 $\operatorname{diag}(a_{11},\cdots,a_{nn})$. 主对角线以下(上)全为零的矩阵称为**上(下)三角阵**.

必须指出：由 $\boldsymbol{AB}=\mathbf{0}$ 不一定能推出 $\boldsymbol{A}=\mathbf{0}$ 或 $\boldsymbol{B}=\mathbf{0}$. 读者可从二阶方阵中举出反例. 这是矩阵乘法不同于数的乘法的又一特征(有零因子).

如果矩阵 $\boldsymbol{A}$ 与 $\boldsymbol{B}$ 可乘，且

$$\boldsymbol{AB}=\boldsymbol{I}_m$$

那么称 $\boldsymbol{A}$ 是 $\boldsymbol{B}$ 的**左逆**，$\boldsymbol{B}$ 是 $\boldsymbol{A}$ 的**右逆**. 这时必定有 $\boldsymbol{A}$ 为 $m\times n$ 阶阵，而 $\boldsymbol{B}$ 为 $n\times m$ 阶阵，且 $n\geqslant m$(思考题). 如果有 $n=m$，那么有

$$\boldsymbol{AB}=\boldsymbol{BA}=\boldsymbol{I}$$

称 $\boldsymbol{B}$ 是 $\boldsymbol{A}$ 的**逆矩阵**，记为 $\boldsymbol{A}^{-1}$. 以后将指出，$\boldsymbol{A}$ 的逆矩阵是唯一的，并且

$$(\boldsymbol{A}^{-1})^{-1}=\boldsymbol{A}$$

但是，绝不是任何方阵皆有逆矩阵. 我们称具有逆矩阵的方阵为**非奇异阵**，或**可逆阵**；反之，则称为**奇异阵**，或**不可逆阵**.

如果 n 阶实方阵 $\boldsymbol{C}$ 满足

$$\boldsymbol{C}^{\mathrm{T}}\boldsymbol{C}=\boldsymbol{CC}^{\mathrm{T}}=\boldsymbol{I}_n$$

那么称 $\boldsymbol{C}$ 为**正交阵**. 如果 n 阶复方阵 $\boldsymbol{U}$ 满足

$$\boldsymbol{U}^*\boldsymbol{U}=\boldsymbol{UU}^*=\boldsymbol{I}_n$$

那么称 $\boldsymbol{U}$ 为**酉阵**.

当我们把加法和乘法用于分块矩阵时,只要剖分阶数适当,所剖分的子阵可以整体地参加运算. 例如,两个阶数相同的矩阵 $\boldsymbol{A}$ 与 $\boldsymbol{B}$ 都剖分为 $p \times q$ 块,如

$$\boldsymbol{A} = \begin{bmatrix} \boldsymbol{A}_{11} & \cdots & \boldsymbol{A}_{1q} \\ \vdots & & \vdots \\ \boldsymbol{A}_{p1} & \cdots & \boldsymbol{A}_{pq} \end{bmatrix}, \boldsymbol{B} = \begin{bmatrix} \boldsymbol{B}_{11} & \cdots & \boldsymbol{B}_{1q} \\ \vdots & & \vdots \\ \boldsymbol{B}_{p1} & \cdots & \boldsymbol{B}_{pq} \end{bmatrix}$$

并且相应的 $\boldsymbol{A}_{\alpha\beta}$ 与 $\boldsymbol{B}_{\alpha\beta}$ 有相同的阶数,则

$$\boldsymbol{A} + \boldsymbol{B} = \begin{bmatrix} \boldsymbol{A}_{11} + \boldsymbol{B}_{11} & \cdots & \boldsymbol{A}_{1q} + \boldsymbol{B}_{1q} \\ \vdots & & \vdots \\ \boldsymbol{A}_{p1} + \boldsymbol{B}_{p1} & \cdots & \boldsymbol{A}_{pq} + \boldsymbol{B}_{pq} \end{bmatrix}$$

又若 $\boldsymbol{A}$ 是 $m \times n$ 阶阵,$\boldsymbol{B}$ 是 $n \times k$ 阶阵,$\boldsymbol{A}$ 剖分为 $p \times q$ 块(有 p 个块行,q 个块列),$\boldsymbol{B}$ 剖分为 $q \times r$ 块,且 $\boldsymbol{A}$ 剖分后的第(α,β)块子阵 $\boldsymbol{A}_{\alpha\beta}$(处在第 α 块行、第 β 块列的那个子阵)与 $\boldsymbol{B}$ 剖分后的第(β,γ)块了阵 $\boldsymbol{B}_{\beta\gamma}$ 可乘$(\alpha=1,\cdots,p;\beta=1,\cdots,q;\gamma=1,\cdots,r)$,则 $\boldsymbol{AB} \triangleq \boldsymbol{C}$ 仍为一分块阵,它是 $p \times r$ 块的,其(α,γ)块子阵为

$$\boldsymbol{C}_{\alpha\gamma} = \sum_{\beta=1}^{q} \boldsymbol{A}_{\alpha\beta}\boldsymbol{B}_{\beta\gamma}, \alpha = 1,\cdots,p; \gamma = 1,\cdots,r$$

作为特殊情形,使用 $\boldsymbol{A}$,$\boldsymbol{B}$ 的行列剖分,有

$$\boldsymbol{AB} = \sum_{j=1}^{n} \boldsymbol{a}_j \boldsymbol{b}_{(j)}^{\mathrm{T}} = (\boldsymbol{a}_{(i)}^{\mathrm{T}} \boldsymbol{b}_j) \triangleq \boldsymbol{C}$$

后一矩阵的(i,j)-元是 $\boldsymbol{A}$ 的第 i 个行向量与 $\boldsymbol{B}$ 的第 j 个列向量的内积. 我们还不难看出,$\boldsymbol{C}$ 的第 j 个列向量 $\boldsymbol{c}_j$ 是 $\boldsymbol{A}$ 的列向量的线性组合,即

$$\boldsymbol{c}_j = \boldsymbol{A}\boldsymbol{b}_j = \sum_{l=1}^{n} b_{lj}\boldsymbol{a}_l, j = 1,\cdots,k$$

类似的,有

$$c_{(i)}^{\mathrm{T}} = a_{(i)}^{\mathrm{T}} B = \sum_{l=1}^{n} a_{il} b_{(l)}^{\mathrm{T}}, i = 1, \cdots, m$$

即 $\boldsymbol{C}$ 的行向量 $c_{(i)}^{\mathrm{T}}$ 是 $\boldsymbol{B}$ 的行向量的线性组合. 本书将灵活地运用分块矩阵的记法和运算,请读者熟练掌握.

定义 1.9 设 L^n, L^m 是线性空间,$\mathscr{A}: L^n \to L^m$ 是保持线性关系不变的映射,即

$$\mathscr{A}(\alpha \boldsymbol{x} + \beta \boldsymbol{y}) = \alpha \mathscr{A} \boldsymbol{x} + \beta \mathscr{A} \boldsymbol{y}, \forall \boldsymbol{x}, \boldsymbol{y} \in L^n, \alpha, \beta \text{ 为数}$$

则称 $\mathscr{A}$ 为(L^n 到 L^m 的)**线性映射**. 当 L^m 与 L^n 是同一空间时,称 $\mathscr{A}$ 为(L^n 上的)**线性算子**.

线性映射,尤其是线性算子的概念,在线性空间理论中是十分基本的. 令

$$R(\mathscr{A}) = \{\mathscr{A}\boldsymbol{x} \mid \boldsymbol{x} \in L^n\}$$

$$N(\mathscr{A}) = \{\boldsymbol{x} \mid \mathscr{A}\boldsymbol{x} = \boldsymbol{0}\}$$

分别称为 $\mathscr{A}$ 的**值域**和**核**(或称**零空间**),它们分别是 L^m 和 L^n 的子空间(思考题).

如下定理是线性代数的基本结果之一:

定理 1.4 设 $\mathscr{A}: L^n \to L^m$ 是线性映射,则有

$$\dim L^n = \dim R(\mathscr{A}) + \dim N(\mathscr{A})$$

证明 因为 $N(\mathscr{A}) \subset L^n$,所以可取 $N(\mathscr{A})$ 中的基 $\{\boldsymbol{a}_1, \cdots, \boldsymbol{a}_r\}$扩充为 L^n 中的基$\{\boldsymbol{a}_1, \cdots, \boldsymbol{a}_r, \boldsymbol{a}_{r+1}, \cdots, \boldsymbol{a}_n\}$. 注意到 $\mathscr{A}(\boldsymbol{a}_i) = \boldsymbol{0} (i = 1, \cdots, r)$ 及线性映射 $\mathscr{A}$ 的线性性,不难证明$\{\mathscr{A}(\boldsymbol{a}_{r+1}), \cdots, \mathscr{A}(\boldsymbol{a}_n)\}$恰为 $R(\mathscr{A})$的基.

与前面讨论抽象向量的坐标表示类似,我们可以在给定线性空间的有序基后,讨论定义在它上面的线性映射的矩阵表示.

设 $\mathscr{A}: L^n \to L^m$ 是线性映射. 在 L^n 与 L^m 中分别取有序基 $E = (\boldsymbol{e}_1, \cdots, \boldsymbol{e}_n)$ 与 $F = (\boldsymbol{f}_1, \cdots, \boldsymbol{f}_m)$. 假定$\mathscr{A}(\boldsymbol{e}_j)$

在基 F 下的坐标表示为$[a_{1j}\ \cdots\ a_{mj}]^{\mathrm{T}}, j=1,\cdots,n$. 引进类似于剖分乘法的形式记号

$$\mathscr{A}(\boldsymbol{e}_j) = \sum_{i=1}^{m} \boldsymbol{f}_i a_{ij} \triangleq [\boldsymbol{f}_1 \mid \cdots \mid \boldsymbol{f}_m] \begin{bmatrix} a_{1j} \\ \vdots \\ a_{mj} \end{bmatrix}, j=1,\cdots,n$$

可得

$$[\mathscr{A}(\boldsymbol{e}_1) \mid \cdots \mid \mathscr{A}(\boldsymbol{e}_n)] = [\boldsymbol{f}_1 \mid \cdots \mid \boldsymbol{f}_m]\boldsymbol{A}$$

任给 $\boldsymbol{x} \in L^n$,则 $\boldsymbol{x}$ 在 $\mathscr{A}$ 下的象是 $\mathscr{A}\boldsymbol{x}$,用符号$\boldsymbol{x} \mapsto \mathscr{A}\boldsymbol{x}$ 表示. 现设 $\boldsymbol{x}$ 在基 E 下的坐标表示为$[x_1\ \cdots\ x_n]^{\mathrm{T}}$,用上面的记号,就是

$$\boldsymbol{x} = [\boldsymbol{e}_1 \mid \cdots \mid \boldsymbol{e}_n] \begin{bmatrix} x_1 \\ \vdots \\ x_n \end{bmatrix}$$

于是有

$$\begin{aligned} \mathscr{A}\boldsymbol{x} &= \mathscr{A}[\boldsymbol{e}_1 \mid \cdots \mid \boldsymbol{e}_n] \begin{bmatrix} x_1 \\ \vdots \\ x_n \end{bmatrix} \\ &= [\mathscr{A}(\boldsymbol{e}_1) \mid \cdots \mid \mathscr{A}(\boldsymbol{e}_n)] \begin{bmatrix} x_1 \\ \vdots \\ x_n \end{bmatrix} \\ &= [\boldsymbol{f}_1 \mid \cdots \mid \boldsymbol{f}_m]\boldsymbol{A} \begin{bmatrix} x_1 \\ \vdots \\ x_n \end{bmatrix} \end{aligned}$$

因此 $\mathscr{A}\boldsymbol{x}$ 在基 F 下的坐标表示为 $\boldsymbol{A}[x_1 \cdots x_n]^{\mathrm{T}}$. 这就说明,在基 E 和 F 下,$\boldsymbol{x} \mapsto \mathscr{A}\boldsymbol{x}$ 相当于

$$[x_1\ \cdots\ x_n]^{\mathrm{T}} \mapsto \boldsymbol{A}[x_1\ \cdots\ x_n]^{\mathrm{T}}$$

故可称 $m\times n$ 阶阵 $\boldsymbol{A}$ 是映射 $\mathscr{A}$ 在基 E 和 F 下的**矩阵表示**.

定理 1.5 设 $\mathscr{A}:L^n\to L^m$ 是线性映射. 当 L^n 与 L^m 中的有序基 $E=(\boldsymbol{e}_1,\cdots,\boldsymbol{e}_n)$ 与 $F=(\boldsymbol{f}_1,\cdots,\boldsymbol{f}_m)$ 分别变为 $\widetilde{E}=(\tilde{\boldsymbol{e}}_1,\cdots,\tilde{\boldsymbol{e}}_n)$ 与 $\widetilde{F}=(\tilde{\boldsymbol{f}}_1,\cdots,\tilde{\boldsymbol{f}}_m)$ 时, 如果有

$$[\tilde{\boldsymbol{e}}_1 \ \cdots \ \tilde{\boldsymbol{e}}_n]=[\boldsymbol{e}_1 \ \cdots \ \boldsymbol{e}_n]\boldsymbol{P}$$

$$[\tilde{\boldsymbol{f}}_1 \ \cdots \ \tilde{\boldsymbol{f}}_m]=[\boldsymbol{f}_1 \ \cdots \ \boldsymbol{f}_m]\boldsymbol{Q}$$

则 $\mathscr{A}$ 在基 $\widetilde{E},\widetilde{F}$ 下的矩阵表示为

$$\widetilde{\boldsymbol{A}}=\boldsymbol{Q}^{-1}\boldsymbol{A}\boldsymbol{P}$$

这里 $\boldsymbol{A}$ 是 $\mathscr{A}$ 在 E,F 下的矩阵表示.

证明 设向量 $\boldsymbol{x}(\boldsymbol{x}\in L^n)$ 在基 $\widetilde{E}$ 下的坐标表示是 $[\tilde{x}_1 \ \cdots \ \tilde{x}_n]^{\mathrm{T}}$, 则有

$$\boldsymbol{x}=[\tilde{\boldsymbol{e}}_1 \ \cdots \ \tilde{\boldsymbol{e}}_n]\begin{bmatrix}\tilde{x}_1\\ \vdots\\ \tilde{x}_n\end{bmatrix}$$

$$=[\boldsymbol{e}_1 \ \cdots \ \boldsymbol{e}_n]\boldsymbol{P}\begin{bmatrix}\tilde{x}_1\\ \vdots\\ \tilde{x}_n\end{bmatrix}$$

$$=[\boldsymbol{e}_1 \ \cdots \ \boldsymbol{e}_n]\begin{bmatrix}x_1\\ \vdots\\ x_n\end{bmatrix}$$

由基 E 下坐标表示的唯一性得

$$\boldsymbol{P}[\tilde{x}_1 \ \cdots \ \tilde{x}_n]^{\mathrm{T}} = [x_1 \ \cdots \ x_n]^{\mathrm{T}}$$

类似的,由 $\mathscr{A}\boldsymbol{x}$ 在基 F 和$\tilde{F}$下的坐标表示可得

$$\boldsymbol{Q}\tilde{\boldsymbol{A}}\begin{bmatrix}\tilde{x}_1\\ \vdots \\ \tilde{x}_n\end{bmatrix} = \boldsymbol{A}\begin{bmatrix}x_1\\ \vdots \\ x_n\end{bmatrix}$$

根据习题1.8知,$\boldsymbol{P}$,$\boldsymbol{Q}$ 可逆,因此有

$$\boldsymbol{Q}\tilde{\boldsymbol{A}}\begin{bmatrix}\tilde{x}_1\\ \vdots \\ \tilde{x}_n\end{bmatrix} = \boldsymbol{Q}\tilde{\boldsymbol{A}}\boldsymbol{P}^{-1}\begin{bmatrix}x_1\\ \vdots \\ x_n\end{bmatrix} = \boldsymbol{A}\begin{bmatrix}x_1\\ \vdots \\ x_n\end{bmatrix}$$

因$\begin{bmatrix}x_1\\ \vdots \\ x_n\end{bmatrix}$是任取的,得 $\boldsymbol{Q}\tilde{\boldsymbol{A}}\boldsymbol{P}^{-1} = \boldsymbol{A}$,此式左乘 $\boldsymbol{Q}^{-1}$,右乘 $\boldsymbol{P}$,就得要证的结论.

推论　对于线性算子 $\mathscr{A}: L^n \to L^n$,如果基 $E = (\boldsymbol{e}_1,\cdots,\boldsymbol{e}_n)$与基$\tilde{E} = (\tilde{\boldsymbol{e}}_1,\cdots,\tilde{\boldsymbol{e}}_n)$有如下关系

$$[\tilde{\boldsymbol{e}}_1 \ \cdots \ \tilde{\boldsymbol{e}}_n] = [\boldsymbol{e}_1 \ \cdots \ \boldsymbol{e}_n]\boldsymbol{P}$$

那么 $\mathscr{A}$ 在基 E 下的矩阵表示 $\boldsymbol{A}$ 与 $\mathscr{A}$ 在基$\tilde{E}$下的矩阵表示$\tilde{\boldsymbol{A}}$满足

$$\tilde{\boldsymbol{A}} = \boldsymbol{P}^{-1}\boldsymbol{A}\boldsymbol{P}$$

因此,线性映射 $\mathscr{A}$ 对应着一类 $m \times n$ 阶阵

$$\{\boldsymbol{Q}^{-1}\boldsymbol{A}\boldsymbol{P} \mid \boldsymbol{Q},\boldsymbol{P} \text{ 分别为 } m \text{ 阶和 } n \text{ 阶可逆阵}\}$$

称这个类为 $\boldsymbol{A}$ 的**等价类**,其中任两个矩阵都认为是**等**

价的. 矩阵变换 $\boldsymbol{A}\mapsto\boldsymbol{Q}^{-1}\boldsymbol{A}\boldsymbol{P}$ 称为**等价变换**.

线性算子 $\mathscr{A}$ 对应着一类 n 阶方阵

$$\{\boldsymbol{P}^{-1}\boldsymbol{A}\boldsymbol{P}\mid\boldsymbol{P}\text{ 是 }n\text{ 阶可逆阵}\}$$

称作 $\boldsymbol{A}$ 的**相似类**,其中任两个矩阵都认为是**相似**的. 矩阵变换 $\boldsymbol{A}\mapsto\boldsymbol{P}^{-1}\boldsymbol{A}\boldsymbol{P}$ 称为**相似变换**,若 $\boldsymbol{P}$ 正交,则称为**正交相似变换**.

一个有趣的问题是去寻求 L^n 与 L^m 的适当的基,使得线性映射 $\mathscr{A}$ 在此组基下有最简单的矩阵表示. 这也就是矩阵在等价变换和相似变换下的标准形问题,将在本章的 §3 予以解决.

注记 在 n 维向量所构成的线性空间 $\mathbb{R}^n$ 中,我们认为有自然的基 $\{\boldsymbol{e}_i=[0\ \cdots\ 0\ \underset{i}{1}\ 0\ \cdots\ 0]^{\mathrm{T}},i=1,\cdots,n\}$,$n$ 阶方阵 $\boldsymbol{A}$ 既可看作线性算子 $\mathscr{A}:\mathbb{R}^n\to\mathbb{R}^n$(由 $\boldsymbol{x}\mapsto\boldsymbol{A}\boldsymbol{x}$ 给出),又可看作 $\mathscr{A}$ 在自然的基下的矩阵表示. 此时,我们将不再用 $\mathscr{A}$ 这个记号,而把矩阵和它所表示的算子等同起来,即有 $\boldsymbol{A}:\mathbb{R}^n\to\mathbb{R}^n$.

习　题　3

1.8. 设 $\{\boldsymbol{a}_1,\cdots,\boldsymbol{a}_r\}$, $\{\boldsymbol{b}_1,\cdots,\boldsymbol{b}_r\}$ 是线性空间 L 中的两个线性无关的向量组,如果

$$[\boldsymbol{a}_1\ \vdots\ \cdots\ \vdots\ \boldsymbol{a}_r]=[\boldsymbol{b}_1\ \vdots\ \cdots\ \vdots\ \boldsymbol{b}_r]\boldsymbol{P},\boldsymbol{P}=(p_{ij})$$

$\left(\boldsymbol{a}_j=\sum\limits_{i=1}^{r}\boldsymbol{b}_ip_{ij},j=1,\cdots,r\right)$,则 $\boldsymbol{P}$ 为可逆阵.

1.9. 设 $\boldsymbol{e}_i$ 是第 i 个分量为 1,其余分量为 0 的适当维数的向量,则有

$$e_i^{\mathrm{T}}A = a_{(i)}^{\mathrm{T}},\ Ae_j = a_j,\ e_i^{\mathrm{T}}Ae_j = a_{ij}$$

1.10. 设 A 是 $m \times n$ 阶矩阵,则有

$$Ax = 0,\ \forall x \in \mathbb{R}^n \Leftrightarrow A = 0$$

1.11. 设 AXB 可乘,则有

$$AXB = 0,\ \forall X \Leftrightarrow A = 0 \text{或} B = 0$$

1.12. 设 A 是 n 阶方阵,可否由

$$x^{\mathrm{T}}Ax = 0,\ \forall x \in \mathbb{R}^n$$

推出 $A = 0$?

1.13. 证明:$x^{\mathrm{T}}Ay = 0,\ \forall x, y \Leftrightarrow A = 0$.

§2　矩阵的数值特征

矩阵是由 $m \times n$ 个元素排成的一个整体. 这个看来相当简单的对象,实际上可以千变万化,极其复杂. 在许多实际问题里,起突出作用的常常是矩阵的某些数值特征. 因此,尽管这些数值特征只能反映矩阵这个整体的某些侧面,但对它们的研究却构成了矩阵理论的重要方面. 本节将引进这些常用的数值特征,如秩、行列式、迹、范数、特征值、奇异值,并初步讨论它们的性质. 关于这些数值特征的不等式和极值问题,将放到第 3 章讨论.

1. 矩阵的秩

设 $A \in \mathbb{R}^{m \times n}$,上节末尾的注记已指出 A 的二重

性,即 $\boldsymbol{A}$ 还可看成是从$\mathbb{R}^n$到$\mathbb{R}^m$的一个线性变换. 由于 $\boldsymbol{A}$ 的值域 $\boldsymbol{R}(\boldsymbol{A})=\{\boldsymbol{A}\boldsymbol{x}\mid\boldsymbol{x}\in\mathbb{R}^n\}$,而 $\boldsymbol{A}\boldsymbol{x}=\sum_{j=1}^{n}\boldsymbol{a}_j x_j$,这里 $\boldsymbol{a}_j$ 是 $\boldsymbol{A}$ 的第 j 列,x_j 是 $\boldsymbol{x}$ 的第 j 个坐标,$j=1,\cdots,n$,因此由 $\boldsymbol{x}$ 的任意性,知 $R(\boldsymbol{A})$ 正好是 $\boldsymbol{A}$ 的列向量所张成的线性空间,故常称 $R(\boldsymbol{A})$ 是 $\boldsymbol{A}$ 的**列空间**. $\boldsymbol{A}$ 的列空间的大小反映了矩阵 $\boldsymbol{A}$ 的一个重要的方面. 从而我们引进如下概念:

定义 2.1 设 $\boldsymbol{A}$ 是 $m\times n$ 阶阵,称 $\boldsymbol{A}$ 的列空间的维数为矩阵 $\boldsymbol{A}$ 的**秩**,记为 rank $\boldsymbol{A}$,即有

$$\operatorname{rank}\boldsymbol{A}\triangleq\dim R(\boldsymbol{A})\tag{2.1}$$

因矩阵 $\boldsymbol{A}$ 的列向量是 m 维向量,而列数又是 n,故 rank $\boldsymbol{A}$ 既不超过 m,又不超过 n. 如果 rank $\boldsymbol{A}=n$,那么称 $\boldsymbol{A}$ 为**列满秩阵**;如果 rank $\boldsymbol{A}=m$,那么称 $\boldsymbol{A}$ 为**行满秩阵**. 当 rank $\boldsymbol{A}=m=n$ 时,称 $\boldsymbol{A}$ 为**满秩阵**.

秩概念的一个众所周知的应用,是判断线性方程组是否**相容**(有解). 用线性空间的观点,我们可把这一应用扩充为下面的定理.

定理 2.1 设 $\boldsymbol{A}$ 是 $m\times n$ 阶阵,又设

$$\boldsymbol{A}\boldsymbol{x}=\boldsymbol{b}\quad(\boldsymbol{x}\text{ 未知},\boldsymbol{b}\text{ 给定})\tag{2.2}$$

是线性方程组,则下列条件是等价的:

(1)方程组(2.2)相容;

(2)$\boldsymbol{b}\in R(\boldsymbol{A})$;

(3)$R^{\perp}(\boldsymbol{A})\subset\boldsymbol{b}^{\perp}$;

(4)$(\boldsymbol{c},\boldsymbol{a}_j)=0,\ \forall j\Rightarrow(\boldsymbol{c},\boldsymbol{b})=0$;

(5)$\operatorname{rank}\boldsymbol{A}=\operatorname{rank}[\boldsymbol{A}\ \vdots\ \boldsymbol{b}]$.

当方程组(2.2)相容时,方程组(2.2)的解集合是

$$\boldsymbol{x}_0+N(\boldsymbol{A})\triangleq\{\boldsymbol{x}_0+\boldsymbol{x}\mid\boldsymbol{x}\in N(\boldsymbol{A})\}$$

其中 $\boldsymbol{x}_0$ 为方程组(2.2)的任一特解.

证明　从线性空间的观点看,(1)$\Leftrightarrow$(2)是显然的.由习题1.6,立得(2)$\Leftrightarrow$(3). $R^{\perp}(\boldsymbol{A})\subset\boldsymbol{b}^{\perp}$ 的另一种说法是"$\boldsymbol{c}\in R^{\perp}(\boldsymbol{A})\Rightarrow\boldsymbol{c}\in\boldsymbol{b}^{\perp}$",用内积语言即(4). (2)$\Leftrightarrow$(5)是因为

$$\begin{aligned}\operatorname{rank}[\boldsymbol{A}\mid\boldsymbol{b}]&=\dim R[\boldsymbol{A}\mid\boldsymbol{b}]\\&\geqslant\dim R(\boldsymbol{A})=\operatorname{rank}\boldsymbol{A}\end{aligned}$$

而上式等号成立的充要条件显然是 $\boldsymbol{b}\in R(\boldsymbol{A})$.

当方程组(2.2)有解时,有 $\boldsymbol{x}_0$ 存在,而解集合是 $\boldsymbol{x}_0+N(\boldsymbol{A})$ 易于验证.

习惯上,称 $\boldsymbol{x}_0+N(\boldsymbol{A})$ 为 $(\dim N(\boldsymbol{A}))$ - 维**超平面**. 如果 $n=3$, $\dim N(\boldsymbol{A})=2$,那么它就是立体解析几何中的平面,当 $\boldsymbol{x}_0\neq\boldsymbol{0}$ 时,它不过原点,当 $\boldsymbol{x}_0=\boldsymbol{0}$ 时,它过原点,成为一个二维线性空间.

定理2.1的特例是 $\boldsymbol{b}=\boldsymbol{0}$. 此时,方程组(2.2)恒有解,并且解集合正是零空间 $N(\boldsymbol{A})$,它的维数是

$$\dim N(\boldsymbol{A})=n-\dim R(\boldsymbol{A})=n-\operatorname{rank}\boldsymbol{A}$$

因此,齐次线性方程组的解空间的维数是它的系数矩阵的列数减去系数矩阵的秩.

定理2.2　设 $\boldsymbol{A}$ 是 $m\times n$ 阶阵,有

$$\operatorname{rank}\boldsymbol{A}=\operatorname{rank}\boldsymbol{A}^{\mathrm{T}}\tag{2.3}$$

证明　设 $\{\boldsymbol{a}_{(i_1)},\cdots,\boldsymbol{a}_{(i_r)}\}$ 是 $R(\boldsymbol{A}^{\mathrm{T}})$(即 $\boldsymbol{A}$ 的行向量所张成的线性空间)的基,有

$$r=\dim R(\boldsymbol{A}^{\mathrm{T}})=\operatorname{rank}\boldsymbol{A}^{\mathrm{T}}$$

记

$$\widetilde{A}=\begin{bmatrix}a_{(i_1)}^{\mathrm{T}}\\ \vdots\\ a_{(i_r)}^{\mathrm{T}}\end{bmatrix}$$

则显见$\widetilde{A}x=0$与$Ax=0$同解(思考题).因此两个方程组的解空间的维数相等,即

$$n-\mathrm{rank}\ A=n-\mathrm{rank}\ \widetilde{A}$$

但$\widetilde{A}$为$r\times n$阶阵,因此$\mathrm{rank}\ \widetilde{A}\leqslant r$.于是得

$$\mathrm{rank}\ A=\mathrm{rank}\ \widetilde{A}\leqslant r=\mathrm{rank}\ A^{\mathrm{T}}$$

同理可证

$$\mathrm{rank}\ A^{\mathrm{T}}\leqslant\mathrm{rank}\ (A^{\mathrm{T}})^{\mathrm{T}}=\mathrm{rank}\ A$$

于是得(2.3).

讨论矩阵的积与矩阵的和的秩的表达式和性质,是一个很有意义的问题,也有一定难度.一般教科书只给出积的秩与和的秩的范围(利用不等式).我们把它们和有关空间的维数联系起来,给出明显的表达式(等式),从而使其性质较易讨论.下面我们将给出两个定理,而把它们的应用放在习题之中.

定理 2.3 只要矩阵 A 和 B 可乘,就有

$$\mathrm{rank}\ AB=\mathrm{rank}\ B-\dim(R(B)\cap N(A)) \quad (2.4)$$

$$=\mathrm{rank}\ A-\dim(R(A^{\mathrm{T}})\cap N(B^{\mathrm{T}})) \quad (2.4')$$

证明 将变换 A 限制于子空间 $R(B)$ 上,即

$$A|_{R(B)}:R(B)\to R(A)$$

易见其值域为 $R(AB)$,核为 $R(B)\cap N(A)$,于是由定理 1.4 立得

$$\dim R(\boldsymbol{B})=\dim R(\boldsymbol{AB})+\dim(R(\boldsymbol{B})\cap N(\boldsymbol{A}))$$

应用秩的定义式(2.1)可得(2.4).

考虑对 $\boldsymbol{B}^{\mathrm{T}}\boldsymbol{A}^{\mathrm{T}}$ 应用(2.4),注意由(2.3)就可得(2.4′).

推论

$$\text{“}\boldsymbol{ABC}=\boldsymbol{0}\Rightarrow\boldsymbol{BC}=\boldsymbol{0},\forall\boldsymbol{C}\text{”}\Leftrightarrow\operatorname{rank}\boldsymbol{AB}=\operatorname{rank}\boldsymbol{B}\quad(2.5)$$

证明

$$\text{“}\boldsymbol{ABC}=\boldsymbol{0}\Rightarrow\boldsymbol{BC}=\boldsymbol{0},\forall\boldsymbol{C}\text{”}$$

等价于

$$\text{“}\boldsymbol{ABx}=\boldsymbol{0}\Rightarrow\boldsymbol{Bx}=\boldsymbol{0},\forall\boldsymbol{x}\text{”}$$

而 $\boldsymbol{Bx}$ 是 $R(\boldsymbol{B})$ 中任一向量,“由 $\boldsymbol{ABx}=\boldsymbol{0}$(即 $\boldsymbol{Bx}\in N(\boldsymbol{A})$)可推得 $\boldsymbol{Bx}=\boldsymbol{0}$”等价于

$$R(\boldsymbol{B})\cap N(\boldsymbol{A})=\{\boldsymbol{0}\}$$

而由(2.4)可得

$$R(\boldsymbol{B})\cap N(\boldsymbol{A})=\{\boldsymbol{0}\}\Leftrightarrow\operatorname{rank}\boldsymbol{AB}=\operatorname{rank}\boldsymbol{B}$$

此推论可以说是一种特殊形式的消去律(由 $\boldsymbol{ABC}=\boldsymbol{ABD}\Rightarrow\boldsymbol{BC}=\boldsymbol{BD}$)成立的充要条件,它在化简矩阵等式时是很有用的.

定理 2.4　设 $\boldsymbol{A},\boldsymbol{B}$ 都是 $m\times n$ 阶阵,则有

$$\operatorname{rank}(\boldsymbol{A}+\boldsymbol{B})=\operatorname{rank}\boldsymbol{A}+\operatorname{rank}\boldsymbol{B}-\dim\left(R\begin{bmatrix}\boldsymbol{A}\\\boldsymbol{B}\end{bmatrix}\cap N[\boldsymbol{I}_m\ \vdots\ \boldsymbol{I}_m]\right)-\dim(R(\boldsymbol{A}^{\mathrm{T}})\cap R(\boldsymbol{B}^{\mathrm{T}}))\quad(2.6)$$

因此

$$\operatorname{rank}(\boldsymbol{A}+\boldsymbol{B})\leqslant\operatorname{rank}\boldsymbol{A}+\operatorname{rank}\boldsymbol{B}$$

且等号成立的充要条件是

$$R(\boldsymbol{A}^{\mathrm{T}})\cap R(\boldsymbol{B}^{\mathrm{T}})=\{\boldsymbol{0}\},R(\boldsymbol{A})\cap R(\boldsymbol{B})=\{\boldsymbol{0}\} \tag{2.7}$$

证明 利用定理 2.3,注意到

$$\boldsymbol{A}+\boldsymbol{B}=[\boldsymbol{I}_m \mid \boldsymbol{I}_m]\begin{bmatrix}\boldsymbol{A}\\ \boldsymbol{B}\end{bmatrix}$$

有

$$\operatorname{rank}(\boldsymbol{A}+\boldsymbol{B})=\operatorname{rank}\begin{bmatrix}\boldsymbol{A}\\ \boldsymbol{B}\end{bmatrix}-\dim\left(R\begin{bmatrix}\boldsymbol{A}\\ \boldsymbol{B}\end{bmatrix}\cap N[\boldsymbol{I}_m \mid \boldsymbol{I}_m]\right) \tag{2.8}$$

而

$$\begin{aligned}\operatorname{rank}\begin{bmatrix}\boldsymbol{A}\\ \boldsymbol{B}\end{bmatrix}&=\operatorname{rank}[\boldsymbol{A}^{\mathrm{T}} \mid \boldsymbol{B}^{\mathrm{T}}]=\dim R[\boldsymbol{A}^{\mathrm{T}} \mid \boldsymbol{B}^{\mathrm{T}}]\\ &=\dim(R(\boldsymbol{A}^{\mathrm{T}})+R(\boldsymbol{B}^{\mathrm{T}}))\\ &=\dim R(\boldsymbol{A}^{\mathrm{T}})+\dim R(\boldsymbol{B}^{\mathrm{T}})-\dim(R(\boldsymbol{A}^{\mathrm{T}})\cap R(\boldsymbol{B}^{\mathrm{T}}))\\ &=\operatorname{rank}\boldsymbol{A}+\operatorname{rank}\boldsymbol{B}-\dim(R(\boldsymbol{A}^{\mathrm{T}})\cap R(\boldsymbol{B}^{\mathrm{T}}))\end{aligned}$$

代入(2.8)就得到要证的(2.6).

因此,$\operatorname{rank}(\boldsymbol{A}+\boldsymbol{B})\leqslant\operatorname{rank}\boldsymbol{A}+\operatorname{rank}\boldsymbol{B}$ 显然成立,且等号成立的充要条件是

$$\begin{gathered}R(\boldsymbol{A}^{\mathrm{T}})\cap R(\boldsymbol{B}^{\mathrm{T}})=\{\boldsymbol{0}\}\\ R\begin{bmatrix}\boldsymbol{A}\\ \boldsymbol{B}\end{bmatrix}\cap N[\boldsymbol{I}_m \mid \boldsymbol{I}_m]=\{\boldsymbol{0}\}\end{gathered} \tag{2.9}$$

考虑 $\operatorname{rank}(\boldsymbol{A}^{\mathrm{T}}+\boldsymbol{B}^{\mathrm{T}})$,得 $R(\boldsymbol{A})\cap R(\boldsymbol{B})=\{\boldsymbol{0}\}$亦为等号成立的必要条件. 然而,当 $R(\boldsymbol{A})\cap R(\boldsymbol{B})=\{\boldsymbol{0}\}$时,任给

$$\boldsymbol{x}\in R\begin{bmatrix}\boldsymbol{A}\\ \boldsymbol{B}\end{bmatrix}\cap N[\boldsymbol{I}_m \mid \boldsymbol{I}_m]$$

有
$$\boldsymbol{x}=\begin{bmatrix}\boldsymbol{A}\\\boldsymbol{B}\end{bmatrix}\boldsymbol{t}$$
且
$$[\boldsymbol{I}_m \mid \boldsymbol{I}_m]\begin{bmatrix}\boldsymbol{A}\\\boldsymbol{B}\end{bmatrix}\boldsymbol{t}=\boldsymbol{0}$$
$$\Rightarrow \boldsymbol{At}+\boldsymbol{Bt}=\boldsymbol{0}$$
$$\Rightarrow \boldsymbol{At}=\boldsymbol{B}(-\boldsymbol{t})\in R(\boldsymbol{A})\cap R(\boldsymbol{B})$$
$$\Rightarrow \boldsymbol{At}=-\boldsymbol{Bt}=\boldsymbol{0}$$
得 $\boldsymbol{x}=\boldsymbol{0}$,因此
$$R\begin{bmatrix}\boldsymbol{A}\\\boldsymbol{B}\end{bmatrix}\cap N[\boldsymbol{I}_m \mid \boldsymbol{I}_m]=\{\boldsymbol{0}\}$$
于是得要证的充要条件为(2.7).

习　题　1

2.1. 证明:在标准内积下 $N(\boldsymbol{A})=R^{\perp}(\boldsymbol{A}^{\mathrm{T}})$.

2.2. 证明:

(1)$\boldsymbol{A}$ 有左逆$\Leftrightarrow\boldsymbol{A}$ 是列满秩阵;

(2)$\boldsymbol{A}$ 有右逆$\Leftrightarrow\boldsymbol{A}$ 是行满秩阵;

(3)$\boldsymbol{A}$ 有逆$\Leftrightarrow\boldsymbol{A}$ 是满秩阵,且此时易见 $\boldsymbol{A}^{-1}$ 的唯一性.

2.3. 设 $\boldsymbol{A}\in\mathbb{R}^{m\times n}$,$\boldsymbol{B}\in\mathbb{R}^{m\times k}$,且 $R(\boldsymbol{A})\subset R(\boldsymbol{B})$,则存在 $\boldsymbol{D}\in\mathbb{R}^{k\times n}$使得 $\boldsymbol{A}=\boldsymbol{BD}$. 还有:

(1)$\boldsymbol{B}$ 是列满秩阵$\Leftrightarrow\boldsymbol{D}$ 唯一;

(2)$\boldsymbol{A}$ 是列满秩阵$\Rightarrow\boldsymbol{D}$ 是列满秩阵.

2.4. 证明下列命题等价:

(1) $\operatorname{rank} \boldsymbol{A}^2 = \operatorname{rank} \boldsymbol{A}$;

(2) $R(\boldsymbol{A}) \cap N(\boldsymbol{A}) = \{\boldsymbol{0}\}$;

(3) 存在满秩方阵 $\boldsymbol{P},\boldsymbol{D}$,使得

$$\boldsymbol{A} = \boldsymbol{P}\begin{bmatrix} \boldsymbol{D} & \boldsymbol{0} \\ \boldsymbol{0} & \boldsymbol{0} \end{bmatrix}\boldsymbol{P}^{-1}$$

(4) 存在满秩方阵 $\boldsymbol{T}$,使得

$$\boldsymbol{A} = \boldsymbol{A}^2\boldsymbol{T}$$

2.5. 证明:$\operatorname{rank} \boldsymbol{A} = \operatorname{rank} \boldsymbol{A}\boldsymbol{A}^{\mathrm{T}}$.

2.6. 证明

$$\boldsymbol{A}^2 = \boldsymbol{I}_n \Leftrightarrow \operatorname{rank}(\boldsymbol{A}+\boldsymbol{I}) + \operatorname{rank}(\boldsymbol{A}-\boldsymbol{I}) = n$$

2.7. 证明

$$\operatorname{rank}(\boldsymbol{AB}-\boldsymbol{I}) \leqslant \operatorname{rank}(\boldsymbol{A}-\boldsymbol{I}) + \operatorname{rank}(\boldsymbol{B}-\boldsymbol{I})$$

2.8. 证明

$$\operatorname{rank} \boldsymbol{ABC} \geqslant \operatorname{rank} \boldsymbol{AB} + \operatorname{rank} \boldsymbol{BC} - \operatorname{rank} \boldsymbol{B}$$

2.9. 证明

$$\operatorname{rank} \boldsymbol{A} + \operatorname{rank} \boldsymbol{B} - n \leqslant \operatorname{rank} \boldsymbol{AB} \leqslant \min(\operatorname{rank} \boldsymbol{A}, \operatorname{rank} \boldsymbol{B})$$

其中 $\boldsymbol{A}$ 为 n 列阵,$\boldsymbol{B}$ 为 n 行阵.

2.10. 设 $\boldsymbol{A} \in \mathbb{R}^{n\times n}$,证明:

(1) $\exists k \leqslant n$,使 $\operatorname{rank} \boldsymbol{A}^k = \operatorname{rank} \boldsymbol{A}^{k+1}$;

(2) 当 $\operatorname{rank} \boldsymbol{A}^k = \operatorname{rank} \boldsymbol{A}^{k+1}$ 时,有

$$\operatorname{rank} \boldsymbol{A}^m = \operatorname{rank} \boldsymbol{A}^k,\ \forall m \geqslant k$$

2.11. 设 $\boldsymbol{A},\boldsymbol{B}$ 都是 $m\times n$ 阶阵,证明

$$\boldsymbol{C} = \begin{bmatrix} \boldsymbol{A}\boldsymbol{A}^{\mathrm{T}} & \boldsymbol{B} \\ \boldsymbol{B}^{\mathrm{T}} & \boldsymbol{0} \end{bmatrix} \text{为非奇异阵}$$

$$\Leftrightarrow \operatorname{rank}\begin{bmatrix} \boldsymbol{A}\boldsymbol{A}^{\mathrm{T}} \\ \boldsymbol{B}^{\mathrm{T}} \end{bmatrix} = m, \operatorname{rank} \boldsymbol{B} = n \leqslant m$$

2. 行列式

行列式的概念渊源于求解线性方程组,但它的意义远远超出了这个范围.

我们打算用与一般教科书不同的观点引进行列式的概念,这个方法属于著名的代数学家 Artin(阿廷).

为了给出行列式的表达式,我们需要先讨论置换的概念. 设 M 是 n 个元素的集合,$\sigma:M\to M$ 是一一映射,则称 σ 是 M 的一个置换. 由于置换仅涉及元素间的对应,而和元素的具体属性无关,不失一般性,可设 $M=\{1,\cdots,n\}$,而 σ 可用

$$\begin{pmatrix} 1 & \cdots & n \\ k_1 & \cdots & k_n \end{pmatrix}$$

表示,或

$$\sigma(i)=k_i,i=1,\cdots,n$$

简记为 $\sigma=(k_1,\cdots,k_n)$. 记 M 的全体置换的集合为 S_n,易见 S_n 有 $n!$ 个元素. 任给 $\sigma_1,\sigma_2\in S_n$,可定义 σ_1 与 σ_2 的积 $\sigma_1\sigma_2:M\to M$,由 $\sigma_1\sigma_2(i)=\sigma_2(\sigma_1(i))$ 给出. 因 σ 是可逆映射,有 $\sigma^{-1}\in S_n$,使

$$\sigma\sigma^{-1}=\sigma^{-1}\sigma=e$$

这里 e 是 M 上的恒等映射(置换),称 S_n 为 n **次对称群**[①]. 仅使 M 的两个元素发生变化,而其他元素不变的置换,称为**对换**,如 $p\to q,q\to p$,可简记此对换

① 这里仅仅是使用这一名称,不必去探究群的概念和性质.

为(p,q).

我们不难证明,任一置换总可表示为一些对换的乘积,办法是对置换中改变了的元素的个数 k 使用数学归纳法.

现在引进置换的逆序的概念:在 $\sigma=(k_1,\cdots,k_n)$ 中,处在 k_i 之后而数值又小于 k_i 的元素的个数称为 k_i 在$(k_1,\cdots,k_n)$中的逆序数,记为 $m(k_i)$. 令 $m(\sigma)=\sum\limits_{i=1}^{n} m(k_i)$,称为 σ 的**逆序数**,用 $m(\sigma)$的奇偶规定 σ 的**奇偶**,称 $\varepsilon(\sigma)\triangleq(-1)^{m(\sigma)}$为 σ 的**符号**. 于是奇置换的符号为 -1,偶置换的符号为 $+1$. 注意到 e 的逆序数为 0,我们把它看成偶置换.

容易看出,一个置换乘上任一对换后其符号发生改变. 这只要计算 $\sigma=(\cdots,p,\cdots,q,\cdots)$的逆序数与 σ 中将 p,q 对换所得的$\widetilde{\sigma}=(\cdots,q,\cdots,p,\cdots)$的逆序数的差为奇数,就可验证. 设置换 σ 可表示成 s 个对换 $\tau_1,\cdots,\tau_s$ 的乘积,则 $\sigma=\tau_1\cdots\tau_s=e\tau_1\cdots\tau_s$. 故 σ 的奇偶性与 s 的奇偶性一致,并且

$$\varepsilon(\sigma_1\sigma_2)=\varepsilon(\sigma_1)\varepsilon(\sigma_2),\varepsilon(\sigma)=\varepsilon(\sigma^{-1})$$

从而也可导出 S_n 中的奇偶置换各占一半.

下面我们给出行列式的概念,并推导它的表达式.

定义 2.2 设 $D:\underbrace{\mathbb{R}^n\times\cdots\times\mathbb{R}^n}_{n\text{个}}\to\mathbb{R}^1$是一个多元线性交错函数,即满足:对任一 i,有线性性

$$\begin{aligned}&D(\cdots,\lambda\boldsymbol{a}_i+\mu\boldsymbol{b}_i,\cdots)\\&=\lambda D(\cdots,\boldsymbol{a}_i,\cdots)+\mu D(\cdots,\boldsymbol{b}_i,\cdots),i=1,\cdots,n\end{aligned}$$

并且,有交错性,即如有 i 使

$$\boldsymbol{a}_i = \boldsymbol{a}_{i+1} \Rightarrow D(\cdots, \boldsymbol{a}_i, \boldsymbol{a}_{i+1}, \cdots) = 0$$

又设 $D(\boldsymbol{e}_1, \cdots, \boldsymbol{e}_n) = 1$，其中 $[\boldsymbol{e}_1 \vdots \cdots \vdots \boldsymbol{e}_n] = \boldsymbol{I}_n$，则称 $D(\boldsymbol{a}_1, \cdots, \boldsymbol{a}_n)$ 是 $\boldsymbol{A} = [\boldsymbol{a}_1 \vdots \cdots \vdots \boldsymbol{a}_n]$ 的**行列式**，记为 $\det \boldsymbol{A}$.

定理2.5　将 $\boldsymbol{A}$ 的任两列对换，仅改变 $\det \boldsymbol{A}$ 的符号. 若 $\boldsymbol{A}$ 的任两列相同，则 $\det \boldsymbol{A} = 0$.

证明　由于交错性及线性性

$$\begin{aligned} 0 &= D(\cdots, \boldsymbol{a}_i + \boldsymbol{a}_{i+1}, \boldsymbol{a}_{i+1} + \boldsymbol{a}_i, \cdots) \\ &= D(\cdots, \boldsymbol{a}_i, \boldsymbol{a}_{i+1}, \cdots) + D(\cdots, \boldsymbol{a}_{i+1}, \boldsymbol{a}_i, \cdots) \end{aligned}$$

因此，相邻两列调换，仅改变行列式的符号，而任两列对换，总可由一系列相邻两列的调换得到，当 i 列与 j 列对换时（$i<j$），只需通过 $2(j-i)-1$ 次调换而得，故任两列对换仅改变行列式的符号. 类似的，任两列相同，总可经若干次调换而变为相邻两列相同，故 $\det \boldsymbol{A} = 0$.

定理2.6　设 $\boldsymbol{A} = (a_{ij})$，$\boldsymbol{B} = (b_{ij})$ 是 n 阶方阵，则有

$$\det(\boldsymbol{AB}) = \sum_{\sigma \in S_n} \varepsilon(\sigma) b_{\sigma(1)1} \cdots b_{\sigma(n)n} \det \boldsymbol{A} \tag{2.10}$$

取 $\boldsymbol{A} = \boldsymbol{I}$，推得行列式的表达式

$$\det \boldsymbol{B} = \sum_{\sigma \in S_n} \varepsilon(\sigma) b_{\sigma(1)1} \cdots b_{\sigma(n)n} \tag{2.11}$$

可见，行列式是唯一的，并且有

$$\det \boldsymbol{AB} = \det \boldsymbol{A} \cdot \det \boldsymbol{B}$$

证明　由于 $\boldsymbol{AB} = [\sum_{i=1}^{n} \boldsymbol{a}_i b_{i1} \vdots \cdots \vdots \sum_{i=1}^{n} \boldsymbol{a}_i b_{in}]$，由

行列式的多元线性性和定理2.5,得

$$\begin{aligned}
\det \boldsymbol{AB} &= D\left(\sum_{i=1}^{n} \boldsymbol{a}_i b_{i1}, \cdots, \sum_{i=1}^{n} \boldsymbol{a}_i b_{in}\right) \quad (\text{由线性性}) \\
&= \sum_{1 \leqslant i_1, \cdots, i_n \leqslant n} b_{i_1 1} \cdots b_{i_n n} D(\boldsymbol{a}_{i_1}, \cdots, \boldsymbol{a}_{i_n}) \quad (\text{由定理2.5}) \\
&= \sum_{(i_1, \cdots, i_n) \in S_n} b_{i_1 1} \cdots b_{i_n n} D(\boldsymbol{a}_{i_1}, \cdots, \boldsymbol{a}_{i_n}) \quad (\text{由定理2.5}) \\
&= \sum_{(i_1, \cdots, i_n) \in S_n} \varepsilon(i_1, \cdots, i_n) b_{i_1 1} \cdots b_{i_n n} D(\boldsymbol{a}_1, \cdots, \boldsymbol{a}_n) \\
&\triangleq \sum_{\sigma \in S_n} \varepsilon(\sigma) b_{\sigma(1)1} \cdots b_{\sigma(n)n} \det \boldsymbol{A}
\end{aligned}$$

推论 $\det \boldsymbol{A} = \det \boldsymbol{A}^{\mathrm{T}}$.

证明 由表达式(2.11),得

$$\begin{aligned}
\det \boldsymbol{A} &= \sum_{\sigma \in S_n} \varepsilon(\sigma) a_{\sigma(1)1} \cdots a_{\sigma(n)n} \\
&= \sum_{\sigma \in S_n} \varepsilon(\sigma) a_{1\sigma^{-1}(1)} \cdots a_{n\sigma^{-1}(n)} \\
&= \sum_{\sigma^{-1} \in S_n} \varepsilon(\sigma^{-1}) a_{1\sigma^{-1}(1)} \cdots a_{n\sigma^{-1}(n)} \\
&= \det \boldsymbol{A}^{\mathrm{T}}
\end{aligned}$$

我们还有如下的按行、列展开的定理:

定理 2.7 设 $\boldsymbol{A} = (a_{ij})$ 是 n 阶方阵. 定义 a_{ij} 的**代数余子式**为 A_{ij},它是将 $\boldsymbol{A}$ 中第 i 行、第 j 列画去后剩下的 $n-1$ 阶方阵的行列式,再乘以系数 $(-1)^{i+j}$ 而得. 我们有

$$\det \boldsymbol{A} = \sum_{i=1}^{n} a_{ij} A_{ij} = \sum_{j=1}^{n} a_{ij} A_{ij}, i, j = 1, \cdots, n \tag{2.12}$$

证明 由定理 2.6 的推论知,只需证(2.12)的第

一式,我们有

$$\begin{aligned}\det \boldsymbol{A} &= \sum_{\sigma \in S_n} \varepsilon(\sigma) a_{\sigma(1)1} \cdots a_{\sigma(j)j} \cdots a_{\sigma(n)n} \\ &= \sum_{i=1}^{n} \sum_{\sigma \in S_n, \sigma(j)=i} \varepsilon(\sigma) a_{\sigma(1)1} \cdots a_{\sigma(j)j} \cdots a_{\sigma(n)n} \\ &= \sum_{i=1}^{n} a_{ij} \sum_{\sigma \in S_n, \sigma(j)=i} \varepsilon(\sigma) a_{\sigma(1)1} \cdots a_{\sigma(j-1)j-1} a_{\sigma(j+1)j+1} \cdots a_{\sigma(n)n}\end{aligned}$$

我们将 $\sigma = (\sigma(1), \cdots, \sigma(j), \cdots, \sigma(n))$ 经 $j-1$ 次对换得

$$\widetilde{\sigma} = (\sigma(j), \sigma(1), \cdots, \sigma(j-1), \sigma(j+1), \cdots, \sigma(n))$$

又在$\widetilde{\sigma}$中删去 $\sigma(j)$ 得

$$\widetilde{\sigma}_{n-1} \triangleq (\sigma(1), \cdots, \sigma(j-1), \sigma(j+1), \cdots, \sigma(n))$$

它是在$(1, \cdots, n)$中删去 i 后 $n-1$ 个元素的一个置换,$\widetilde{\sigma}_{n-1}$的逆序数比$\widetilde{\sigma}$少 $i-1$ 个,因此

$$\begin{aligned}\varepsilon(\sigma) &= (-1)^{i+j-2} \varepsilon(\widetilde{\sigma}_{n-1}) \\ &= (-1)^{i+j} \varepsilon(\widetilde{\sigma}_{n-1})\end{aligned}$$

故得

$$\begin{aligned}&\sum_{\sigma \in S_n, \sigma(j)=i} \varepsilon(\sigma) a_{\sigma(1)1} \cdots a_{\sigma(j-1)j-1} a_{\sigma(j+1)j+1} \cdots a_{\sigma(n)n} \\ &= (-1)^{i+j} \sum_{\widetilde{\sigma}_{n-1} \in S_{n-1}} \varepsilon(\widetilde{\sigma}_{n-1}) a_{\widetilde{\sigma}_{n-1}(1)1} \cdots a_{\widetilde{\sigma}_{n-1}(n)n} \\ &= A_{ij}\end{aligned}$$

于是得要证的结论.

推论 当 $r \neq s$ 时,有

$$\sum_{i=1}^{n} a_{ir} A_{is} = 0$$

Ky Fan 定理

习　题　2

2.12. 证明：$\boldsymbol{A}$ 非奇异$\Leftrightarrow \det \boldsymbol{A} \neq 0$.

2.13. 在 $\boldsymbol{A}$ 中画去一些行、列后所剩下的子阵的行列式称为 $\det \boldsymbol{A}$ 的**子式**. 证明：$\operatorname{rank} \boldsymbol{A} = r \Leftrightarrow \boldsymbol{A}$ 的所有 $r+1$ 阶子式皆为 0，但有不为 0 的 r 阶子式.

2.14. 设 $\boldsymbol{A}$ 可逆，令 $\boldsymbol{A}$ 的**伴随矩阵**为

$$\operatorname{adj} \boldsymbol{A} = \begin{bmatrix} A_{11} & A_{21} & \cdots & A_{n1} \\ A_{12} & A_{22} & \cdots & A_{n2} \\ \vdots & \vdots & & \vdots \\ A_{1n} & A_{2n} & \cdots & A_{nn} \end{bmatrix}$$

其中 A_{ij} 为 a_{ij} 的代数余子式，证明

$$\boldsymbol{A}^{-1} = \frac{\operatorname{adj} \boldsymbol{A}}{\det \boldsymbol{A}}$$

2.15. 设 $\boldsymbol{A}$ 为**分块三角阵**，即

$$\boldsymbol{A} = \begin{bmatrix} \boldsymbol{A}_{11} & \boldsymbol{A}_{12} & \cdots & \boldsymbol{A}_{1p} \\ & \boldsymbol{A}_{22} & \cdots & \boldsymbol{A}_{2p} \\ & & \ddots & \vdots \\ \boldsymbol{0} & & & \boldsymbol{A}_{pp} \end{bmatrix}$$

$$\boldsymbol{A}_{ii} \text{ 皆为方阵}, i = 1, \cdots, p$$

则有 $\det \boldsymbol{A} = \prod_{i=1}^{p} \det \boldsymbol{A}_{ii}$. 当 $\forall i \neq j, \boldsymbol{A}_{ij} = \boldsymbol{0}$ 时，称 $\boldsymbol{A}$ 为**分块对角阵**.

2.16. 设 $\boldsymbol{A}$ 分块为

$$A = \begin{bmatrix} A_{11} & A_{12} \\ A_{21} & A_{22} \end{bmatrix} \begin{matrix} p \\ q \end{matrix}$$
$$\quad\; p \qquad q$$

则有:

当 A_{11} 可逆时

$$\det A = \det A_{11} \cdot \det(A_{22} - A_{21}A_{11}^{-1}A_{12})$$

当 A_{22} 可逆时

$$\det A = \det A_{22} \cdot \det(A_{11} - A_{12}A_{22}^{-1}A_{21})$$

由此推出,若 A 可逆,则有:

当 A_{11} 可逆时,$A_{22} - A_{21}A_{11}^{-1}A_{12}$ 也可逆;

当 A_{22} 可逆时,$A_{11} - A_{12}A_{22}^{-1}A_{21}$ 也可逆.

3. 矩阵的范数和迹

在矩阵分析中,需要衡量矩阵间的接近程度,或者说衡量 $A - B$ 的“大小”. 于是必须引进一个以矩阵为自变量的非负值函数,它相当于数的绝对值概念的推广,这就是范数的由来,它实际上也是矩阵的数值特征.

根据例 1.1,$m \times n$ 阶矩阵可视为 $m \times n$ 维向量. 将 $\mathbb{R}^{m \times n}$ 中的基 $S = \{E_{ij} \mid i = 1, \cdots, m; j = 1, \cdots, n\}$ 有序化,即按 i, j 的字典顺序排成

$$(E_{11}, \cdots, E_{1n}, E_{21}, \cdots, E_{2n}, \cdots, E_{m1}, \cdots, E_{mn})$$

则在此有序基下,A 的坐标表示是

$$[a_{11} \ \cdots \ a_{1n} \ a_{21} \ \cdots \ a_{2n} \ \cdots \ a_{m1} \ \cdots \ a_{mn}]^{\mathrm{T}}$$

因此,$\mathbb{R}^{m \times n}$ 中标准内积为

Ky Fan 定理

$$(\boldsymbol{A},\boldsymbol{B}) = \sum_i \sum_j a_{ij}b_{ij} \tag{2.13}$$

(2.13)右边的表达式正是矩阵 $\boldsymbol{B}^{\mathrm{T}}\boldsymbol{A}$ 的主对角元的和，为此我们引进矩阵的如下数值特征：

定义 2.3 设 $\boldsymbol{A}$ 是 n 阶方阵，称 $\boldsymbol{A}$ 的主对角元的和为 $\boldsymbol{A}$ 的**迹**，记作 $\mathrm{tr}\,\boldsymbol{A}$，即有

$$\mathrm{tr}\,\boldsymbol{A} \triangleq \sum_{i=1}^{n} a_{ii} \tag{2.14}$$

容易验证矩阵的迹的一些性质：

定理 2.8 (1)迹有线性性，即

$$\mathrm{tr}(\lambda\boldsymbol{A}+\mu\boldsymbol{B}) = \lambda\,\mathrm{tr}\,\boldsymbol{A}+\mu\,\mathrm{tr}\,\boldsymbol{B}$$

(2) $\mathrm{tr}\,\boldsymbol{A}^{\mathrm{T}} = \mathrm{tr}\,\boldsymbol{A}$；

(3)当 $\boldsymbol{AB}$，$\boldsymbol{BA}$ 均可乘时，有

$$\mathrm{tr}\,\boldsymbol{AB} = \mathrm{tr}\,\boldsymbol{BA} \tag{2.15}$$

证明 (1)(2)显然. (3)由

$$\mathrm{tr}\,\boldsymbol{AB} = \sum_i \left(\sum_j a_{ij}b_{ji}\right) = \sum_j \left(\sum_i b_{ji}a_{ij}\right) = \mathrm{tr}\,\boldsymbol{BA}$$

即得证.

由(2.13)知，$(\boldsymbol{A},\boldsymbol{B}) = \mathrm{tr}\,\boldsymbol{B}^{\mathrm{T}}\boldsymbol{A}$，根据例 1.4，它是矩阵的内积. 由此可引出把矩阵看作 $m\times n$ 维向量时的范数，即**欧氏范数**

$$\|\boldsymbol{A}\|_E = (\mathrm{tr}\,\boldsymbol{A}^{\mathrm{T}}\boldsymbol{A})^{\frac{1}{2}} = \left(\sum_i \sum_j a_{ij}^2\right)^{\frac{1}{2}} \tag{2.16}$$

由于在实际中常常遇到求 $\boldsymbol{Ax}$ 的范数的问题，如果向量范数和矩阵范数能满足如下的关系式

$$\|\boldsymbol{Ax}\| \leqslant \|\boldsymbol{A}\|\,\|\boldsymbol{x}\|,\ \forall \boldsymbol{x} \tag{2.17}$$

显然会带来很大方便. 对于由(2.16)给定的从内积诱导

的范数,不难用 Cauchy-Schwarz 不等式证明它满足

$$\|AB\|_E \leqslant \|A\|_E \cdot \|B\|_E \tag{2.18}$$

它明显地蕴涵了(2.17).

然而,范数不一定要从内积导出. 对于矩阵,常用的范数还有

$$\|A\|_1 = \sum_i \sum_j |a_{ij}| \tag{2.19}$$

$$\|A\|_p = \left(\sum_i \sum_j |a_{ij}|^p\right)^{\frac{1}{p}}, 1 \leqslant p < \infty \tag{2.20}$$

对于 n 阶方阵,还可定义

$$\|A\|_\infty = n \cdot \max_{i,j} |a_{ij}| \tag{2.21}$$

如果所讨论的是同一个空间中的如上范数,不难证明它们之间的等价性,即:若 A_t 依一种范数趋向于零($\|A_t\| \to 0$),则 A_t 依另一种范数亦趋向于零,反之亦然. 限于本书的宗旨,我们不准备详细讨论这些问题.

我们感兴趣的是在正交变换下不变的范数,为此引进:

定义 2.4　设 $\|\cdot\|: \mathbb{R}^{m\times n} \to \mathbb{R}^1$ 满足:

(1) $\|A\| \geqslant 0$,仅当 $A = 0$ 时才有等号成立;

(2) $\|\alpha A\| = |\alpha| \|A\|$;

(3) $\|A + B\| \leqslant \|A\| + \|B\|$;

(4) $\|PAQ\| = \|A\|$,P, Q 分别为任意的 m, n 阶正交阵,则称 $\|\cdot\|$ 是$\mathbb{R}^{m\times n}$上的矩阵的**正交不变范数**. 当 $\|\cdot\|$ 仅满足(1)～(3)时,就称为范数.

定理 2.9　欧氏范数 $\|\cdot\|_E$ 是正交不变的.

有关正交不变范数的问题，将在第 3 章中进一步讨论.

4. 矩阵的特征值和奇异值

特征值是矩阵论的最基本、最重要的概念之一，它在许多方面反映了矩阵的特征，有着极其广泛的应用.

定义 2.5 设 $\boldsymbol{A}$ 是 n 阶方阵. 若 λ 满足

$$\det(\lambda \boldsymbol{I}-\boldsymbol{A})=0$$

则称 λ 是 $\boldsymbol{A}$ 的**特征值**.

特征值 λ 正是 λ 的 n 次多项式

$$\det(\lambda \boldsymbol{I}-\boldsymbol{A}) \tag{2.22}$$

的根，故也叫**特征根**. 称(2.22)为 $\boldsymbol{A}$ 的**特征多项式**. 它的展开参看本章问题和补充 3. 由多项式的理论，知 $\boldsymbol{A}$ 在复数域中有 n 个特征根（m 重根算 m 个），常记为 $\lambda_1(\boldsymbol{A}),\cdots,\lambda_n(\boldsymbol{A})$.

下面是关于特征值的常用的基本事实：

定理 2.10 设 $\boldsymbol{A}$ 是 $m\times n$ 阶阵，$\boldsymbol{B}$ 是 $n\times m$ 阶阵，则 $\boldsymbol{AB}$ 与 $\boldsymbol{BA}$ 有相同的（包括重数）非零特征值.

证明 设 $\lambda\neq 0$，考虑分块矩阵

$$\boldsymbol{D}=\begin{bmatrix}\lambda \boldsymbol{I}_m & \boldsymbol{A}\\ \boldsymbol{B} & \boldsymbol{I}_n\end{bmatrix}$$

的行列式. 令

$$\boldsymbol{P}_1=\begin{bmatrix}\boldsymbol{I}_m & -\boldsymbol{A}\\ \boldsymbol{0} & \boldsymbol{I}_n\end{bmatrix},\boldsymbol{P}_2=\begin{bmatrix}\boldsymbol{I}_m & \boldsymbol{0}\\ -\dfrac{1}{\lambda}\boldsymbol{B} & \boldsymbol{I}_n\end{bmatrix}$$

显然有

$$\det \boldsymbol{P}_1 = \det \boldsymbol{P}_2 = 1$$

由定理 2.6,得

$$\begin{aligned}\det(\boldsymbol{P}_1\boldsymbol{D}) &= \det \boldsymbol{P}_1 \cdot \det \boldsymbol{D}\\ &= \det \boldsymbol{D} = \det(\boldsymbol{P}_2\boldsymbol{D})\end{aligned}$$

然而

$$\begin{aligned}\boldsymbol{P}_1\boldsymbol{D} &= \begin{bmatrix} \boldsymbol{I}_m & -\boldsymbol{A} \\ \boldsymbol{0} & \boldsymbol{I}_n \end{bmatrix}\begin{bmatrix} \lambda\boldsymbol{I}_m & \boldsymbol{A} \\ \boldsymbol{B} & \boldsymbol{I}_n \end{bmatrix}\\ &= \begin{bmatrix} \lambda\boldsymbol{I}_m - \boldsymbol{AB} & \boldsymbol{0} \\ \boldsymbol{B} & \boldsymbol{I}_n \end{bmatrix}\end{aligned}$$

$$\begin{aligned}\boldsymbol{P}_2\boldsymbol{D} &= \begin{bmatrix} \boldsymbol{I}_m & \boldsymbol{0} \\ -\dfrac{1}{\lambda}\boldsymbol{B} & \boldsymbol{I}_n \end{bmatrix}\begin{bmatrix} \lambda\boldsymbol{I}_m & \boldsymbol{A} \\ \boldsymbol{B} & \boldsymbol{I}_n \end{bmatrix}\\ &= \begin{bmatrix} \lambda\boldsymbol{I}_m & \boldsymbol{A} \\ \boldsymbol{0} & \boldsymbol{I}_n - \dfrac{1}{\lambda}\boldsymbol{BA} \end{bmatrix}\end{aligned}$$

因此

$$\begin{aligned}\det(\lambda\boldsymbol{I}_m - \boldsymbol{AB}) &= \lambda^m \det\left(\boldsymbol{I}_n - \frac{1}{\lambda}\boldsymbol{BA}\right)\\ &= \lambda^{m-n}\det(\lambda\boldsymbol{I}_n - \boldsymbol{BA})\end{aligned}$$

可见 $\boldsymbol{AB}$ 与 $\boldsymbol{BA}$ 的非零特征值(包括重数)相同.

定理 2.11　设 m 阶方阵 $\boldsymbol{A}$ 的特征值是 $\lambda_1,\cdots,\lambda_m$,$P(x)$是多项式,则 $P(\boldsymbol{A})$(在 $P(x)$中将 x^i 以 $\boldsymbol{A}^i$ 代替而得,且 $\boldsymbol{A}^0=\boldsymbol{I}$)的特征值恰好是 $P(\lambda_1),\cdots,P(\lambda_m)$.

证明　首先要证

Ky Fan 定理

$$
\begin{aligned}
&\det(\lambda \boldsymbol{I}_m - P(\boldsymbol{A})) \\
&= (\lambda - P(\lambda_1))\cdots(\lambda - P(\lambda_m)) \\
&= \prod_{i=1}^{m} (\lambda - P(\lambda_i))
\end{aligned}
\tag{2.23}
$$

令 $Q(x) = \lambda - P(x)$,其中 λ 任意给定,则要证(2.23),只需证

$$\det(Q(\boldsymbol{A})) = \prod_{i=1}^{m} Q(\lambda_i)$$

设 $Q(x)$ 是 r 次多项式,即

$$Q(x) = b_0 \prod_{j=1}^{r} (x - x_j)$$

根据矩阵的乘法、加法和数乘性质,我们有

$$Q(\boldsymbol{A}) = b_0 \prod_{j=1}^{r} (\boldsymbol{A} - x_j \boldsymbol{I})$$

由此得

$$
\begin{aligned}
\det(Q(\boldsymbol{A})) &= b_0^m \prod_{j=1}^{r} \det(\boldsymbol{A} - x_j \boldsymbol{I}) \\
&= b_0^m \prod_{j=1}^{r} \prod_{i=1}^{m} (\lambda_i - x_j) \\
&= \prod_{i=1}^{m} \left[b_0 \prod_{j=1}^{r} (\lambda_i - x_j) \right] \\
&= \prod_{i=1}^{m} Q(\lambda_i)
\end{aligned}
$$

定义 2.6 设 $\boldsymbol{A}$ 是 $m \times n$ 阶阵. 根据下节的定理 3.15,知 $\boldsymbol{A}^{\mathrm{T}}\boldsymbol{A}$ 的特征值是非负实数,可记其 n 个特征值为 $\lambda_1^2, \cdots, \lambda_n^2, \lambda_1^2 \geqslant \cdots \geqslant \lambda_n^2$. 设 $l = \min(m, n)$,称 $\lambda_1^2, \cdots, \lambda_l^2$ 的算术根 $\lambda_1, \cdots, \lambda_l$ 为 $\boldsymbol{A}$ 的**奇异值**,常记为

$\sigma_1(\boldsymbol{A}),\cdots,\sigma_l(\boldsymbol{A})$.

我们将在§3 中讨论矩阵的标准形和分解式，在那里可充分看出特征值的作用. 在第3章中，我们将建立正交不变范数与奇异值的内在联系，从而显示出奇异值的意义.

习 题 3

2.17. 设 $\boldsymbol{A}$ 是 n 阶满秩方阵，证明：

(1)存在 $n-1$ 阶多项式 $\phi(x)$，使得 $\boldsymbol{A}^{-1}=\phi(\boldsymbol{A})$；

(2)$\boldsymbol{A}$ 的特征值 $\lambda_1,\cdots,\lambda_n$ 均非零，且 $\boldsymbol{A}^{-1}$ 的特征值是 $\frac{1}{\lambda_1},\cdots,\frac{1}{\lambda_n}$.

2.18. 设 $P(x),Q(x)$ 为多项式，$\boldsymbol{A}$ 为 n 阶方阵，且 $Q(\boldsymbol{A})$ 可逆，则 $P(\boldsymbol{A})Q^{-1}(\boldsymbol{A})$ 的特征值是

$$\frac{P(\lambda_1)}{Q(\lambda_1)},\cdots,\frac{P(\lambda_n)}{Q(\lambda_n)}$$

其中 $\lambda_1,\cdots,\lambda_n$ 是 $\boldsymbol{A}$ 的特征值.

§3 矩阵的标准形与矩阵的分解

矩阵在各种变换下的标准形问题，是矩阵论的基本问题之一. 在本章§1 的第3 小节中已指出，把矩阵看作线性映射在一定基下的表示，求该矩阵的标准形

问题,也就是在空间中寻找适当的基,使线性映射的矩阵表示有最简形式的问题. 当然,我们还可从其他途径来定义矩阵的变换. 研究变换的中心问题是讨论变换的不变量,这些不变量常常反映在矩阵的标准形中,因此,标准形是很有意义的. 另外,标准形的求得,顺便给出了矩阵的分解. 这里只介绍几个最基本变换下的标准形问题.

1. 矩阵在等价变换下的标准形

我们先引进**初等矩阵**,一般分三种类型:

将单位阵 $\boldsymbol{I}$ 的第 i 行与第 j 行互换,得

$$\boldsymbol{P}(i,j)=\begin{bmatrix} 1 & & & & & & & & \\ & \ddots & & & & & & & \\ & & 1 & & & & & & \\ & & & 0 & \cdots & 1 & & & \\ & & & \vdots & 1 & \vdots & & & \\ & & & \vdots & \ddots & \vdots & & & \\ & & & \vdots & 1 & \vdots & & & \\ & & & 1 & \cdots & 0 & & & \\ & & & & & & 1 & & \\ & & & & & & & \ddots & \\ & & & & & & & & 1 \end{bmatrix}\begin{matrix} \\ \\ \\ i \\ \\ \\ \\ j \\ \\ \\ \\ \end{matrix}$$

将单位阵的第 i 行乘以 c,得

$$\boldsymbol{P}(i(c))=\begin{bmatrix} 1 & & & & & & \\ & \ddots & & & & & \\ & & 1 & & & & \\ & & & c & & & \\ & & & & 1 & & \\ & & & & & \ddots & \\ & & & & & & 1 \end{bmatrix} i \quad (c\neq 0)$$

将单位阵的第 j 行乘以 d 再加至第 i 行，得

$$\boldsymbol{P}(i,j(d))=\begin{bmatrix}1 & & & & & & \\ & \ddots & & & & & \\ & & 1 & \cdots & d & & \\ & & & \ddots & \vdots & & \\ & & & & 1 & & \\ & & & & & \ddots & \\ & & & & & & 1\end{bmatrix}\begin{matrix} \\ \\ i \\ \\ j \\ \\ \\ \end{matrix}$$

用初等矩阵去左乘矩阵 $\boldsymbol{A}$，称为对 $\boldsymbol{A}$ 作**行初等变换**，用初等矩阵去右乘矩阵 $\boldsymbol{A}$，称为对 $\boldsymbol{A}$ 作**列初等变换**. 当 $\boldsymbol{A}$ 不是方阵时，能够左乘和右乘的初等矩阵是不同阶的. 如果既对 $\boldsymbol{A}$ 作行初等变换，又对 $\boldsymbol{A}$ 作列初等变换，那么定理 3.1 的推论说明，这实际上就是对 $\boldsymbol{A}$ 作等价变换（本章 §1 的第 3 小节）.

我们将首先解决矩阵在行初等变换下的标准形问题.

定理 3.1　任一 $m\times n$ 阶矩阵 $\boldsymbol{A}$ 可通过行初等变换而化为唯一的**行简约梯队形 $\boldsymbol{E}$**. 行简约梯队形是满足下列三个条件的矩阵：

(1) 每一行，或全是 0，或第一个非零元为 1；

(2) 各列中，若含有某行的第一个非零元 1，则其余各元为 0；

(3) 非全为 0 的行排在矩阵的前 r 行，第 i 行第一个非零元 1 在第 k_i 列，$i=1,\cdots,r$，有 $k_1<\cdots<k_r$.

证明　设 $\boldsymbol{A}$ 的第 k_1 列是 $\boldsymbol{A}$ 的第一个非全零列，不妨设 $a_{1k_1}\neq 0$，否则可左乘 $\boldsymbol{P}(1,i)$ 型初等阵，使第 k_1 列的第一个元为非零元. 左乘 $\boldsymbol{P}\left(1\left(\dfrac{1}{a_{1k_1}}\right)\right)$ 使 $(1,k_1)$ －元为 1，再用 $\boldsymbol{P}(i,1(c))$ 型阵消去第 k_1 列除第一个元素外的

各个非零元. $\boldsymbol{A}$ 在上述一系列行初等变换下化成了

$$\boldsymbol{P}_1\boldsymbol{A}=\left[\begin{array}{c:c:c} & \overset{k_1}{1} & * \\ \cdashline{3-3} & 0 & \\ \boldsymbol{0} & \vdots & \boldsymbol{A}_1 \\ & 0 & \end{array}\right]^{①}$$

其中 $\boldsymbol{A}_1$ 是$(m-1)\times(n-k_1)$阶阵. 可对 $\boldsymbol{A}_1$ 施行上面对 $\boldsymbol{A}$ 用过的步骤,如此进行 r 步可得

$$\boldsymbol{PA}\triangleq[\boldsymbol{P}_r\ \cdots\ \boldsymbol{P}_1]\boldsymbol{A}$$

$$=\begin{bmatrix}
0 & \cdots & 0 & 1 & * & \cdots & * & 0 & 0 & * & \cdots & * & 0 & * & \cdots & * \\
0 & \cdots & 0 & 0 & 0 & \cdots & 0 & 0 & 1 & * & \cdots & * & 0 & * & \cdots & * \\
0 & \cdots & 0 & 0 & 0 & \cdots & 0 & 0 & 0 & 0 & \cdots & 0 & 0 & * & \cdots & * \\
\vdots & & \vdots & \vdots & \vdots & & \vdots & \vdots & \vdots & \vdots & & \vdots & \vdots & \vdots & & \vdots \\
0 & \cdots & 0 & 0 & 0 & \cdots & 0 & 0 & 0 & 0 & \cdots & 0 & 0 & * & \cdots & * \\
0 & \cdots & 0 & 0 & 0 & \cdots & 0 & 0 & 0 & 0 & \cdots & 0 & 1 & * & \cdots & * \\
0 & \cdots & 0 & 0 & 0 & \cdots & 0 & 0 & 0 & 0 & \cdots & 0 & 0 & 0 & \cdots & 0 \\
\vdots & & \vdots & \vdots & \vdots & & \vdots & \vdots & \vdots & \vdots & & \vdots & \vdots & \vdots & & \vdots \\
0 & \cdots & 0 & 0 & 0 & \cdots & 0 & 0 & 0 & 0 & \cdots & 0 & 0 & 0 & \cdots & 0
\end{bmatrix}\ r$$

$$\qquad\qquad k_1 \qquad\qquad\qquad k_2 \qquad\qquad k_r$$

(* 处元素不需写出,阶梯形虚线左下方全为0). 故上式右边就是行简约梯队形 $\boldsymbol{E}$.

剩下要证的是:若有一系列初等阵的乘积 $\boldsymbol{Q}$,使 $\boldsymbol{QA}=\boldsymbol{G}$ 也是行简约梯队形,则有

$$\boldsymbol{G}=\boldsymbol{E}$$

首先,设 $\boldsymbol{G}$ 的前 s 行非全零,其余各行为零,则因初等矩阵可逆,$\boldsymbol{E}$ 与 $\boldsymbol{G}$ 的秩分别是 r 与 s,应该相等,故

---

① 凡是矩阵中用“ * ”标出的部分,表示它暂时不必写出,下同.

得 $s=r$.

记 $\boldsymbol{G}$ 的前 r 行的第一个非零元 1 的所在列数分别是 $l_1,\cdots,l_r,l_1<\cdots<l_r$,注意到

$$\boldsymbol{QP}^{-1}\boldsymbol{E}=\boldsymbol{G}$$

记 $\boldsymbol{C}=\boldsymbol{QP}^{-1}$,因 $\boldsymbol{E}$ 的前 k_1-1 列全为零,$\boldsymbol{G}$ 的前 k_1-1 列也必全为零,于是 $k_1\leqslant l_1$. 同理应有 $l_1\leqslant k_1$,故得 $k_1=l_1$. 因 $\boldsymbol{E},\boldsymbol{G}$ 的第 k_1 列均为 $\boldsymbol{e}_1$,由 $\boldsymbol{Ce}_1=\boldsymbol{c}_1\Rightarrow\boldsymbol{c}_1=\boldsymbol{e}_1$. 因 $\boldsymbol{C}$ 的第一列为 $\boldsymbol{e}_1$,而 $\boldsymbol{E}$ 的前 k_2-1 列除第一个元素外皆为零,因此 $\boldsymbol{CE}$ 的前 k_2-1 列也必定是除第一个元素外皆为零,于是 $k_2\leqslant l_2$. 同理也应有 $l_2\leqslant k_2$,故得 $l_2=k_2$. 又可由 $\boldsymbol{E}$ 与 $\boldsymbol{G}$ 的第 k_2 列均为 $\boldsymbol{e}_2$,推出 $\boldsymbol{C}$ 的第二列$\boldsymbol{c}_2=\boldsymbol{Ce}_2=\boldsymbol{e}_2$. 继续此步骤,得

$$\boldsymbol{C}=\left[\begin{array}{c:c}\boldsymbol{I}_r & \multirow{2}{*}{*}\\ \boldsymbol{0} & \end{array}\right]$$

故有

$$\boldsymbol{G}=\boldsymbol{CE}=\left[\begin{array}{c:c}\boldsymbol{I}_r & \multirow{2}{*}{*}\\ \boldsymbol{0} & \end{array}\right]\left[\begin{array}{c} * \\ \hdashline \boldsymbol{0}\end{array}\right]=\boldsymbol{E}$$

推论　设 $\boldsymbol{A}$ 是 n 阶方阵,则 $\boldsymbol{A}$ 可经行初等变换化为唯一的 Hermite **典则形** $\boldsymbol{H}$(所谓 Hermite 典则形,它满足行简约梯队形阵的条件(1)(2),并且还满足“各行的第一个非零元 1 均处在主对角线上”),有 $\boldsymbol{H}^2=\boldsymbol{H}$,并且,当 $\boldsymbol{A}$ 满秩时,这里的 $\boldsymbol{H}=\boldsymbol{I}_n$,从而也说明满秩阵可表示为初等矩阵的乘积.

证明　第一个结论只需用行简约梯队形,再调整一下行序,即将第 i 行换到第 k_i 行,$i=1,\cdots,r$,即得证. 为证 $\boldsymbol{H}^2=\boldsymbol{H}$，只需讨论 $\boldsymbol{H}^2$ 的第 i 行 $\boldsymbol{h}_{(i)}^{\mathrm{T}}\boldsymbol{H}$. 当 $i\neq k_1,\cdots,k_r$ 时，有 $\boldsymbol{h}_{(i)}^{\mathrm{T}}=\boldsymbol{0}$，因此 $\boldsymbol{h}_{(i)}^{\mathrm{T}}\boldsymbol{H}=\boldsymbol{h}_{(i)}^{\mathrm{T}}=\boldsymbol{0}$. 当 $i=k_l$ 时，有 $\boldsymbol{h}_{(i)}^{\mathrm{T}}$ 的第 k_l 个元为 1，前 k_l-1 个元为 0，且第 k_{l+1} 个元为 0，……，第 k_r 个元也为 0，而 $\boldsymbol{H}$ 除这些行之外都是全零行，因此

$$\boldsymbol{h}_{(i)}^{\mathrm{T}}\boldsymbol{H}=\boldsymbol{h}_{(i)}^{\mathrm{T}},i=1,\cdots,n$$

于是有 $\boldsymbol{H}^2=\boldsymbol{H}$. 最后一个结论为显然的.

Hermite 典则形的求法给出了求满秩阵 $\boldsymbol{A}$ 的逆矩阵 $\boldsymbol{A}^{-1}$ 的具体方法：只要对矩阵 $[\boldsymbol{A}\mid\boldsymbol{I}_n]$ 同时作行初等变换，当 $\boldsymbol{A}$ 变成 $\boldsymbol{I}_n$ 时，$\boldsymbol{I}_n$ 就变成了 $\boldsymbol{A}^{-1}$.

行简约梯队形的求法也给出了相容线性方程组 $\boldsymbol{Ax}=\boldsymbol{b}$ 的具体解法. 由

$$\boldsymbol{PAx}=\boldsymbol{Hx}=\boldsymbol{Pb}$$

可见，$\boldsymbol{x}$ 中除第 k_1 个，……，第 k_r 个分量由方程约束外，其余分量是可以任取的，当这些可任取的分量给定时，$\boldsymbol{x}_{k_1},\cdots,\boldsymbol{x}_{k_r}$ 唯一确定. 这种解法实际上就是初等代数中常用的消元法.

在行简约梯队形的基础上，再作列初等变换，可化 $\boldsymbol{H}$ 为

$$\boldsymbol{HQ}=\begin{bmatrix}\boldsymbol{I}_r & \boldsymbol{0}\\ \boldsymbol{0} & \boldsymbol{0}\end{bmatrix}=\boldsymbol{PAQ}$$

此结论叙述为：

定理 3.2 任一 $m\times n$ 阶阵 $\boldsymbol{A}$，可通过等价变换化为标准形，即

$$\boldsymbol{PAQ}=\begin{bmatrix}\boldsymbol{I}_r & \boldsymbol{0}\\ \boldsymbol{0} & \boldsymbol{0}\end{bmatrix},r=\operatorname{rank}\boldsymbol{A}\tag{3.1}$$

其中 $\boldsymbol{P},\boldsymbol{Q}$ 分别是 m 阶和 n 阶满秩方阵.

定理 3.2 表明,矩阵在等价变换下的不变量仅仅是它的秩.

我们可将初等矩阵的概念推广到分块初等阵,记单位阵

$$\boldsymbol{I}_m=\begin{bmatrix}\boldsymbol{I}_{r_1} & & & \boldsymbol{0}\\ & \boldsymbol{I}_{r_2} & & \\ & & \ddots & \\ \boldsymbol{0} & & & \boldsymbol{I}_{r_l}\end{bmatrix}$$

仿初等阵定义三型**分块初等阵**为

$$\begin{bmatrix}\boldsymbol{I}_{r_1} & & & & & & \\ & \ddots & & & & & \\ & & \boldsymbol{0} & \cdots\cdots & \boldsymbol{I}_{r_j} & & \\ & & \vdots & & \vdots & & \\ & & \boldsymbol{I}_{r_i} & \cdots\cdots & \boldsymbol{0} & & \\ & & & & & \ddots & \\ & & & & & & \boldsymbol{I}_{r_l}\end{bmatrix}$$

$$\begin{bmatrix}\boldsymbol{I}_{r_1} & & & & \\ & \ddots & & & \\ & & \boldsymbol{A} & & \\ & & & \ddots & \\ & & & & \boldsymbol{I}_{r_l}\end{bmatrix}$$

$$\begin{bmatrix}\boldsymbol{I}_{r_1} & & & & & & \\ & \ddots & & & & & \\ & & \boldsymbol{I}_{r_i} & \cdots\cdots & \boldsymbol{B} & & \\ & & \vdots & & \vdots & & \\ & & \boldsymbol{0} & \cdots\cdots & \boldsymbol{I}_{r_j} & & \\ & & & & & \ddots & \\ & & & & & & \boldsymbol{I}_{r_l}\end{bmatrix}$$

其中 $\boldsymbol{A}$ 为非奇异阵,$\boldsymbol{B}$ 可任意. 类似的,有**分块行初等**

变换、**分块等价变换**等概念. 在讨论分块矩阵时,上述想法常常是有效的. 实际上,它在定理 2. 11 的证明中已经使用,尚可参见问题和补充 1.

习 题 1

3. 1. 证明:

(1)初等矩阵的逆矩阵仍是初等矩阵;

(2)$\boldsymbol{P}(i,j)$型初等矩阵可表示为另两型初等矩阵的乘积.

3. 2. 讨论用各型初等矩阵去左乘或右乘矩阵 $\boldsymbol{A}$,使 $\boldsymbol{A}$ 发生如何的相应变化?

3. 3. 对四块矩阵 $\boldsymbol{A}=\begin{bmatrix}\boldsymbol{A}_{11} & \boldsymbol{A}_{12}\\ \boldsymbol{A}_{21} & \boldsymbol{A}_{22}\end{bmatrix}$,讨论用分块初等阵去左乘或右乘使之发生的变化.

2. 矩阵在相似变换下的 Jordan(若尔当)标准形

设 $\boldsymbol{A}$ 是 n 阶方阵,对任一非奇异阵 $\boldsymbol{P}$,$\boldsymbol{A}\mapsto\boldsymbol{P}^{-1}\boldsymbol{A}\boldsymbol{P}$ 称为**相似变换**. 由定义容易看出,矩阵的特征值是在相似变换下的不变量. $\boldsymbol{A}$ 在相似变换下的标准形问题是矩阵论的最基本的问题之一. 我们将用线性空间直和分解的方法来叙述有关结论,好处是避免了一般教科书上的关于 λ - 矩阵的讨论,且能给出变换矩阵 $\boldsymbol{P}$ 的求法. 本节一律在复数域里讨论.

定义 3.1 设 $\mathscr{A}:U^n\to U^n$ 是一个线性变换,$S\subset U^n$ 是子空间,若有 $\mathscr{A}S\subset S$,则称 S 是 $\mathscr{A}$ 的**不变子空间**.

定义 3.2　设 $\mathscr{A}: U^n \to U^n$ 是一个线性变换，若 $\boldsymbol{x} \neq \boldsymbol{0}$ 满足 $\mathscr{A}\boldsymbol{x} = \lambda \boldsymbol{x}$，则称 $\boldsymbol{x}$ 是**相应于特征值 λ 的特征向量**，其中 λ 称为算子 $\mathscr{A}$ 的**特征值**.

例 3.1　n 阶方阵 $\boldsymbol{A}$ 可看作 U^n 上的线性算子. 若 λ 是矩阵 $\boldsymbol{A}$ 的特征值，则有

$$\det(\lambda \boldsymbol{I} - \boldsymbol{A}) = 0$$

因此，方程

$$(\lambda \boldsymbol{I} - \boldsymbol{A})\boldsymbol{x} = \boldsymbol{0}$$

有非零解 $\boldsymbol{x}$，可推出

$$\boldsymbol{A}\boldsymbol{x} = \lambda \boldsymbol{x}$$

得 λ 正是算子 $\boldsymbol{A}$ 的特征值，而 $\boldsymbol{x}$ 是**相应于 λ 的特征向量**. 因此，算子的特征值与它的表示矩阵的特征值是同一的，并且因 $\boldsymbol{A}\boldsymbol{x} = \lambda \boldsymbol{x} \in R(\boldsymbol{x})$，得 $R(\boldsymbol{x})$ 是 $\boldsymbol{A}$ 的不变子空间.

若 $\operatorname{rank}(\lambda \boldsymbol{I} - \boldsymbol{A}) = r$，则有 $N(\boldsymbol{A} - \lambda \boldsymbol{I})$ 的维数为 $n - r$，因此，相应于 λ 的线性无关的特征向量至多可以有 $n - r$ 个. 它们所张成的子空间恰是 $N(\boldsymbol{A} - \lambda \boldsymbol{I})$，它是算子 $\boldsymbol{A}$ 的不变子空间（思考题），又称为特征值 λ 的**特征子空间**，简记为 S_λ.

定理 3.3　如果 U^n 可分解为 $\boldsymbol{A}$ 的不变子空间 $S_1, \cdots, S_k$ 的直和，即

$$\boldsymbol{A}S_i \subset S_i, i = 1, \cdots, k$$

$$U^n = S_1 \oplus \cdots \oplus S_k$$

则可选

$$\boldsymbol{p}_{i1}, \cdots, \boldsymbol{p}_{ir_i} \in S_i, i = 1, \cdots, k$$

使得 $\{\boldsymbol{p}_{i1}, \cdots, \boldsymbol{p}_{ir_i}, i = 1, \cdots, k\}$ 是 U^n 的基（参看习题

1.4),并且在记

$$\boldsymbol{P}_i \triangleq [\boldsymbol{p}_{i1} \mid \cdots \mid \boldsymbol{p}_{ir_i}], \boldsymbol{P} \triangleq [\boldsymbol{P}_1 \mid \cdots \mid \boldsymbol{P}_k]$$

时,有

$$\boldsymbol{P}^{-1}\boldsymbol{A}\boldsymbol{P} = \begin{bmatrix} \boldsymbol{D}_1 & & \boldsymbol{0} \\ & \ddots & \\ \boldsymbol{0} & & \boldsymbol{D}_k \end{bmatrix} \tag{3.2}$$

是分块对角阵.

证明 由直和的定义,可选由定理所述的基,这是显然的. 因 S_i 是不变子空间,有 $R(\boldsymbol{A}\boldsymbol{P}_i) \subset R(\boldsymbol{P}_i)$,根据习题2.3,有 $\boldsymbol{A}\boldsymbol{P}_i = \boldsymbol{P}_i\boldsymbol{D}_i$,这里 $\boldsymbol{D}_i$ 是一个 r_i 阶的方阵. 于是

$$\boldsymbol{A}\boldsymbol{P} = \boldsymbol{P}\begin{bmatrix} \boldsymbol{D}_1 & & \\ & \ddots & \\ & & \boldsymbol{D}_k \end{bmatrix} \Rightarrow (3.2)$$

下面我们将把特征子空间的概念扩充为广义特征子空间,然后化$\mathbb{R}^n$为广义特征子空间的直和,且在广义特征子空间中选取适当的基向量,使 $\boldsymbol{A}$ 化为分块对角阵,并且,每一对角块都是所谓的 **Jordan 块**,即如下的 k 阶上三角阵

$$\boldsymbol{J}_k(\lambda_i) = \begin{bmatrix} \lambda_i & 1 & & \boldsymbol{0} \\ & \ddots & \ddots & \\ & & \ddots & 1 \\ & & & \ddots \\ \boldsymbol{0} & & & \lambda_i \end{bmatrix} \tag{3.3}$$

定义 3.3 设 $\boldsymbol{A}$ 是 n 阶方阵,λ 是它的特征值. 显

然有

$$\begin{aligned} N(\boldsymbol{A}-\lambda\boldsymbol{I}) &\subset N((\boldsymbol{A}-\lambda\boldsymbol{I})^2)\subset\cdots \\ &\subset N((\boldsymbol{A}-\lambda\boldsymbol{I})^k) \\ &\subset N((\boldsymbol{A}-\lambda\boldsymbol{I})^{k+1})\subset\cdots \end{aligned}$$

因空间维数的有限性，故在上述序列中，必有相邻两空间相等的情形出现（否则，对应的维数序列严格递增，而这是不可能的）. 设第一次出现相等的是

$$N((\boldsymbol{A}-\lambda\boldsymbol{I})^r)=N((\boldsymbol{A}-\lambda\boldsymbol{I})^{r+1})$$

（据定理 1. 4，这时必有 $\mathrm{rank}(\boldsymbol{A}-\lambda\boldsymbol{I})^r=\mathrm{rank}(\boldsymbol{A}-\lambda\boldsymbol{I})^{r+1}$）. 由习题 2. 10 知，$\forall k>r$，必有

$$N((\boldsymbol{A}-\lambda\boldsymbol{I})^k)=N((\boldsymbol{A}-\lambda\boldsymbol{I})^r)$$

我们称 $N((\boldsymbol{A}-\lambda\boldsymbol{I})^r)$ 为 $\boldsymbol{A}$ 的相应于 λ 的**广义特征子空间**. 称 r 为 λ 的**指标**，或矩阵 $\boldsymbol{A}-\lambda\boldsymbol{I}$ 的指标.

对任一 $\boldsymbol{x}\in N((\boldsymbol{A}-\lambda\boldsymbol{I})^r)$，必定有 $(\boldsymbol{A}-\lambda\boldsymbol{I})^r\boldsymbol{x}=\boldsymbol{0}$. 当 $\boldsymbol{x}\neq\boldsymbol{0}$ 时，必有一正整数 $k\leqslant r$ 满足

$$(\boldsymbol{A}-\lambda\boldsymbol{I})^{k-1}\boldsymbol{x}\neq\boldsymbol{0},(\boldsymbol{A}-\lambda\boldsymbol{I})^k\boldsymbol{x}=\boldsymbol{0} \qquad (3.4)$$

称 $\boldsymbol{x}$ 为 $\boldsymbol{A}$ 的相应于 λ 的**秩**为 k 的**广义特征向量**. 易见，秩为 1 的正是特征向量.

定理 3. 4　$\boldsymbol{A}$ 的相应于 λ 的秩各不相同的广义特征向量集是线性无关的.

证明　设此广义特征向量集为 $\{\boldsymbol{x}_1,\cdots,\boldsymbol{x}_l\}$，其中 $\boldsymbol{x}_i$ 的秩是 k_i，并且有 $k_1<\cdots<k_l$. 于是，若有

$$\sum_{i=1}^{l}\alpha_i\boldsymbol{x}_i=\boldsymbol{0}$$

用 $(\boldsymbol{A}-\lambda\boldsymbol{I})^{k_l-1}$ 去作用，得

$$
\begin{aligned}
&(\boldsymbol{A}-\lambda \boldsymbol{I})^{k_l-1}\left(\sum_{i=1}^{l} \alpha_i \boldsymbol{x}_i\right) \\
&=\alpha_l(\boldsymbol{A}-\lambda \boldsymbol{I})^{k_l-1} \boldsymbol{x}_l=\mathbf{0} \overset{(3.4)}{\Rightarrow} \alpha_l=0
\end{aligned}
$$

再将$(\boldsymbol{A}-\lambda\boldsymbol{I})^{k_{l-1}-1}$作用于$\sum_{i=1}^{l-1}\alpha_i\boldsymbol{x}_i=\mathbf{0}$,又可推出$\alpha_{l-1}=0$,依此类推得$\alpha_1=\alpha_2=\cdots=\alpha_{l-1}=\alpha_l=0$,故得证.

定理 3.5 $N((\boldsymbol{A}-\lambda\boldsymbol{I})^r)$与$R((\boldsymbol{A}-\lambda\boldsymbol{I})^r)$都是$\boldsymbol{A}$的不变子空间,并且

$$
U^n=R((\boldsymbol{A}-\lambda\boldsymbol{I})^r)\oplus N((\boldsymbol{A}-\lambda\boldsymbol{I})^r) \tag{3.5}
$$

证明 根据$\boldsymbol{A}$与$(\boldsymbol{A}-\lambda\boldsymbol{I})^r$乘积的可交换性,易于从定义直接看出定理的前一结论.

由习题 2.4,因$\operatorname{rank}(\boldsymbol{A}-\lambda\boldsymbol{I})^{2r}=\operatorname{rank}(\boldsymbol{A}-\lambda\boldsymbol{I})^r$,注意

$$
N((\boldsymbol{A}-\lambda\boldsymbol{I})^{2r})=N((\boldsymbol{A}-\lambda\boldsymbol{I})^r)
$$

故得

$$
R((\boldsymbol{A}-\lambda\boldsymbol{I})^r)\cap N((\boldsymbol{A}-\lambda\boldsymbol{I})^r)=\{\mathbf{0}\}
$$

由习题 1.3,知二者之和为直和,又由

$$
\dim R((\boldsymbol{A}-\lambda\boldsymbol{I})^r)+\dim N((\boldsymbol{A}-\lambda\boldsymbol{I})^r)=n
$$

故得(3.5).

以后简记

$$
N_\lambda\triangleq N((\boldsymbol{A}-\lambda\boldsymbol{I})^r),R_\lambda\triangleq R((\boldsymbol{A}-\lambda\boldsymbol{I})^r)
$$

r是λ的指标.

定理 3.6 设λ_1,λ_2是$\boldsymbol{A}$的相异特征根,它们的指标分别为r_1和r_2,则有

$$
N_{\lambda_2}\subset R_{\lambda_1} \tag{3.6}
$$

证明 由定理 3.5,有$U^n=R_{\lambda_1}\oplus N_{\lambda_1}$. 任给$\boldsymbol{x}\in$

$N_{\lambda_2} \subset U^n$，有 $\boldsymbol{x} = \boldsymbol{y} + \boldsymbol{z}, \boldsymbol{y} \in R_{\lambda_1}, \boldsymbol{z} \in N_{\lambda_1}$，于是

$$\boldsymbol{y} = (\boldsymbol{A} - \lambda_1 \boldsymbol{I})^{r_1} \boldsymbol{t}, (\boldsymbol{A} - \lambda_1 \boldsymbol{I})^{r_1} \boldsymbol{z} = \boldsymbol{0}$$

从而得

$$\begin{aligned}
\boldsymbol{0} &= (\boldsymbol{A} - \lambda_2 \boldsymbol{I})^{r_2} \boldsymbol{x} = (\boldsymbol{A} - \lambda_2 \boldsymbol{I})^{r_2} [(\boldsymbol{A} - \lambda_1 \boldsymbol{I})^{r_1} \boldsymbol{t} + \boldsymbol{z}] \\
&= (\boldsymbol{A} - \lambda_2 \boldsymbol{I})^{r_2} (\boldsymbol{A} - \lambda_1 \boldsymbol{I})^{r_1} \boldsymbol{t} + (\boldsymbol{A} - \lambda_2 \boldsymbol{I})^{r_2} \boldsymbol{z} \\
&\triangleq \boldsymbol{u} + [\boldsymbol{A} - \lambda_1 \boldsymbol{I} + (\lambda_1 - \lambda_2) \boldsymbol{I}]^{r_2} \boldsymbol{z} \\
&= \boldsymbol{u} + \sum_{i=0}^{r_2} \binom{r_2}{i} (\boldsymbol{A} - \lambda_1 \boldsymbol{I})^{r_2 - i} (\lambda_1 - \lambda_2)^i \boldsymbol{z} \\
&= \boldsymbol{u} + \sum_{i=0}^{r_2 - 1} \binom{r_2}{i} (\boldsymbol{A} - \lambda_1 \boldsymbol{I})^{r_2 - i} (\lambda_1 - \lambda_2)^i \boldsymbol{z} + (\lambda_1 - \lambda_2)^{r_2} \boldsymbol{z}
\end{aligned}$$

当 $\boldsymbol{z} = \boldsymbol{0}$ 时，得 $\boldsymbol{x} \in R_{\lambda_1}$，已有要证的结论. 现设 $\boldsymbol{z} \neq \boldsymbol{0}$，它的秩为 k. 因此，由上式得

$$\begin{aligned}
\boldsymbol{0} &\neq (\boldsymbol{A} - \lambda_1 \boldsymbol{I})^{k-1} \boldsymbol{z} \\
&= (\boldsymbol{A} - \lambda_1 \boldsymbol{I})^{k-1} [-(\lambda_1 - \lambda_2)^{-r_2} \boldsymbol{u} - (\lambda_1 - \lambda_2)^{-r_2} \cdot \\
&\quad \sum_{i=0}^{r_2 - 1} \binom{r_2}{i} (\boldsymbol{A} - \lambda_1 \boldsymbol{I})^{r_2 - i} (\lambda_1 - \lambda_2)^i \boldsymbol{z}] \\
&= -(\lambda_1 - \lambda_2)^{-r_2} (\boldsymbol{A} - \lambda_1 \boldsymbol{I})^{k-1} \boldsymbol{u} + \boldsymbol{0} \\
&= -(\lambda_1 - \lambda_2)^{-r_2} (\boldsymbol{A} - \lambda_1 \boldsymbol{I})^{k-1} \cdot \\
&\quad (\boldsymbol{A} - \lambda_2 \boldsymbol{I})^{r_2} (\boldsymbol{A} - \lambda_1 \boldsymbol{I})^{r_1} \boldsymbol{t} \\
&= (\boldsymbol{A} - \lambda_1 \boldsymbol{I})^{r_1} [-(\lambda_1 - \lambda_2)^{-r_2} (\boldsymbol{A} - \lambda_1 \boldsymbol{I})^{k-1} \cdot \\
&\quad (\boldsymbol{A} - \lambda_2 \boldsymbol{I})^{r_2} \boldsymbol{t}] \in R_{\lambda_1}
\end{aligned}$$

另外，由 $\boldsymbol{z} \in N_{\lambda_1} \Rightarrow (\boldsymbol{A} - \lambda_1 \boldsymbol{I})^{k-1} \boldsymbol{z} \in N_{\lambda_1}$，得

$$\boldsymbol{0} \neq (\boldsymbol{A} - \lambda_1 \boldsymbol{I})^{k-1} \boldsymbol{z} \in R_{\lambda_1} \cap N_{\lambda_1}$$

与定理 3.5 矛盾. 因此，只能有 $\boldsymbol{z} = \boldsymbol{0}$.

定理 3.7　设 $\lambda_1, \cdots, \lambda_k$ 是 $\boldsymbol{A}$ 的全部相异特征根，

则有

$$U^n = N_{\lambda_1} \oplus \cdots \oplus N_{\lambda_k} \tag{3.7}$$

证明 首先,由(3.5)得 $U^n = N_{\lambda_1} \oplus R_{\lambda_1}$. 由 $N_{\lambda_2} \subset R_{\lambda_1}$得

$$R_{\lambda_1} = N_{\lambda_2} \oplus (R_{\lambda_1} \cap R_{\lambda_2})$$

又由 $N_{\lambda_3} \subset R_{\lambda_1} \cap R_{\lambda_2}$得

$$R_{\lambda_1} \cap R_{\lambda_2} = N_{\lambda_3} \oplus (R_{\lambda_1} \cap R_{\lambda_2} \cap R_{\lambda_3})$$

如此继续下去,得到

$$U^n = N_{\lambda_1} \oplus N_{\lambda_2} \oplus \cdots \oplus N_{\lambda_k} \oplus (R_{\lambda_1} \cap R_{\lambda_2} \cap \cdots \cap R_{\lambda_k})$$

如果 $R_{\lambda_1} \cap R_{\lambda_2} \cap \cdots \cap R_{\lambda_k} \neq \{\mathbf{0}\}$,那么因它是 $\boldsymbol{A}$ 的不变子空间,故由习题 3.4,知其中必有 $\boldsymbol{A}$ 的特征向量 $\boldsymbol{x} \neq \mathbf{0}$,然而,作为 $\boldsymbol{A}$ 的特征向量,$\boldsymbol{x} \in N_{\lambda_1} \oplus \cdots \oplus N_{\lambda_k}$,与直和分解相矛盾. 因此,必有

$$R_{\lambda_1} \cap R_{\lambda_2} \cap \cdots \cap R_{\lambda_k} = \{\mathbf{0}\}$$

于是得(3.7).

为了选取 N_λ 中的基向量,我们需要进一步剖析 N_λ 的结构. 令

$$N^j = \{\boldsymbol{x} \mid (\boldsymbol{A} - \boldsymbol{\lambda I})^j \boldsymbol{x} = \mathbf{0}\}, j = 1, \cdots, r \tag{3.8}$$

这里 r 是 λ 的指标. 显然有

$$N^1 \subset N^2 \subset \cdots \subset N^r = N_\lambda$$

注意到在集合 $N^{j+1} - N^j$ 中包含所有秩为 $j+1$ 的广义特征向量,可在其中选取线性无关集与 N^j 中的基合并成 N^{j+1}的基. 设所选的线性无关集张成 N^{j+1}的子空间 $\mathscr{T}^j$. 于是有

$$N^{j+1} = \mathscr{T}^j \oplus N^j, j = 1, \cdots, r-1$$

记 $\mathscr{T}^0 = N^1$,我们得:

定理 3.8　设 λ 是 $\boldsymbol{A}$ 的指标为 r 的特征根,则有

$$N_\lambda = \mathscr{T}^{r-1} \oplus \mathscr{T}^{r-2} \oplus \cdots \oplus \mathscr{T}^{1} \oplus \mathscr{T}^{0} \tag{3.9}$$

我们还需要以下事实:

定理 3.9　设无关集 $\{\boldsymbol{x}_1, \cdots, \boldsymbol{x}_l\} \subset \mathscr{T}^j$,则

$$\{(\boldsymbol{A} - \lambda \boldsymbol{I})^i \boldsymbol{x}_1, \cdots, (\boldsymbol{A} - \lambda \boldsymbol{I})^i \boldsymbol{x}_l\}, i = 1, \cdots, j$$

都是无关集.

证明　因线性相关集在 $(\boldsymbol{A} - \lambda \boldsymbol{I})$ 作用下仍为线性相关集,故只需证明 $\{(\boldsymbol{A} - \lambda \boldsymbol{I})^j \boldsymbol{x}_1, \cdots, (\boldsymbol{A} - \lambda \boldsymbol{I})^j \boldsymbol{x}_l\}$ 为线性无关集就够了. 如果

$$\sum_{i=1}^{l} \alpha_i (\boldsymbol{A} - \lambda \boldsymbol{I})^j \boldsymbol{x}_i = \boldsymbol{0} \Rightarrow (\boldsymbol{A} - \lambda \boldsymbol{I})^j \left(\sum_{i=1}^{l} \alpha_i \boldsymbol{x}_i \right) = \boldsymbol{0}$$

因 $\mathscr{T}^j$ 中包含秩为 $j+1$ 的广义特征向量或零向量,得

$$\sum_{i=1}^{l} \alpha_i \boldsymbol{x}_i = \boldsymbol{0}$$

故由假设推得 $\alpha_1 = \cdots = \alpha_l = 0$.

现在我们可给出基本定理:

定理 3.10　设 $\boldsymbol{A}$ 是 n 阶方阵,则存在可逆阵 $\boldsymbol{P}$,使得

$$\boldsymbol{P}^{-1} \boldsymbol{A} \boldsymbol{P} = \begin{bmatrix} \boldsymbol{J}_1 & & \boldsymbol{0} \\ & \ddots & \\ \boldsymbol{0} & & \boldsymbol{J}_s \end{bmatrix}, \boldsymbol{J}_1, \cdots, \boldsymbol{J}_s \text{ 为 Jordan 块} \tag{3.10}$$

证明　根据定理 3.3 和定理 3.7,我们只需对 N_λ 讨论,这里 λ 是 $\boldsymbol{A}$ 的特征值,N_λ 是广义特征空间. 记 $d_j = \dim(\mathscr{T}^j)$. 我们按以下步骤在 N_λ 中选基:

(1) 在 $\mathscr{T}^{r-1}$ 中选基 $\boldsymbol{x}_1, \cdots, \boldsymbol{x}_{d_{r-1}}$;

在 $\mathscr{T}^{r-2}$ 中选基

$(\boldsymbol{A}-\lambda\boldsymbol{I})\boldsymbol{x}_1,\cdots,(\boldsymbol{A}-\lambda\boldsymbol{I})\boldsymbol{x}_{d_{r-1}},\boldsymbol{x}_{d_{r-1}+1},\cdots,\boldsymbol{x}_{d_{r-2}}$

在 $\mathscr{T}^{r-3}$ 中选基

$(\boldsymbol{A}-\lambda\boldsymbol{I})^2\boldsymbol{x}_1,\cdots,(\boldsymbol{A}-\lambda\boldsymbol{I})^2\boldsymbol{x}_{d_{r-1}},(\boldsymbol{A}-\lambda\boldsymbol{I})\boldsymbol{x}_{d_{r-1}+1},\cdots,$

$(\boldsymbol{A}-\lambda\boldsymbol{I})\boldsymbol{x}_{d_{r-2}},\boldsymbol{x}_{d_{r-2}+1},\cdots,\boldsymbol{x}_{d_{r-3}}$

……

在 $\mathscr{T}^{0}$ 中选基

$(\boldsymbol{A}-\lambda\boldsymbol{I})^{r-1}\boldsymbol{x}_1,\cdots,(\boldsymbol{A}-\lambda\boldsymbol{I})^{r-1}\boldsymbol{x}_{d_{r-1}},(\boldsymbol{A}-\lambda\boldsymbol{I})^{r-2}\boldsymbol{x}_{d_{r-1}+1},\cdots,$

$(\boldsymbol{A}-\lambda\boldsymbol{I})^{r-2}\boldsymbol{x}_{d_{r-2}},\cdots,(\boldsymbol{A}-\lambda\boldsymbol{I})\boldsymbol{x}_{d_1},\boldsymbol{x}_{d_1+1},\cdots,\boldsymbol{x}_{d_0}$

(2)将(1)中所选基向量重新组合,记

$$\boldsymbol{P}_{i_j}=[(\boldsymbol{A}-\lambda\boldsymbol{I})^{r-j}\boldsymbol{x}_{i_j}\ \vdots\ \cdots\ \vdots\ (\boldsymbol{A}-\lambda\boldsymbol{I})\boldsymbol{x}_{i_j}\ \vdots\ \boldsymbol{x}_{i_j}]$$

$$i_j=d_{r-j+1}+1,\cdots,d_{r-j},j=1,\cdots,r,d_r=0$$

这里 $\boldsymbol{P}_{i_j}$ 是 $n\times(r-j+1)$ 阶的列满秩阵. 容易验证

$$(\boldsymbol{A}-\lambda\boldsymbol{I})\boldsymbol{P}_{i_j}=\boldsymbol{P}_{i_j}\cdot\boldsymbol{S}_{i_j}$$

其中

$$\boldsymbol{S}_{i_j}\triangleq\begin{bmatrix}0 & 1 & & \boldsymbol{0}\\ & \ddots & \ddots & \\ & & \ddots & 1\\ & & & \ddots \\ \boldsymbol{0} & & & 0\end{bmatrix}$$

为 $r-j+1$ 阶方阵. 因此

$$\boldsymbol{A}\boldsymbol{P}_{i_j}=\boldsymbol{P}_{i_j}\begin{bmatrix}\lambda & 1 & & \boldsymbol{0}\\ & \ddots & \ddots & \\ & & \ddots & 1\\ & & & \ddots \\ \boldsymbol{0} & & & \lambda\end{bmatrix}\triangleq\boldsymbol{P}_{i_j}\boldsymbol{J}_{i_j}$$

$\boldsymbol{J}_{i_j}$为 $r-j+1$ 阶 Jordan 块.

由上述步骤可见,相应于 λ,一阶 Jordan 块有 d_0-d_1 个,二阶 Jordan 块有 d_1-d_2 个,……,r 阶 Jordan 块有 d_{r-1}个.

作为 Jordan 标准形的应用的例子,我们给出如下的 Caylay-Hamilton(凯莱－哈密尔顿)定理:

定理 3.11　设$f(x)$是 n 阶方阵 $\boldsymbol{A}$ 的特征多项式,则有$f(\boldsymbol{A})=\boldsymbol{0}$.

证明　设 $\boldsymbol{A}$ 的 Jordan 标准形为

$$\boldsymbol{J}=\boldsymbol{P}^{-1}\boldsymbol{A}\boldsymbol{P}$$

注意到

$$f(\boldsymbol{A})=\boldsymbol{P}f(\boldsymbol{J})\boldsymbol{P}^{-1}$$

只要证$f(\boldsymbol{J})=\boldsymbol{0}$就够了. 又因为 $\boldsymbol{J}$ 是分块对角阵,它的幂也是同样分块的分块对角阵. 因此,要证$f(\boldsymbol{J})=\boldsymbol{0}$,只要证明$f(\boldsymbol{J}_k(\lambda_0))=\boldsymbol{0}$,这里

$$\boldsymbol{J}_k(\lambda_0)=\begin{bmatrix}\lambda_0 & & 1 & & \boldsymbol{0}\\ & \ddots & & \ddots & \\ & & \ddots & & 1\\ & & & \ddots & \\ \boldsymbol{0} & & & & \lambda_0\end{bmatrix}_k$$

设$f(\lambda)=\prod\limits_{i=1}^{n}(\lambda-\lambda_i)$,于是

$$f(\boldsymbol{J}_k(\lambda_0))=(\boldsymbol{J}_k(\lambda_0)-\lambda_1\boldsymbol{I})\cdots(\boldsymbol{J}_k(\lambda_0)-\lambda_n\boldsymbol{I}) \tag{3.11}$$

因 λ_0 至少是 $\boldsymbol{A}$ 的 k 重根,故(3.11)右边的因子中至少有 k 个是

Ky Fan 定理

$$
\boldsymbol{J}_k(\lambda_0)-\lambda_0\boldsymbol{I}=-\begin{bmatrix}0 & & 1 & & \boldsymbol{0}\\ & \ddots & & \ddots & \\ & & \ddots & & 1\\ & & & \ddots & \\ \boldsymbol{0} & & & & 0\end{bmatrix}
$$

而

$$
\begin{aligned}
\begin{bmatrix}0 & & 1 & & \boldsymbol{0}\\ & \ddots & & \ddots & \\ & & \ddots & & 1\\ & & & \ddots & \\ \boldsymbol{0} & & & & 0\end{bmatrix}^k &= \begin{bmatrix}0 & 0 & 1 & & \boldsymbol{0}\\ & \ddots & \ddots & \ddots & \\ & & \ddots & \ddots & 1\\ & & & \ddots & 0\\ \boldsymbol{0} & & & & 0\end{bmatrix}^{k-1}\\
&=\cdots\\
&=\begin{bmatrix}0 & \cdots & 0 & & 1\\ & \ddots & & \ddots & \\ & & \ddots & & 0\\ & & & \ddots & \vdots\\ \boldsymbol{0} & & & & 0\end{bmatrix}^2\\
&=\boldsymbol{0}
\end{aligned}
$$

故得 $f(\boldsymbol{J}_k(\lambda_0))=\boldsymbol{0}$.

注记 当 $\boldsymbol{A}$ 是实矩阵时,并不能保证 $\lambda_1,\cdots,\lambda_n$ 是实数. 若 $\lambda_1,\cdots,\lambda_n$ 也是实数,则可取(3. 10)中的 $\boldsymbol{P}$ 为实矩阵.

习　题　2

3. 4. 设 $\boldsymbol{A}$ 是 n 阶方阵,S 是 $\boldsymbol{A}$ 的不变子空间. 证

明:S 中必有 $\boldsymbol{A}$ 的特征向量.

3.5. 设 $\boldsymbol{AB}=\boldsymbol{BA}$,则 $\boldsymbol{A}$ 的特征子空间必定是 $\boldsymbol{B}$ 的不变子空间. 于是,$\boldsymbol{A}$,$\boldsymbol{B}$ 必有公共的特征向量.

3.6. 设 $\boldsymbol{AB}=\boldsymbol{BA}$,则 $R(\boldsymbol{A})$,$N(\boldsymbol{A})$ 都是 $\boldsymbol{B}$ 的不变子空间.

3.7. 证明:

(1)正交阵的特征值的模为 1;

(2)设 $\boldsymbol{A}$,$\boldsymbol{B}$ 都是正交阵,且 $\det \boldsymbol{A}=-\det \boldsymbol{B}$,则

$$\det(\boldsymbol{A}+\boldsymbol{B})=0$$

3.8. 求

$$\boldsymbol{A}=\begin{bmatrix}2&0&3&1\\0&2&1&2\\0&0&1&2\\0&0&0&1\end{bmatrix}$$

的 Jordan 标准形和变换矩阵.

3.9. 设 $\boldsymbol{A}=\begin{bmatrix}0&1\\-1&2\end{bmatrix}$,计算 $\boldsymbol{A}^{100}+3\boldsymbol{A}^{23}+\boldsymbol{A}^{20}$.

3. 对称阵及其在相合变换下的标准形

若矩阵 $\boldsymbol{A}$ 满足 $\boldsymbol{A}^{\mathrm{T}}=\boldsymbol{A}$,则称 $\boldsymbol{A}$ 为**对称阵**. 显然,对称阵一定是方阵. 若复数矩阵 $\boldsymbol{A}$ 满足 $\boldsymbol{A}^{*}=\boldsymbol{A}$,则称 $\boldsymbol{A}$ 为 Hermite 阵①.

---

① 本节对对称阵所做的讨论,均可平移到Hermite阵,只需将使用转置之处改用共轭转置即可.

对称阵的应用是十分广泛的. 熟知的二次型就与对称阵相对应. 设 $\boldsymbol{x}=[x_1 \quad \cdots \quad x_n]^{\mathrm{T}}$, $\boldsymbol{x}$ 的**二次型**

$$Q(\boldsymbol{x})=\sum_{i,j} a_{ij}x_ix_j=\boldsymbol{x}^{\mathrm{T}}\boldsymbol{A}\boldsymbol{x}$$

实际上由矩阵 $\boldsymbol{A}$ 所决定. 由于

$$\boldsymbol{x}^{\mathrm{T}}\boldsymbol{A}\boldsymbol{x}=\boldsymbol{x}^{\mathrm{T}}\frac{\boldsymbol{A}+\boldsymbol{A}^{\mathrm{T}}}{2}\boldsymbol{x}$$

$\dfrac{\boldsymbol{A}+\boldsymbol{A}^{\mathrm{T}}}{2}$对称,我们可以一般地认为二次型的矩阵 $\boldsymbol{A}$ 实际上是对称的. 这样就确立了 n 个变量的二次型和 n 阶对称矩阵间的一一对应关系.

定义 3.4 给二次型变量以可逆线性变换 $\boldsymbol{y}=\boldsymbol{C}^{-1}\boldsymbol{x}$, 则有 $\boldsymbol{x}^{\mathrm{T}}\boldsymbol{A}\boldsymbol{x}=\boldsymbol{y}^{\mathrm{T}}\boldsymbol{C}^{\mathrm{T}}\boldsymbol{A}\boldsymbol{C}\boldsymbol{y}$. 称变换 $\boldsymbol{A}\mapsto\boldsymbol{C}^{\mathrm{T}}\boldsymbol{A}\boldsymbol{C}$ 为**相合变换**. 当 $\boldsymbol{C}$ 是正交阵时,称之为**正交相合变换**,它也是相似变换. 下述定理给出了相合变换下的标准形.

定理 3.12 n 阶对称阵 $\boldsymbol{A}$ 在相合变换下的标准形是

$$\boldsymbol{C}^{\mathrm{T}}\boldsymbol{A}\boldsymbol{C}=\begin{bmatrix}\boldsymbol{I}_s & \boldsymbol{0} & \boldsymbol{0}\\ \boldsymbol{0} & -\boldsymbol{I}_t & \boldsymbol{0}\\ \boldsymbol{0} & \boldsymbol{0} & \boldsymbol{0}\end{bmatrix}, s+t=\operatorname{rank}\boldsymbol{A}\triangleq r \tag{3.12}$$

且 s 与 t 都是唯一确定的,分别称为 $\boldsymbol{A}$ 的**正惯性指标**与**负惯性指标**.

证明 若 $\boldsymbol{A}=\boldsymbol{0}$,则定理显然为真. 当 $\boldsymbol{A}\neq\boldsymbol{0}$时,若有主对角元 $a_{i_1i_1}\neq0$,则可对 $\boldsymbol{A}$ 左乘 $\boldsymbol{P}(i,j(c))$ 型初等矩阵,右乘该矩阵的转置,逐步将 $\boldsymbol{A}$ 的第 i_1 行、第 i_1 列除 $a_{i_1i_1}$ 以外的元均化为零,再左、右乘 $P(i,j)$ 型初等矩

阵,使所得矩阵为

$$\begin{bmatrix} a_{i_1i_1} & 0 & \cdots & 0 \\ 0 & & & \\ \vdots & & \boldsymbol{A}_{n-1} & \\ 0 & & & \end{bmatrix} \tag{3.13}$$

如果 $\boldsymbol{A}$ 的主对角元全为零,那么必有 $a_{ij}=a_{ji}\neq 0$,左乘 $\boldsymbol{P}(i,j(1))$,右乘它的转置,可使变换后的矩阵的 (i,i)-元为 $2a_{ij}\neq 0$,仿照上面可得形如(3.13)的矩阵.

继续对 $\boldsymbol{A}_{n-1}$ 使用上述变换程序,如此进行 r 步,就得

$$\boldsymbol{P}^{\mathrm{T}}\boldsymbol{A}\boldsymbol{P}=\begin{bmatrix} a_{i_1i_1} & & & & & \boldsymbol{0} \\ & \ddots & & & & \\ & & a_{i_ri_r} & & & \\ & & & 0 & & \\ & & & & \ddots & \\ \boldsymbol{0} & & & & & 0 \end{bmatrix}$$

根据 $a_{i_ji_j}\neq 0$,令

$$\boldsymbol{Q}=\begin{bmatrix} |a_{i_1i_1}|^{-\frac{1}{2}} & & & & & \boldsymbol{0} \\ & \ddots & & & & \\ & & \ddots & & & \\ & & & \ddots & & \\ & & & & |a_{i_ri_r}|^{-\frac{1}{2}} & \\ \boldsymbol{0} & & & & & \boldsymbol{I}_{n-r} \end{bmatrix}$$

得 $\boldsymbol{Q}^{\mathrm{T}}\boldsymbol{P}^{\mathrm{T}}\boldsymbol{A}\boldsymbol{P}\boldsymbol{Q}$ 为主对角元是 ± 1 或 0 的对角阵,调整次

序,得(3.12).

假设另有

$$D^{\mathrm{T}}AD=\begin{bmatrix}I_{s_1} & 0 & 0\\ 0 & -I_{t_1} & 0\\ 0 & 0 & 0\end{bmatrix}$$

而 $s_1<s$. 令

$$R\triangleq D^{-1}C\triangleq\begin{bmatrix}R_{11} & R_{12} & R_{13}\\ R_{21} & R_{22} & R_{23}\\ R_{31} & R_{32} & R_{33}\end{bmatrix}\begin{matrix}s_1\text{ 行}\\ t_1\text{ 行}\\ n-k\text{ 行}\end{matrix}$$

$$\qquad\qquad s\text{ 列}\quad t\text{ 列}$$

有

$$\begin{bmatrix}I_s & 0\\ 0 & -I_t\end{bmatrix}=\begin{bmatrix}R_{11}^{\mathrm{T}} & R_{21}^{\mathrm{T}}\\ R_{12}^{\mathrm{T}} & R_{22}^{\mathrm{T}}\end{bmatrix}\begin{bmatrix}I_{s_1} & 0\\ 0 & -I_{t_1}\end{bmatrix}\begin{bmatrix}R_{11} & R_{12}\\ R_{21} & R_{22}\end{bmatrix}\tag{3.14}$$

考虑方程

$$R_{11}x=0,\mathrm{rank}\ R_{11}\leqslant s_1<s$$

有非零解 x_0,对(3.14)左乘$[x_0^{\mathrm{T}}\quad 0^{\mathrm{T}}]$,右乘$\begin{bmatrix}x_0\\ 0\end{bmatrix}$,得

$$0<x_0^{\mathrm{T}}x_0=-x_0^{\mathrm{T}}R_{21}^{\mathrm{T}}R_{21}x_0\leqslant 0$$

此式不可能成立. 因此 $s_1\geqslant s$. 类似的,有 $s\geqslant s_1$. 故得$s_1=s$.

容易看出,对称阵在经过相合变换后,保持了对称性,但一般将改变特征值,这是与相似变换的不同之处. 易见当变换矩阵 C 为正交阵时,相合变换与相似变换是一致的. 因此,求正交相合(相似)变换下对

称阵的标准形的问题,看来很有意义. 实际上这正是选取适当正交规范基,使二次型有标准形的问题. 下面转入对这一问题的讨论.

定理3.13 设$\boldsymbol{A}$是n阶实对称阵,则有:

(1)$\boldsymbol{A}$的特征值都是实数;

(2)$\boldsymbol{A}$的相应于任一特征值的特征向量必可取为实向量;

(3)$\boldsymbol{A}$的相应于不同特征值的特征向量必定正交;

(4)$\boldsymbol{A}$有**完备**的正交规范特征向量集(构成$\mathbb{R}^n$的正交规范基).

证明 (1)设λ是$\boldsymbol{A}$的特征值,则有非零的$\boldsymbol{x}$满足$\boldsymbol{A}\boldsymbol{x}=\lambda\boldsymbol{x}$,两边取共轭转置得$\boldsymbol{x}^*\boldsymbol{A}^*=\bar{\lambda}\boldsymbol{x}^*$. 将上面两式中的前式左乘$\boldsymbol{x}^*$后减去后式右乘$\boldsymbol{x}$(因为$\boldsymbol{A}^*=\boldsymbol{A}$),得

$$0=\boldsymbol{x}^*\boldsymbol{A}\boldsymbol{x}-\boldsymbol{x}^*\boldsymbol{A}^*\boldsymbol{x}=(\lambda-\bar{\lambda})\boldsymbol{x}^*\boldsymbol{x}=(\lambda-\bar{\lambda})\|\boldsymbol{x}\|^2$$

由$\|\boldsymbol{x}\|^2\neq0$推得$\lambda=\bar{\lambda}$,故$\lambda$是实数.

(2)特征向量是$(\boldsymbol{A}-\lambda\boldsymbol{I})\boldsymbol{x}=\boldsymbol{0}$的非零解. 由系数矩阵为实的奇异阵,知必有非零的实解.

(3)设$\boldsymbol{x}_1,\boldsymbol{x}_2$分别是$\boldsymbol{A}$的相应于不同特征值$\lambda_1$,$\lambda_2$的特征向量(实的,以后不再说明). 由

$$\boldsymbol{A}\boldsymbol{x}_1=\lambda_1\boldsymbol{x}_1,\boldsymbol{A}\boldsymbol{x}_2=\lambda_2\boldsymbol{x}_2$$
$$\Rightarrow\boldsymbol{x}_2^{\mathrm{T}}\boldsymbol{A}\boldsymbol{x}_1=\lambda_1\boldsymbol{x}_2^{\mathrm{T}}\boldsymbol{x}_1,\boldsymbol{x}_1^{\mathrm{T}}\boldsymbol{A}\boldsymbol{x}_2=\lambda_2\boldsymbol{x}_1^{\mathrm{T}}\boldsymbol{x}_2$$

后面两式相减,注意到$\boldsymbol{A}^{\mathrm{T}}=\boldsymbol{A}$,得

$$0=\boldsymbol{x}_2^{\mathrm{T}}\boldsymbol{A}\boldsymbol{x}_1-\boldsymbol{x}_1^{\mathrm{T}}\boldsymbol{A}\boldsymbol{x}_2=(\lambda_1-\lambda_2)\boldsymbol{x}_2^{\mathrm{T}}\boldsymbol{x}_1\Rightarrow\boldsymbol{x}_2^{\mathrm{T}}\boldsymbol{x}_1=0$$

故 $\boldsymbol{x}_1 \perp \boldsymbol{x}_2$.

(4)设 S_k 是 $\boldsymbol{A}$ 的 k 个正交规范特征向量 $\boldsymbol{p}_j$(相应于特征值 $\lambda_j, j=1,\cdots,k$)所张成的子空间. 如果 $k<n$,则有非零的 $\boldsymbol{x}\perp S_k$. 如果 $\boldsymbol{x},\boldsymbol{Ax},\cdots,\boldsymbol{A}^m\boldsymbol{x}$ 线性相关,则有

$$\boldsymbol{A}^l\boldsymbol{x}\in T\triangleq R(\boldsymbol{x},\boldsymbol{Ax},\cdots,\boldsymbol{A}^m\boldsymbol{x}),\ \forall l>m$$

可见 T 是在 $\boldsymbol{A}$ 作用下不变的. 令

$$\boldsymbol{y}=\sum_{i=0}^{m}\alpha_i\boldsymbol{A}^i\boldsymbol{x},\boldsymbol{z}=\sum_{j=1}^{k}\beta_j\boldsymbol{p}_j$$

则有

$$\begin{aligned}&\Big(\sum_{i=0}^{m}\alpha_i\boldsymbol{A}^i\boldsymbol{x}\Big)^{\mathrm{T}}\Big(\sum_{j=1}^{k}\beta_j\boldsymbol{p}_j\Big)\\=&\sum_i\sum_j\boldsymbol{x}^{\mathrm{T}}\boldsymbol{A}^i\boldsymbol{p}_j\alpha_i\beta_j\\=&\sum_i\sum_j\boldsymbol{x}^{\mathrm{T}}\lambda_j^i\boldsymbol{p}_j\alpha_i\beta_j\\=&\sum_i\sum_j\lambda_j^i\alpha_i\beta_j\boldsymbol{x}^{\mathrm{T}}\boldsymbol{p}_j=0\end{aligned}$$

因此 $T\perp S_k$. 由习题 3.4 知,$\exists\boldsymbol{p}_{k+1}\in T$,且 $\boldsymbol{p}_{k+1}$是 $\boldsymbol{A}$ 的规范特征向量. 于是有正交规范特征向量集$\{\boldsymbol{p}_1,\cdots,\boldsymbol{p}_k,\boldsymbol{p}_{k+1}\}$. 若 $k+1<n$,则可重复上述步骤,直至得到完备的正交规范特征向量集$\{\boldsymbol{p}_1,\cdots,\boldsymbol{p}_n\}$.

依据定理 3.13(4)的证明,令

$$\boldsymbol{P}=[\boldsymbol{p}_1\ \vdots\ \cdots\ \vdots\ \boldsymbol{p}_n]$$

则有 $\boldsymbol{P}$ 为正交阵,并且由 $\boldsymbol{Ap}_j=\lambda_j\boldsymbol{p}_j$,得

$$\boldsymbol{AP}=\boldsymbol{P}\mathrm{diag}(\lambda_1,\cdots,\lambda_n)\tag{3.15}$$

从而有:

定理 3.14 设 $\boldsymbol{A}$ 是 n 阶实对称阵,则 $\boldsymbol{A}$ 在正交相合(相似)变换下的标准形是对角阵

$$\boldsymbol{P}^{\mathrm{T}}\boldsymbol{A}\boldsymbol{P}=\operatorname{diag}(\lambda_1,\cdots,\lambda_n)^{①},\boldsymbol{P}^{\mathrm{T}}\boldsymbol{P}=\boldsymbol{I} \qquad (3.16)$$

实际上,(3.12)(对称阵在相合变换下的标准形)可从(3.16)推出.

对称矩阵中的一个特殊类是特征值全部非负的实对称阵,称为**非负定阵**. 其中特征值全部为正的矩阵,又称为**正定阵**. 非负定阵有十分广泛的应用,故在此稍做讨论.

我们来给出非负定阵的刻画:

定理 3.15　设 $\boldsymbol{A}$ 是 n 阶对称阵,则下列条件等价:

(1)$\boldsymbol{A}$ 是非负定阵;

(2)存在对称阵 $\boldsymbol{G}$,使 $\boldsymbol{G}^2=\boldsymbol{A}$;

(3)存在 $r\times n$ 阶阵 $\boldsymbol{C}$,$r=\operatorname{rank}\boldsymbol{A}$,使 $\boldsymbol{C}^{\mathrm{T}}\boldsymbol{C}=\boldsymbol{A}$;

(4)存在 $m\times n$ 阶阵 $\boldsymbol{B}$,使 $\boldsymbol{B}^{\mathrm{T}}\boldsymbol{B}=\boldsymbol{A}$;

(5)$\boldsymbol{x}^{\mathrm{T}}\boldsymbol{A}\boldsymbol{x}\geqslant 0,\forall \boldsymbol{x}\in\mathbb{R}^n$;

(6)$\boldsymbol{A}$ 的负惯性指标为 0(正惯性指标为 $\operatorname{rank}\boldsymbol{A}$);

(7)$\boldsymbol{A}$ 的所有主子式大于或等于 0(主子式是主子阵(见问题和补充 3)的行列式);

(8)$\boldsymbol{A}$ 的所有 i 阶主子式之和大于或等于 $0,i=1,\cdots,n$.

证明　我们来证(1)⇒(2)⇒⋯⇒(8)⇒(1).

(1)⇒(2):由(3.16)知

$$\boldsymbol{P}^{\mathrm{T}}\boldsymbol{A}\boldsymbol{P}=\operatorname{diag}(\lambda_1,\cdots,\lambda_n)$$

当(1)成立时,有 $\lambda_i\geqslant 0$,取

① 如将 λ_i 按从大到小的顺序(降序)排列,$\lambda_1\geqslant\cdots\geqslant\lambda_n$,则标准形是唯一的.

$$G=P\mathrm{diag}(\lambda_1^{\frac{1}{2}},\cdots,\lambda_n^{\frac{1}{2}})P^{\mathrm{T}}$$

则有 $G^2=A$.

(2)⇒(3):因 G 对称,故有

$$G=P\mathrm{diag}(\mu_1,\cdots,\mu_n)P^{\mathrm{T}}$$

其中 $\mu_1,\cdots,\mu_n$ 是 G 的特征值,$\mu_1,\cdots,\mu_r$ 非零,$r=\mathrm{rank}\ G=\mathrm{rank}\ A$,$P=[p_1 \vdots \cdots \vdots p_n]$是正交阵. 取

$$C=\mathrm{diag}(\mu_1,\cdots,\mu_r)P_{(r)}^{\mathrm{T}}$$

其中 $P_{(r)}=[p_1 \vdots \cdots \vdots p_r]$是 P 的前 r 列子阵,则有 $C^{\mathrm{T}}C=G^2=A$.

(3)⇒(4):显然.

(4)⇒(5):任给 $x\in\mathbb{R}^n$,则有

$$x^{\mathrm{T}}Ax=x^{\mathrm{T}}B^{\mathrm{T}}Bx=\|Bx\|^2\geqslant 0$$

(5)⇒(6):用反证法,假设(6)不成立,利用 A 在相合变换下的标准形(3.12),取

$$y=[\underbrace{0\ \cdots\ 0}_{s个}\ 1\ 0\ \cdots\ 0]^{\mathrm{T}},x=Cy$$

则有

$$x^{\mathrm{T}}Ax=y^{\mathrm{T}}C^{\mathrm{T}}ACy=y^{\mathrm{T}}\begin{bmatrix} I_s & 0 & 0\\ 0 & -I_t & 0\\ 0 & 0 & 0\end{bmatrix}y=-1<0$$

与(5)矛盾. 故有(6)成立.

(6)⇒(7):利用标准形(3.12),记

$$C^{-1}=\begin{bmatrix} D\\ \hdashline E\end{bmatrix}$$

其中 $D\triangleq[d_1 \vdots \cdots \vdots d_n]$为 $r\times n$ 阶阵,则有

$$A=(C^{\mathrm{T}})^{-1}\begin{bmatrix}I_r & 0\\ 0 & 0\end{bmatrix}C^{-1}=D^{\mathrm{T}}D$$

任给 A 的 k 阶主子阵 $A_{(i_1,\cdots,i_k)}$，记 $D_1=[d_{i_1} \vdots \cdots \vdots d_{i_k}]$，则有

$$\det A_{(i_1,\cdots,i_k)}=\det D_1^{\mathrm{T}}D_1=\begin{cases}0, & \text{当 } k>r\\ \det^2 D_1\geqslant 0, & \text{当 } k=r\\ \det^2 F\geqslant 0, & \text{当 } k<r\end{cases}$$

其中

$$F\triangleq[d_{i_1} \vdots \cdots \vdots d_{i_k} \vdots f_{k+1} \vdots \cdots \vdots f_r]\triangleq[D_1 \vdots F_1]$$

满足 $R(F_1)\perp R(D_1)$，$F_1^{\mathrm{T}}F_1=I_{r-k}$. 于是

$$\det^2 F=\det F^{\mathrm{T}}F=\det\begin{bmatrix}D_1^{\mathrm{T}}D_1 & 0\\ 0 & F_1^{\mathrm{T}}F_1\end{bmatrix}=\det D_1^{\mathrm{T}}D_1$$

故得(7).

(7)⇒(8)：显然.

(8)⇒(1)：利用问题和补充 3，知 A 的特征多项式为

$$f(\lambda)=\lambda^n+C_1\lambda^{n-1}+\cdots+C_n$$

其中 $C_i=(-1)^i A$ 为 i 阶主子式之和. 故由(8)应有 C_1 非正，C_2 非负，……，C_n 非正或非负由 n 为奇数或偶数决定. 此时，多项式 $f(\lambda)$ 不可能有负根. 若 $\lambda<0$，则 λ^n 为负或正由 n 为奇数或偶数决定，但当 n 为奇数时

$$C_1\lambda^{n-1}+\cdots+C_n$$

各项非正；当 n 为偶数时，其各项非负，均不能使 $f(\lambda)$ 为零. 故得 A 的特征值非负.

定理 3.16 设 $\boldsymbol{A}$ 是 n 阶对称阵,则下列条件等价:

(1)$\boldsymbol{A}$ 是正定阵;

(2)存在满秩对称阵 $\boldsymbol{G}$,使得 $\boldsymbol{G}^2=\boldsymbol{A}$;

(3)存在满秩阵 $\boldsymbol{C}$,使得 $\boldsymbol{C}^{\mathrm{T}}\boldsymbol{C}=\boldsymbol{A}$;

(4)存在 $m\times n$ 阶阵 $\boldsymbol{B}$,且 $\operatorname{rank}\boldsymbol{B}=n$,使得

$$\boldsymbol{B}^{\mathrm{T}}\boldsymbol{B}=\boldsymbol{A}$$

(5)$\boldsymbol{x}^{\mathrm{T}}\boldsymbol{A}\boldsymbol{x}>0,\ \forall\boldsymbol{x}\in\mathbb{R}^n,\boldsymbol{x}\neq\boldsymbol{0}$;

(6)$\boldsymbol{A}$ 的正惯性指数等于 n;

(7)$\boldsymbol{A}$ 的所有主子式大于 0;

(8)$\boldsymbol{A}$ 的所有 i 阶主子式之和大于 0,$i=1,\cdots,n$;

(9)$\boldsymbol{A}$ 的所有顺序主子式大于 0,所谓 i **阶顺序主子阵**,即 $\boldsymbol{A}_{(1,\cdots,i)}\triangleq\boldsymbol{A}_i$,有

$$\boldsymbol{A}_i=\begin{bmatrix}a_{11}&a_{12}&\cdots&a_{1i}\\a_{21}&a_{22}&\cdots&a_{2i}\\\vdots&\vdots&&\vdots\\a_{i1}&a_{i2}&\cdots&a_{ii}\end{bmatrix}$$

证明 (1)~(8)的等价性仿照定理 3.15 的证明可得.(7)⇒(9)是显然的.

现证(9)⇒(6):对 n 用归纳法.当 $n=1$ 时结论显然为真.设结论对 $n-1$ 阶阵为真,考虑

$$\boldsymbol{A}=\begin{bmatrix}\boldsymbol{A}_{n-1}&\boldsymbol{a}\\\boldsymbol{a}^{\mathrm{T}}&a_{nn}\end{bmatrix}$$

这里 $\boldsymbol{a}^{\mathrm{T}}=[a_{n1}\ \cdots\ a_{n,n-1}]$.因 $\boldsymbol{A}_{n-1}$满秩,故可由分块初等变换得

$$\begin{bmatrix} I & 0 \\ -a^{T}A_{n-1}^{-1} & 1 \end{bmatrix} A \begin{bmatrix} I & -A_{n-1}^{-1}a \\ 0 & 1 \end{bmatrix}$$

$$= \begin{bmatrix} A_{n-1} & 0 \\ 0 & a_{nn} - a^{T}A_{n-1}^{-1}a \end{bmatrix}$$

由

$$0 < \det A = (\det A_{n-1})(a_{nn} - a^{T}A_{n-1}^{-1}a)$$

$$\det A_{n-1} > 0$$

得

$$A \text{ 的正惯性指数} = A_{n-1} \text{的正惯性指数} + 1$$

由归纳假设得(6).

注记　当 A 的顺序主子式都大于或等于 0 时，并不能推出 A 是非负定阵. 读者可自举反例.

关于非负定阵的一些性质，我们将在习题和第 3 章中继续讨论.

习　题　3

3.10. 设 $A \neq 0$ 是 n 阶对称阵，证明：A 是非负定的$\Leftrightarrow$对任意正定阵 B，有 $\operatorname{tr} AB > 0$.

3.11. 设 A 是秩为 $n-1$ 的 n 阶对称阵，$0 \neq b \in N(A)$，证明：$b^{T}x = 0 \Leftrightarrow x^{T}\operatorname{adj} Ax = 0$，这里 $\operatorname{adj} A$ 是 A 的伴随矩阵(参看习题 2.14).

3.12. 设 L 是 n 阶非负定阵，且 L 的主对角元全部是 1

$$D = \operatorname{diag}(d_1, \cdots, d_n), |d_i| \leqslant 1, i = 1, \cdots, n$$

证明：$\operatorname{rank}(L - D) \geqslant S$，这里 S 是 L 中大于 1 的特征值

的个数.

3.13. 设 $\boldsymbol{A}=\begin{bmatrix}\boldsymbol{A}_{11} & \boldsymbol{A}_{12}\\ \boldsymbol{A}_{21} & \boldsymbol{A}_{22}\end{bmatrix}$是非负定阵,证明

$$R(\boldsymbol{A}_{12})\subset R(\boldsymbol{A}_{11})$$

3.14. 设 $\boldsymbol{A}$ 非负定,证明:存在唯一的非负定阵 $\boldsymbol{A}^{\frac{1}{2}}$,使

$$\boldsymbol{A}=\boldsymbol{A}^{\frac{1}{2}}\boldsymbol{A}^{\frac{1}{2}}$$

4. 矩阵的分解

矩阵分解是矩阵论中常用的方法. 将一个矩阵分解为比较简单或性质比较熟悉的另一些矩阵的乘积或和,对这个被分解的矩阵的讨论往往会比较方便.

矩阵在各种变换下的标准形,可用来给出矩阵的一些基本分解式.

秩分解 设 $\boldsymbol{A}$ 是 $m\times n$ 阶阵,rank $\boldsymbol{A}=r$. 由(3.1)可得

$$\boldsymbol{A}=\boldsymbol{P}\begin{bmatrix}\boldsymbol{I}_r & \boldsymbol{0}\\ \boldsymbol{0} & \boldsymbol{0}\end{bmatrix}\boldsymbol{Q}^{\mathrm{T}} \tag{3.17}$$

$\boldsymbol{P},\boldsymbol{Q}$ 分别为 m,n 阶非奇异阵,记

$$\boldsymbol{P}=[\boldsymbol{P}_1 \mid \boldsymbol{P}_2],\boldsymbol{Q}=[\boldsymbol{Q}_1 \mid \boldsymbol{Q}_2]$$

有

$$\boldsymbol{A}=\boldsymbol{P}_1\boldsymbol{Q}_1^{\mathrm{T}} \tag{3.17$'$}$$

$\boldsymbol{P}_1,\boldsymbol{Q}_1$ 分别为 $m\times r,n\times r$ 阶列满秩阵,记

$$\boldsymbol{P}_1=[\boldsymbol{p}_1 \mid \cdots \mid \boldsymbol{p}_r],\boldsymbol{Q}_1=[\boldsymbol{q}_1 \mid \cdots \mid \boldsymbol{q}_r]$$

则由(3.17′)可得

$$A=\sum_{i=1}^{r}p_iq_i^{\mathrm{T}} \tag{3.17''}$$

称(3.17)(3.17′)(3.17″)为 A 的秩分解式.

满秩－幂等分解　设 A 是 n 阶方阵. 由定理 3.1 的推论知,存在满秩阵 P 使得 $PA=H$ 是 Hermite 典则形,有 $H^2=H$. 于是 A 有分解式

$$A=PH,P\text{ 满秩},H\text{ 幂等} \tag{3.18}$$

Jordan 分解　设 A 是 n 阶方阵,存在复的非奇异阵 P,使得

$$A=PJP^{-1} \tag{3.19}$$

J 是以 Jordan 块为对角块的分块对角阵.

特征值(谱)分解　设 A 是 n 阶实对称阵,则存在正交阵 P,使得

$$A=P\mathrm{diag}(\lambda_1,\cdots,\lambda_n)P^{\mathrm{T}} \tag{3.20}$$

$\lambda_1,\cdots,\lambda_n$ 是 A 的特征值,$\lambda_1,\cdots,\lambda_r\neq0$,$r=\mathrm{rank}\ A$,记 $P=[\underset{r}{P_1}\ \vdots\ P_2]$,则又有

$$A=P_1\mathrm{diag}(\lambda_1,\cdots,\lambda_r)P_1^{\mathrm{T}} \tag{3.20'}$$

P_1 满足 $P_1^{\mathrm{T}}P_1=I_r$,$\lambda_1,\cdots,\lambda_r$ 是 A 的非零特征值,表示成和式有

$$A=\sum_{i=1}^{r}\lambda_ip_ip_i^{\mathrm{T}} \tag{3.20''}$$

$p_i^{\mathrm{T}}p_j=\delta_{ij}$,$\lambda_1,\cdots,\lambda_r$ 是 A 的非零特征值. 称(3.20)(3.20′)(3.20″)所给出的为 A 的**谱分解式**.

奇异值分解　设 A 是 $m\times n$ 阶阵. 对 $A^{\mathrm{T}}A$ 用谱分解,存在正交阵 P,满足

$$A^{\mathrm{T}}A=P\mathrm{diag}(\lambda_1^2,\cdots,\lambda_n^2)P^{\mathrm{T}}$$

$\lambda_1^2,\cdots,\lambda_n^2$ 是 $\boldsymbol{A}^{\mathrm{T}}\boldsymbol{A}$ 的顺序特征值，$\lambda_1^2\geqslant\cdots\geqslant\lambda_n^2$.

设 rank $\boldsymbol{A}=r$，则有

$$\lambda_1^2\geqslant\cdots\geqslant\lambda_r^2>0,\lambda_{r+1}^2=\cdots=\lambda_n^2=0$$

记 $\boldsymbol{P}=[\underset{r}{\boldsymbol{P}_1}\ \vdots\ \boldsymbol{P}_2]$，$\boldsymbol{D}_1=\mathrm{diag}(\sigma_1,\cdots,\sigma_r)$，$\sigma_i=(\lambda_i^2)^{\frac{1}{2}}$，$i=1,\cdots,r$，则有

$$\boldsymbol{A}^{\mathrm{T}}\boldsymbol{A}=\boldsymbol{P}_1\mathrm{diag}(\lambda_1^2,\cdots,\lambda_r^2)\boldsymbol{P}_1^{\mathrm{T}}\Rightarrow\boldsymbol{D}_1^{-1}\boldsymbol{P}_1^{\mathrm{T}}\boldsymbol{A}^{\mathrm{T}}\boldsymbol{A}\boldsymbol{P}_1\boldsymbol{D}_1^{-1}=\boldsymbol{I}_r$$

记 $\boldsymbol{Q}_1\triangleq\boldsymbol{A}\boldsymbol{P}_1\boldsymbol{D}_1^{-1}$，则 $\boldsymbol{Q}_1$ 是 $m\times r$ 阶**列正交阵**（满足 $\boldsymbol{Q}_1^{\mathrm{T}}\boldsymbol{Q}_1=\boldsymbol{I}$ 的矩阵），并且

$$\begin{aligned}\boldsymbol{A}\boldsymbol{A}^{\mathrm{T}}\boldsymbol{Q}_1&=\boldsymbol{A}\boldsymbol{A}^{\mathrm{T}}\boldsymbol{A}\boldsymbol{P}_1\boldsymbol{D}_1^{-1}\\&=\boldsymbol{A}\boldsymbol{P}_1\boldsymbol{D}_1^2\boldsymbol{P}_1^{\mathrm{T}}\boldsymbol{P}_1\boldsymbol{D}_1^{-1}\\&=\boldsymbol{A}\boldsymbol{P}_1\boldsymbol{D}_1^{-1}\boldsymbol{D}_1^2=\boldsymbol{Q}_1\boldsymbol{D}_1^2\end{aligned}$$

因此 $\boldsymbol{q}_j$ 是 $\boldsymbol{A}\boldsymbol{A}^{\mathrm{T}}$ 的相应于 λ_j^2 的正交规范特征向量，$j=1,\cdots,r$. 我们从 $\boldsymbol{Q}_1$ 的定义式可得

$$\boldsymbol{Q}_1\boldsymbol{D}_1\boldsymbol{P}_1^{\mathrm{T}}=\boldsymbol{A}\boldsymbol{P}_1\boldsymbol{P}_1^{\mathrm{T}}=\boldsymbol{A}(\boldsymbol{I}-\boldsymbol{P}_2\boldsymbol{P}_2^{\mathrm{T}})=\boldsymbol{A}-\boldsymbol{0}=\boldsymbol{A}\tag{3.21}$$

又可改写为

$$\boldsymbol{A}=\boldsymbol{Q}\boldsymbol{D}\boldsymbol{P}^{\mathrm{T}}\tag{3.21$'$}$$

$\boldsymbol{Q},\boldsymbol{P}$ 分别为 m,n 阶正交阵，$\boldsymbol{D}$ 是以 $\boldsymbol{A}$ 的奇异值为主对角元的 $m\times n$ 阶阵，其余元皆为零.

$\boldsymbol{A}$ 也可写成和式，即

$$\boldsymbol{A}=\sum_{i=1}^{r}\sigma_i\boldsymbol{q}_i\boldsymbol{p}_i^{\mathrm{T}},r=\mathrm{rank}\ \boldsymbol{A}\tag{3.21$''$}$$

称(3.21)(3.21′)(3.21″)给出的 $\boldsymbol{A}$ 的分解式为 $\boldsymbol{A}$ 的**奇异值分解**.

正交 - 三角分解　设 $\boldsymbol{A}$ 是 $m\times n$ 阶列满秩阵，则由 Schmidt 正交化定理（定理 1.3），存在正交列满秩阵 $\boldsymbol{P}_1$ 与 n 阶正线（主对角元为正）上三角阵 $\boldsymbol{T}$，使得

$$\boldsymbol{A}=\boldsymbol{P}_1\boldsymbol{T} \tag{3.22}$$

当 $\boldsymbol{A}$ 是一般的 $m\times n$ 阶阵时，仍由定理 1.3 可得 $\boldsymbol{A}$ 的**正交 - 三角分解**

$$\boldsymbol{A}=\boldsymbol{P}_1\boldsymbol{T},\boldsymbol{P}_1\text{ 为列正交阵},\boldsymbol{T}\text{ 为 }n\text{ 阶上三角阵} \tag{3.23}$$

三角 - 三角分解　设 $\boldsymbol{A}$ 是 n 阶非负定阵，由定理 3.15 得 $\boldsymbol{A}=\boldsymbol{B}^{\mathrm{T}}\boldsymbol{B}$，$\boldsymbol{B}$ 为 n 阶方阵，由(3.23)得 $\boldsymbol{B}$ 的正交 - 三角分解 $\boldsymbol{B}=\boldsymbol{P}\boldsymbol{T}$，$\boldsymbol{P}$ 为正交阵，$\boldsymbol{T}$ 为上三角阵，于是有

$$\boldsymbol{A}=\boldsymbol{B}^{\mathrm{T}}\boldsymbol{B}=\boldsymbol{T}^{\mathrm{T}}\boldsymbol{P}^{\mathrm{T}}\boldsymbol{P}\boldsymbol{T}=\boldsymbol{T}^{\mathrm{T}}\boldsymbol{T}\quad(\boldsymbol{T}\text{ 为上三角阵}) \tag{3.24}$$

称(3.24)为 $\boldsymbol{A}$ 的**三角 - 三角分解**.

极(正交 - 非负定)分解　设 $\boldsymbol{A}$ 是 n 阶方阵. 由 $\boldsymbol{A}$ 的奇异值分解 $\boldsymbol{A}=\boldsymbol{Q}\boldsymbol{D}\boldsymbol{P}^{\mathrm{T}}$，$\boldsymbol{D}=\mathrm{diag}(\lambda_1,\cdots,\lambda_n)$，$\boldsymbol{Q},\boldsymbol{P}$ 为正交阵，于是

$$\boldsymbol{A}=\boldsymbol{Q}\boldsymbol{D}\boldsymbol{P}^{\mathrm{T}}=(\boldsymbol{Q}\boldsymbol{P}^{\mathrm{T}})(\boldsymbol{P}\boldsymbol{D}\boldsymbol{P}^{\mathrm{T}})$$

记 $\boldsymbol{R}=\boldsymbol{Q}\boldsymbol{P}^{\mathrm{T}}$，$\boldsymbol{S}=\boldsymbol{P}\boldsymbol{D}\boldsymbol{P}^{\mathrm{T}}$，得

$$\boldsymbol{A}=\boldsymbol{R}\boldsymbol{S},\boldsymbol{R}\text{ 为正交阵},\boldsymbol{S}\text{ 为非负定阵} \tag{3.25}$$

称(3.25)为 $\boldsymbol{A}$ 的**极分解**. 显然，极分解也可表示成非负定 - 正交分解. 另外，当 $\boldsymbol{A}$ 是 $m\times n$ 阶阵时，$\boldsymbol{A}$ 可表示成非负定阵与列（或行）正交阵的乘积. 当 $m\geqslant n$

时,有

$$A=QDP^{\mathrm{T}}=Q[D\ \vdots\ 0]\begin{bmatrix}Q_1^{\mathrm{T}}\\Q_2^{\mathrm{T}}\end{bmatrix}Q_1P^{\mathrm{T}}$$

其中 $Q=[\underset{n}{Q_1}\ \vdots\ Q_2]$,而 $Q[D\ \vdots\ 0]Q^{\mathrm{T}}$ 是非负定阵(因为$[D\ \vdots\ 0]$是有非负主对角元的对角阵),Q_1P^{T} 是列正交阵. 当 $m\leqslant n$ 时,可类似做出分解,但此时后一因子为行正交阵(称满足 $BB^{\mathrm{T}}=I$ 的矩阵 B 为**行正交阵**).

问题和补充

1. 四块矩阵的逆

设 $A=\begin{bmatrix}A_{11} & A_{12}\\A_{21} & A_{22}\end{bmatrix}\begin{matrix}p\\q\end{matrix}$ 是非奇异阵,证明:当 A_{11}^{-1}存在
$\qquad\quad\ \ p\qquad q$

时,有

$$A^{-1}=\begin{bmatrix}A_{11}^{-1}+A_{11}^{-1}A_{12}A_{22,1}^{-1}A_{21}A_{11}^{-1} & -A_{22,1}^{-1}A_{21}A_{11}^{-1}\\-A_{11}^{-1}A_{12}A_{22,1}^{-1} & A_{22,1}^{-1}\end{bmatrix}$$

其中

$$A_{22,1}\triangleq A_{22}-A_{21}A_{11}^{-1}A_{12}$$

当 A_{22}^{-1}存在时,有

$$A^{-1}=\begin{bmatrix}A_{11,2}^{-1} & -A_{11,2}^{-1}A_{12}A_{22}^{-1}\\-A_{22}^{-1}A_{21}A_{11,2}^{-1} & A_{22}^{-1}+A_{22}^{-1}A_{21}A_{11,2}^{-1}A_{12}A_{22}^{-1}\end{bmatrix}$$

其中

$$\boldsymbol{A}_{11,2} \triangleq \boldsymbol{A}_{11} - \boldsymbol{A}_{12}\boldsymbol{A}_{22}^{-1}\boldsymbol{A}_{21}$$

（提示：考虑对 $\boldsymbol{A}$ 作分块初等变换，化为分块对角阵.）

2. Laplace（拉普拉斯）展开

设 $\boldsymbol{A}$ 是 n 阶方阵，证明：对于任给的 $1 \leqslant i_1 < \cdots < i_k \leqslant n$，有

$$\det \boldsymbol{A} = \sum_{1 \leqslant j_1 < \cdots < j_k \leqslant n} \det \boldsymbol{A}\begin{Bmatrix} i_1, \cdots, i_k \\ j_1, \cdots, j_k \end{Bmatrix} (-1)^{\sum_{\alpha=1}^{k} i_\alpha + \sum_{\alpha=1}^{k} j_\alpha} \cdot \det \boldsymbol{A}'\begin{Bmatrix} i_1, \cdots, i_k \\ j_1, \cdots, j_k \end{Bmatrix}$$

其中 $\boldsymbol{A}\begin{Bmatrix} i_1, \cdots, i_k \\ j_1, \cdots, j_k \end{Bmatrix}$ 表示由 $\boldsymbol{A}$ 中处于 $i_1, \cdots, i_k$ 行和 $j_1, \cdots, j_k$ 列的元素构成的 k 阶子阵，$\boldsymbol{A}'\begin{Bmatrix} i_1, \cdots, i_k \\ j_1, \cdots, j_k \end{Bmatrix}$ 表示由 $\boldsymbol{A}$ 中画去 $i_1, \cdots, i_k$ 各行及 $j_1, \cdots, j_k$ 各列的元素后所余下的 $n-k$ 阶子阵.（提示：考虑等式右边两行列式的表达式相乘后的各项均为左边行列式的表达式的项，而且其总项数与左边相同.）

3. 特征多项式的展式

设 n 阶方阵 $\boldsymbol{A}$ 的特征多项式是

$$f(\lambda) = \lambda^n + c_1\lambda^{n-1} + \cdots + c_{n-1}\lambda + c_n$$

证明

$$c_i = (-1)^i \sum_{1 \leqslant k_1 < \cdots < k_i \leqslant n} \det \boldsymbol{A}_{\{k_1, \cdots, k_i\}}$$

这里 $\boldsymbol{A}_{\{k_1,\cdots,k_i\}}$ 表示 $\boldsymbol{A}$ 的由 $k_1,\cdots,k_i$ 行、列的元素构成的子阵，称为 $\boldsymbol{A}$ 的 i **阶主子阵**.

4. 特征值的重数和单纯阵

设 $\boldsymbol{A}$ 是 n 阶方阵，λ 是 $\boldsymbol{A}$ 的特征值. 如果 λ 是 $\boldsymbol{A}$ 的特征多项式 $\det(\lambda\boldsymbol{I}-\boldsymbol{A})$ 的 m_a 次重根，那么称 m_a 是 λ 的**代数重数**. 如果 $\boldsymbol{A}$ 的与 λ 相应的特征子空间 $N(\lambda\boldsymbol{I}-\boldsymbol{A})$ 的维数（或相应于 λ 的线性无关的特征向量的最多个数）为 m_g，那么称 m_g 是 λ 的**几何重数**. 如果 $\boldsymbol{A}$ 的一切特征值的代数重数都与几何重数相等，那么称 $\boldsymbol{A}$ 为**单纯阵**. 证明：

(1) $m_a \geqslant m_g$，并举出使“$>$”成立的矩阵；

(2) $\boldsymbol{A}$ 是实对称阵 $\Rightarrow \boldsymbol{A}$ 是单纯的；

(3) $\boldsymbol{A}$ 的 n 个特征值相异 $\Rightarrow \boldsymbol{A}$ 是单纯阵；

(4) $\boldsymbol{A}$ 是单纯阵 $\Leftrightarrow \boldsymbol{A}^{\mathrm{T}}$ 是单纯阵；

(5) $\boldsymbol{A}$ 是单纯阵 $\Leftrightarrow \boldsymbol{A}$ 有 n 个线性无关的特征向量.

5. 可对角化阵和正规阵

设 $\boldsymbol{A}$ 是 n 阶方阵. 如果 $\boldsymbol{A}$ 相似于对角阵，那么称 $\boldsymbol{A}$ 是**可对角化阵**. 如果 $\boldsymbol{A}^{\mathrm{T}}\boldsymbol{A}=\boldsymbol{A}\boldsymbol{A}^{\mathrm{T}}$，那么称 $\boldsymbol{A}$ 是**正规阵**. 证明：

(1) $\boldsymbol{A}$ 可对角化 $\Leftrightarrow \boldsymbol{A}$ 是单纯阵；

(2) $\boldsymbol{A}$ 是对称阵 $\Rightarrow \boldsymbol{A}$ 是正规阵 $\Rightarrow \boldsymbol{A}$ 是单纯阵.

6. 两个对称阵的同时对角化

设 $\boldsymbol{A},\boldsymbol{B}$ 是 n 阶实对称阵. 如果有非奇异阵 $\boldsymbol{P}$，使

P^TAP, P^TBP 都是对角阵,那么称 A,B **可同时对角化**.
证明:

(1) A,B 可同时用正交矩阵 P 使之对角化 $\Leftrightarrow AB=BA$;

(2) 如果 A 正定,B 为对称阵,那么 A,B 可同时对角化;

(3) 如果 A,B 都是非负定阵,那么 A,B 可同时对角化.

(提示:找 S 使 $S^TAS=\begin{bmatrix} I_r & 0 \\ 0 & 0 \end{bmatrix}$. 适当改变 S 为 G,使 $G^TAG=S^TAS$,但 G^TBG 为分块对角阵.)

7. 斜对称阵

设 A 是 n 阶方阵. 如果 $A^T=-A$,那么称 A 是**斜对称阵**. 当 A 是斜对称阵时,证明:

(1) 当 n 为奇数时,$\det A=0$,当 n 为偶数时,$\det A$ 是 a_{ij} 的一个多项式的平方;

(2) $\operatorname{rank} A$ 必为偶数;

(3) 任一方阵可表示为一对称方阵与一斜对称方阵的和;

(4) A 的特征值是纯虚数;

(5) A 是可对角化的.

8. 非负定阵的分解式的关系

设 G 是 $r\times m$ 阶行满秩阵,F 是 $k\times m$ 阶阵,且使得 $G^TG=F^TF$,证明:存在 k 阶正交阵 U,满足 $F=$

$U\begin{bmatrix}G\\0\end{bmatrix}$.（提示：利用 G,F 的奇异值分解.）

9. 内积的一般形式

设 $(\cdot,\cdot)$ 是 $\mathbb{R}^n$ 中的内积，证明：$(\cdot,\cdot)$ 必有形式 $(x,y)=y^{\mathrm{T}}Mx$，这里 M 是一给定的正定阵. 反之，任给 M 是正定阵，必有内积 $(\cdot,\cdot)_M$ 具有如上形式.（提示：注意到内积实际上可由基向量的内积给定.）

10. 相对特征值

设 A,B 是 n 阶方阵，且 B 是正定阵. 若有 $x\neq 0$ 满足 $Ax=\lambda Bx$，则称 λ 是 A 对于 B 的**相对特征值**，x 是 A 对于 B 的相应于 λ 的**相对特征向量**. 证明：当 A 实对称时，A 关于 B 的相对特征值必为实数，且相对特征向量可组成完全集（n 维空间的基）.

11. Schur（舒尔）上三角化定理

设 A 是 n 阶复方阵，则有 n 阶复方阵 U，满足

$$U^*U=UU^*=I_n$$

$U^*AU=T$ 是上三角阵，即任一方阵酉相似于上三角阵.（提示：对 n 用数学归纳法.）

第2章 投影阵和广义逆矩阵

§1 投 影 阵

1. 投影阵

我们先从几何上直观地给出投影阵的定义,然后推导一些等价条件,并讨论投影阵的性质.

定义 1.1 设 S_1, S_2 都是线性空间 L^n 的子空间,并且 $S_1 \oplus S_2 = L^n$. 那么,由第 1 章习题 1.4,任给 $\boldsymbol{x} \in L^n$,有唯一分解

$$\boldsymbol{x} = \boldsymbol{x}_1 + \boldsymbol{x}_2, \text{其中 } \boldsymbol{x}_i \in S_i, i = 1, 2 \quad (1.1)$$

令 $\mathscr{P}: L^n \to L^n$,由 $\mathscr{P}(\boldsymbol{x}) = \boldsymbol{x}_1$ 给出. 易见 $\mathscr{P}$ 是 L^n 上的线性算子(思考题). 从直观上看,$\boldsymbol{x}_1$ 是 $\boldsymbol{x}$ 沿着 S_2 向 S_1 的投影,故称 $\mathscr{P}$ 为**投影算子**,确切地说,$\mathscr{P}$ 是**沿着 S_2 到 S_1 的投影算子**,必要时记为 $\mathscr{P}_{S_1, S_2}$.

由定义易见

$$\mathscr{P}(\boldsymbol{x}_1)=\boldsymbol{x}_1 \Leftrightarrow \boldsymbol{x}_1\in S_1$$

$$\mathscr{P}(\boldsymbol{x}_2)=\boldsymbol{0} \Leftrightarrow \boldsymbol{x}_2\in S_2$$

故有 $R(\mathscr{P})=S_1, N(\mathscr{P})=S_2$（思考题）.

在 L^n 的给定的有序基下，$\boldsymbol{x}$ 的表示是 n 维向量 $\boldsymbol{x}$，$\mathscr{P}$的表示是 n 阶方阵 $\boldsymbol{P}$. 在这一前提下，称表示投影算子的方阵 $\boldsymbol{P}$ 为**投影阵**. 注意到 $\boldsymbol{P}$ 是沿 $N(\boldsymbol{P})$ 到 $R(\boldsymbol{P})$ 的投影阵，而 $N(\boldsymbol{P})=R^{\perp}(\boldsymbol{P}^{\mathrm{T}})$，因此，一个投影阵由它的列空间 $R(\boldsymbol{P})$ 和行空间 $R(\boldsymbol{P}^{\mathrm{T}})$ 所唯一确定.

例 1.1　$\boldsymbol{P}=\begin{bmatrix}1 & 1\\ 0 & 0\end{bmatrix}$是投影阵. 它是沿着空间 $R\left(\begin{bmatrix}1\\ -1\end{bmatrix}\right)$到空间 $R\left(\begin{bmatrix}1\\ 0\end{bmatrix}\right)$的投影. 这可由平面上直观看出.

定理 1.1　对于 n 阶方阵 $\boldsymbol{P}$，下列各条件是等价的：

(1) $\boldsymbol{P}$ 是投影阵；

(2) $\boldsymbol{P}$ 是幂等阵，即 $\boldsymbol{P}^2=\boldsymbol{P}$；

(3) $N(\boldsymbol{P})=R(\boldsymbol{I}-\boldsymbol{P})$；

(4) $\operatorname{rank}\boldsymbol{P}+\operatorname{rank}(\boldsymbol{I}-\boldsymbol{P})=n$；

(5) $R(\boldsymbol{P})\cap R(\boldsymbol{I}-\boldsymbol{P})=\{\boldsymbol{0}\}$.

证明　我们来证明(1)⇒(2)⇒(3)⇒(4)⇒(5)⇒(1).

(1)⇒(2)：因 $\boldsymbol{P}$ 是投影阵，任给 $\boldsymbol{x}$，有 $\boldsymbol{P}\boldsymbol{x}\in S_1$，故 $\boldsymbol{P}\boldsymbol{x}$ 如(1.1)的分解为 $\boldsymbol{P}\boldsymbol{x}=\boldsymbol{P}\boldsymbol{x}+\boldsymbol{0}$，于是 $\boldsymbol{P}(\boldsymbol{P}\boldsymbol{x})=\boldsymbol{P}\boldsymbol{x}$，即得

$$(\boldsymbol{P}^2-\boldsymbol{P})\boldsymbol{x}=\boldsymbol{0},\ \forall\boldsymbol{x}$$

从而有 $\boldsymbol{P}^2=\boldsymbol{P}$.

(2)⇒(3):由 $\boldsymbol{P}-\boldsymbol{P}^2=\boldsymbol{P}(\boldsymbol{I}-\boldsymbol{P})=\boldsymbol{0}$,知

$$R(\boldsymbol{I}-\boldsymbol{P})\subset N(\boldsymbol{P})$$

于是

$$\dim R(\boldsymbol{I}-\boldsymbol{P})\leqslant\dim N(\boldsymbol{P})=n-\dim R(\boldsymbol{P})$$

即

$$\operatorname{rank}(\boldsymbol{I}-\boldsymbol{P})\leqslant n-\operatorname{rank}\boldsymbol{P}$$

但 $\boldsymbol{I}=\boldsymbol{P}+(\boldsymbol{I}-\boldsymbol{P})$,由第 1 章定理 2.4,得

$$n\leqslant\operatorname{rank}\boldsymbol{P}+\operatorname{rank}(\boldsymbol{I}-\boldsymbol{P})$$

因此有

$$\operatorname{rank}(\boldsymbol{I}-\boldsymbol{P})=n-\operatorname{rank}\boldsymbol{P}$$

这等价于

$$\dim R(\boldsymbol{I}-\boldsymbol{P})=n-\dim R(\boldsymbol{P})=\dim N(\boldsymbol{P})$$

从而得(3)成立.

(3)⇒(4)已蕴涵在上面的证明中.

(4)⇒(5):当(4)成立时,有

$$\dim R(\boldsymbol{P})+\dim R(\boldsymbol{I}-\boldsymbol{P})=n$$

注意到 $\boldsymbol{x}=\boldsymbol{P}\boldsymbol{x}+(\boldsymbol{I}-\boldsymbol{P})\boldsymbol{x}$,可得

$$L^n=R(\boldsymbol{P})+R(\boldsymbol{I}-\boldsymbol{P})$$

由第 1 章习题 1.3 得(5)成立.

(5)⇒(1):当(5)成立时,有

$$L^n=R(\boldsymbol{P})\oplus R(\boldsymbol{I}-\boldsymbol{P})$$

故 $\boldsymbol{P}$ 是沿着 $R(\boldsymbol{I}-\boldsymbol{P})$ 到 $R(\boldsymbol{P})$ 的投影阵.

注记　由于 $\boldsymbol{P}$ 与 $\boldsymbol{I}-\boldsymbol{P}$ 在(4)(5)中的地位对称,且 $\boldsymbol{P}^2=\boldsymbol{P}$ 显然等价于 $(\boldsymbol{P}^{\mathrm{T}})^2=\boldsymbol{P}^{\mathrm{T}}$,因此 $\boldsymbol{P}$ 是投影阵等

价于 $\boldsymbol{I}-\boldsymbol{P}$ 是投影阵，也等价于 $\boldsymbol{P}^{\mathrm{T}}$ 是投影阵，并且，$\boldsymbol{I}-\boldsymbol{P}$是沿着$R(\boldsymbol{P})$到 $R(\boldsymbol{I}-\boldsymbol{P})$ 的投影阵，$\boldsymbol{P}^{\mathrm{T}}$ 是沿着 $R(\boldsymbol{I}-\boldsymbol{P}^{\mathrm{T}})$ 到 $R(\boldsymbol{P}^{\mathrm{T}})$ 的投影阵.

定理 1.2 设 $\boldsymbol{P}$ 是投影阵，则有：

(1)对任意非奇异阵 $\boldsymbol{T}$，$\boldsymbol{T}^{-1}\boldsymbol{P}\boldsymbol{T}$ 是投影阵；

(2)$\boldsymbol{P}$ 的特征值为 1 或 0；

(3)$\operatorname{tr}\boldsymbol{P}=\operatorname{rank}\boldsymbol{P}$，或者说 $\boldsymbol{P}$ 的特征值 1 的重数等于 $\boldsymbol{P}$ 的秩.

证明 (1)的成立由幂等性条件易见. 为证(2)，考虑变 $\boldsymbol{P}$ 为 Jordan 标准形

$$\boldsymbol{J}=\boldsymbol{T}^{-1}\boldsymbol{P}\boldsymbol{T}$$

$\boldsymbol{J}$ 分块对角，$\boldsymbol{J}$ 的每个对角块是 Jordan 块 $\boldsymbol{J}_k(\lambda)$，这里 λ 是 $\boldsymbol{P}$ 的特征值. 因 $\boldsymbol{J}$ 幂等，故必须有 $\boldsymbol{J}_k(\lambda)$ 幂等，因

$$\boldsymbol{J}_k(\lambda)=\begin{bmatrix}\lambda & & 1 & & \boldsymbol{0}\\ & \ddots & & \ddots & \\ & & \ddots & & 1\\ & & & \ddots & \\ \boldsymbol{0} & & & & \lambda\end{bmatrix}$$

为 k 阶方阵，故由 $\boldsymbol{J}_k^2(\lambda)=\boldsymbol{J}_k(\lambda)$，得 $\lambda^2=\lambda\Rightarrow\lambda=1$ 或 0. 为证(3)，继续上述讨论，如果 $\boldsymbol{J}_k^2(0)=\boldsymbol{J}_k(0)$，那么必须有 $k=1$，因为以 0 为对角元的 Jordan 块只能是一阶的，所以得 $\boldsymbol{J}$ 的秩正是 $\boldsymbol{J}$ 的主对角线上 1 的个数，而后者恰好是 $\boldsymbol{J}$ 的迹. 于是

$$\operatorname{tr}\boldsymbol{P}=\operatorname{tr}\boldsymbol{P}\boldsymbol{T}\boldsymbol{T}^{-1}=\operatorname{tr}\boldsymbol{J}=\operatorname{rank}\boldsymbol{J}=\operatorname{rank}\boldsymbol{P}$$

实际上，可用初等的方法(不用 Jordan 标准形)来证明(2)(3). 设 λ 是 $\boldsymbol{P}$ 的特征值，则有非零向量 $\boldsymbol{x}$ 满

足 $\boldsymbol{Px}=\lambda\boldsymbol{x}$，左乘 $\boldsymbol{P}$，利用 $\boldsymbol{P}^2=\boldsymbol{P}$，得 $\lambda\boldsymbol{x}=\lambda^2\boldsymbol{x}$，于是由 $(\lambda-\lambda^2)\boldsymbol{x}=\boldsymbol{0}$ 得 $\lambda=1$ 或 0. 故有(2)成立. 现在利用 $\boldsymbol{P}$ 的秩分解 $\boldsymbol{P}=\boldsymbol{QR}^{\mathrm{T}}$，$\boldsymbol{Q},\boldsymbol{R}$ 都是 $n\times r$ 阶列满秩阵. 由于 $\boldsymbol{QR}^{\mathrm{T}}\boldsymbol{QR}^{\mathrm{T}}=\boldsymbol{QR}^{\mathrm{T}}$，$\boldsymbol{Q}$ 有左逆，$\boldsymbol{R}^{\mathrm{T}}$ 有右逆，则 $\boldsymbol{R}^{\mathrm{T}}\boldsymbol{Q}=\boldsymbol{I}_r$，因此

$$\operatorname{tr}\boldsymbol{P}=\operatorname{tr}\boldsymbol{QR}^{\mathrm{T}}=\operatorname{tr}\boldsymbol{R}^{\mathrm{T}}\boldsymbol{Q}=\operatorname{tr}\boldsymbol{I}_r=r=\operatorname{rank}\boldsymbol{P}$$

注记　注意到单位阵与投影阵之间的联系是有意义的. 单位阵 $\boldsymbol{I}$ 是一个特殊的投影阵，它是 n 维空间上的恒等算子. 而对于一般的投影阵 $\boldsymbol{P}$，把它看作 n 维空间上的算子，它在子空间 $R(\boldsymbol{P})$ 上的限制正是 $R(\boldsymbol{P})$ 上的恒等算子，也就是说

$$\boldsymbol{Px}=\boldsymbol{x},\ \forall\,\boldsymbol{x}\in R(\boldsymbol{P})$$

似乎可以说，$\boldsymbol{P}$ 是一个“局部的单位阵”. 这一性质是重要的，它有广泛的应用.

习　题　1

1.1. 设 $\boldsymbol{B}^2=\boldsymbol{B}$，$\boldsymbol{A}$ 满足 $R(\boldsymbol{A})\subset R(\boldsymbol{B})$，$R(\boldsymbol{A}^{\mathrm{T}})\subset R(\boldsymbol{B}^{\mathrm{T}})$，证明：$\boldsymbol{BA}=\boldsymbol{A}$，$\boldsymbol{AB}=\boldsymbol{A}$.

1.2. 设 $\boldsymbol{A},\boldsymbol{B}$ 使得 $\operatorname{rank}\boldsymbol{A}=\operatorname{rank}\boldsymbol{B}$，并且 $\boldsymbol{BA}=\boldsymbol{A}$ 或 $\boldsymbol{AB}=\boldsymbol{A}$，证明：$\boldsymbol{B}^2=\boldsymbol{B}$.

1.3. 设 $\boldsymbol{P}_1\triangleq\boldsymbol{P}_{R_1,N_1}$，$\boldsymbol{P}_2\triangleq\boldsymbol{P}_{R_2,N_2}$ 都是投影阵，证明：

(1) $\boldsymbol{P}=\boldsymbol{P}_1+\boldsymbol{P}_2$ 是投影阵 $\Leftrightarrow\boldsymbol{P}_1\boldsymbol{P}_2=\boldsymbol{P}_2\boldsymbol{P}_1=\boldsymbol{0}$；

(2) $\boldsymbol{P}=\boldsymbol{P}_1-\boldsymbol{P}_2$ 是投影阵 $\Leftrightarrow\boldsymbol{P}_1\boldsymbol{P}_2=\boldsymbol{P}_2\boldsymbol{P}_1=\boldsymbol{P}_2$；

(3) $\boldsymbol{P}_1\boldsymbol{P}_2=\boldsymbol{P}_2\boldsymbol{P}_1\Rightarrow\boldsymbol{P}=\boldsymbol{P}_1\boldsymbol{P}_2$ 是投影阵.

1.4. 设 $\boldsymbol{A}^3=\boldsymbol{A}$（$\boldsymbol{A}$ 是三幂等阵），证明：

(1) $\boldsymbol{A}^2$ 是投影阵；

(2)$\boldsymbol{A}$ 的特征值仅仅由 $-1,0,1$ 组成；

(3) $\operatorname{rank} \boldsymbol{A}=\operatorname{tr} \boldsymbol{A}^2$.

在(1)中附加 $\operatorname{rank} \boldsymbol{A}^2=\operatorname{rank} \boldsymbol{A}$ 可推出 $\boldsymbol{A}^3=\boldsymbol{A}$，在(2)中附加 $\boldsymbol{A}$ 是单纯阵可推出 $\boldsymbol{A}^3=\boldsymbol{A}$.

2. 正投影阵

投影阵的一个子类——正投影阵，具有更为良好的性质.

定义 1.2 设 $\boldsymbol{P}$ 是沿 S_2 到 S_1 的投影阵. 如果 $S_1 \perp S_2$，那么称 $\boldsymbol{P}$ 是到 S_1 的**正投影阵**，常记为 $\boldsymbol{P}_{S_1}$. 实际上，此时 $S_2=S_1^{\perp}$，并且 $R(\boldsymbol{P})=S_1$. 因此，要确定一个正投影阵，仅仅知道它的列空间就够了.

例 1.2 $\boldsymbol{P}=\begin{bmatrix}1 & 0\\ 0 & 0\end{bmatrix}$是到 $R\left(\begin{bmatrix}1\\ 0\end{bmatrix}\right)$的正投影阵. 但是例 1.1 中的$\begin{bmatrix}1 & 1\\ 0 & 0\end{bmatrix}$不是正投影阵，因为 S_1 与 S_2 并不正交.

定理 1.3 设 $\boldsymbol{P}$ 是 n 阶方阵，则下列条件等价：

(1)$\boldsymbol{P}$ 是正投影阵；

(2)$\boldsymbol{P}$ 是对称幂等阵①，或 $\boldsymbol{P}^{\mathrm{T}}=\boldsymbol{P}^{\mathrm{T}}\boldsymbol{P}$；

(3)$\boldsymbol{P}$ 满足如下关系式

$$\|\boldsymbol{x}-\boldsymbol{P}\boldsymbol{x}\|=\inf_{t}\|\boldsymbol{x}-\boldsymbol{P}\boldsymbol{t}\|,\ \forall \boldsymbol{x} \qquad (1.2)$$

(4)$\boldsymbol{P}$ 是投影阵，并且

---

① 如果在复数域上讨论，那么这里的对称幂等应改为 Hermite 幂等. 以下均做相应改变.

$$\|Px\| \leqslant \|x\|, \forall x \tag{1.3}$$

(5)存在正交阵 Q,使得

$$Q^{T}PQ = \begin{bmatrix} I_r & 0 \\ 0 & 0 \end{bmatrix}, r = \text{rank } P \tag{1.4}$$

(6) $P = Q_1Q_1^{T}$,且 $Q_1^{T}Q_1 = I$.

证明　我们将证明(1)⇒(2)⇒(3)⇒(1),(1)⇔(4),(2)⇔(5),而(5)⇔(6)是显然的(思考题).

(1)⇒(2):因 $R(P) \perp R(I-P)$,故有

$$P^{T}(I-P) = 0$$

即得 $P^{T} = P^{T}P$. 由于 $P^{T}P$ 对称,因此有

$$P^{T} = P^{T}P = P = P^2$$

故得(2)成立.

(2)⇒(3):对 $\|x - Pt\|^2$ 用一个典型方法分解,有

$$\begin{aligned} \|x - Pt\|^2 &= \|x - Px + Px - Pt\|^2 \\ &= \|(I-P)x + P(x-t)\|^2 \\ &= \|(I-P)x\|^2 + \|P(x-t)\|^2 + \\ &\quad 2((I-P)x, P(x-t)) \end{aligned} \tag{1.5}$$

因 P 对称幂等,即 $P^{T}(I-P) = 0$,故得

$$((I-P)x, P(x-t)) = 0$$

于是有

$$\begin{aligned} \|x - Pt\|^2 &= \|(I-P)x\|^2 + \|P(x-t)\|^2 \\ &\geqslant \|(I-P)x\|^2 \end{aligned}$$

且等号成立的条件是 $Px = Pt$,故得(3)成立.

(3)⇒(1):当(3)成立时,只要能证

$$((I-P)x, P(x-t)) = 0, \forall x, t \tag{1.6}$$

就有 $R(\boldsymbol{P})\perp R(\boldsymbol{I}-\boldsymbol{P})$. 而 $R(\boldsymbol{P})+R(\boldsymbol{I}-\boldsymbol{P})=L^n$ 是明显的,于是可得(1)成立. 下面用反证法,假设有 $\boldsymbol{x}_0$, $\boldsymbol{t}_0$ 使

$$((\boldsymbol{I}-\boldsymbol{P})\boldsymbol{x}_0,\boldsymbol{P}(\boldsymbol{x}_0-\boldsymbol{t}_0))=\alpha\neq 0$$

若 $\alpha<0$,则取 $\boldsymbol{t}_1=\boldsymbol{t}_0$;若 $\alpha>0$,则取 $\boldsymbol{t}_1$ 使

$$\boldsymbol{x}_0-\boldsymbol{t}_1=-(\boldsymbol{x}_0-\boldsymbol{t}_0)$$

即使 $\boldsymbol{t}_1=2\boldsymbol{x}_0-\boldsymbol{t}_0$. 如此可得

$$((\boldsymbol{I}-\boldsymbol{P})\boldsymbol{x}_0,\boldsymbol{P}(\boldsymbol{x}_0-\boldsymbol{t}_1))=-|\alpha|<0$$

再取 $\boldsymbol{t}$ 满足 $\boldsymbol{x}_0-\boldsymbol{t}=\varepsilon(\boldsymbol{x}_0-\boldsymbol{t}_1)$,则得

$$\begin{aligned}\|\boldsymbol{x}_0-\boldsymbol{P}\boldsymbol{t}\|^2&=\|(\boldsymbol{I}-\boldsymbol{P})\boldsymbol{x}_0\|^2+\|\varepsilon\boldsymbol{P}(\boldsymbol{x}_0-\boldsymbol{t}_1)\|^2+\\&\quad 2((\boldsymbol{I}-\boldsymbol{P})\boldsymbol{x}_0,\varepsilon\boldsymbol{P}(\boldsymbol{x}_0-\boldsymbol{t}_1))\\&=\|(\boldsymbol{I}-\boldsymbol{P})\boldsymbol{x}_0\|^2+\varepsilon^2\|\boldsymbol{P}(\boldsymbol{x}_0-\boldsymbol{t}_1)\|^2-\\&\quad 2\varepsilon|\alpha|\end{aligned}$$

因 $\|\boldsymbol{P}(\boldsymbol{x}_0-\boldsymbol{t}_1)\|^2$ 为定长,取 ε 充分小,可使

$$\varepsilon^2\|\boldsymbol{P}(\boldsymbol{x}_0-\boldsymbol{t}_1)\|^2-2\varepsilon|\alpha|<0$$

得

$$\|\boldsymbol{x}_0-\boldsymbol{P}\boldsymbol{t}\|^2<\|\boldsymbol{x}_0-\boldsymbol{P}\boldsymbol{x}_0\|^2$$

与(1.2)矛盾. 因此必有(1.6)成立,故得(1)成立.

(1)⇔(4):当 $\boldsymbol{P}$ 是正投影阵时,有 $\boldsymbol{P}\boldsymbol{x}\perp(\boldsymbol{I}-\boldsymbol{P})\boldsymbol{x}$,因此

$$\begin{aligned}\|\boldsymbol{x}\|^2&=\|\boldsymbol{P}\boldsymbol{x}+(\boldsymbol{I}-\boldsymbol{P})\boldsymbol{x}\|^2\\&=\|\boldsymbol{P}\boldsymbol{x}\|^2+\|(\boldsymbol{I}-\boldsymbol{P})\boldsymbol{x}\|^2\\&\geqslant\|\boldsymbol{P}\boldsymbol{x}\|^2,\ \forall\boldsymbol{x}\end{aligned}$$

故得(4)成立. 反之,当(4)成立时,假设 $\boldsymbol{P}^{\mathrm{T}}(\boldsymbol{I}-\boldsymbol{P})\neq\boldsymbol{0}$,则有

$$\boldsymbol{x}\perp R(\boldsymbol{I}-\boldsymbol{P})$$

但 $\boldsymbol{x}\notin R(\boldsymbol{P})$，知 $\boldsymbol{x}^{\mathrm{T}}(\boldsymbol{I}-\boldsymbol{P})\boldsymbol{x}=0$，且 $(\boldsymbol{I}-\boldsymbol{P})\boldsymbol{x}\neq\boldsymbol{0}$（否则 $\boldsymbol{x}=\boldsymbol{P}\boldsymbol{x}\in R(\boldsymbol{P})$）. 由于

$$\boldsymbol{x}=\boldsymbol{P}\boldsymbol{x}+(\boldsymbol{I}-\boldsymbol{P})\boldsymbol{x}$$

从而有

$$\begin{aligned}\|\boldsymbol{P}\boldsymbol{x}\|^2&=\|\boldsymbol{x}-(\boldsymbol{I}-\boldsymbol{P})\boldsymbol{x}\|^2\\&=\|\boldsymbol{x}\|^2+\|(\boldsymbol{I}-\boldsymbol{P})\boldsymbol{x}\|^2\\&>\|\boldsymbol{x}\|^2\end{aligned}$$

与(1.3)矛盾. 因此必有 $\boldsymbol{P}^{\mathrm{T}}(\boldsymbol{I}-\boldsymbol{P})=\boldsymbol{0}$，知

$$R(\boldsymbol{P})\perp R(\boldsymbol{I}-\boldsymbol{P})$$

得 $\boldsymbol{P}$ 是正投影阵.

(2)⇔(5)：当 $\boldsymbol{P}$ 是对称幂等阵时，由对称阵的标准形和幂等阵的特征值非 0 即 1，得(1.4)，故知(5)成立. 反之，当(1.4)成立时易验证 $\boldsymbol{P}$ 为对称幂等阵.

由(1.4)更易于看出，正投影阵与单位阵的联系是紧密的，正投影阵正交相似于一个“部分单位阵”.

在 n 维空间中，任一个 r 维的子空间 S，总可以表示为一个 $n\times r$ 阶矩阵 $\boldsymbol{A}$ 的值域，即有 $S=R(\boldsymbol{A})$，其中 $\boldsymbol{A}$ 的 r 列向量恰好构成 S 的基. 不难证明：到 $R(\boldsymbol{A})$ 的正投影阵是

$$\boldsymbol{P}_A=\boldsymbol{A}(\boldsymbol{A}^{\mathrm{T}}\boldsymbol{A})^{-1}\boldsymbol{A}^{\mathrm{T}} \tag{1.7}$$

事实上，$\boldsymbol{P}_A$ 显然是对称幂等的，故它是到 $R(\boldsymbol{P}_A)$ 的正投影阵. 但是 $R(\boldsymbol{P}_A)\subset R(\boldsymbol{A})$，又有

$$\operatorname{rank}\boldsymbol{P}_A=\operatorname{rank}\boldsymbol{A}$$

故得

$$R(\boldsymbol{P}_A)=R(\boldsymbol{A})$$

Ky Fan 定理

习　题　2

1.5. 设 $\boldsymbol{C}=\boldsymbol{A}+\boldsymbol{B}$ 是正投影阵，且 $\boldsymbol{A},\boldsymbol{B}$ 对称，证明：

(1) $\boldsymbol{A},\boldsymbol{B}$ 是正投影阵 $\Leftrightarrow \boldsymbol{AB}=\boldsymbol{0}$；

(2) $\boldsymbol{A}$ 是投影阵，$\boldsymbol{B}$ 是非负定阵 $\Rightarrow \boldsymbol{B}$ 是投影阵；

(3) $\operatorname{rank}\boldsymbol{A}+\operatorname{rank}\boldsymbol{B}\leqslant\operatorname{rank}\boldsymbol{C}\Rightarrow\boldsymbol{A},\boldsymbol{B}$ 是投影阵.

1.6. 设 $\boldsymbol{P}_L,\boldsymbol{P}_M$ 是正投影阵，M,L 是子空间，则

$$\boldsymbol{P}_L\boldsymbol{P}_M=\boldsymbol{P}_M\boldsymbol{P}_L\Leftrightarrow L=(L\cap M)\dotplus(L\cap M^{\perp})$$

1.7. 设 $\boldsymbol{P}_L,\boldsymbol{P}_M$ 是正投影阵，则下列命题等价：

(1) $\boldsymbol{P}_L-\boldsymbol{P}_M$ 是正投影阵；

(2) $\boldsymbol{P}_L-\boldsymbol{P}_M$ 是非负定阵；

(3) $\|\boldsymbol{P}_L\boldsymbol{x}\|\geqslant\|\boldsymbol{P}_M\boldsymbol{x}\|,\ \forall\boldsymbol{x}$；

(4) $M\subset L$；

(5) $\boldsymbol{P}_L\boldsymbol{P}_M=\boldsymbol{P}_M$；

(6) $\boldsymbol{P}_M\boldsymbol{P}_L=\boldsymbol{P}_M$.

§2　矩阵的 g－逆

1. g－逆的概念和构造

矩阵的逆的概念，原来是对满秩方阵才有意义的. 逆矩阵的存在，使得矩阵方程中可使用消去律，如 $\boldsymbol{Ax}=\boldsymbol{b}$ 相容，当 $\boldsymbol{A}$ 有逆时，得 $\boldsymbol{x}=\boldsymbol{A}^{-1}\boldsymbol{b}$ 是解. 但是，在

实际问题中,我们所遇到的矩阵不是方阵,即使是方阵,也不一定满秩.这就促使我们去想象,能否推广逆的概念,引进某种具有类似逆矩阵性质的矩阵,使得消去律可以在一定条件下使用.

设 $\boldsymbol{A}$ 是 $m\times n$ 阶阵,则

$$\boldsymbol{A}\boldsymbol{x}=\boldsymbol{b} \tag{2.1}$$

是相容方程组,于是 $\boldsymbol{b}\in R(\boldsymbol{A})$. 根据前面的讨论,设想 $\boldsymbol{G}\boldsymbol{b}$ 是(2.1)的解,这就要求

$$\boldsymbol{A}(\boldsymbol{G}\boldsymbol{b})=(\boldsymbol{A}\boldsymbol{G})\boldsymbol{b}=\boldsymbol{b}$$

这只要 $\boldsymbol{A}\boldsymbol{G}$ 是到 $R(\boldsymbol{A})$ 的投影阵就够了. 它等价于

$$(\boldsymbol{A}\boldsymbol{G})^2=\boldsymbol{A}\boldsymbol{G},R(\boldsymbol{A}\boldsymbol{G})=R(\boldsymbol{A}) \tag{2.2}$$

根据第 1 章定理 2.3 的推论知,(2.2)的前一式可消去 $\boldsymbol{G}$ 得

$$\boldsymbol{A}\boldsymbol{G}\boldsymbol{A}=\boldsymbol{A} \tag{2.3}$$

反之,由(2.3)可得

$$\operatorname{rank}\boldsymbol{A}=\operatorname{rank}(\boldsymbol{A}\boldsymbol{G}\boldsymbol{A})\leqslant\operatorname{rank}\boldsymbol{A}\boldsymbol{G}\leqslant\operatorname{rank}\boldsymbol{A}$$

因此(2.3)等价于(2.2).

定义 2.1　设 $\boldsymbol{A}$ 是 $m\times n$ 阶阵,如果 $n\times m$ 阶阵 $\boldsymbol{G}$ 满足(2.3),那么称 $\boldsymbol{G}$ 是 $\boldsymbol{A}$ 的**广义逆**或 **g - 逆**,记为 $\boldsymbol{A}^-$,故又称**减号逆**.

在引进了 g - 逆之后,为不致混淆,满秩方阵的逆往往称为**正则逆**.

例 2.1　设 $\boldsymbol{A}=\begin{bmatrix}1&1\\0&0\end{bmatrix}$,则 $\boldsymbol{G}=\begin{bmatrix}1&\alpha\\0&0\end{bmatrix}$是 $\boldsymbol{A}$ 的 g - 逆,这里 α 可任取. 可见 $\boldsymbol{A}$ 的 g - 逆不一定唯一.

我们记 $\boldsymbol{A}$ 的 g - 逆的全体为 $\boldsymbol{A}\{1\}$,有

$$A\{1\}=\{G \mid AGA=A\} \tag{2.4}$$

下面我们将用秩分解式来给出 A^- 的构造.

定理 2.1 设 A 是 $m\times n$ 阶阵,P,Q 分别是 m 阶和 n 阶的非奇异方阵,且

$$B=PAQ$$

则有

$$B\{1\}=\{Q^{-1}A^-P^{-1} \mid A^-\in A\{1\}\} \tag{2.5}$$

证明 任给 $A^-\in A\{1\}$,有

$$\begin{aligned} B(Q^{-1}A^-P^{-1})B &= PAQQ^{-1}A^-P^{-1}PAQ \\ &= PAA^-AQ=PAQ=B \end{aligned}$$

因此有 $Q^{-1}A^-P^{-1}\in B\{1\}$.

反之,设 $B^-\in B\{1\}$,则有 $BB^-B=B$,即

$$PAQB^-PAQ=PAQ \Rightarrow A(QB^-P)A=A$$

因此 $QB^-P\in A\{1\}$. 而 $B^-=Q^{-1}(QB^-P)P^{-1}$,故得(2.5).

定理 2.2 设 $m\times n$ 阶阵 A 的秩分解为

$$A=P\begin{bmatrix} I_r & 0 \\ 0 & 0 \end{bmatrix}Q \tag{2.6}$$

P,Q 分别为 m 阶和 n 阶非奇异阵,则有

$$A\{1\}=\left\{Q^{-1}\begin{bmatrix} I_r & G_{12} \\ G_{21} & G_{22} \end{bmatrix}P^{-1} \mid G_{ij}\text{任取}\right\} \tag{2.7}$$

证明 由定理 2.1,只需证明 $\begin{bmatrix} I_r & 0 \\ 0 & 0 \end{bmatrix}$ 的 g - 逆 G 必有形式 $\begin{bmatrix} I_r & G_{12} \\ G_{21} & G_{22} \end{bmatrix}$ 就够了.

设 $\boldsymbol{G}=\begin{bmatrix}\boldsymbol{G}_{11} & \boldsymbol{G}_{12}\\ \boldsymbol{G}_{21} & \boldsymbol{G}_{22}\end{bmatrix}$，由(2.3)可直接验算出 $\boldsymbol{G}_{11}=\boldsymbol{I}_r$，$\boldsymbol{G}_{12}$，$\boldsymbol{G}_{21}$，$\boldsymbol{G}_{22}$ 可任取.

定理2.2说明 $\boldsymbol{A}$ 的 g－逆一定是存在的，并且，g－逆唯一的充要条件是 $m=n=r$，即 $\boldsymbol{A}$ 是满秩方阵，此时 g－逆就是正则逆 $\boldsymbol{A}^{-1}$.

2. g－逆的性质和应用

由 g－逆的构造((2.7))不难直接看出如下性质：

定理2.3　设 $\boldsymbol{A}$ 是 $m\times n$ 阶阵，$\boldsymbol{A}^{-}$ 是 $\boldsymbol{A}$ 的 g－逆，则有：

(1) $\operatorname{rank}\boldsymbol{A}^{-}\geqslant\operatorname{rank}\boldsymbol{A}$.

(2) $\boldsymbol{A}$ 是满秩方阵 $\Leftrightarrow \boldsymbol{A}^{-}$ 为正则逆($\boldsymbol{A}^{-}\boldsymbol{A}=\boldsymbol{A}\boldsymbol{A}^{-}=\boldsymbol{I}$)；

$\boldsymbol{A}$ 是列满秩阵 $\Leftrightarrow \boldsymbol{A}^{-}$ 为左逆($\boldsymbol{A}^{-}\boldsymbol{A}=\boldsymbol{I}_n$)；

$\boldsymbol{A}$ 是行满秩阵 $\Leftrightarrow \boldsymbol{A}^{-}$ 为右逆($\boldsymbol{A}\boldsymbol{A}^{-}=\boldsymbol{I}_m$).

(3) $\boldsymbol{A}\boldsymbol{A}^{-}$，$\boldsymbol{A}^{-}\boldsymbol{A}$ 是幂等阵，并且

$$\operatorname{rank}\boldsymbol{A}\boldsymbol{A}^{-}=\operatorname{rank}\boldsymbol{A}^{-}\boldsymbol{A}=\operatorname{rank}\boldsymbol{A}$$

(4) $(\boldsymbol{A}^{-})^{\mathrm{T}}\in\boldsymbol{A}^{\mathrm{T}}\{1\}$，当 $\boldsymbol{A}$ 对称时，$(\boldsymbol{A}^{-})^{\mathrm{T}}\in\boldsymbol{A}\{1\}$.

作为 g－逆的初步应用，我们讨论线性方程的通解的表达式.

定理2.4　设 $\boldsymbol{A}$ 为 $m\times n$ 阶阵，式(2.1)，即

$$\boldsymbol{A}\boldsymbol{x}=\boldsymbol{b}$$

为相容方程组，任给 $\boldsymbol{A}^{-}\in\boldsymbol{A}\{1\}$，则(2.1)的通解为

$$\boldsymbol{x}=\boldsymbol{A}^{-}\boldsymbol{b}+(\boldsymbol{I}-\boldsymbol{A}^{-}\boldsymbol{A})\boldsymbol{u},\ \boldsymbol{u}\text{ 任取}\qquad(2.8)$$

证明 将(2.8)代入(2.1),利用$\boldsymbol{A}\boldsymbol{A}^{-}\boldsymbol{A}=\boldsymbol{A}$,立得(2.8)中的$\boldsymbol{x}$是(2.1)的解.

现设$\boldsymbol{x}_0$是(2.1)的一个解,有$\boldsymbol{A}\boldsymbol{x}_0=\boldsymbol{b}$. 在(2.8)中只需取$\boldsymbol{u}=\boldsymbol{x}_0$,就有

$$\begin{aligned}\boldsymbol{x}&=\boldsymbol{A}^{-}\boldsymbol{b}+(\boldsymbol{I}-\boldsymbol{A}^{-}\boldsymbol{A})\boldsymbol{x}_0\\&=\boldsymbol{A}^{-}\boldsymbol{b}+\boldsymbol{x}_0-\boldsymbol{A}^{-}\boldsymbol{A}\boldsymbol{x}_0\\&=\boldsymbol{A}^{-}\boldsymbol{b}+\boldsymbol{x}_0-\boldsymbol{A}^{-}\boldsymbol{b}=\boldsymbol{x}_0\end{aligned}$$

故(2.8)是(2.1)的通解.

注记 我们可以利用$\boldsymbol{A}^{-}$给出$N(\boldsymbol{A})$的明显表达式,有

$$N(\boldsymbol{A})=\{(\boldsymbol{I}-\boldsymbol{A}^{-}\boldsymbol{A})\boldsymbol{u}\mid\boldsymbol{u}\text{ 任取}\}=R(\boldsymbol{I}-\boldsymbol{A}^{-}\boldsymbol{A})\tag{2.9}$$

这是因为$N(\boldsymbol{A})\supset R(\boldsymbol{I}-\boldsymbol{A}^{-}\boldsymbol{A})$为显然的,而且

$$\begin{aligned}\dim N(\boldsymbol{A})&=n-\dim R(\boldsymbol{A})=n-\operatorname{rank}\boldsymbol{A}\\&=n-\operatorname{rank}\boldsymbol{A}^{-}\boldsymbol{A}=\operatorname{rank}(\boldsymbol{I}-\boldsymbol{A}^{-}\boldsymbol{A})\\&=\dim(\boldsymbol{I}-\boldsymbol{A}^{-}\boldsymbol{A})\end{aligned}$$

由第1章习题1.2,故得证.

为了研究g-逆之间的相互联系,我们需要g-逆的通式.

定理 2.5 设$\boldsymbol{A}^{-}\in\boldsymbol{A}\{1\}$,则

$$\boldsymbol{G}=\boldsymbol{A}^{-}+\boldsymbol{U}-\boldsymbol{A}^{-}\boldsymbol{A}\boldsymbol{U}\boldsymbol{A}\boldsymbol{A}^{-},\boldsymbol{U}\text{ 任取}\tag{2.10}$$

$$\boldsymbol{G}=\boldsymbol{A}^{-}+\boldsymbol{V}(\boldsymbol{I}-\boldsymbol{A}\boldsymbol{A}^{-})+(\boldsymbol{I}-\boldsymbol{A}^{-}\boldsymbol{A})\boldsymbol{U},\boldsymbol{U},\boldsymbol{V}\text{ 任取}\tag{2.11}$$

都是$\boldsymbol{A}$的g-逆的通式.

证明 (2.10)或(2.11)适合(2.3)是易于直接验

算的. 任给 $\boldsymbol{X}\in\boldsymbol{A}\{1\}$,只需在(2.10)中取 $\boldsymbol{U}=\boldsymbol{X}-\boldsymbol{A}^{-}$,就有

$$
\begin{aligned}
\boldsymbol{G} &= \boldsymbol{A}^{-}+(\boldsymbol{X}-\boldsymbol{A}^{-})-\boldsymbol{A}^{-}\boldsymbol{A}(\boldsymbol{X}-\boldsymbol{A}^{-})\boldsymbol{A}\boldsymbol{A}^{-} \\
&= \boldsymbol{A}^{-}+\boldsymbol{X}-\boldsymbol{A}^{-}-\boldsymbol{0}=\boldsymbol{X}
\end{aligned}
$$

而在(2.11)中,只要取 $\boldsymbol{V}=\boldsymbol{X}-\boldsymbol{A}^{-}$,$\boldsymbol{U}=\boldsymbol{X}\boldsymbol{A}\boldsymbol{A}^{-}$ 就可算出 $\boldsymbol{G}=\boldsymbol{X}$.

注记　通式的由来,参看第 4 章 §2.

g-逆的不唯一,一方面使 g-逆可在相当的范围内任选,因而具有较大的灵活性,另一方面则可使某些表达式随 g-逆的选法而改变,带来了许多麻烦. 因此,在何种条件下,带有 g-逆的表达式将不因 g-逆的选法而变化,是一个很有实用价值的问题.

定理 2.6　设 $\boldsymbol{C}\neq\boldsymbol{0}$,$\boldsymbol{B}\neq\boldsymbol{0}$,则有

$$
\boldsymbol{C}\boldsymbol{A}^{-}\boldsymbol{B},\ \forall\boldsymbol{A}^{-}\in\boldsymbol{A}\{1\}\text{不变} \tag{2.12}
$$

的充要条件是

$$
\begin{cases}
R(\boldsymbol{B})\subset R(\boldsymbol{A}) & (2.13) \\
R(\boldsymbol{C}^{\mathrm{T}})\subset R(\boldsymbol{A}^{\mathrm{T}}) & (2.13')
\end{cases}
$$

证明　当(2.13)(2.13′)成立时,根据第 1 章习题 2.3,有

$$
\boldsymbol{B}=\boldsymbol{A}\boldsymbol{D},\ \boldsymbol{C}^{\mathrm{T}}=\boldsymbol{A}^{\mathrm{T}}\boldsymbol{F}
$$

其中 $\boldsymbol{D}$,$\boldsymbol{F}$ 是适当选定的矩阵. 于是

$$
\boldsymbol{C}\boldsymbol{A}^{-}\boldsymbol{B}=\boldsymbol{F}^{\mathrm{T}}\boldsymbol{A}\boldsymbol{A}^{-}\boldsymbol{A}\boldsymbol{D}=\boldsymbol{F}^{\mathrm{T}}\boldsymbol{A}\boldsymbol{D}
$$

不依赖 $\boldsymbol{A}^{-}$ 的选取.

当(2.12)成立时,利用通式(2.10),有

$$
\boldsymbol{C}\boldsymbol{A}^{-}\boldsymbol{B}=\boldsymbol{C}\boldsymbol{G}\boldsymbol{B}=\boldsymbol{C}\boldsymbol{A}^{-}\boldsymbol{B}+\boldsymbol{C}\boldsymbol{U}\boldsymbol{B}-\boldsymbol{C}\boldsymbol{A}^{-}\boldsymbol{A}\boldsymbol{U}\boldsymbol{A}\boldsymbol{A}^{-}\boldsymbol{B},\ \forall\boldsymbol{U}
$$

即得

$$CUB - CA^{-}AUAA^{-}B = \mathbf{0}, \forall U \tag{2.14}$$

在(2.14)中取 $U = A^{-}AV$,V 任意,则(2.14)变为

$$CA^{-}AV(B - AA^{-}B) = \mathbf{0}, \forall V$$

由第 1 章习题 1.11 知,必须有 $CA^{-}A = \mathbf{0}$ 或 $B - AA^{-}B = \mathbf{0}$,但 $CA^{-}A = \mathbf{0}$将导致 $CUB = \mathbf{0}(\forall U)$,而由定理的假设和第 1 章习题 1.11,将导致矛盾,故得

$$B - AA^{-}B = \mathbf{0} \Rightarrow R(B) \subset R(A)$$

即(2.13).类似的,可得(2.13′).

推论 $AA^{-}B = B, \forall A^{-} \Leftrightarrow R(B) \subset R(A)$.

习　　题

2.1. 设 $\operatorname{rank} A = \operatorname{rank} AH$,证明

$$GAH = H \Rightarrow G \in A\{1\}$$

2.2. 设 A 是 n 阶对称阵,指出:A 的 g – 逆不一定对称,但存在对称的 $A^{-} \in A\{1\}$.

2.3. 设 $u \in R(A)$,$v \in R(A^{T})$,证明:当 $v^{T}A^{-}u \neq -1$ 时,有

$$A^{-} - \frac{(A^{-}u)(v^{T}A^{-})}{1 + v^{T}A^{-}u} \in (A + uv^{T})\{1\}$$

2.4. 证明:

(1)$(A^{T}A)^{-}A^{T} \in A\{1\}$;

(2)$A(A^{T}A)^{-}A^{T} \triangleq P_{A}$ 是到 $R(A)$的正投影阵.

2.5. 设 $T = G + XUX^{T}$,其中 G 非负定,U 对称,并且

$$R(G) \subset R(T), R(X) \subset R(T)$$

证明

$$R(\boldsymbol{X}^{\mathrm{T}}\boldsymbol{T}^{-}\boldsymbol{X})=R(\boldsymbol{X}^{\mathrm{T}}),\forall \boldsymbol{T}^{-}\in \boldsymbol{T}\{1\}$$

2.6. 设 $\boldsymbol{A}$ 与 $\boldsymbol{B}$ 是列数相同的两个矩阵,且满足

$$R(\boldsymbol{A}^{\mathrm{T}})\cap R(\boldsymbol{B}^{\mathrm{T}})=\{\boldsymbol{0}\}$$

证明:

(1) $\mathrm{rank}(\boldsymbol{A}^{\mathrm{T}}\boldsymbol{A}+\boldsymbol{B}^{\mathrm{T}}\boldsymbol{B})=\mathrm{rank}\ \boldsymbol{A}+\mathrm{rank}\ \boldsymbol{B}$;

(2) $\boldsymbol{A}^{\mathrm{T}}\boldsymbol{A}(\boldsymbol{A}^{\mathrm{T}}\boldsymbol{A}+\boldsymbol{B}^{\mathrm{T}}\boldsymbol{B})^{-}\boldsymbol{A}^{\mathrm{T}}\boldsymbol{A}=\boldsymbol{A}^{\mathrm{T}}\boldsymbol{A}$,这里 g - 逆是任选的.

§3　矩阵的 Moore-Penrose 逆

1. Moore-Penrose(莫尔 - 彭罗斯)逆的定义与存在唯一性

$\boldsymbol{A}$ 的 g - 逆 $\boldsymbol{A}^{-}$ 使得 $\boldsymbol{A}\boldsymbol{A}^{-}$ 是到 $R(\boldsymbol{A})$ 的投影阵. 自然可进一步探讨,是否有矩阵 $\boldsymbol{G}$,使得 $\boldsymbol{AG}$ 是到 $R(\boldsymbol{A})$ 的正投影阵? 在 §4 中我们将看出,满足这一性质的 g - 逆是有用的,但仍不唯一. 从对称性考虑,我们不妨进而要求 $\boldsymbol{GA}$ 是到 $R(\boldsymbol{G})$ 的正投影阵. 这样的广义逆,是 E. H. Moore 于 1920 年首先提出的,但当时未引起重视. R. Penrose 于 1955 年以更明确的形式给出了这一广义逆的定义. 他陈述了四个条件,称为 **Penrose 方程**:

(1) $\boldsymbol{AGA}=\boldsymbol{A}$;

(2) $\boldsymbol{GAG}=\boldsymbol{G}$;

(3) $(\boldsymbol{AG})^{\mathrm{T}}=\boldsymbol{AG}$;

(4) $(\boldsymbol{GA})^{\mathrm{T}}=\boldsymbol{GA}$.

于是我们可讨论满足这四个条件中的一个,几个,甚至于全部的广义逆矩阵 $\boldsymbol{G}$. 下面我们先讨论十分有用的唯一广义逆.

定义 3.1 设 $\boldsymbol{G}$ 满足条件(1)~(4),则称 $\boldsymbol{G}$ 是 $\boldsymbol{A}$ 的 **Moore-Penrose 逆**,或**加号逆**,记为 $\boldsymbol{A}^{+}$.

例 3.1 容易由定义直接验算:

若 $\boldsymbol{A}=\begin{bmatrix}1&1\\0&0\end{bmatrix}$, 则 $\boldsymbol{A}^{+}=\begin{bmatrix}1&0\\0&0\end{bmatrix}$; 若 $\boldsymbol{A}=\begin{bmatrix}1\\1\end{bmatrix}$, 则 $\boldsymbol{A}^{+}=\begin{bmatrix}\frac{1}{2}&\frac{1}{2}\end{bmatrix}$; 若 $\boldsymbol{A}=\begin{bmatrix}\boldsymbol{D}&\boldsymbol{0}\\\boldsymbol{0}&\boldsymbol{0}\end{bmatrix}$, $\boldsymbol{D}$ 是可逆方阵, 则 $\boldsymbol{A}^{+}=\begin{bmatrix}\boldsymbol{D}^{-1}&\boldsymbol{0}\\\boldsymbol{0}&\boldsymbol{0}\end{bmatrix}$.

定理 3.1 对任给的 $\boldsymbol{A}$, $\boldsymbol{A}^{+}$ 存在并且唯一.

证明 先证存在性:仍考虑 $\boldsymbol{A}$ 的秩分解,有

$$\boldsymbol{A}=\boldsymbol{PQ}^{\mathrm{T}}$$

其中 $\boldsymbol{P}$, $\boldsymbol{Q}$ 分别是 $m\times r$, $n\times r$ 阶列满秩阵,可直接验证

$$\boldsymbol{A}^{+}=\boldsymbol{Q}(\boldsymbol{Q}^{\mathrm{T}}\boldsymbol{Q})^{-1}(\boldsymbol{P}^{\mathrm{T}}\boldsymbol{P})^{-1}\boldsymbol{P}^{\mathrm{T}} \tag{3.1}$$

如验证条件(1),由

$$\boldsymbol{AA}^{+}\boldsymbol{A}=\boldsymbol{PQ}^{\mathrm{T}}\boldsymbol{Q}(\boldsymbol{Q}^{\mathrm{T}}\boldsymbol{Q})^{-1}(\boldsymbol{P}^{\mathrm{T}}\boldsymbol{P})^{-1}\boldsymbol{P}^{\mathrm{T}}\boldsymbol{PQ}^{\mathrm{T}}=\boldsymbol{PQ}^{\mathrm{T}}=\boldsymbol{A}$$

即得. 其余类似可得.

现证唯一性:设 $\boldsymbol{G}$ 也满足条件(1)~(4),欲证 $\boldsymbol{G}=\boldsymbol{A}^{+}$. 由于

$$\begin{aligned}\boldsymbol{G}&=\boldsymbol{GAG}=\boldsymbol{G}(\boldsymbol{AG})^{\mathrm{T}}=\boldsymbol{GG}^{\mathrm{T}}(\boldsymbol{AA}^{+}\boldsymbol{A})^{\mathrm{T}}\\&=\boldsymbol{GG}^{\mathrm{T}}\boldsymbol{A}^{\mathrm{T}}(\boldsymbol{AA}^{+})^{\mathrm{T}}=\boldsymbol{G}(\boldsymbol{AG})^{\mathrm{T}}\boldsymbol{AA}^{+}\end{aligned}$$

$$=GAA^{+}=(GA)^{\mathrm{T}}A^{+}=(AA^{+}A)^{\mathrm{T}}G^{\mathrm{T}}A^{+}$$
$$=(A^{+}A)^{\mathrm{T}}(A^{\mathrm{T}}G^{\mathrm{T}})A^{+}=A^{+}AGAA^{+}$$
$$=A^{+}AA^{+}=A^{+}$$

故得证.

2. Moore-Penrose 逆的性质和构造

因为 $A^{+}\in A\{1\}$,所以 g - 逆所具有的性质,加号逆也有. 由于加号逆的要求较强,且有唯一性,因此可以想象加号逆具有独特的性质,并且,其中有一些是和正则逆类似的.

定理 3.2　A^{+} 有如下性质:

(1) $\operatorname{rank} A^{+}=\operatorname{rank} A$;

(2) $(A^{+})^{+}=A$;

(3) $(A^{\mathrm{T}})^{+}=(A^{+})^{\mathrm{T}}$,故 A 对称$\Rightarrow A^{+}$ 对称;

(4) $(A^{\mathrm{T}}A)^{+}=A^{+}(A^{+})^{\mathrm{T}}$,故 A 非负定$\Rightarrow A^{+}$ 非负定;

(5) $A^{+}=(A^{\mathrm{T}}A)^{+}A^{\mathrm{T}}=A^{\mathrm{T}}(AA^{\mathrm{T}})^{+}$,故有

$$R(A^{+})=R(A^{\mathrm{T}})$$

(6) $AA^{+}=P_{A}$,$A^{+}A=P_{A^{\mathrm{T}}}$都是正投影阵.

证明　由 Penrose 方程(1)有

$$\operatorname{rank} A^{+}\geqslant \operatorname{rank} A$$

由 Penrose 方程(2)知,A 是 A^{+} 的 g - 逆,又有

$$\operatorname{rank} A\geqslant \operatorname{rank} A^{+}$$

故得(1)成立. $(A^{+})^{+}=A$ 是因为 Penrose 方程(1) ~ (4)对 A,A^{+} 而言是对称的. (3)(4)可以从验证 Penrose 方程(1) ~ (4)得到. (5)利用(4)即得. (6)由对

称幂等性和秩的关系易得.

对加号逆来说,类似于定理 2.1 的结论是不成立的,但我们有:

定理 3.3 设 $\boldsymbol{A}$ 是 $m\times n$ 阶阵,$\boldsymbol{P},\boldsymbol{Q}$ 分别是 m 阶和 n 阶正交阵,则有

$$(\boldsymbol{PAQ})^{+}=\boldsymbol{Q}^{\mathrm{T}}\boldsymbol{A}^{+}\boldsymbol{P}^{\mathrm{T}} \tag{3.2}$$

证明 可直接验证 Penrose 方程(1) ~ (4). 如验证(3),由

$$(\boldsymbol{PAQ})\boldsymbol{Q}^{\mathrm{T}}\boldsymbol{A}^{+}\boldsymbol{P}^{\mathrm{T}}=\boldsymbol{PAA}^{+}\boldsymbol{P}^{\mathrm{T}}$$

是对称阵即得. 其余类似可得.

此定理的推广见本章习题 3.4.

定理 3.3 启发我们得到构造 $\boldsymbol{A}^{+}$ 的另一种方法,即利用 $\boldsymbol{A}$ 的由正交阵给出的分解式. 如利用第 1 章式(3.21′)的奇异值分解

$$\boldsymbol{A}=\boldsymbol{P}\mathrm{diag}(\lambda_1,\cdots,\lambda_r,0,\cdots,0)\boldsymbol{Q}$$

$$\boldsymbol{P},\boldsymbol{Q}\text{ 正交},\lambda_1,\cdots,\lambda_r\neq 0$$

于是有

$$\boldsymbol{A}^{+}=\boldsymbol{Q}^{\mathrm{T}}\mathrm{diag}(\lambda_1^{-1},\cdots,\lambda_r^{-1},0,\cdots,0)\boldsymbol{P}^{\mathrm{T}} \tag{3.3}$$

用(3.3)的方法,要算出 $\boldsymbol{A}$ 的奇异值,一般是十分困难的. 为此,我们再介绍一种基于正交 - 三角分解的方法.

设 $m\times n$ 阶阵 $\boldsymbol{A}$ 的秩是 r,对 $\boldsymbol{A}$ 右乘 $\boldsymbol{P}(i,j)$ 型初等阵(正交阵),可逐步将 $\boldsymbol{A}$ 变成前 r 列线性无关的矩阵

$$\boldsymbol{B}\triangleq[\boldsymbol{B}_1 \mid \boldsymbol{B}_2]$$

即

$$AP_1 = B, P_1 \text{ 是正交阵}$$

根据第 1 章式(3.22),B_1 有正交－三角分解 $B_1 = Q_1R$,Q_1 是列正交阵,R 是 r 阶正线上三角阵. 因 $B_2 = B_1D$,令 $Q = [Q_1 \mid Q_2]$是 m 阶正交阵,有

$$B = Q\begin{bmatrix} R & RD \\ 0 & 0 \end{bmatrix}, \text{rank}[R \mid RD] = r$$

再对$\begin{bmatrix} R^{\mathrm{T}} \\ D^{\mathrm{T}}R^{\mathrm{T}} \end{bmatrix}$作正交－三角分解,得

$$\begin{bmatrix} R^{\mathrm{T}} \\ D^{\mathrm{T}}R^{\mathrm{T}} \end{bmatrix} = P_2\begin{bmatrix} T^{\mathrm{T}} \\ 0 \end{bmatrix}$$

P_2 是 n 阶正交阵,T 为正线下三角阵. 于是

$$B = Q\begin{bmatrix} T & 0 \\ 0 & 0 \end{bmatrix}P_2^{\mathrm{T}} \Rightarrow A = Q\begin{bmatrix} T & 0 \\ 0 & 0 \end{bmatrix}P_2^{\mathrm{T}}P_1^{\mathrm{T}}$$

记 $P = P_2^{\mathrm{T}}P_1^{\mathrm{T}}$,知 P 为正交阵,得 A 的正交－三角－正交分解

$$A = Q\begin{bmatrix} T & 0 \\ 0 & 0 \end{bmatrix}P \tag{3.4}$$

Q,P 是正交阵,T 为 r 阶正线下三角阵,根据定理 3.3 即得

$$A^{+} = P^{\mathrm{T}}\begin{bmatrix} T^{-1} & 0 \\ 0 & 0 \end{bmatrix}Q^{\mathrm{T}} \tag{3.5}$$

上面不过是从不同角度探讨 A^{+} 的构造,至于具体如何计算,可参看计算方法的著作.

Ky Fan 定理

习　题

3.1. 证明：

(1)设 $\boldsymbol{a}$ 是非零向量，则 $\boldsymbol{a}^{+}=\dfrac{\boldsymbol{a}^{\mathrm{T}}}{\boldsymbol{a}^{\mathrm{T}}\boldsymbol{a}}$；

(2)设 $\boldsymbol{P}$ 是正投影阵，则 $\boldsymbol{P}^{+}=\boldsymbol{P}$.

3.2. 设 $\boldsymbol{A}$ 是 $m\times n$ 阶列满秩阵，证明

$$\boldsymbol{A}^{+}=\boldsymbol{A}^{\mathrm{T}}\Leftrightarrow\boldsymbol{A}^{\mathrm{T}}\boldsymbol{A}=\boldsymbol{I}_n$$

3.3. 举例说明：对 $\boldsymbol{P},\boldsymbol{Q}$ 为非奇异阵，结论

$$(\boldsymbol{PAQ})^{+}=\boldsymbol{Q}^{-1}\boldsymbol{A}^{+}\boldsymbol{P}^{-1}$$

不真.

3.4. 设 $\boldsymbol{P},\boldsymbol{Q}$ 都是列正交阵，证明

$$(\boldsymbol{PAQ}^{\mathrm{T}})^{+}=\boldsymbol{QA}^{+}\boldsymbol{P}^{\mathrm{T}}$$

3.5. 设 $\boldsymbol{A}=\sum\boldsymbol{A}_i$，且 $\boldsymbol{A}_i^{\mathrm{T}}\boldsymbol{A}_j=\boldsymbol{0},\boldsymbol{A}_i\boldsymbol{A}_j^{\mathrm{T}}=\boldsymbol{0},\forall i\neq j$，证明

$$\boldsymbol{A}^{+}=\sum\boldsymbol{A}_i^{+}$$

3.6. 设 $\boldsymbol{A}$ 是正规阵，证明

$$\boldsymbol{A}^{+}\boldsymbol{A}=\boldsymbol{AA}^{+}$$

3.7. 设 $\boldsymbol{B},\boldsymbol{C}$ 都是列满秩阵，且 $\boldsymbol{BC}^{\mathrm{T}}$ 存在，证明

$$(\boldsymbol{BC}^{\mathrm{T}})^{+}=(\boldsymbol{C}^{\mathrm{T}})^{+}\boldsymbol{B}^{+}$$

3.8. 设 $\boldsymbol{AB}$ 存在，令 $\boldsymbol{B}_1=\boldsymbol{A}^{+}\boldsymbol{AB},\boldsymbol{A}_1=\boldsymbol{AB}_1\boldsymbol{B}_1^{+}$，证明

$$\boldsymbol{AB}=\boldsymbol{A}_1\boldsymbol{B}_1$$

且

$$(\boldsymbol{AB})^{+} = (\boldsymbol{A}_1\boldsymbol{B}_1)^{+} = \boldsymbol{B}_1^{+}\boldsymbol{A}_1^{+}$$

3.9. 设 $\boldsymbol{G}$ 为对称满秩阵,$\boldsymbol{A}$ 为 $n \times m$ 阶阵,证明

$$(\boldsymbol{G}^{-1}\boldsymbol{A})^{+} = \boldsymbol{A}^{+}\boldsymbol{G}(\boldsymbol{I} - (\boldsymbol{Q}_A\boldsymbol{G})^{+}(\boldsymbol{Q}_A\boldsymbol{G}))$$

这里 $\boldsymbol{Q}_A = \boldsymbol{I}_n - \boldsymbol{AA}^{+}$.

§4　其他 Penrose 逆

前面已指出,用 Penrose 方程(1) ~ (4)来定义广义逆的方式是多样的. 一般地说,如果 $\boldsymbol{G}$ 满足 Penrose 方程中的(i),(j),…,(l)等方程,那么可称 $\boldsymbol{G}$ 为 $\boldsymbol{A}$ 的 $\{i,j,\cdots,l\}$ - **逆**,记为 $\boldsymbol{A}^{\{i,j,\cdots,l\}}$,其全体记为$\boldsymbol{A}\{i,j,\cdots,l\}$. 于是 g - 逆是 $\{1\}$ - 逆 $\boldsymbol{A}^{\{1\}}$, Moore-Penrose 逆是 $\{1,2,3,4\}$ - 逆 $\boldsymbol{A}^{\{1,2,3,4\}}$. 这种类型的广义逆统称为 **Penrose 逆**. 本节将对其他几个常用的 Penrose 逆进行讨论.

广义逆可不限于 Penrose 逆. 一种推广方式是由内积的改变而引出的. 因这时正投影阵可不再是对称幂等阵,于是需将条件 $\boldsymbol{AG}$ 对称改为 $\boldsymbol{MAG}$ 对称(参看问题和补充 2),相应地给出了加权($\boldsymbol{M}$)的广义逆(参看问题和补充 9). 另一种推广方式是在 Penrose 方程(1) ~ (4)的基础上再附加别的条件,由此引出受约束广义逆、群逆等概念(参看问题和补充 10,11). 这类进一步推广的详情请参看关于广义逆的专著.

1. 自反广义逆 $\boldsymbol{A}^{\{1,2\}}$

设 $\boldsymbol{G}$ 满足 Penrose 方程(1)(2),即

$$\boldsymbol{G}\in\boldsymbol{A}\{1,2\}$$

由于(1)(2)中 $\boldsymbol{A},\boldsymbol{G}$ 地位的对称性,显然可得 $\boldsymbol{A}\in\boldsymbol{G}\{1,2\}$,因此称 $\boldsymbol{G}=\boldsymbol{A}^{\{1,2\}}$为自反广义逆.

任给 $\boldsymbol{C},\boldsymbol{D}\in\boldsymbol{A}\{1\}$,容易证明 $\boldsymbol{CAD}\in\boldsymbol{A}\{1,2\}$(思考题). 利用 $\boldsymbol{A}$ 的秩分解,仿照 §2 中的方法,不难给出$\boldsymbol{A}\{1,2\}$的构造.

定理 4.1 设 $\boldsymbol{A}$ 有秩分解

$$\boldsymbol{A}=\boldsymbol{P}\begin{bmatrix}\boldsymbol{I}_r & \boldsymbol{0}\\ \boldsymbol{0} & \boldsymbol{0}\end{bmatrix}\boldsymbol{Q} \tag{4.1}$$

$\boldsymbol{P},\boldsymbol{Q}$ 为非奇异阵,$r=\mathrm{rank}\,\boldsymbol{A}$,则有

$$\boldsymbol{A}\{1,2\}=\left\{\boldsymbol{Q}^{-1}\begin{bmatrix}\boldsymbol{I}_r & \boldsymbol{G}_{12}\\ \boldsymbol{G}_{21} & \boldsymbol{G}_{21}\boldsymbol{G}_{12}\end{bmatrix}\boldsymbol{P}^{-1}\,\middle|\,\boldsymbol{G}_{21},\boldsymbol{G}_{12}\text{任取}\right\} \tag{4.2}$$

证明 据定义

$$\begin{aligned}\boldsymbol{A}\{1,2\}&=\{\boldsymbol{G}\mid\boldsymbol{G}\in\boldsymbol{A}\{1\},\text{且 }\boldsymbol{GAG}=\boldsymbol{G}\}\\&=\left\{\boldsymbol{G}=\boldsymbol{Q}^{-1}\begin{bmatrix}\boldsymbol{I}_r & \boldsymbol{G}_{12}\\ \boldsymbol{G}_{21} & \boldsymbol{G}_{22}\end{bmatrix}\boldsymbol{P}^{-1}\,\middle|\,\boldsymbol{GAG}=\boldsymbol{G}\right\}\end{aligned}$$

注意到

$$Q^{-1}\begin{bmatrix} I_r & G_{12} \\ G_{21} & G_{22} \end{bmatrix} P^{-1}P\begin{bmatrix} I_r & 0 \\ 0 & 0 \end{bmatrix} QQ^{-1}\begin{bmatrix} I_r & G_{12} \\ G_{21} & G_{22} \end{bmatrix} P^{-1}$$

$$= Q^{-1}\begin{bmatrix} I_r & G_{12} \\ G_{21} & G_{22} \end{bmatrix} P^{-1}$$

$$\Leftrightarrow \begin{bmatrix} I_r & G_{12} \\ G_{21} & G_{22} \end{bmatrix}\begin{bmatrix} I_r & 0 \\ 0 & 0 \end{bmatrix}\begin{bmatrix} I_r & G_{12} \\ G_{21} & G_{22} \end{bmatrix} = \begin{bmatrix} I_r & G_{12} \\ G_{21} & G_{22} \end{bmatrix}$$

$$\Leftrightarrow \begin{bmatrix} I_r & G_{12} \\ G_{21} & G_{21}G_{12} \end{bmatrix} = \begin{bmatrix} I_r & G_{12} \\ G_{21} & G_{22} \end{bmatrix}$$

$$\Leftrightarrow G_{22} = G_{21}G_{12}$$

于是得要证的结论.

因 $A\{1,2\} \subset A\{1\}$，知 $A^{\{1,2\}}$具有 $A^{\{1\}}$的所有性质，并且，由自反性或 $A\{1,2\}$的构造，都易见

$$\operatorname{rank} A^{\{1,2\}} = \operatorname{rank} A$$

反之 $\operatorname{rank} A^{-} = \operatorname{rank} A \Rightarrow A^{-} \in A\{1,2\}$(思考题).

2. 最小二乘 g -逆 $A^{\{1,3\}}$

设 G 是满足 Penrose 方程(1)(3)的矩阵. 据§3 的讨论，即知 G 满足 $AG = P_A$. A^{+} 的存在也就保证了 $A^{\{1,3\}}$的存在性.

下面给出 $A^{\{1,3\}}$的通式.

定理 4.2　设 $G_0 \in A\{1,3\}$，则有

$$A\{1,3\} = \{G = G_0P_A + (I - G_0A)U^{①} \mid U \text{ 任取}\} \tag{4.3}$$

① 此通式实际上可由线性方程组的通解公式(2.8)立得.

证明 由

$$\boldsymbol{AG}=\boldsymbol{AG}_0\boldsymbol{P}_A+\boldsymbol{A}(\boldsymbol{I}-\boldsymbol{G}_0\boldsymbol{A})\boldsymbol{U}=\boldsymbol{AG}_0\boldsymbol{P}_A=\boldsymbol{P}_A^2=\boldsymbol{P}_A$$

知

$$\boldsymbol{A}\{1,3\}\supset\{\boldsymbol{G}=\boldsymbol{G}_0\boldsymbol{P}_A+(\boldsymbol{I}-\boldsymbol{G}_0\boldsymbol{A})\boldsymbol{U}\mid\boldsymbol{U}\text{ 任取}\}$$

反之,设 $\boldsymbol{X}\in\boldsymbol{A}\{1,3\}$,取 $\boldsymbol{U}=\boldsymbol{X}$,就可得

$$\boldsymbol{G}=\boldsymbol{G}_0\boldsymbol{P}_A+\boldsymbol{X}-\boldsymbol{G}_0\boldsymbol{AX}=\boldsymbol{X}$$

故

$$\boldsymbol{A}\{1,3\}\subset\{\boldsymbol{G}=\boldsymbol{G}_0\boldsymbol{P}_A+(\boldsymbol{I}-\boldsymbol{G}_0\boldsymbol{A})\boldsymbol{U}\mid\boldsymbol{U}\text{ 任取}\}$$

于是有(4.3).

$\boldsymbol{A}^{\{1,3\}}$又称**最小二乘 g-逆**. 此名称来源于相容或不相容(矛盾)线性方程组的最小二乘解. 设

$$\boldsymbol{Ax}=\boldsymbol{b}\tag{4.4}$$

不管 $\boldsymbol{b}$ 是否属于 $R(\boldsymbol{A})$,欲求 $\boldsymbol{x}_0$ 使

$$\|\boldsymbol{Ax}-\boldsymbol{b}\|^2=(\boldsymbol{Ax}-\boldsymbol{b})^{\mathrm{T}}(\boldsymbol{Ax}-\boldsymbol{b})$$

达到极小,即

$$\|\boldsymbol{Ax}_0-\boldsymbol{b}\|^2=\inf_{\boldsymbol{x}}\|\boldsymbol{Ax}-\boldsymbol{b}\|^2\tag{4.5}$$

则称 $\boldsymbol{x}_0$ 是(4.4)的**最小二乘解**. 由定理 1.3 知(4.5)成立的充要条件是 $\boldsymbol{Ax}_0=\boldsymbol{P}_A\boldsymbol{b}$. 因此,当 $\boldsymbol{x}_0=\boldsymbol{A}^{\{1,3\}}\boldsymbol{b}$ 时,由

$$\boldsymbol{Ax}_0=\boldsymbol{AA}^{\{1,3\}}\boldsymbol{b}=\boldsymbol{P}_A\boldsymbol{b}$$

知 $\boldsymbol{x}_0$ 是(4.4)的最小二乘解. 反之,如果 $\boldsymbol{x}_0=\boldsymbol{Gb}$ 是(4.4)的最小二乘解,$\boldsymbol{b}$ 任意,则

$$\boldsymbol{AGb}=\boldsymbol{P}_A\boldsymbol{b},\ \forall\,\boldsymbol{b}$$

从而得 $\boldsymbol{AG}=\boldsymbol{P}_A$,即 $\boldsymbol{G}\in\boldsymbol{A}\{1,3\}$. 由上面的讨论,上述结论可归结为:

定理 4.3 $\forall\,\boldsymbol{b}$,$\boldsymbol{x}_0=\boldsymbol{Gb}$ 是方程组(4.4)的最小二

乘解的充要条件是 $\boldsymbol{G}\in\boldsymbol{A}\{1,3\}$.

由此可见,凡在用到最小二乘法的场合,$\boldsymbol{A}^{\{1,3\}}$是起着重要作用的.

3. 极小范数 g - 逆 $\boldsymbol{A}^{\{1,4\}}$

设 $\boldsymbol{G}$ 是满足 Penrose 方程(1)(4)的矩阵,则由

$$\boldsymbol{AGA}=\boldsymbol{A}\Rightarrow(\boldsymbol{GA})^2=\boldsymbol{GA}$$

知 $\boldsymbol{GA}$ 是对称幂等阵,它是到 $R(\boldsymbol{GA})$ 的正投影阵(注意,不见得是到 $R(\boldsymbol{G})$ 的正投影阵). 由定理 2. 3 及 Penrose 方程(4)知

$$\begin{aligned}\operatorname{rank}\boldsymbol{GA}=\operatorname{rank}\boldsymbol{A}=\operatorname{rank}\boldsymbol{A}^{\mathrm{T}}\geqslant\operatorname{rank}\boldsymbol{A}^{\mathrm{T}}\boldsymbol{G}^{\mathrm{T}}\\=\operatorname{rank}(\boldsymbol{GA})^{\mathrm{T}}=\operatorname{rank}\boldsymbol{GA}\end{aligned}$$

得

$$R(\boldsymbol{GA})=R(\boldsymbol{A}^{\mathrm{T}}\boldsymbol{G}^{\mathrm{T}})=R(\boldsymbol{A}^{\mathrm{T}})$$

因此 $\boldsymbol{G}$ 满足 $\boldsymbol{GA}\triangleq\boldsymbol{P}_{A^{\mathrm{T}}}$是到 $R(\boldsymbol{A}^{\mathrm{T}})$ 的正投影阵. 反之,这样的 $\boldsymbol{G}$ 必是 $\boldsymbol{A}^{\{1,4\}}$(思考题).

与 $\boldsymbol{A}^{\{1,3\}}$的通式类似,我们有 $\boldsymbol{A}^{\{1,4\}}$的通式.

定理 4. 4　设 $\boldsymbol{G}_0\in\boldsymbol{A}\{1,4\}$,则有

$$\boldsymbol{A}\{1,4\}=\{\boldsymbol{G}=\boldsymbol{P}_{A^{\mathrm{T}}}\boldsymbol{G}_0+\boldsymbol{V}(\boldsymbol{I}-\boldsymbol{AG}_0)\mid\boldsymbol{V}\text{ 任取}\}\tag{4.6}$$

证明　只需注意到$(\boldsymbol{A}^{\{1,4\}})^{\mathrm{T}}\in\boldsymbol{A}^{\mathrm{T}}\{1,3\}$(思考题),由(4. 3)即得(4. 6).

与 $\boldsymbol{A}^{\{1,4\}}$相联系的是相容线性方程组

$$\boldsymbol{Ax}=\boldsymbol{b}\tag{4.7}$$

的极小范数解. 任给 $\boldsymbol{G}\in\boldsymbol{A}\{1\}$,(4.7)解的通式是(2.8).

由于 $\boldsymbol{b}\in R(\boldsymbol{A})$,即 $\boldsymbol{b}=\boldsymbol{At}$,因此(4.7)解的通式是

$$\boldsymbol{x}=\boldsymbol{GAt}+(\boldsymbol{I}-\boldsymbol{GA})\boldsymbol{u},\boldsymbol{u}\text{ 任取}$$

仿照定理 1.3 证明中的讨论,得

$$\|\boldsymbol{GAt}\|^2=\inf_{\boldsymbol{Ax}=\boldsymbol{b}}\|\boldsymbol{x}\|^2\Leftrightarrow(\boldsymbol{GAt},(\boldsymbol{I}-\boldsymbol{GA})\boldsymbol{u})=0,\ \forall\boldsymbol{t},\boldsymbol{u}$$

$$\Leftrightarrow\boldsymbol{GA}\text{ 是对称幂等阵}$$

注意到 $\boldsymbol{G}\in\boldsymbol{A}\{1\}$,知 $\boldsymbol{GA}$ 是对称幂等阵的充要条件是 Penrose 方程(1)(4),得 $\boldsymbol{G}\in\boldsymbol{A}\{1,4\}$. 于是有:

定理 4.5 设 $\boldsymbol{G}\in\boldsymbol{A}\{1\}$, $\forall\boldsymbol{b}\in R(\boldsymbol{A})$,则 $\boldsymbol{x}_0=\boldsymbol{Gb}$ 是(4.7)的极小范数解$\Leftrightarrow\boldsymbol{G}\in\boldsymbol{A}\{1,4\}$.

由此可见 $\boldsymbol{A}^{\{1,4\}}$被称为**极小范数** g - **逆**的理由.

最后,我们来说明 $\boldsymbol{A}^+$ 被称为极小范数最小二乘 g - 逆的理由:设方程组 $\boldsymbol{Ax}=\boldsymbol{b}$,在它的最小二乘解中,取范数极小者,称为**极小范数最小二乘解**. 我们有:

定理 4.6 设 $\boldsymbol{G}\in\boldsymbol{A}\{1\}$, $\forall\boldsymbol{b}$,则 $\boldsymbol{x}_0=\boldsymbol{Gb}$ 是方程组 $\boldsymbol{Ax}=\boldsymbol{b}$ 的极小范数最小二乘解$\Leftrightarrow\boldsymbol{G}=\boldsymbol{A}^+\triangleq\boldsymbol{A}^{\{1,2,3,4\}}$.

证明 欲使 $\boldsymbol{x}_0$ 是最小二乘解$\Leftrightarrow\boldsymbol{G}\in\boldsymbol{A}\{1,3\}$,又要使它是最小范数解,按定理 4.5 前面的讨论,其充要条件为

$$(\boldsymbol{Gb},(\boldsymbol{I}-\boldsymbol{GA})\boldsymbol{u})=0,\ \forall\boldsymbol{b},\boldsymbol{u}$$

它等价于

$$(\boldsymbol{I}-\boldsymbol{GA})^{\mathrm{T}}\boldsymbol{G}=\boldsymbol{0}$$

即 $\boldsymbol{G}=(\boldsymbol{GA})^{\mathrm{T}}\boldsymbol{G}$,它又等价于 Penrose 方程(2)(4)(思考题). 因此 $\boldsymbol{G}\in\boldsymbol{A}\{1,2,3,4\}$.

问题和补充

1. 关于幂等阵分解为幂等阵的和

设 $A_1, \cdots, A_k$ 是 n 阶方阵，$A = \sum_{i=1}^{k} A_i$. 考虑命题：

(1) $A_i^2 = A_i, \forall i$;

(2) $A_iA_j = 0, \forall i \neq j, \operatorname{rank} A_i^2 = \operatorname{rank} A_i, \forall i$;

(3) $A^2 = A$;

(4) $\operatorname{rank} A = \sum_{i=1}^{k} \operatorname{rank} A_i$.

则有(1)(2)(3)的任何两个可推出全部四个命题，并且(3)(4)可推出(1)(2).

2. 一般内积下的正投影阵

设在线性空间 $\mathbb{R}^n$ 中，内积由 $(x, y) = y^{\mathrm{T}}Mx$ 给出，这里 M 是 n 阶正定阵. 证明：P 是正交投影阵 $\Leftrightarrow P^2 = P$，且 MP 是对称阵.

此时，到 $R(A)$ 的正投影阵为

$$P_A = A(A^{\mathrm{T}}MA)^{-}A^{\mathrm{T}}M$$

3. A 的 g - 逆的全体决定 A

设 $A\{1\} = B\{1\}$，证明：$A = B$.

4. 四块矩阵的 g－逆

设 $A=\begin{bmatrix} A_{11} & A_{12} \\ A_{21} & A_{22} \end{bmatrix}\begin{matrix} p \\ \\ \end{matrix}$，证明：
$\qquad\qquad p$

(1)当 $R(A_{12})\subset R(A_{11})$，$R(A_{21}^{\mathrm{T}})\subset R(A_{11}^{\mathrm{T}})$时，有

$$A^{-}=\begin{bmatrix} A_{11}^{-}+A_{11}^{-}A_{12}A_{22,1}^{-}A_{21}A_{11}^{-} & -A_{22,1}^{-}A_{21}A_{11}^{-} \\ -A_{11}^{-}A_{12}A_{22,1}^{-} & A_{22,1}^{-} \end{bmatrix}$$

其中 $A_{22,1}=A_{22}-A_{21}A_{11}^{-}A_{12}$.

(2)当 A 非负定时，A^{-} 也有上述分块形式.

5. 缺角四块对称阵的 g－逆

设$\begin{bmatrix} AA^{\mathrm{T}} & B \\ B^{\mathrm{T}} & 0 \end{bmatrix}^{-}=\begin{bmatrix} C_{1} & C_{2} \\ C_{2}^{\mathrm{T}} & C_{4} \end{bmatrix}$，证明：

(1)C_2 是 B^{T} 的 g－逆；

(2)$B^{\mathrm{T}}C_1B=0$；

(3)$A^{\mathrm{T}}C_1A$ 是幂等阵；

(4)C_1 是 AA^{T} 的 g－逆$\Leftrightarrow R(A)\cap R(B)=\{0\}$，且此时 C_1A 是 A^{T} 的 g－逆.

6. 缺角四块对称阵的 Moore-Penrose 逆

设 $G=\begin{bmatrix} AA^{\mathrm{T}} & B \\ B^{\mathrm{T}} & 0 \end{bmatrix}$，证明

$$G^{+}=\begin{bmatrix} R^{+}-R^{+}BS^{+}B^{\mathrm{T}}R^{+} & R^{+}BS^{+} \\ S^{+}B^{\mathrm{T}}R^{+} & -S^{+}+SS^{+} \end{bmatrix}$$

其中

$$R=AA^{\mathrm{T}}+BB^{\mathrm{T}},S=B^{\mathrm{T}}(AA^{\mathrm{T}}+BB^{\mathrm{T}})^{+}B$$

7. 乘积矩阵的 Moore-Penrose 逆

证明 $(AB)^{+}=B^{+}A^{+}$ 成立的充要条件是下列之一:

(1) $A^{+}ABB^{\mathrm{T}}A^{\mathrm{T}}=BB^{\mathrm{T}}A^{\mathrm{T}},BB^{+}A^{\mathrm{T}}AB=A^{\mathrm{T}}AB$;

(2) $R(BB^{\mathrm{T}}A^{\mathrm{T}})\subset R(A^{\mathrm{T}}),R(A^{\mathrm{T}}AB)\subset R(B)$;

(3) $A^{+}ABB^{\mathrm{T}}$ 与 $A^{\mathrm{T}}ABB^{+}$ 对称;

(4) $A^{+}ABB^{\mathrm{T}}A^{\mathrm{T}}ABB^{+}=BB^{\mathrm{T}}A^{\mathrm{T}}A$;

(5) $A^{+}AB=B(AB)^{+}AB,BB^{+}A^{\mathrm{T}}=A^{\mathrm{T}}AB(AB)^{+}$.

8. 加列矩阵的 Moore-Penrose 逆

设 $A=[B\ \vdots\ b]$,其中 b 是向量. 记 $d=B^{+}b,c=P_{B^{+}}b$,则有

$$A^{+}=\begin{bmatrix}B^{+}-du^{\mathrm{T}}\\u^{\mathrm{T}}\end{bmatrix}$$

其中

$$u^{\mathrm{T}}=\begin{cases}c^{+}, & 当\ c\neq 0\\ \dfrac{d^{\mathrm{T}}B^{+}}{1+d^{\mathrm{T}}d}, & 当\ c=0\end{cases}$$

9. 加权的极小范数最小二乘广义逆 A_{MN}^{+}

设 $\|\cdot\|_M$ 表示以 M(正定阵)为权的内积. 设 M, N 为正定阵,证明 $\forall b,x=Gb$ 使 $\|b-Ax\|_M^2$ 达到极小,且在满足这一条件下使 $\|Gb\|_N^2$ 达到极小的充要条件是:

(1) $AGA=A$;

(2) $GAG=G$;

(3′) $(MAG)^{\mathrm{T}}=MAG$;

(4′) $(NGA)^{\mathrm{T}}=NGA$.

称满足(1)(2)(3′)(4′)的 G 为加权 M,N 的极小范数最小二乘 g－逆,记为 A_{MN}^{+}.

10. S－约束$\{i,j,\cdots,l\}$－逆

设 $A\in\mathbb{R}^{m\times n}$,$S\subset\mathbb{R}^{n}$是子空间,$P_S$ 是到 S 的正交投影阵. 如果

$$G=P_S(AP_S)^{(i,j,\cdots,l)}$$

那么称 G 是 A 的一个 S－**约束**$\{i,j,\cdots,l\}$－**逆**.

设

$$Ax=b,x\in S \qquad (*)$$

是 S－约束的线性方程组,证明:($*$)相容$\Leftrightarrow AGb=b$,G 是 S－约束$\{1\}$－逆,并且此时($*$)的通解为

$$x=Gb+(I-GA)u,\ \forall u\in S$$

11. 群逆

设 A 是 n 阶方阵,G 满足 Penrose 方程(1)(2),又满足如下的(5) $AG=GA$,则称 G 是 A 的一个**群逆**,记为 $A^{\#}$. 证明:

(1)若 A 可对角化,即有非奇异阵 P 使

$$P^{-1}AP=\mathrm{diag}(\lambda_1,\cdots,\lambda_n)$$

则 $G=P\mathrm{diag}(\lambda_1^{+},\cdots,\lambda_n^{+})P^{-1}$是 $A^{\#}$,这里 $\lambda_i^{+}=\lambda_i^{-1}$ 或 0 依 $\lambda_i\neq0$ 或 $\lambda_i=0$ 而定.

(2)当 $A^{\#}$存在时,$A^{\#}$是唯一的.

不等式与极值问题

第 3 章

不等式是一个广阔的数学领域.从某种意义上来说,不等式比等式有更大的用处,具有更普遍的意义.这个领域里的成果是异常丰富的.我们所能涉及的仅仅是和矩阵有关的纯代数的一些初等的结果,并且,限于篇幅,几乎不能提到它们多方面的有趣应用.

我们将从凸函数出发,在一些熟知的基本不等式的基础上,讨论与矩阵的数值特征相联系的许多类型的不等式,并探讨与之相关的各种极值问题.我们还将引进非负定意义下的矩阵不等式,它在不等式中可算是独树一帜,既可看作数值不等式的推广,又有它特殊的性质.

§1 基本不等式

1. 凸集和凸函数

设$\mathbb{R}^n$是线性空间. 任给 $\boldsymbol{x},\boldsymbol{y}\in\mathbb{R}^n$,称集合

$$\{\alpha\boldsymbol{x}+(1-\alpha)\boldsymbol{y}\mid 0\leqslant\alpha\leqslant 1\}$$

为 $\boldsymbol{x},\boldsymbol{y}$ 的**连线**,且称 $\alpha\boldsymbol{x}+(1-\alpha)\boldsymbol{y}$ 为 $\boldsymbol{x},\boldsymbol{y}$ 的**凸组合**.

定义 1.1 设集合 $S\subset\mathbb{R}^n$. 如果 S 中任两点的连线均含在 S 中,那么称 S 为$\mathbb{R}^n$中的**凸集**.

易见,S 是凸集等价于

$$\forall\boldsymbol{x},\boldsymbol{y}\in S\Rightarrow\alpha\boldsymbol{x}+(1-\alpha)\boldsymbol{y}\in S,0\leqslant\alpha\leqslant 1 \quad (1.1)$$

直线上的区间(开、闭或半开闭)、平面上的凸多边形、圆的内部等都是凸集的例子. 更一般的,有$\mathbb{R}^n$中两点的连线是凸集,单位圆的内部$\{\boldsymbol{x}\mid\|\boldsymbol{x}\|<1\}$是凸集,$\mathbb{R}^n$的任一线性子空间是凸集,超平面也是凸集(思考题). 由于凸集是一个包含许多常用集合的对象,并且具有良好的性质,因此,它有广泛的应用.

在讨论不等式问题时,凸集上的凸函数起着根本性的作用. 我们将直接讨论 n 维线性空间中定义的凸函数,而把一维的情形作为特例.

定义 1.2 设 S 是$\mathbb{R}^n$中的凸集,若函数 $f:S\to\mathbb{R}^1$满足:任给 $\boldsymbol{x},\boldsymbol{y}\in S$,有

$$f(\alpha\boldsymbol{x}+(1-\alpha)\boldsymbol{y})\leqslant\alpha f(\boldsymbol{x})+(1-\alpha)f(\boldsymbol{y}),0\leqslant\alpha\leqslant 1 \quad (1.2)$$

则称f是S上的**凸函数**. 如果又有(1.2)中等号成立的充要条件是$\boldsymbol{x}=\boldsymbol{y}$,那么称$f$是**严凸**的.

如果将(1.2)中的不等式反向,那么满足该条件的函数称为**凹函数**. 类似地也有**严凹**的概念.

稍加整理就可看出,(1.2)可改写为等价的形式,如

$$f(\boldsymbol{y}+\alpha(\boldsymbol{x}-\boldsymbol{y}))-f(\boldsymbol{y})\leqslant\alpha(f(\boldsymbol{x})-f(\boldsymbol{y})),0\leqslant\alpha\leqslant1 \tag{1.2'}$$

$$f(\boldsymbol{y}+\alpha(\boldsymbol{x}-\boldsymbol{y}))-f(\boldsymbol{x})\leqslant(1-\alpha)(f(\boldsymbol{y})-f(\boldsymbol{x})),0\leqslant\alpha\leqslant1 \tag{1.2''}$$

为了给出判定函数的凸性的充分条件,我们需要研究由向量函数f导出的一个一元函数

$$\phi(t)\triangleq\phi_{\boldsymbol{y},\boldsymbol{m}}(t)\triangleq f(\boldsymbol{y}+t\boldsymbol{m}) \tag{1.3}$$

这里$\boldsymbol{y},\boldsymbol{m}\in\mathbb{R}^n$, $\|\boldsymbol{m}\|=1$,是参数,t是自变量. 其定义域要由具体问题而定. 由(1.2′),我们令

$$\boldsymbol{m}=\frac{\boldsymbol{x}-\boldsymbol{y}}{\|\boldsymbol{x}-\boldsymbol{y}\|}$$

则$t\triangleq\alpha\cdot\|\boldsymbol{x}-\boldsymbol{y}\|$,因而$t\in[0,\|\boldsymbol{x}-\boldsymbol{y}\|]$. 不管$\boldsymbol{x}\neq\boldsymbol{y}$如何取,在0的右边的一个小区间内,$\phi(t)$总是有定义的.

定理1.1　$f(\boldsymbol{x})$是凸集S上的凸函数$\Leftrightarrow\forall\boldsymbol{x},\boldsymbol{y}\in S,\boldsymbol{x}\neq\boldsymbol{y},\phi_{\boldsymbol{y},\frac{\boldsymbol{x}-\boldsymbol{y}}{\|\boldsymbol{x}-\boldsymbol{y}\|}}(t)$是$[0,\|\boldsymbol{x}-\boldsymbol{y}\|]$上的凸函数.

证明　记$\boldsymbol{m}=\dfrac{\boldsymbol{x}-\boldsymbol{y}}{\|\boldsymbol{x}-\boldsymbol{y}\|}$,注意

$$\phi_{\boldsymbol{y},\boldsymbol{m}}(t)=f(\boldsymbol{y}+t\boldsymbol{m})=f\left(\boldsymbol{y}+\frac{t(\boldsymbol{x}-\boldsymbol{y})}{\|\boldsymbol{x}-\boldsymbol{y}\|}\right)$$

如果f是凸函数,那么可证对$0<\alpha<1,t_1,t_2\in$

$[0,\|\boldsymbol{x}-\boldsymbol{y}\|]$,有

$$\begin{aligned}&\phi(\alpha t_1+(1-\alpha)t_2)\\&=f(\boldsymbol{y}+(\alpha t_1+(1-\alpha)t_2)\boldsymbol{m})\\&=f(\alpha(\boldsymbol{y}+t_1\boldsymbol{m})+(1-\alpha)(\boldsymbol{y}+t_2\boldsymbol{m}))\\&\leqslant\alpha f(\boldsymbol{y}+t_1\boldsymbol{m})+(1-\alpha)f(\boldsymbol{y}+t_2\boldsymbol{m})\\&=\alpha\phi(t_1)+(1-\alpha)\phi(t_2)\end{aligned}$$

故得 $\phi(t)$ 是凸的. 反之,设 $\phi(t)$ 是凸函数. 我们可证对 $0<\alpha<1,\boldsymbol{x},\boldsymbol{y}\in S$,有

$$\begin{aligned}f(\alpha\boldsymbol{x}+(1-\alpha)\boldsymbol{y})&=f(\boldsymbol{y}+\alpha(\boldsymbol{x}-\boldsymbol{y}))\\&=\phi(\alpha\|\boldsymbol{x}-\boldsymbol{y}\|)\\&\leqslant\alpha\phi(\|\boldsymbol{x}-\boldsymbol{y}\|)+(1-\alpha)\phi(0)\\&=\alpha f(\boldsymbol{x})+(1-\alpha)f(\boldsymbol{y})\end{aligned}$$

故得 $f(\boldsymbol{x})$ 是凸的.

凸函数的一个重要性质,是在每一内点上都有如下定义的方向导数.

定义 1.3 如果由(1.3)给出的 $\phi(t)$ 在 0 点的右导数存在,即

$$\lim_{\Delta t\to 0,\Delta t>0}\frac{\phi(0+\Delta t)-\phi(0)}{\Delta t}=\phi'_+(0) \tag{1.4}$$

那么称之为 f 在 $\boldsymbol{y}$ 沿 $\boldsymbol{m}$ 方向的**方向导数**,也可记作 $f'_m(\boldsymbol{y})$.

定理 1.2 设 f 是在凸集 S 上定义的凸函数,$\boldsymbol{y}\in S$ 是一个内点,则 f 沿任意方向上的方向导数 $\phi'_+(0)$ 存在,并且,$\phi(t)$ 在它的定义域的任一内点上有左、右导数 $\phi'_-(t),\phi'_+(t),t\neq 0$.

证明 因 $\boldsymbol{y}$ 是内点,故有以 $\boldsymbol{y}$ 为圆心,δ 为半径的

圆含在 S 内,即

$$\{\boldsymbol{x} \mid \|\boldsymbol{x}-\boldsymbol{y}\|_E<\delta\}\subset S$$

在此圆内任取 $\boldsymbol{x}$,就由 $\boldsymbol{m}\triangleq\dfrac{\boldsymbol{x}-\boldsymbol{y}}{\|\boldsymbol{x}-\boldsymbol{y}\|}$ 给定了任意方向,对 $t\in[0,\|\boldsymbol{x}-\boldsymbol{y}\|]$,$\boldsymbol{y}+t\boldsymbol{m}$ 实际上是 $\boldsymbol{x}$ 与 $\boldsymbol{y}$ 的凸组合,即

$$\boldsymbol{y}+t\boldsymbol{m}=\frac{t}{\|\boldsymbol{x}-\boldsymbol{y}\|}\boldsymbol{x}+\left(1-\frac{t}{\|\boldsymbol{x}-\boldsymbol{y}\|}\right)\boldsymbol{y}$$

我们先来证明差商的单调性,即在定义域上有

$$\frac{\phi(t+t_1)-\phi(t)}{t_1}\leqslant\frac{\phi(t+t_2)-\phi(t)}{t_2},0<t_1<t_2 \tag{1.5}$$

记 $\alpha=\dfrac{t_1}{t_2}$,有 $0<\alpha<1$,且

$$t+t_1=\alpha(t+t_2)+(1-\alpha)t$$

因此由(1.2′)可立得(1.5).再注意到,如果 $t-t_i$ 仍在定义域中(当 $t\neq0$ 时,只需 t_i 适当小),将(1.5)中 $t+t_i$ 换为 $t-t_i$,证明仍可通过,故有

$$\frac{\phi(t-t_2)-\phi(t)}{-t_2}\leqslant\frac{\phi(t-t_1)-\phi(t)}{-t_1},0<t_1<t_2 \tag{1.5′}$$

又设 $t',t''>0$,使 $t-t',t+t''\in[0,\|\boldsymbol{x}-\boldsymbol{y}\|]$,则欲使

$$\frac{\phi(t-t')-\phi(t)}{-t'}\leqslant\frac{\phi(t+t'')-\phi(t)}{t''} \tag{1.5″}$$

只需取 α 使

$$t=\alpha(t-t')+(1-\alpha)(t+t'')$$

(于是,有 $\alpha=\dfrac{t''}{t'+t''}$).由此得

$$\frac{\phi(t)-\phi(t+t'')}{t''}\leqslant\frac{\phi(t-t')-\phi(t+t'')}{t'+t''}$$

将上式反向，再用(1.5)可得

$$\frac{\phi(t+t'')-\phi(t)}{t''}\geqslant\frac{\phi(t+t'')-\phi(t-t')}{t''+t'}$$

$$\geqslant\frac{\phi(t)-\phi(t-t')}{t'}$$

$$=\frac{\phi(t-t')-\phi(t)}{-t'}$$

就有(1.5″).

由(1.5)(1.5′)(1.5″)得右差商单调下降(当 $\Delta t\downarrow 0^+$ 时)有下界，左差商单调上升(当 $\Delta t\uparrow 0^-$ 时)有上界，故 $\phi'_+(t)$，$\phi'_-(t)$ 存在且有限，$\forall t\in(0,\|\boldsymbol{x}-\boldsymbol{y}\|)$.

当 $t=0$ 时，(1.5)仍为真，故也有 $\phi'_+(0)$ 存在，且当 $\boldsymbol{y}$ 是内点时，仿照上面可证 0 点的右差商有下界，故得 $\phi'_+(0)$ 必有限.

现在我们给出常用的判断凸性的充分条件.

定理 1.3 设 $\phi(t)$ 是 $\mathbb{R}^1$ 中区间上定义的实函数，如果 $\phi(t)$ 有一、二阶导数，并且 $\phi''(t)\geqslant 0$，$\forall t$，则有 $\phi(t)$ 是凸函数，且当 $\phi''(t)>0$ 时，$\phi(t)$ 为严凸的.

证明 设在定义区间中任取三点 $t_1<t_2<t_3$. 根据中值定理，有 $\theta_1\in(t_1,t_2)$，$\theta_2\in(t_2,t_3)$，使得

$$\phi(t_2)-\phi(t_1)=\phi'(\theta_1)(t_2-t_1)$$

$$\phi(t_3)-\phi(t_2)=\phi'(\theta_2)(t_3-t_2)$$

由 $\phi''(t)\geqslant 0$，知 $\phi'(t)$ 单调上升，因此

$$\phi'(\theta_1)\leqslant\phi'(\theta_2)$$

于是有

$$\frac{\phi(t_2)-\phi(t_1)}{t_2-t_1}\leqslant\frac{\phi(t_3)-\phi(t_2)}{t_3-t_2} \tag{1.6}$$

由 t_1,t_2,t_3 的取法的任意性,且 $t_2=\alpha t_1+(1-\alpha)t_3$,有 $\alpha=\dfrac{t_3-t_2}{t_3-t_1}$,可将(1.6)变形为

$$\phi(t_2)\left(\frac{1}{t_2-t_1}+\frac{1}{t_3-t_2}\right)\leqslant\frac{\phi(t_3)}{t_3-t_2}+\frac{\phi(t_1)}{t_2-t_1}$$

即

$$\begin{aligned}\phi(t_2)&\leqslant\frac{t_3-t_2}{t_3-t_1}\phi(t_1)+\frac{t_2-t_1}{t_3-t_1}\phi(t_3)\\&=\alpha\phi(t_1)+(1-\alpha)\phi(t_3)\end{aligned}$$

于是得 $\phi(t)$ 是凸函数. 由(1.6)的由来易见严凸性成立的条件.

推论　如果由 $\mathbb{R}^n$ 中凸集 S 上的函数 $f(\boldsymbol{x})$ 所导出的函数 $\phi(t)$ 满足定理1.3的条件,那么 $f(\boldsymbol{x})$ 是 S 上的凸函数.

证明　由定理1.1和定理1.3立得.

例1.1　本章将要用到的重要的凸函数有

$$y=-\ln x,\text{定义域为}(0,+\infty)$$

$$y=x^{\alpha},\alpha>1,\text{定义域为}(0,+\infty)$$

这由定理1.3显见,且均为严凸函数.

设 $-\ln\det\boldsymbol{A}$ 定义于 n 阶正定矩阵的全体 $P^{n\times n}$. 由定理1.3亦可见它是凸函数. 事实上, $-\ln\det\boldsymbol{A}$ 导出的 $\phi(t)$ 为 $-\ln\det(\boldsymbol{A}+t\boldsymbol{M})$,由第4章习题3.1得

$$\frac{\partial}{\partial t}\phi(t)=-\operatorname{tr}\{(\boldsymbol{A}+t\boldsymbol{M})^{-1}\boldsymbol{M}\}=-\operatorname{tr}(\boldsymbol{M}^{-1}\boldsymbol{A}+t\boldsymbol{I})^{-1}$$

再由第4章式(3.14)得

$$\frac{\partial^2}{\partial t^2}\phi(t)=\mathrm{tr}(\boldsymbol{M}^{-1}\boldsymbol{A}+t\boldsymbol{I})^{-2}=\mathrm{tr}[(\boldsymbol{A}+\boldsymbol{M}t)^{-1}\boldsymbol{M}]^2>0$$

在本章§4 的第 2 小节中,我们还将在 $-\ln x$ 的凸性的基础上,用代数方法给出另一证明.

习 题 1

1.1. 证明:S 为凸集的条件(1.1)等价于

$$\forall \boldsymbol{x}_i\in S,i=1,\cdots,k\Rightarrow\sum_{i=1}^k\alpha_i\boldsymbol{x}_i\in S,\alpha_i\geqslant 0,\sum_{i=1}^k\alpha_i=1$$

亦称 $\sum_{i=1}^k\alpha_i\boldsymbol{x}_i$ 为 $\boldsymbol{x}_1,\cdots,\boldsymbol{x}_k$ 的**凸组合**, 并且,f 在凸集 S 上为凸函数的条件(1.2)等价于

$$f(\sum_{i=1}^k\alpha_i\boldsymbol{x}_i)\leqslant\sum_{i=1}^k\alpha_if(\boldsymbol{x}_i),\alpha_i\geqslant 0,\sum_{i=1}^k\alpha_i=1$$

1.2. 设 $f(x)$ 是 (a,b) 上的凸函数, 任给 $c\in(a,b)$,证明:存在数 $l(c)$满足

$$f(x)\geqslant f(c)+l(c)(x-c),\forall x\in(a,b)$$

并且由此导出著名的 Jensen(琴生)不等式:设 $f(x)$ 是 $[m,M]$上的连续凸函数,$g(x)$,$h(x)$ 在 $[a,b]$ 上可积,且

$$m\leqslant g(x)\leqslant M,h(x)\geqslant 0,\int_a^b h(x)\mathrm{d}x>0$$

则有

$$f\left(\frac{\int_a^b g(x)h(x)\mathrm{d}x}{\int_a^b h(x)\mathrm{d}x}\right)\leqslant\frac{\int_a^b f(g(x))h(x)\mathrm{d}x}{\int_a^b h(x)\mathrm{d}x}$$

1.3. 证明：$f(x)=x\ln x$ 在 $(0,+\infty)$ 上严凸.

1.4. 任给 $x_1,\cdots,x_k$，证明

$$\left(\sum_{i=1}^{k}x_i\right)^2\leqslant k\sum_{i=1}^{k}x_i^2$$

2. 基本数值不等式

(1) M－G 不等式（平均值不等式）.

我们给出加权形式的 M－G 不等式. 设 $x_1,\cdots,x_n>0$，$\sum_{i=1}^{n}c_ix_i$ 是凸组合$\left(\text{即有 } c_i\geqslant 0, i=1,\cdots,n, \sum_{i=1}^{n}c_i=1\right)$，则由 $\ln x$ 的严凹性，得

$$\ln\left(\sum_{i=1}^{n}c_ix_i\right)\geqslant\sum_{i=1}^{n}c_i\ln x_i=\sum_{i=1}^{n}\ln x_i^{c_i}=\ln\prod_{i=1}^{n}x_i^{c_i}$$

而等号成立的充要条件是

$$x_1=x_2=\cdots=x_n$$

由 $\ln x$ 的单调增性立得

$$\sum_{i=1}^{n}c_ix_i\geqslant\prod_{i=1}^{n}x_i^{c_i}\tag{1.7}$$

(1.7) 中等号成立的充要条件是

$$x_1=x_2=\cdots=x_n$$

(1.7) 就是加权形式的平均值不等式（算术平均数≥几何平均数）.

取 $c_i=\dfrac{1}{n}, i=1,\cdots,n$，由 (1.7) 得

$$\frac{1}{n}\sum_{i=1}^{n}x_i\geqslant\left(\prod_{i=1}^{n}x_i\right)^{\frac{1}{n}}\tag{1.7'}$$

在 (1.7) 中以 x_i^{-1} 代换 x_i 得

$$\sum_{i=1}^{n} c_i x_i^{-1} \geqslant \prod_{i=1}^{n} x_i^{-c_i} = \left(\prod_{i=1}^{n} x_i^{c_i}\right)^{-1}$$

两边取倒数,就有

$$\prod_{i=1}^{n} x_i^{c_i} \geqslant \left(\sum_{i=1}^{n} c_i x_i^{-1}\right)^{-1} \tag{1.7''}$$

(2)Hölder(赫尔德)不等式与 C－S 不等式.

在(1.7)中考虑 $n=2$ 的情形. 记 $p=\dfrac{1}{c_1}, q=\dfrac{1}{c_2}$, $x=x_1, y=x_2$,我们有

$$x^{\frac{1}{p}} \cdot y^{\frac{1}{q}} \leqslant \frac{x}{p}+\frac{y}{q} \tag{1.8}$$

设 $x_i>0, y_i>0, i=1,\cdots,n$. 用 $\dfrac{x_i^p}{\sum\limits_{i=1}^{n} x_i^p}, \dfrac{y_i^q}{\sum\limits_{i=1}^{n} y_i^q}$ 代换(1.8)中的 x, y 就得

$$\frac{x_i y_i}{\left(\sum\limits_{i=1}^{n} x_i^p\right)^{\frac{1}{p}}\left(\sum\limits_{i=1}^{n} y_i^q\right)^{\frac{1}{q}}} \leqslant \frac{1}{p}\left(\sum_{i=1}^{n} x_i^p\right)^{-1} x_i^p+\frac{1}{q}\left(\sum_{i=1}^{n} y_i^q\right)^{-1} y_i^q$$

上式对 i 从 1 到 n 求和,有

$$\frac{\sum\limits_{i=1}^{n} x_i y_i}{\left(\sum\limits_{i=1}^{n} x_i^p\right)^{\frac{1}{p}}\left(\sum\limits_{i=1}^{n} y_i^q\right)^{\frac{1}{q}}} \leqslant \frac{1}{p}+\frac{1}{q}=1$$

或写为

$$\sum_{i=1}^{n} x_i y_i \leqslant \left(\sum_{i=1}^{n} x_i^p\right)^{\frac{1}{p}}\left(\sum_{i=1}^{n} y_i^q\right)^{\frac{1}{q}} \tag{1.9}$$

向量形式的记法是

$$(\boldsymbol{x}, \boldsymbol{y}) \leqslant \|\boldsymbol{x}\|_p \|\boldsymbol{y}\|_q \tag{1.9'}$$

此即著名的 Hölder 不等式. 易见,它对 $x_i, y_i \geqslant 0, i = 1,\cdots,n$ 也成立.

在(1.9)中取 $p = q = 2$,就得 Cauchy-Schwarz 不等式(简称 C-S 不等式)

$$\sum_{i=1}^{n} x_i y_i \leqslant \left(\sum_{i=1}^{n} x_i^2\right)^{\frac{1}{2}} \left(\sum_{i=1}^{n} y_i^2\right)^{\frac{1}{2}} \tag{1.10}$$

或记为向量的标准内积与欧氏范数的形式

$$(\boldsymbol{x}, \boldsymbol{y}) \leqslant \|\boldsymbol{x}\|_E \cdot \|\boldsymbol{y}\|_E \tag{1.10'}$$

应当指出(1.10)右边的求和项均为平方和形式,因此,即使对 x_i, y_i 不要求为正,(1.10)仍然成立. 我们也可从 λ 的二次三项式 $\|\lambda\boldsymbol{x} + \boldsymbol{y}\|^2 \geqslant 0$ 出发,直接证明 C-S 不等式(思考题).

由(1.8)等号成立的充要条件是 $x = y$ 推出(1.9)等号成立的充要条件是

$$\frac{x_i^p}{\sum_{i=1}^{n} x_i^p} = \frac{y_i^q}{\sum_{i=1}^{n} y_i^q}, i = 1,\cdots,n$$

由上式分母与 i 无关,易见它等价于

$$x_i^p = \lambda y_i^q, i = 1,\cdots,n \tag{1.11}$$

从而也得 C-S 不等式(1.10)等号成立的充要条件是

$$\boldsymbol{x} = \lambda \boldsymbol{y} \text{ 或 } \boldsymbol{y} = \mu \boldsymbol{x} \tag{1.12}$$

(3) Minkowski(闵可夫斯基)不等式.

设 $x_i, y_i \geqslant 0, i = 1,\cdots,n, p \geqslant 1$,则有 Minkowski 不等式

$$\left(\sum_{i=1}^{n} (x_i + y_i)^p\right)^{\frac{1}{p}} \leqslant \left(\sum_{i=1}^{n} x_i^p\right)^{\frac{1}{p}} + \left(\sum_{i=1}^{n} y_i^p\right)^{\frac{1}{p}} \tag{1.13}$$

事实上,利用 Hölder 不等式可得

$$\sum_{i=1}^{n}(x_i+y_i)^{p-1}x_i \leqslant \left\{\sum_{i=1}^{n}\left[(x_i+y_i)^{p-1}\right]^{\frac{p}{p-1}}\right\}^{\frac{p-1}{p}}\left(\sum_{i=1}^{n}x_i^p\right)^{\frac{1}{p}}$$

$$\sum_{i=1}^{n}(x_i+y_i)^{p-1}y_i \leqslant \left\{\sum_{i=1}^{n}\left[(x_i+y_i)^{p-1}\right]^{\frac{p}{p-1}}\right\}^{\frac{p-1}{p}}\left(\sum_{i=1}^{n}y_i^p\right)^{\frac{1}{p}}$$

两式相加得

$$\sum_{i=1}^{n}(x_i+y_i)^p \leqslant \left[\sum_{i=1}^{n}(x_i+y_i)^p\right]^{\frac{p-1}{p}}\left[\left(\sum_{i=1}^{n}x_i^p\right)^{\frac{1}{p}}+\left(\sum_{i=1}^{n}y_i^p\right)^{\frac{1}{p}}\right]$$

于是得(1.13).

由推导过程及 Hölder 不等式等号成立的充要条件可见(1.13)等号成立的充要条件是

$$\boldsymbol{x}=[x_1 \quad \cdots \quad x_n]^{\mathrm{T}}=\boldsymbol{0} \text{ 或 } \boldsymbol{y}=[y_1 \quad \cdots \quad y_n]^{\mathrm{T}}=\boldsymbol{0} \tag{1.14}$$

取 $p=2$,则(1.13)为

$$\|\boldsymbol{x}+\boldsymbol{y}\|_E \leqslant \|\boldsymbol{x}\|_E+\|\boldsymbol{y}\|_E$$

即欧氏范数的三角形不等式. 若不假定 $x_i, y_i \geqslant 0$,则(1.13)稍加改变仍成立.

3. 由基本不等式诱导的极值问题

我们可以从不等式直接引出一些极值问题的解,对不等式稍加变形,更可获得许多有趣的结果. 本节将举出一些如此得来的有用的事实.

定理 1.4 设 $\boldsymbol{a}$ 是任给的 n 维向量,$p,q>0,\frac{1}{p}+\frac{1}{q}=1$,则有

$$\max_{\|\boldsymbol{x}\|_q=1}\boldsymbol{a}^{\mathrm{T}}\boldsymbol{x}=\|\boldsymbol{a}\|_p, \boldsymbol{a}>\boldsymbol{0}, \boldsymbol{x}>\boldsymbol{0} \tag{1.15}$$

$$\max_{\|\boldsymbol{x}\|_E=1}\boldsymbol{a}^{\mathrm{T}}\boldsymbol{x}=\|\boldsymbol{a}\|_E \tag{1.15'}$$

(1.15)中 $\boldsymbol{a}>\boldsymbol{0}$ 意味着 $\boldsymbol{a}$ 的各个元素均大于0,并且

$$\|\boldsymbol{a}\|_p=\left(\sum_{i=1}^{n}a_i^p\right)^{\frac{1}{p}}$$

极值在 $x_i=\|\boldsymbol{a}\|_p^{-\frac{p}{q}}a_i^{\frac{p}{q}}(i=1,\cdots,n)$时达到.

证明　为证(1.15),考虑Hölder不等式

$$\boldsymbol{x}^{\mathrm{T}}\boldsymbol{x}\leqslant\|\boldsymbol{a}\|_p\|\boldsymbol{x}\|_q=\|\boldsymbol{a}\|_p,当\|\boldsymbol{x}\|_q=1$$

且等式可在 $x_i^q=\lambda a_i^p$ 处达到. 因此

$$1=\|\boldsymbol{x}\|_q=\lambda^{\frac{1}{q}}\left(\sum_{i=1}^{n}a_i^p\right)^{\frac{1}{q}}=\lambda^{\frac{1}{q}}\|\boldsymbol{a}\|_p^{\frac{p}{q}}\Rightarrow\lambda=\|\boldsymbol{a}\|_p^{-p}$$

故得等号成立的条件.

(1.15′)是(1.15)在 $p=q=2$ 时的特例,但此时不必设 $\boldsymbol{a},\boldsymbol{x}>\boldsymbol{0}$.

定理1.5　设 $\boldsymbol{A},\boldsymbol{B}$ 是 n 阶正定阵,则有

$$\max_{\boldsymbol{x}^{\mathrm{T}}\boldsymbol{A}\boldsymbol{x}=1,\boldsymbol{y}^{\mathrm{T}}\boldsymbol{B}\boldsymbol{y}=1}\boldsymbol{x}^{\mathrm{T}}\boldsymbol{y}=\sqrt{\lambda_1(\boldsymbol{A}^{-1}\boldsymbol{B}^{-1})}$$

这里 $\lambda_1(\boldsymbol{A}^{-1}\boldsymbol{B}^{-1})$是 $\boldsymbol{A}^{-1}\boldsymbol{B}^{-1}$的最大特征值.

证明　我们可记 $\boldsymbol{x}^{\mathrm{T}}\boldsymbol{y}=\boldsymbol{x}^{\mathrm{T}}\boldsymbol{A}^{\frac{1}{2}}\boldsymbol{A}^{-\frac{1}{2}}\boldsymbol{y}$. 由C-S不等式得

$$(\boldsymbol{x}^{\mathrm{T}}\boldsymbol{y})^2\leqslant\boldsymbol{x}^{\mathrm{T}}\boldsymbol{A}\boldsymbol{x}\cdot\boldsymbol{y}^{\mathrm{T}}\boldsymbol{A}^{-1}\boldsymbol{y}\tag{1.16}$$

因此,对任给的 $\boldsymbol{y}$,有

$$\max_{\boldsymbol{x}^{\mathrm{T}}\boldsymbol{A}\boldsymbol{x}=1}(\boldsymbol{x}^{\mathrm{T}}\boldsymbol{y})^2=\boldsymbol{y}^{\mathrm{T}}\boldsymbol{A}^{-1}\boldsymbol{y}$$

且由定理1.4知上式的极值点是

$$\boldsymbol{x}=\frac{\boldsymbol{A}^{-1}\boldsymbol{y}}{(\boldsymbol{y}^{\mathrm{T}}\boldsymbol{A}^{-1}\boldsymbol{y})^{\frac{1}{2}}}$$

令 $\boldsymbol{B}^{\frac{1}{2}}\boldsymbol{y}=\boldsymbol{z}$,知

$$\max_{\boldsymbol{y}^{\mathrm{T}}\boldsymbol{B}\boldsymbol{y}=1}\boldsymbol{y}^{\mathrm{T}}\boldsymbol{A}^{-1}\boldsymbol{y}=\max_{\|\boldsymbol{z}\|=1}\boldsymbol{z}^{\mathrm{T}}\boldsymbol{B}^{-\frac{1}{2}}\boldsymbol{A}^{-1}\boldsymbol{B}^{-\frac{1}{2}}\boldsymbol{z}$$

根据本章§3的式(3.3)知,上面的极大值为$\lambda_1(\boldsymbol{B}^{-\frac{1}{2}}\boldsymbol{A}^{-1}\cdot\boldsymbol{B}^{-\frac{1}{2}})$,而

$$\lambda_1(\boldsymbol{B}^{-\frac{1}{2}}\boldsymbol{A}^{-1}\boldsymbol{B}^{-\frac{1}{2}})=\lambda_1(\boldsymbol{A}^{-1}\boldsymbol{B}^{-1})$$

于是

$$\max_{\boldsymbol{x}^{\mathrm{T}}\boldsymbol{A}\boldsymbol{x}=1,\boldsymbol{y}^{\mathrm{T}}\boldsymbol{B}\boldsymbol{y}=1}\boldsymbol{x}^{\mathrm{T}}\boldsymbol{y}=\max_{\boldsymbol{y}^{\mathrm{T}}\boldsymbol{B}\boldsymbol{y}=1}\max_{\boldsymbol{x}^{\mathrm{T}}\boldsymbol{A}\boldsymbol{x}=1}\boldsymbol{x}^{\mathrm{T}}\boldsymbol{y}=\sqrt{\lambda_1(\boldsymbol{A}^{-1}\boldsymbol{B}^{-1})}$$

在M－G不等式(1.7)中,令$c_i=\dfrac{1}{n}$,x_i用a_ix_i代换,我们就得

$$\frac{1}{n}\sum_{i=1}^{n}a_ix_i\geqslant\prod_{i=1}^{n}(a_ix_i)^{\frac{1}{n}},\boldsymbol{a}>\boldsymbol{0},\boldsymbol{x}>\boldsymbol{0}\quad(1.17)$$

由此立得:

定理1.6

$$\min_{\prod_{i=1}^{n}x_i=1}\boldsymbol{a}^{\mathrm{T}}\boldsymbol{x}=n\prod_{i=1}^{n}a_i^{\frac{1}{n}},\boldsymbol{a}>\boldsymbol{0},\boldsymbol{x}>\boldsymbol{0}\quad(1.18)$$

且极值在$x_i=a_i^{-1}\left(\prod_{i=1}^{n}a_i^{\frac{1}{n}}\right)(i=1,\cdots,n)$时达到.

推论 设$\boldsymbol{A}\in\mathbb{R}^{n\times n}$,$\boldsymbol{A}$正定,则有

$$(\det\boldsymbol{A})^{\frac{1}{n}}=\min_{\boldsymbol{G}\text{正定},\det\boldsymbol{G}=1}\frac{1}{n}\mathrm{tr}\,\boldsymbol{A}\boldsymbol{G}\quad(1.19)$$

证明 由谱分解式,$\det\boldsymbol{A}=\prod_{i=1}^{n}a_i$,$a_1,\cdots,a_n$是$\boldsymbol{A}$的特征值,故不妨设$\boldsymbol{A}=\mathrm{diag}(a_1,\cdots,a_n)$,记$\boldsymbol{G}$的主对角元为$x_1,\cdots,x_n$,$\boldsymbol{x}=[x_1\ \cdots\ x_n]^{\mathrm{T}}$,则有

$$\frac{1}{n}\mathrm{tr}\,\boldsymbol{A}\boldsymbol{G}=\frac{1}{n}\boldsymbol{a}^{\mathrm{T}}\boldsymbol{x}$$

由于

$$\{\boldsymbol{x}\mid \boldsymbol{x}>\boldsymbol{0},\prod_{i=1}^{n}x_i=1\}$$

$$\subset\{\boldsymbol{x}\mid \boldsymbol{x}\text{ 是 }\boldsymbol{G}\text{ 的主对角向量},\boldsymbol{G}\text{ 正定},\det\boldsymbol{G}=1\}$$

因此得

$$\min_{\boldsymbol{G}\text{正定},\det\boldsymbol{G}=1}\frac{1}{n}\mathrm{tr}\,\boldsymbol{AG}\leqslant\min_{\boldsymbol{x}>\boldsymbol{0},\prod_{i=1}^{n}x_i=1}\frac{1}{n}\boldsymbol{a}^{\mathrm{T}}\boldsymbol{x}=(\det\boldsymbol{A})^{\frac{1}{n}}$$

(因为由本章定理2.10知,$\det\boldsymbol{G}\leqslant\prod_{i=1}^{n}x_i$).但若$\prod_{i=1}^{n}x_i>1$,总可取$\boldsymbol{y}=[y_1\ \cdots\ y_n]^{\mathrm{T}},y_i=\dfrac{x_i}{\prod_{i=1}^{n}x_i}>0$,使

$$\frac{1}{n}\mathrm{tr}\,\boldsymbol{AG}\geqslant\frac{1}{n}\boldsymbol{a}^{\mathrm{T}}\boldsymbol{y}$$

因此又有

$$\min_{\boldsymbol{y}>\boldsymbol{0},\prod_{i=1}^{n}y_i=1}\frac{1}{n}\boldsymbol{a}^{\mathrm{T}}\boldsymbol{y}\leqslant\min_{\boldsymbol{G}\text{正定},\det\boldsymbol{G}=1}\frac{1}{n}\mathrm{tr}\,\boldsymbol{AG}$$

从而得(1.19).

此推论的应用参见本章习题1.10.

定理1.7　设$\boldsymbol{A},\boldsymbol{B}$为$n$阶正定阵,则有

$$\min_{\boldsymbol{x}^{\mathrm{T}}\boldsymbol{y}\neq0}\frac{\boldsymbol{x}^{\mathrm{T}}\boldsymbol{Ax}}{(\boldsymbol{x}^{\mathrm{T}}\boldsymbol{y})^2}=(\boldsymbol{y}^{\mathrm{T}}\boldsymbol{A}^{-1}\boldsymbol{y})^{-1}\tag{1.20}$$

且可由此得

$$(\boldsymbol{y}^{\mathrm{T}}(\boldsymbol{A}+\boldsymbol{B})^{-1}\boldsymbol{y})^{-1}\geqslant(\boldsymbol{y}^{\mathrm{T}}\boldsymbol{A}^{-1}\boldsymbol{y})^{-1}+(\boldsymbol{y}^{\mathrm{T}}\boldsymbol{B}^{-1}\boldsymbol{y})^{-1}\tag{1.21}$$

证明　由(1.16)可立得(1.20).对$\boldsymbol{A}+\boldsymbol{B}$用(1.20)又可得

Ky Fan 定理

$$
\begin{aligned}
&(\boldsymbol{y}^{\mathrm{T}}(\boldsymbol{A}+\boldsymbol{B})^{-1}\boldsymbol{y})^{-1} \\
&=\min_{\boldsymbol{x}^{\mathrm{T}}\boldsymbol{y}\neq 0}\frac{\boldsymbol{x}^{\mathrm{T}}(\boldsymbol{A}+\boldsymbol{B})\boldsymbol{x}}{(\boldsymbol{x}^{\mathrm{T}}\boldsymbol{y})^{2}} \\
&\geqslant \min_{\boldsymbol{x}^{\mathrm{T}}\boldsymbol{y}\neq 0}\frac{\boldsymbol{x}^{\mathrm{T}}\boldsymbol{A}\boldsymbol{x}}{(\boldsymbol{x}^{\mathrm{T}}\boldsymbol{y})^{2}}+\min_{\boldsymbol{x}^{\mathrm{T}}\boldsymbol{y}\neq 0}\frac{\boldsymbol{x}^{\mathrm{T}}\boldsymbol{B}\boldsymbol{x}}{(\boldsymbol{x}^{\mathrm{T}}\boldsymbol{y})^{2}} \\
&=(\boldsymbol{y}^{\mathrm{T}}\boldsymbol{A}^{-1}\boldsymbol{y})^{-1}+(\boldsymbol{y}^{\mathrm{T}}\boldsymbol{B}^{-1}\boldsymbol{y})^{-1}
\end{aligned}
$$

习　题　2

1.5. 设 $x_i \geqslant 0, y_i \geqslant 0, i=1,\cdots,n, 0<p\leqslant 1$，证明

$$\left[\sum_{i=1}^{n}(x_i+y_i)^p\right]^{\frac{1}{p}} \geqslant \left(\sum_{i=1}^{n}x_i^p\right)^{\frac{1}{p}}+\left(\sum_{i=1}^{n}y_i^p\right)^{\frac{1}{p}} \quad \text{(Minkowski)}$$

1.6. 设 $x_i>0, y_i>0, i=1,\cdots,n$，证明：Beckenbach(贝肯巴克)不等式

$$\frac{\sum_{i=1}^{n}(x_i+y_i)^p}{\sum_{i=1}^{n}(x_i+y_i)^{p-1}} \leqslant \frac{\sum_{i=1}^{n}x_i^p}{\sum_{i=1}^{n}x_i^{p-1}}+\frac{\sum_{i=1}^{n}y_i^p}{\sum_{i=1}^{n}y_i^{p-1}}, 1\leqslant p\leqslant 2$$

1.7. 设 $x_i>0, i=1,\cdots,n$，证明

$$\sum_{1\leqslant i_1<\cdots<i_k\leqslant n} x_{i_1}\cdot\cdots\cdot x_{i_k} \geqslant \binom{n}{k}\left(\prod_{i=1}^{n}x_i\right)^{\frac{k}{n}}, 1\leqslant k\leqslant n$$

其中$\binom{n}{k}$是从 n 个元素中取 k 个的组合数.

1.8. 设 $a_i>0, i=1,\cdots,n$，证明

$$\min_{\sum_{i=1}^{n}x_i=1}\sum_{i=1}^{n}a_i x_i^2=\left(\sum_{i=1}^{n}a_i^{-1}\right)^{-1}$$

1.9. 设 $a_i, b_i>0, i=1,\cdots,n$，证明

$$\left(\sum_{i=1}^{n}(a_i+b_i)^{-1}\right)^{-1} \geqslant \left(\sum_{i=1}^{n}a_i^{-1}\right)^{-1}+\left(\sum_{i=1}^{n}b_i^{-1}\right)^{-1}$$

1.10. 设 $\boldsymbol{A},\boldsymbol{B}$ 为 n 阶正定阵,证明

$$(\det(\boldsymbol{A}+\boldsymbol{B}))^{\frac{1}{n}} \geqslant (\det \boldsymbol{A})^{\frac{1}{n}}+(\det \boldsymbol{B})^{\frac{1}{n}}$$

§2　矩阵不等式

设 n 阶对称矩阵的全体为 $S^{n\times n}$. 我们可用非负定性在 $S^{n\times n}$中引进偏序,从而可讨论矩阵不等式问题. 当 $n=1$ 时,此偏序与数的大小次序是一致的,故矩阵不等式是数值不等式的推广. 另外,从矩阵不等式可导出一系列矩阵的数值特征的不等式. 由此可见讨论矩阵不等式的意义.

1. 非负定性与偏序关系

定义 2.1　设 $\boldsymbol{A},\boldsymbol{B}\in S^{n\times n}$. 如果 $\boldsymbol{A}-\boldsymbol{B}$ 是非负定阵,那么记 $\boldsymbol{A}\geqslant\boldsymbol{B}$,称为 $\boldsymbol{A}$ **大于或等于** $\boldsymbol{B}$. 当 $\boldsymbol{A}-\boldsymbol{B}$ 正定时,记作 $\boldsymbol{A}>\boldsymbol{B}$,称为 $\boldsymbol{A}$ **大于** $\boldsymbol{B}$. 下面的定理2.1 说明了由此给出的"$\geqslant$"是 $S^{n\times n}$中的**偏序**,即满足:

(1)$\boldsymbol{A}\geqslant\boldsymbol{A}$;

(2)$\boldsymbol{A}\geqslant\boldsymbol{B}$ 与 $\boldsymbol{B}\geqslant\boldsymbol{A}\Rightarrow\boldsymbol{A}=\boldsymbol{B}$;

(3)$\boldsymbol{A}\geqslant\boldsymbol{B},\boldsymbol{B}\geqslant\boldsymbol{C}\Rightarrow\boldsymbol{A}\geqslant\boldsymbol{C}$.

在本节中,凡涉及矩阵问题的不等式,均按此偏序来理解,故记号 $\boldsymbol{A}>\boldsymbol{0}$ 和 $\boldsymbol{A}\geqslant\boldsymbol{0}$分别理解为 $\boldsymbol{A}$ 是正定

阵和非负定阵.

定理 2.1 设$\boldsymbol{A},\boldsymbol{B}\in S^{n\times n}$,则有

$$\boldsymbol{A}\geqslant\boldsymbol{B}\Leftrightarrow-\boldsymbol{A}\leqslant-\boldsymbol{B},\boldsymbol{A}>\boldsymbol{B}\Leftrightarrow-\boldsymbol{A}<-\boldsymbol{B}\tag{2.1}$$

$$\boldsymbol{A}\geqslant\boldsymbol{0},\ -\boldsymbol{A}\geqslant\boldsymbol{0}\Rightarrow\boldsymbol{A}=\boldsymbol{0}\tag{2.2}$$

$$\boldsymbol{A}\geqslant\boldsymbol{0},\boldsymbol{B}\geqslant\boldsymbol{0}\Rightarrow\boldsymbol{A}+\boldsymbol{B}\geqslant\boldsymbol{0}\tag{2.3}$$

$$\boldsymbol{A}\geqslant\boldsymbol{0},\boldsymbol{B}>\boldsymbol{0}\Rightarrow\boldsymbol{A}+\boldsymbol{B}>\boldsymbol{0}\tag{2.4}$$

证明 (2.1)是显然的. $\boldsymbol{A}\geqslant\boldsymbol{0}\Leftrightarrow\boldsymbol{A}\in S^{n\times n}$,且$\boldsymbol{A}$的特征值全部非负. 注意到$-\boldsymbol{A}$的特征值是$\boldsymbol{A}$的特征值的相反数,故由$-\boldsymbol{A}\geqslant\boldsymbol{0}$,$\boldsymbol{A}$的特征值又必须是非正的,故有$\boldsymbol{A}$的特征值全部为零,从而由$\boldsymbol{A}$的谱分解得$\boldsymbol{A}=\boldsymbol{0}$,故(2.2)成立.

根据第1章定理3.15知,非负定阵可以分解为一个矩阵乘上它自身的转置,故由$\boldsymbol{A}\geqslant\boldsymbol{0},\boldsymbol{B}\geqslant\boldsymbol{0}$,有$n$阶方阵$\boldsymbol{F},\boldsymbol{G}$存在,使

$$\boldsymbol{A}=\boldsymbol{F}^{\mathrm{T}}\boldsymbol{F},\boldsymbol{B}=\boldsymbol{G}^{\mathrm{T}}\boldsymbol{G}$$

且若$\boldsymbol{B}>\boldsymbol{0}$,则由第1章定理3.16,可取$\boldsymbol{G}$是满秩阵. 于是

$$\boldsymbol{A}+\boldsymbol{B}=\boldsymbol{F}^{\mathrm{T}}\boldsymbol{F}+\boldsymbol{G}^{\mathrm{T}}\boldsymbol{G}=\begin{bmatrix}\boldsymbol{F}\\\boldsymbol{G}\end{bmatrix}^{\mathrm{T}}\begin{bmatrix}\boldsymbol{F}\\\boldsymbol{G}\end{bmatrix}\geqslant\boldsymbol{0}$$

故得(2.3),且当$\boldsymbol{G}$满秩时

$$\mathrm{rank}(\boldsymbol{A}+\boldsymbol{B})=\mathrm{rank}\begin{bmatrix}\boldsymbol{F}\\\boldsymbol{G}\end{bmatrix}=n$$

可推得$\boldsymbol{A}+\boldsymbol{B}>\boldsymbol{0}$,即得(2.4).

2. 矩阵不等式的性质

我们设想把数值不等式的性质推广到矩阵不等

式. 一个正(非负)定阵是正(非负)数的推广,但从 $\boldsymbol{A}\geqslant\boldsymbol{0}$ 不一定能得到 $\boldsymbol{AC}\geqslant\boldsymbol{0}$. 这是因为不能保证 $\boldsymbol{AC}\in S^{n\times n}$,更谈不上非负定了. 然而,注意到 $\boldsymbol{C}$ 有分解式 $\boldsymbol{C}=\boldsymbol{DD}^{\mathrm{T}}$,我们可以对 $\boldsymbol{AC}$ 稍加改变,变成 $\boldsymbol{D}^{\mathrm{T}}\boldsymbol{AD}$,就可得下面的重要性质:

定理 2.2　设 $\boldsymbol{A},\boldsymbol{B}\in S^{n\times n}$,则有

$$\boldsymbol{A}\geqslant\boldsymbol{B}\Rightarrow\boldsymbol{C}^{\mathrm{T}}\boldsymbol{AC}\geqslant\boldsymbol{C}^{\mathrm{T}}\boldsymbol{BC},\ \forall\,\boldsymbol{C}\in\mathbb{R}^{n\times k}\tag{2.5}$$

$$\boldsymbol{A}>\boldsymbol{B}\Rightarrow\boldsymbol{C}^{\mathrm{T}}\boldsymbol{AC}>\boldsymbol{C}^{\mathrm{T}}\boldsymbol{BC},\boldsymbol{C}\text{ 为任意 }n\text{ 行的列满秩阵}\tag{2.5′}$$

证明　当 $\boldsymbol{A}\geqslant\boldsymbol{B}$ 时,有 $\boldsymbol{A}-\boldsymbol{B}=\boldsymbol{D}^{\mathrm{T}}\boldsymbol{D}$,当 $\boldsymbol{A}>\boldsymbol{B}$ 时,可取 $\boldsymbol{D}$ 为满秩方阵. 于是有

$$\begin{aligned}\boldsymbol{C}^{\mathrm{T}}\boldsymbol{AC}-\boldsymbol{C}^{\mathrm{T}}\boldsymbol{BC}&=\boldsymbol{C}^{\mathrm{T}}(\boldsymbol{A}-\boldsymbol{B})\boldsymbol{C}=\boldsymbol{C}^{\mathrm{T}}\boldsymbol{D}^{\mathrm{T}}\boldsymbol{DC}\\&=(\boldsymbol{DC})^{\mathrm{T}}\boldsymbol{DC}\geqslant\boldsymbol{0}\end{aligned}$$

且当 $\boldsymbol{D}$ 满秩,$\boldsymbol{C}$ 列满秩时,得 $\boldsymbol{DC}$ 列满秩,有

$$(\boldsymbol{DC})^{\mathrm{T}}(\boldsymbol{DC})>\boldsymbol{0}$$

故得(2.5)(2.5′).

注记　定理中 k 可以不为 n,此时 $\boldsymbol{C}^{\mathrm{T}}\boldsymbol{AC}\in S^{k\times k}$,它显示了矩阵不等式的可以灵活运用之处.

数值不等式性质的另一推广是:

定理 2.3　设 $\boldsymbol{A},\boldsymbol{B}\in S^{n\times n}$,则有

$$\boldsymbol{A}\geqslant\boldsymbol{B}>\boldsymbol{0}\Rightarrow\boldsymbol{B}^{-1}\geqslant\boldsymbol{A}^{-1}>\boldsymbol{0}\tag{2.6}$$

$$\boldsymbol{A}>\boldsymbol{B}>\boldsymbol{0}\Rightarrow\boldsymbol{B}^{-1}>\boldsymbol{A}^{-1}>\boldsymbol{0}\tag{2.7}$$

证明　设 $\boldsymbol{A}\geqslant\boldsymbol{B}>\boldsymbol{0}$,由(2.5)可得

$$\boldsymbol{B}^{-\frac{1}{2}}\boldsymbol{AB}^{-\frac{1}{2}}\geqslant\boldsymbol{B}^{-\frac{1}{2}}\boldsymbol{BB}^{-\frac{1}{2}}=\boldsymbol{I}$$

可推得

$$\boldsymbol{B}^{-\frac{1}{2}}\boldsymbol{AB}^{-\frac{1}{2}}-\boldsymbol{I}\geqslant\boldsymbol{0}$$

因此 $\boldsymbol{B}^{-\frac{1}{2}}\boldsymbol{A}\boldsymbol{B}^{-\frac{1}{2}}$的特征值大于或等于 1,可得

$$(\boldsymbol{B}^{-\frac{1}{2}}\boldsymbol{A}\boldsymbol{B}^{-\frac{1}{2}})^{-1}=\boldsymbol{B}^{\frac{1}{2}}\boldsymbol{A}^{-1}\boldsymbol{B}^{\frac{1}{2}}$$

的特征值小于或等于 1,从而有 $\boldsymbol{I}-\boldsymbol{B}^{\frac{1}{2}}\boldsymbol{A}^{-1}\boldsymbol{B}^{\frac{1}{2}}$的特征值非负,得

$$\boldsymbol{I}-\boldsymbol{B}^{\frac{1}{2}}\boldsymbol{A}^{-1}\boldsymbol{B}^{\frac{1}{2}}\geqslant\boldsymbol{0}$$

左、右乘 $\boldsymbol{B}^{-\frac{1}{2}}$得

$$\boldsymbol{B}^{-1}-\boldsymbol{A}^{-1}\geqslant\boldsymbol{0}$$

从 $\boldsymbol{A}^{-1}$的特征值是 $\boldsymbol{A}$ 的特征值的倒数又可得 $\boldsymbol{A}^{-1}>\boldsymbol{0}$,于是有(2.6)成立. 将前面的“$\geqslant$”改为“$>$”,可得(2.7)成立.

注记 (2.6)(2.7)显然都有逆命题成立,这从 $(\boldsymbol{A}^{-1})^{-1}=\boldsymbol{A}$ 易见. 如果只要求 $\boldsymbol{B}\geqslant\boldsymbol{0}$,用 $\boldsymbol{B}^{+}$代替 $\boldsymbol{B}^{-1}$,那么(2.6)(2.7)不成立. 例如

$$\boldsymbol{A}=\begin{bmatrix}1&0\\0&1\end{bmatrix},\boldsymbol{B}=\begin{bmatrix}1&0\\0&0\end{bmatrix}$$

但在一定条件下可推广到广义逆情形,参见问题和补充 6.

矩阵不等式的另一特点是:由 $\boldsymbol{A}\geqslant\boldsymbol{B}>\boldsymbol{0}$ 不一定能推出 $\boldsymbol{A}^2\geqslant\boldsymbol{B}^2>\boldsymbol{0}$. 注意到数值不等式中,由 $a\geqslant b>0$ 推得 $a^2\geqslant b^2>0$,是由 $a^2\geqslant ba\geqslant b^2$ 而得,但后式不能推广到矩阵情形,关键是 $\boldsymbol{BA}$ 不一定对称. 由于 $\boldsymbol{BA}$ 对称的充要条件是 $\boldsymbol{AB}=\boldsymbol{BA}$,因此可得:

定理 2.4 设 $\boldsymbol{A},\boldsymbol{B}\in S^{n\times n}$,且 $\boldsymbol{AB}=\boldsymbol{BA}$,则有

$$\boldsymbol{A}\geqslant\boldsymbol{B}>\boldsymbol{0}\Rightarrow\boldsymbol{A}^k\geqslant\boldsymbol{B}^k>\boldsymbol{0}\tag{2.8}$$

$$\boldsymbol{A}>\boldsymbol{B}>\boldsymbol{0}\Rightarrow\boldsymbol{A}^k>\boldsymbol{B}^k>\boldsymbol{0},k\text{ 为任意正整数}\tag{2.9}$$

证明 由定理 2.2,考虑到第 1 章习题 3.14 与问

题和补充6,得

$$A \geqslant B > 0 \Rightarrow A^2 = A^{\frac{1}{2}} A A^{\frac{1}{2}} \geqslant A^{\frac{1}{2}} B A^{\frac{1}{2}} = AB$$

$$A \geqslant B > 0 \Rightarrow AB = B^{\frac{1}{2}} A B^{\frac{1}{2}} \geqslant B^{\frac{1}{2}} B B^{\frac{1}{2}} = B^2$$

故得 $A^2 \geqslant AB \geqslant B^2$. 现设 $A^{k-1} \geqslant A^{k-2} B \geqslant B^{k-1}$,用数学归纳法,可得(2.8).(2.9)类似可证.

有趣的是,从 $A^2 > B^2$ 可推出 $A > B$. 进一步予以推广,有:

定理2.5 设 $A, B, G \in S^{n \times n}$,且 A, G 正定,则有

$$AGA \geqslant BGB \Rightarrow A \geqslant B \tag{2.10}$$

$$AGA > BGB \Rightarrow A > B \tag{2.11}$$

证明 由 $AGA - BGB \geqslant 0$,可得

$$I - G^{-\frac{1}{2}} A^{-1} BGBA^{-1} G^{-\frac{1}{2}} \geqslant 0$$

$$\Rightarrow \lambda_i (G^{-\frac{1}{2}} A^{-1} BGBA^{-1} G^{-\frac{1}{2}}) \leqslant 1, i = 1, \cdots, n$$

注意到,由第1章定理2.10知,$G^{\frac{1}{2}} BA^{-1} G^{-\frac{1}{2}}$ 的非零特征值与 BA^{-1} 的非零特征值一致,也与 $A^{-\frac{1}{2}} BA^{-\frac{1}{2}}$ 的非零特征值一致,因此 $\lambda(G^{\frac{1}{2}} BA^{-1} G^{-\frac{1}{2}})$ 是实数. 记 $D = G^{\frac{1}{2}} BA^{-1} G^{-\frac{1}{2}}$,有规范特征向量 x 使 $Dx = \lambda(D)x$. 于是得 $x^{\mathrm{T}} Dx = \lambda(D)$,且 $x^{\mathrm{T}} D^{\mathrm{T}} x = \lambda(D)$. 从而有

$$\lambda(D) = x^{\mathrm{T}} \left(\frac{D + D^{\mathrm{T}}}{2} \right) x$$

根据本章§3的第3小节有

$$\lambda(D) \leqslant \lambda_1 \left(\frac{D + D^{\mathrm{T}}}{2} \right)$$

即

$$\lambda(G^{\frac{1}{2}}BA^{-1}G^{-\frac{1}{2}})\leqslant\lambda_1\left(\frac{G^{\frac{1}{2}}BA^{-1}G^{-\frac{1}{2}}+(G^{\frac{1}{2}}BA^{-1}G^{-\frac{1}{2}})^{\mathrm{T}}}{2}\right)$$

根据本章定理 5. 8(其证明不依赖本定理)又有

$$\lambda_i\left(\frac{G^{\frac{1}{2}}BA^{-1}G^{-\frac{1}{2}}+(G^{\frac{1}{2}}BA^{-1}G^{-\frac{1}{2}})^{\mathrm{T}}}{2}\right)$$

$$\leqslant\lambda_i^{\frac{1}{2}}(G^{-\frac{1}{2}}A^{-1}BG^{\frac{1}{2}}G^{\frac{1}{2}}BA^{-1}G^{-\frac{1}{2}})\leqslant 1,\ \forall i$$

于是 $G^{\frac{1}{2}}BA^{-1}G^{-\frac{1}{2}}$ 的特征值,也就是 $A^{-\frac{1}{2}}BA^{-\frac{1}{2}}$ 的特征值小于或等于 1,得

$$I-A^{-\frac{1}{2}}BA^{-\frac{1}{2}}\geqslant \mathbf{0}$$

此式两边左、右乘 $A^{\frac{1}{2}}$ 有 $A-B\geqslant\mathbf{0}$,即(2. 10)成立. 类似可证(2. 11)成立.

$A\geqslant B$ 不能推出 $A^2\geqslant B^2$ 的例子如下

$$A=\begin{bmatrix}5 & 3\\ 3 & 2\end{bmatrix}>\mathbf{0},\ B=\begin{bmatrix}4.4 & 2.5\\ 2.5 & 1.5\end{bmatrix}>\mathbf{0}$$

$$A-B=\begin{bmatrix}0.6 & 0.5\\ 0.5 & 0.5\end{bmatrix}>\mathbf{0}$$

但因为

$$A^2-B^2=\begin{bmatrix}8.39 & 6.25\\ 6.25 & 4.50\end{bmatrix}$$

所以有

$$\det(A^2-B^2)<0$$

定理 2. 6 设

$$A=\begin{array}{c}\begin{bmatrix}A_{11} & A_{12}\\ A_{21} & A_{22}\end{bmatrix}\begin{matrix}p_1\\ p_2\end{matrix}\\ \begin{matrix}p_1 & \quad p_2\end{matrix}\end{array}\in S^{n\times n}$$

记

$$A_{11,2}=A_{11}-A_{12}A_{22}^{-1}A_{21}\text{，当 }A_{22}^{-1}\text{存在}$$

$$A_{22,1}=A_{22}-A_{21}A_{11}^{-1}A_{12}\text{，当 }A_{11}^{-1}\text{存在}$$

$$A^{-1}=\begin{bmatrix}A^{11} & A^{12}\\ A^{21} & A^{22}\end{bmatrix}\text{，当 }A^{-1}\text{存在}$$

则当 $A>0$ 时，有

$$A_{ii}>0, A_{ii,j}>0, i,j=1,2, i\neq j \tag{2.12}$$

$$A^{ii}\geqslant A_{ii}^{-1} \tag{2.13}$$

并且在(2.13)中，对某个 i，有

$$A^{ii}>A_{ii}^{-1}\Leftrightarrow \text{rank } A_{ji}=p_i$$

对某个 i，有

$$A^{ii}=A_{ii}^{-1}\Leftrightarrow A_{ij}=0, i\neq j, i,j=1,2$$

证明　当 $A>0$ 时，由第1章定理3.15知 $A_{ii}>0$，$i=1,2$. 对 A 作分块初等变换，化为分块对角阵，有

$$\begin{bmatrix}I & 0\\ -A_{21}A_{11}^{-1} & I\end{bmatrix}\begin{bmatrix}A_{11} & A_{12}\\ A_{21} & A_{22}\end{bmatrix}\begin{bmatrix}I & -A_{11}^{-1}A_{12}\\ 0 & I\end{bmatrix}$$

$$=\begin{bmatrix}A_{11} & 0\\ 0 & A_{22,1}\end{bmatrix}\triangleq B$$

注意到

$$(A_{11}^{-1}A_{12})^{\mathrm{T}}=A_{21}A_{11}^{-1}$$

根据定理2.2(式(2.5′))，有 $B>0$. $A_{22,1}$ 是 B 的主子阵，故又由第1章定理3.16得 $A_{22,1}>0$. 同样可得 $A_{11,2}>0$，即得(2.12).

由第1章问题和补充1的四块逆公式，得

$$A^{11}=A_{11}^{-1}+A_{11}^{-1}A_{12}A_{22,1}^{-1}A_{21}A_{11}^{-1}$$

$$\Rightarrow \boldsymbol{A}^{11}-\boldsymbol{A}_{11}^{-1}=\boldsymbol{A}_{11}^{-1}\boldsymbol{A}_{12}\boldsymbol{A}_{22,1}^{-1}\boldsymbol{A}_{21}\boldsymbol{A}_{11}^{-1}\geqslant \boldsymbol{0}$$

因此 $\boldsymbol{A}^{11}\geqslant \boldsymbol{A}_{11}^{-1}$. 由(2.5′)知

$$\boldsymbol{A}_{11}^{-1}\boldsymbol{A}_{12}\boldsymbol{A}_{22,1}^{-1}\boldsymbol{A}_{21}\boldsymbol{A}_{11}^{-1}>\boldsymbol{0}\Leftrightarrow \boldsymbol{A}_{21}\text{ 列满秩}$$

也就是

$$p_1=\text{rank }\boldsymbol{A}_{21}$$

而

$$\boldsymbol{A}_{11}^{-1}\boldsymbol{A}_{12}\boldsymbol{A}_{22,1}^{-1}\boldsymbol{A}_{21}\boldsymbol{A}_{11}^{-1}=\boldsymbol{0}\Leftrightarrow \boldsymbol{A}_{12}=\boldsymbol{A}_{21}^{-}=\boldsymbol{0}$$

是显然的,于是得到对 $\boldsymbol{A}^{11}$ 的一切结论. 对 $\boldsymbol{A}^{22}$ 可类似讨论,故得(2.13).

注记 将此定理灵活应用,可得一些有用的结论. 它的一个特殊情形是当 $\boldsymbol{A}=(a_{ij})>\boldsymbol{0}$ 时,记 $\boldsymbol{A}^{-1}=(a^{ij})$,有 $a^{ii}\geqslant a_{ii}^{-1}$, $i=1,\cdots,n$. 另外,我们可把此定理的前一个结论(2.12)推广到 $\boldsymbol{A}\geqslant\boldsymbol{0}$ 的情形,参看本章习题 2.3.

习　　题

2.1. 设 $\boldsymbol{A}\geqslant\boldsymbol{B}\geqslant\boldsymbol{0}$,证明:$R(\boldsymbol{A})\supset R(\boldsymbol{B})$,当 rank $\boldsymbol{A}=$ rank $\boldsymbol{B}$ 时,有 $R(\boldsymbol{A})=R(\boldsymbol{B})$.

2.2. 设 $\boldsymbol{A}>\boldsymbol{0},\boldsymbol{B}>\boldsymbol{0},\boldsymbol{C}>\boldsymbol{0}$,问:

(1) $\boldsymbol{BC}+\boldsymbol{CB}\geqslant 2\boldsymbol{B}^{\frac{1}{2}}\boldsymbol{C}\boldsymbol{B}^{\frac{1}{2}}$ 是否成立?

(2) $(\boldsymbol{A}+\boldsymbol{B})^{\frac{1}{2}}\boldsymbol{C}(\boldsymbol{A}+\boldsymbol{B})^{\frac{1}{2}}\leqslant \boldsymbol{A}^{\frac{1}{2}}\boldsymbol{C}\boldsymbol{A}^{\frac{1}{2}}+\boldsymbol{B}^{\frac{1}{2}}\boldsymbol{C}\boldsymbol{B}^{\frac{1}{2}}$ 是否成立?

2.3. 设

$$A=\begin{bmatrix} A_{11} & A_{12} \\ A_{21} & A_{22} \end{bmatrix}^{p} \geqslant \mathbf{0}$$

$$\quad\;\; p$$

记

$$A_{11,2}=A_{11}-A_{12}A_{22}^{-}A_{21}$$

$$A_{22,1}=A_{22}-A_{21}A_{11}^{-}A_{12}, g-\text{逆任选}$$

证明

$$A_{11,2}\geqslant \mathbf{0}, A_{22,1}\geqslant \mathbf{0}$$

(提示:利用第 1 章习题 3.13.)

3. 一个矩阵极值问题

设 A 是给定的 $m\times n$ 阶矩阵,B 是给定的 $m\times k$ 阶矩阵. 欲求 $k\times n$ 阶矩阵 X,使得

$$(A-BX)^{\mathrm{T}}(A-BX)$$

在对称阵偏序意义下达到极小,即求 $X=X_0$,满足

$$(A-BX)^{\mathrm{T}}(A-BX) \geqslant (A-BX_0)^{\mathrm{T}}(A-BX_0), \forall X\in \mathbb{R}^{k\times n} \tag{2.14}$$

此问题是最小二乘问题的推广,不妨称之为**广义最小二乘问题**. 问题的解决依赖于:

定理 2.7　(2.14)成立的充要条件是

$$(A-BX_0)^{\mathrm{T}}B=\mathbf{0} \tag{2.15}$$

证明　注意到

$$\begin{aligned}&(A-BX)^{\mathrm{T}}(A-BX)\\ =&(A-BX_0+BX_0-BX)^{\mathrm{T}}\cdot\\ &(A-BX_0+BX_0-BX)\\ =&(A-BX_0)^{\mathrm{T}}(A-BX_0)+\end{aligned}$$

$$(\boldsymbol{X}_0-\boldsymbol{X})^{\mathrm{T}}\boldsymbol{B}^{\mathrm{T}}\boldsymbol{B}(\boldsymbol{X}_0-\boldsymbol{X})+$$
$$(\boldsymbol{A}-\boldsymbol{B}\boldsymbol{X}_0)^{\mathrm{T}}\boldsymbol{B}(\boldsymbol{X}_0-\boldsymbol{X})+$$
$$(\boldsymbol{X}_0-\boldsymbol{X})^{\mathrm{T}}\boldsymbol{B}^{\mathrm{T}}(\boldsymbol{A}-\boldsymbol{B}\boldsymbol{X}_0)$$

故当(2.15)成立时，有

$$\begin{aligned}&(\boldsymbol{A}-\boldsymbol{B}\boldsymbol{X})^{\mathrm{T}}(\boldsymbol{A}-\boldsymbol{B}\boldsymbol{X})\\&=(\boldsymbol{A}-\boldsymbol{B}\boldsymbol{X}_0)^{\mathrm{T}}(\boldsymbol{A}-\boldsymbol{B}\boldsymbol{X}_0)+\\&\quad(\boldsymbol{X}_0-\boldsymbol{X})^{\mathrm{T}}\boldsymbol{B}^{\mathrm{T}}\boldsymbol{B}(\boldsymbol{X}_0-\boldsymbol{X})\\&\geqslant(\boldsymbol{A}-\boldsymbol{B}\boldsymbol{X}_0)^{\mathrm{T}}(\boldsymbol{A}-\boldsymbol{B}\boldsymbol{X}_0)\end{aligned}$$

故得(2.14).

反之，当(2.14)成立时，应有

$$(\boldsymbol{X}_0-\boldsymbol{X})^{\mathrm{T}}\boldsymbol{B}^{\mathrm{T}}\boldsymbol{B}(\boldsymbol{X}_0-\boldsymbol{X})+(\boldsymbol{A}-\boldsymbol{B}\boldsymbol{X}_0)^{\mathrm{T}}\boldsymbol{B}(\boldsymbol{X}_0-\boldsymbol{X})+$$
$$(\boldsymbol{X}_0-\boldsymbol{X})^{\mathrm{T}}\boldsymbol{B}^{\mathrm{T}}(\boldsymbol{A}-\boldsymbol{B}\boldsymbol{X}_0)\geqslant\boldsymbol{0},\ \forall\,\boldsymbol{X}\in\mathbb{R}^{k\times n}\qquad(2.16)$$

记

$$\boldsymbol{G}^{\mathrm{T}}=(\boldsymbol{A}-\boldsymbol{B}\boldsymbol{X}_0)^{\mathrm{T}}\boldsymbol{B},\boldsymbol{D}=\boldsymbol{X}_0-\boldsymbol{X}$$

则(2.16)可简写为

$$\boldsymbol{D}^{\mathrm{T}}\boldsymbol{B}^{\mathrm{T}}\boldsymbol{B}\boldsymbol{D}+\boldsymbol{G}^{\mathrm{T}}\boldsymbol{D}+\boldsymbol{D}^{\mathrm{T}}\boldsymbol{G}\geqslant\boldsymbol{0},\ \forall\,\boldsymbol{D}\in\mathbb{R}^{k\times n}\quad(2.16')$$

下面用反证法. 假设存在 $\boldsymbol{D}_0\in\mathbb{R}^{k\times n}$，使

$$\boldsymbol{G}^{\mathrm{T}}\boldsymbol{D}_0+\boldsymbol{D}_0^{\mathrm{T}}\boldsymbol{G}\triangleq\boldsymbol{F}_0$$

有非零特征值 λ，于是可取实值 α 与 λ 反号，使得 $\lambda\alpha<0$. 取 $\boldsymbol{D}=\boldsymbol{D}_0\alpha$，则有

$$\boldsymbol{G}^{\mathrm{T}}\boldsymbol{D}+\boldsymbol{D}^{\mathrm{T}}\boldsymbol{G}=\alpha\boldsymbol{F}_0$$

它有负特征值 $\alpha\lambda$. 而 $\boldsymbol{D}_0^{\mathrm{T}}\boldsymbol{B}^{\mathrm{T}}\boldsymbol{B}\boldsymbol{D}_0$ 的特征值总是非负的，设其最大特征值是 λ_1，于是 $\boldsymbol{D}^{\mathrm{T}}\boldsymbol{B}^{\mathrm{T}}\boldsymbol{B}\boldsymbol{D}$ 的最大特征值为 $\lambda_1\alpha^2$. 当 α 充分小时，可使 $\lambda_1\alpha^2<-\lambda\alpha$. 根据定理 4.5 的推论，它与 $\boldsymbol{D}^{\mathrm{T}}\boldsymbol{B}^{\mathrm{T}}\boldsymbol{B}\boldsymbol{D}\geqslant-(\boldsymbol{G}^{\mathrm{T}}\boldsymbol{D}+\boldsymbol{D}^{\mathrm{T}}\boldsymbol{G})$((2.16′))矛

盾. 因此对任意 $\boldsymbol{D}$, 有 $\boldsymbol{G}^{\mathrm{T}}\boldsymbol{D}+\boldsymbol{D}^{\mathrm{T}}\boldsymbol{G}$ 的特征值全部为 0. 由对称性得

$$\boldsymbol{G}^{\mathrm{T}}\boldsymbol{D}+\boldsymbol{D}^{\mathrm{T}}\boldsymbol{G}=\boldsymbol{0},\ \forall \boldsymbol{D}\in\mathbb{R}^{k\times n}$$

取 $\boldsymbol{D}=\boldsymbol{G}\in\mathbb{R}^{k\times n}$, 于是得 $2\boldsymbol{G}^{\mathrm{T}}\boldsymbol{G}=\boldsymbol{0}$, 可推得 $\boldsymbol{G}=\boldsymbol{0}$. 于是 (2.15) 是 (2.14) 的必要条件.

定理 2.8　(2.15) 成立的充要条件是

$$\boldsymbol{X}_0=\boldsymbol{B}^{+}\boldsymbol{A}+(\boldsymbol{I}-\boldsymbol{B}^{+}\boldsymbol{B})\boldsymbol{U},\boldsymbol{U}\text{ 任取}\tag{2.17}$$

于是广义最小二乘问题 (2.14) 的解是 (2.17).

证明　当我们按 (2.17) 取 $\boldsymbol{X}_0$ 时, 则有

$$(\boldsymbol{A}-\boldsymbol{B}\boldsymbol{X}_0)^{\mathrm{T}}\boldsymbol{B}=(\boldsymbol{A}-\boldsymbol{B}\boldsymbol{B}^{+}\boldsymbol{A})^{\mathrm{T}}\boldsymbol{B}=\boldsymbol{A}^{\mathrm{T}}(\boldsymbol{I}-\boldsymbol{B}\boldsymbol{B}^{+})\boldsymbol{B}=\boldsymbol{0}$$

故得 (2.15) 成立.

当 (2.15) 成立时, 有

$$\boldsymbol{B}^{\mathrm{T}}\boldsymbol{B}\boldsymbol{X}_0=\boldsymbol{B}^{\mathrm{T}}\boldsymbol{A}\tag{2.18}$$

将 (2.18) 看作 $\boldsymbol{X}_0$ 的方程, 它是相容的, 且通解为

$$\begin{aligned}\boldsymbol{X}_0&=(\boldsymbol{B}^{\mathrm{T}}\boldsymbol{B})^{+}\boldsymbol{B}^{\mathrm{T}}\boldsymbol{A}+(\boldsymbol{I}-(\boldsymbol{B}^{\mathrm{T}}\boldsymbol{B})^{+}\boldsymbol{B}^{\mathrm{T}}\boldsymbol{B})\boldsymbol{U}\\&=\boldsymbol{B}^{+}\boldsymbol{A}+(\boldsymbol{I}-\boldsymbol{B}^{+}\boldsymbol{B})\boldsymbol{U},\boldsymbol{U}\text{ 任取}\end{aligned}$$

此即 (2.17).

广义最小二乘解 $\boldsymbol{X}_0$ 满足

$$\boldsymbol{B}\boldsymbol{X}_0=\boldsymbol{B}\boldsymbol{B}^{+}\boldsymbol{A}=\boldsymbol{P}_{\boldsymbol{B}}\boldsymbol{A},\boldsymbol{P}_{\boldsymbol{B}}\text{ 是到 }R(\boldsymbol{B})\text{ 的正投影阵}\tag{2.19}$$

它正是最小二乘解的推广 (参看第 2 章 §4 的第 2 小节).

4. 由矩阵不等式导出数值不等式

定理 2.9　设 $\boldsymbol{A},\boldsymbol{B}\in S^{n\times n}$, 则有

$$\boldsymbol{A}\geqslant\boldsymbol{B}\Rightarrow\lambda_i(\boldsymbol{A})\geqslant\lambda_i(\boldsymbol{B}),i=1,\cdots,n\tag{2.20}$$

$$A > B \Rightarrow \lambda_i(A) > \lambda_i(B), i = 1, \cdots, n \quad (2.21)$$

式中 $\lambda_i(A)$ 表示 A 的第 i 个降序特征值(m 重特征根排 m 次).

(证明是不难的,但要用到下一小节中特征值的表达式,见定理 4.5 的推论.)

容易看出(2.20)与(2.21)的逆命题是不成立的.例如,取

$$A = \begin{bmatrix} 2 & 0 \\ 0 & 4 \end{bmatrix}, B = \begin{bmatrix} 3 & 0 \\ 0 & 1 \end{bmatrix}$$

有 $\lambda_i(A) > \lambda_i(B), i = 1,2$,但 $A - B$ 显然不正定.

注意到对称矩阵的其他数值特征均可由特征值表示,如 $\operatorname{tr} A = \sum_{i=1}^{n} \lambda_i(A)$,$\operatorname{rank} A$ 是 $\lambda(A)$ 中非零特征值的个数

$$\det A = \prod_{i=1}^{n} \lambda_i(A)$$

$$\| A \|_E = \left(\sum_{i=1}^{n} \lambda_i^2(A) \right)^{\frac{1}{2}}$$

故又有:

推论 由 $A \geqslant B \geqslant 0$ 得

$$\operatorname{tr} A \geqslant \operatorname{tr} B, \det A \geqslant \det B$$

$$\operatorname{rank} A \geqslant \operatorname{rank} B, \| A \| \geqslant \| B \| \quad (2.22)$$

由 $A > B \geqslant 0$ 得

$$\operatorname{tr} A > \operatorname{tr} B, \det A > \det B$$

$$\operatorname{rank} A \geqslant \operatorname{rank} B, \| A \| > \| B \| \quad (2.23)$$

注记 推论中若取消 $B \geqslant 0$ 这一条件,则关于迹的结论仍成立,但关于行列式、秩和范数的结论不成

立,因为此时 $\lambda_i(\boldsymbol{B})$ 可以取负值. 例子是容易举出的.

此定理和推论充分说明矩阵不等式是很强的结果. 非负定意义下的“大小”关系蕴涵了许多其他意义下的大小“关系”,因此,推导非负定意义下的不等式常常是很令人感兴趣的.

下面我们再由定理 2.8 导出两个极其有用的结果:

定理 2.10　设

$$\boldsymbol{A}=\begin{bmatrix}\boldsymbol{A}_{11} & \boldsymbol{A}_{12} & \cdots & \boldsymbol{A}_{1k}\\ \boldsymbol{A}_{21} & \boldsymbol{A}_{22} & \cdots & \boldsymbol{A}_{2k}\\ \vdots & \vdots & & \vdots\\ \boldsymbol{A}_{k1} & \boldsymbol{A}_{k2} & \cdots & \boldsymbol{A}_{kk}\end{bmatrix}\in S^{n\times n}$$

其中 $\boldsymbol{A}_{ii}$ 是方阵,$i=1,\cdots,k$. 当 $\boldsymbol{A}>\boldsymbol{0}$ 时,有

$$\det \boldsymbol{A}\leqslant \prod_{i=1}^{k}\det \boldsymbol{A}_{ii}\leqslant \prod_{i=1}^{n}a_{ii} \tag{2.24}$$

且等号成立的条件为 $\boldsymbol{A}$ 是分块对角阵和 $\boldsymbol{A}$ 是对角阵.

证明　先将 $\boldsymbol{A}$ 看成四块形式

$$\boldsymbol{A}\triangleq\begin{bmatrix}\boldsymbol{A}_{11} & \boldsymbol{B}_{12}\\ \boldsymbol{B}_{21} & \boldsymbol{B}_{22}\end{bmatrix}$$

记

$$\boldsymbol{A}^{-1}=\begin{bmatrix}\boldsymbol{A}^{11} & \boldsymbol{B}^{12}\\ \boldsymbol{B}^{21} & \boldsymbol{B}^{22}\end{bmatrix}$$

根据定理 2.6 证明中的表达式,有

$$\det \boldsymbol{A}=\det \boldsymbol{A}_{11}\cdot\det(\boldsymbol{B}_{22}-\boldsymbol{B}_{21}\boldsymbol{A}_{11}^{-1}\boldsymbol{B}_{12})$$

但四块逆公式给出

$$\boldsymbol{B}^{22}=(\boldsymbol{B}_{22}-\boldsymbol{B}_{21}\boldsymbol{A}_{11}^{-1}\boldsymbol{B}_{12})^{-1}$$

而定理 2. 6 给出 $\boldsymbol{B}^{22} \geqslant \boldsymbol{B}_{22}^{-1} > \boldsymbol{0}$,再由定理 2. 3 得

$$\boldsymbol{B}_{22} \geqslant (\boldsymbol{B}^{22})^{-1} > \boldsymbol{0}$$

故由(2. 23)得

$$\det(\boldsymbol{B}^{22})^{-1} = \det(\boldsymbol{B}_{22} - \boldsymbol{B}_{21}\boldsymbol{A}_{11}^{-1}\boldsymbol{B}_{12}) \leqslant \det \boldsymbol{B}_{22}$$

于是

$$\det \boldsymbol{A} \leqslant \det \boldsymbol{A}_{11} \cdot \det \boldsymbol{B}_{22}$$

注意到

$$\boldsymbol{B}_{22} = \begin{bmatrix} \boldsymbol{A}_{22} & \cdots & \boldsymbol{A}_{2k} \\ \vdots & & \vdots \\ \boldsymbol{A}_{k2} & \cdots & \boldsymbol{A}_{kk} \end{bmatrix} > \boldsymbol{0}$$

可把 $\boldsymbol{B}_{22}$ 看成四块形式,继续施行上述步骤,如此共进行 $k-1$ 步可得(2. 24)的前一个不等式

$$\det \boldsymbol{A} \leqslant \det \boldsymbol{A}_{11} \cdot \det \boldsymbol{A}_{22} \cdot \cdots \cdot \det \boldsymbol{A}_{kk} \quad (2.24')$$

且由定理 2. 6 知,等号成立的充要条件是 $\boldsymbol{A}$ 为分块对角阵. 由于分块的多少并未限制,其极端情形就是分成 n^2 块(实际上就是不分块),故可由(2. 24′)直接得出(2. 24)的后一个不等式.

推论(Hadamard(阿达玛)不等式)　设 $\boldsymbol{A}$ 是 n 阶方阵,则有

$$|\det \boldsymbol{A}|^2 \leqslant \prod_{i=1}^{n} \sum_{j=1}^{n} |a_{ij}|^2 \qquad (2.25)$$

证明　如果 det $\boldsymbol{A}$ 为零, 那么(2. 25)显然成立. 故不妨设 $\det \boldsymbol{A} \neq 0$,即 $\boldsymbol{A}$ 为满秩阵. 于是 $\boldsymbol{B} \triangleq \boldsymbol{A}\boldsymbol{A}^{\mathrm{T}}$ 是正定阵. 由定理 2. 10 有

$$\det \boldsymbol{B} \leqslant \prod_{i=1}^{n} b_{ii} = \prod_{i=1}^{n} \sum_{j=1}^{n} a_{ij}^2$$

而 $\det^2 \boldsymbol{A} = \det \boldsymbol{B}$，故得(2.25).

Hadamard 不等式有广泛的应用.

§3　二次型极值与特征值的表示

为了叙述的方便和明确，在本节中我们总假定 n 阶对称阵 $\boldsymbol{A}$ 的依降序排列的特征值是 $\lambda_1, \cdots, \lambda_n$，必要时才记为 $\lambda_i(\boldsymbol{A})$，$i = 1, \cdots, n$，且设 $\boldsymbol{c}_i$ 是 $\boldsymbol{A}$ 的相应于特征值 λ_i 的特征向量，$i = 1, \cdots, n$，使得 $\boldsymbol{C} = [\boldsymbol{c}_1 \vdots \cdots \vdots \boldsymbol{c}_n]$ 为正交阵. 任给 n 列的矩阵 $\boldsymbol{B}$，$\boldsymbol{B}$ 的前 k 列所构成的子阵常记为 $\boldsymbol{B}_{(k)}$，$\boldsymbol{B}$ 的后 k 列所构成的子阵常记为 $\boldsymbol{B}_{[k]}$，即

$$\boldsymbol{B}_{(k)} = [\boldsymbol{b}_1 \vdots \cdots \vdots \boldsymbol{b}_k], \boldsymbol{B}_{[k]} = [\boldsymbol{b}_{n-k+1} \vdots \cdots \vdots \boldsymbol{b}_n]$$

一般情形下，在使用上述记号时将不再重复说明.

1. Rayleigh(瑞利)商与极端特征值

Rayleigh 商是指二次型的比 $\dfrac{\boldsymbol{x}^{\mathrm{T}}\boldsymbol{A}\boldsymbol{x}}{\boldsymbol{x}^{\mathrm{T}}\boldsymbol{x}}$，这里 $\boldsymbol{x} \in \mathbb{R}^n$. 我们在讨论矩阵范数时，实际上已遇到过Rayleigh商. 当时，我们要求矩阵范数 $\|\cdot\|_m$ 满足

$$\|\boldsymbol{B}\boldsymbol{x}\|_E \leqslant \|\boldsymbol{B}\|_m \|\boldsymbol{x}\|_E, \forall \boldsymbol{x}$$

(参看第 1 章式(2.17))，此即

$$\boldsymbol{x}^{\mathrm{T}}\boldsymbol{B}^{\mathrm{T}}\boldsymbol{B}\boldsymbol{x} \leqslant \|\boldsymbol{B}\|_m^2 \boldsymbol{x}^{\mathrm{T}}\boldsymbol{x}$$

或

Ky Fan 定理

$$\frac{\boldsymbol{x}^{\mathrm{T}}\boldsymbol{B}^{\mathrm{T}}\boldsymbol{B}\boldsymbol{x}}{\boldsymbol{x}^{\mathrm{T}}\boldsymbol{x}} \leqslant \|\boldsymbol{B}\|_m^2, \forall \boldsymbol{x} \neq \boldsymbol{0}$$

如果我们希望 $\boldsymbol{B}$ 的范数恰好是

$$\|\boldsymbol{B}\|_m^2 = \max_{\boldsymbol{x}\neq\boldsymbol{0}} \frac{\boldsymbol{x}^{\mathrm{T}}\boldsymbol{B}^{\mathrm{T}}\boldsymbol{B}\boldsymbol{x}}{\boldsymbol{x}^{\mathrm{T}}\boldsymbol{x}} \tag{3.1}$$

那么就称 $\|\cdot\|_m$ 为由向量的欧氏范数 $\|\cdot\|_E$ 所诱导的矩阵范数. 但问题是(3.1)右边的极值究竟是否存在? 即使存在,如此定义的 $\|\cdot\|_m$ 能否满足范数定义的几条要求呢? 这个问题的回答是肯定的. 利用 $\|\boldsymbol{x}\|_E$ 对 $\boldsymbol{x}$ 的连续性,可以给出一般的证明. 我们将利用对 Rayleigh 商的讨论,用代数方法给出回答.

注意到 $\boldsymbol{x}^{\mathrm{T}}\boldsymbol{x} = \|\boldsymbol{x}\|^2$,我们不妨改记

$$\frac{\boldsymbol{x}^{\mathrm{T}}\boldsymbol{A}\boldsymbol{x}}{\boldsymbol{x}^{\mathrm{T}}\boldsymbol{x}} = \left(\frac{\boldsymbol{x}}{\|\boldsymbol{x}\|}\right)^{\mathrm{T}}\boldsymbol{A}\left(\frac{\boldsymbol{x}}{\|\boldsymbol{x}\|}\right)$$

于是

$$\max_{\boldsymbol{x}\neq\boldsymbol{0}} \frac{\boldsymbol{x}^{\mathrm{T}}\boldsymbol{A}\boldsymbol{x}}{\boldsymbol{x}^{\mathrm{T}}\boldsymbol{x}} = \max_{\|\boldsymbol{x}\|=1} \boldsymbol{x}^{\mathrm{T}}\boldsymbol{A}\boldsymbol{x}$$

为求此极值,我们利用 $\boldsymbol{A}$ 的谱分解

$$\boldsymbol{A} = \boldsymbol{C}\mathrm{diag}(\lambda_1, \cdots, \lambda_n)\boldsymbol{C}^{\mathrm{T}}, \boldsymbol{C}^{\mathrm{T}}\boldsymbol{C} = \boldsymbol{C}\boldsymbol{C}^{\mathrm{T}} = \boldsymbol{I}_n$$

注意到 $\boldsymbol{C}$ 是正交阵,任给 $\boldsymbol{x} \in \mathbb{R}^n$,有 $\boldsymbol{t}$ 使

$$\boldsymbol{x} = \boldsymbol{C}\boldsymbol{t}$$

且

$$\|\boldsymbol{x}\| = \|\boldsymbol{t}\|$$

因此

$$\begin{aligned}\max_{\|\boldsymbol{x}\|=1} \boldsymbol{x}^{\mathrm{T}}\boldsymbol{A}\boldsymbol{x} &= \max_{\|\boldsymbol{t}\|=1} \boldsymbol{t}^{\mathrm{T}}\boldsymbol{C}^{\mathrm{T}}\boldsymbol{C}\mathrm{diag}(\lambda_1, \cdots, \lambda_n)\boldsymbol{C}^{\mathrm{T}}\boldsymbol{C}\boldsymbol{t} \\ &= \max_{\|\boldsymbol{t}\|=1} \boldsymbol{t}^{\mathrm{T}}\mathrm{diag}(\lambda_1, \cdots, \lambda_n)\boldsymbol{t}\end{aligned}$$

$$= \max_{\|t\|=1} \sum_{i=1}^{n} \lambda_i t_i^2 \tag{3.2}$$

由于

$$\sum_{i=1}^{n} \lambda_i t_i^2 \leqslant \lambda_1 \sum_{i=1}^{n} t_i^2 = \lambda_1, \forall \|\boldsymbol{t}\| = 1$$

且在取 $\boldsymbol{x} = \boldsymbol{c}_1$ 时,有 $\boldsymbol{t} = \boldsymbol{e}_1 = [1 \quad 0 \quad \cdots \quad 0]^{\mathrm{T}}$,此时

$$\sum_{i=1}^{n} \lambda_i t_i^2 = \lambda_1$$

从而得:

定理 3.1　设 $\boldsymbol{A} \in S^{n\times n}$,则有

$$\max_{\boldsymbol{x}\neq\boldsymbol{0}} \frac{\boldsymbol{x}^{\mathrm{T}}\boldsymbol{A}\boldsymbol{x}}{\boldsymbol{x}^{\mathrm{T}}\boldsymbol{x}} = \max_{\|\boldsymbol{x}\|=1} \boldsymbol{x}^{\mathrm{T}}\boldsymbol{A}\boldsymbol{x} = \lambda_1(\boldsymbol{A}) = \boldsymbol{C}_1^{\mathrm{T}}\boldsymbol{A}\boldsymbol{C}_1 \tag{3.3}$$

上式给出了 $\boldsymbol{A}$ 的最大特征值 λ_1 的表达式.

推论

$$\boldsymbol{A} \in S^{n\times n} \Rightarrow a_{ii} \leqslant \lambda_1(\boldsymbol{A}), i = 1, \cdots, n \tag{3.4}$$

证明　只需取 $\boldsymbol{x} = \boldsymbol{e}_i = [0 \quad \cdots \quad 0 \quad \underset{i}{1} \quad 0 \quad \cdots \quad 0]^{\mathrm{T}}$,有

$$a_{ii} = \boldsymbol{e}_i^{\mathrm{T}}\boldsymbol{A}\boldsymbol{e}_i \leqslant \max_{\|\boldsymbol{x}\|=1} \boldsymbol{x}^{\mathrm{T}}\boldsymbol{A}\boldsymbol{x} = \lambda_1(\boldsymbol{A})$$

仿照(3.2)也可得:

定理 3.2　设 $\boldsymbol{A} \in S^{n\times n}$,则有

$$\min_{\boldsymbol{x}\neq\boldsymbol{0}} \frac{\boldsymbol{x}^{\mathrm{T}}\boldsymbol{A}\boldsymbol{x}}{\boldsymbol{x}^{\mathrm{T}}\boldsymbol{x}} = \min_{\|\boldsymbol{x}\|=1} \boldsymbol{x}^{\mathrm{T}}\boldsymbol{A}\boldsymbol{x} = \lambda_n(\boldsymbol{A}) = \boldsymbol{C}_n^{\mathrm{T}}\boldsymbol{A}\boldsymbol{C}_n \tag{3.5}$$

(3.5)给出了 $\boldsymbol{A}$ 的最小特征值 λ_n 的表达式.

推论

$$\boldsymbol{A} \in S^{n\times n} \Rightarrow a_{ii} \geqslant \lambda_n(\boldsymbol{A}), i = 1, \cdots, n \tag{3.6}$$

现在可得

$$\| \boldsymbol{B} \|_m = (\lambda_1(\boldsymbol{B}^{\mathrm{T}}\boldsymbol{B}))^{\frac{1}{2}} = \sigma_1(\boldsymbol{B}) \tag{3.7}$$

其中 $\sigma_1(\boldsymbol{A})$表示 $\boldsymbol{A}$ 的最大奇异值. 由非负定阵 $\boldsymbol{B}^{\mathrm{T}}\boldsymbol{B}$ 的特征值的性质易见范数条件(1)(2)是满足的. 由

$$\begin{aligned} \| \boldsymbol{B}+\boldsymbol{D} \|_m &= \max_{\|\boldsymbol{x}\|=1} \| (\boldsymbol{B}+\boldsymbol{D})\boldsymbol{x} \| \\ &\leqslant \max_{\|\boldsymbol{x}\|=1} (\| \boldsymbol{Bx} \| + \| \boldsymbol{Dx} \|) \\ &\leqslant \max_{\|\boldsymbol{x}\|=1} \| \boldsymbol{Bx} \| + \max_{\|\boldsymbol{x}\|=1} \| \boldsymbol{Dx} \| \\ &= \| \boldsymbol{B} \|_m + \| \boldsymbol{D} \|_m \end{aligned}$$

可得范数条件(3). $\| \cdot \|_m$ 的正交不变性也是显然的.

下面,我们将从两个方面推广 Rayleigh 商. 一方面是将 $\boldsymbol{x}$ 约束于某个子空间,另一方面是把 $\boldsymbol{x}$ 推广为矩阵,将分述于下面两个小节中.

2. 一般特征值的表示

Courant(柯朗)和 Fischer(菲舍尔)发展了 Rayleigh 商的极值问题,目的是给出对称阵一切特征值的合用的表达式.

细致考虑(3.2)就可以发现,如果我们取 $\boldsymbol{t}=\boldsymbol{e}_i$,有 $\boldsymbol{x}=\boldsymbol{c}_i$,那么有

$$\boldsymbol{x}^{\mathrm{T}}\boldsymbol{A}\boldsymbol{x} = \boldsymbol{t}^{\mathrm{T}}\boldsymbol{C}^{\mathrm{T}}\boldsymbol{A}\boldsymbol{C}\boldsymbol{t} = \lambda_i$$

它正是将 $\boldsymbol{x}$ 又限制于子空间 $R^{\perp}(\boldsymbol{C}_{(i-1)})$的条件极大值,即

$$\lambda_i(\boldsymbol{A}) = \max\{\boldsymbol{x}^{\mathrm{T}}\boldsymbol{A}\boldsymbol{x} \mid \|\boldsymbol{x}\| = 1, \boldsymbol{x} \in R^{\perp}(\boldsymbol{C}_{(i-1)})\} \tag{3.8}$$

证明类似于定理 3.1. 类似的,又有另一表达式,即

$$\lambda_i(\boldsymbol{A}) = \min\{\boldsymbol{x}^{\mathrm{T}}\boldsymbol{A}\boldsymbol{x} \mid \|\boldsymbol{x}\| = 1, \boldsymbol{x} \in R(\boldsymbol{C}_{(i)})\} \tag{3.9}$$

(3.8)(3.9)这样的条件极值,其条件依赖于$\boldsymbol{A}$的特征向量,用起来很不方便. 能否用一个与$\boldsymbol{A}$无关的条件,采取适当的形式将$\lambda_i(\boldsymbol{A})$表示出来呢?

任给$\boldsymbol{y} \in \mathbb{R}^n$,考虑

$$\phi(\boldsymbol{y}) \triangleq \max\{\boldsymbol{x}^{\mathrm{T}}\boldsymbol{A}\boldsymbol{x} \mid \|\boldsymbol{x}\| = 1, \boldsymbol{x}^{\mathrm{T}}\boldsymbol{y} = 0\}$$

由(3.8)知,当$\boldsymbol{y}$取特征向量$\boldsymbol{c}_1$时,有

$$\phi(\boldsymbol{c}_1) = \lambda_2(\boldsymbol{A}) \tag{3.10}$$

对任意给定的$\boldsymbol{y}$,因$\boldsymbol{y}^{\perp}$是$n-1$维的,故必有

$$\boldsymbol{y}^{\perp} \cap R(\boldsymbol{c}_1, \boldsymbol{c}_2) \neq \{\boldsymbol{0}\}$$

设$\boldsymbol{u} \in \boldsymbol{y}^{\perp} \cap R(\boldsymbol{c}_1, \boldsymbol{c}_2)$,且$\|\boldsymbol{u}\| = 1$,于是有$\boldsymbol{u} = t_1\boldsymbol{c}_1 + t_2\boldsymbol{c}_2$,得

$$\begin{aligned}\boldsymbol{u}^{\mathrm{T}}\boldsymbol{A}\boldsymbol{u} &= (t_1\boldsymbol{c}_1 + t_2\boldsymbol{c}_2)^{\mathrm{T}}\boldsymbol{A}(t_1\boldsymbol{c}_1 + t_2\boldsymbol{c}_2) \\ &= t_1^2\lambda_1 + t_2^2\lambda_2 \geqslant \lambda_2\end{aligned}$$

故有

$$\phi(\boldsymbol{y}) \geqslant \boldsymbol{u}^{\mathrm{T}}\boldsymbol{A}\boldsymbol{u} \geqslant \lambda_2(\boldsymbol{A}) \tag{3.11}$$

结合(3.10)与(3.11)得

$$\lambda_2(\boldsymbol{A}) = \min_{\boldsymbol{y} \in \mathbb{R}^n} \max\{\boldsymbol{x}^{\mathrm{T}}\boldsymbol{A}\boldsymbol{x} \mid \|\boldsymbol{x}\| = 1, \boldsymbol{x}^{\mathrm{T}}\boldsymbol{y} = 0\} \tag{3.12}$$

将此结果推广为:

定理 3.3(Courant-Fischer 定理)　设$\boldsymbol{A} \in S^{n\times n}$,则有

$$\lambda_i(\boldsymbol{A}) = \min_{\boldsymbol{B} \in \mathbb{R}^{(i-1)\times n}} \max\{\boldsymbol{x}^{\mathrm{T}}\boldsymbol{A}\boldsymbol{x} \mid \|\boldsymbol{x}\| = 1, \boldsymbol{B}\boldsymbol{x} = \boldsymbol{0}\}$$
$$i = 1, \cdots, n \tag{3.13}$$

证明 记 $\phi(\boldsymbol{B}^{\mathrm{T}})=\max\{\boldsymbol{x}^{\mathrm{T}}\boldsymbol{A}\boldsymbol{x}\mid\|\boldsymbol{x}\|=1,\boldsymbol{B}\boldsymbol{x}=\boldsymbol{0}\}$，取 $\boldsymbol{B}=\boldsymbol{C}_{(i-1)}=[\boldsymbol{c}_1\,\vdots\,\cdots\,\vdots\,\boldsymbol{c}_{i-1}]$，则满足 $\|\boldsymbol{x}\|=1$，$\boldsymbol{B}\boldsymbol{x}=\boldsymbol{0}$ 的 $\boldsymbol{x}$ 可表示为

$$\boldsymbol{x}=\sum_{j=i}^{n}t_j\boldsymbol{c}_j,\text{且}\sum_{j=i}^{n}t_j^2=1$$

于是有

$$\phi(\boldsymbol{C}_{(i-1)}^{\mathrm{T}})=\max\left\{\sum_{j=i}^{n}\lambda_jt_j^2\mid\sum_{j=i}^{n}t_j^2=1\right\}=\lambda_i(\boldsymbol{A})$$

对任给的 $\boldsymbol{B}\in\mathbb{R}^{(i-1)\times n}$，考虑到 $R^{\perp}(\boldsymbol{B}^{\mathrm{T}})$ 的维数小于或等于 $i-1$，有 $R^{\perp}(\boldsymbol{B}^{\mathrm{T}})\cap R(\boldsymbol{C}_{(i)})\neq\{\boldsymbol{0}\}$，必有 $\boldsymbol{u}\in R^{\perp}(\boldsymbol{B}^{\mathrm{T}})\cap R(\boldsymbol{C}_{(i)})$，且 $\|\boldsymbol{u}\|=1$，记 $\boldsymbol{u}=\sum\limits_{j=1}^{i}t_j\boldsymbol{c}_j$，于是得

$$\begin{aligned}\boldsymbol{u}^{\mathrm{T}}\boldsymbol{A}\boldsymbol{u}&=\left(\sum_{j=1}^{i}t_j\boldsymbol{c}_j\right)^{\mathrm{T}}\boldsymbol{A}\left(\sum_{j=1}^{i}t_j\boldsymbol{c}_j\right)\\&=\sum_{j=1}^{i}t_j^2\lambda_j\geqslant\lambda_i\end{aligned}$$

从而有

$$\phi(\boldsymbol{C}_{(i-1)}^{\mathrm{T}})\geqslant\lambda_i(\boldsymbol{A})$$

即得(3.13).

类似可得另一对称形式的结果：

定理 3.4

$$\lambda_i(\boldsymbol{A})=\max_{\boldsymbol{B}\in\mathbb{R}^{(n-i)\times n}}\min\{\boldsymbol{x}^{\mathrm{T}}\boldsymbol{A}\boldsymbol{x}\mid\|\boldsymbol{x}\|=1,\boldsymbol{B}\boldsymbol{x}=\boldsymbol{0}\}\quad i=1,\cdots,n\tag{3.14}$$

3. 特征值的和的表示

现在讨论在 Rayleigh 商中将 $\boldsymbol{x}$ 推广为矩阵的情形. 让我们考虑 $\operatorname{tr}\boldsymbol{U}^{\mathrm{T}}\boldsymbol{A}\boldsymbol{U}$ 的极值，这里 $\boldsymbol{U}$ 是 $n\times k$ 阶列

正交阵,即 $\boldsymbol{U}^{\mathrm{T}}\boldsymbol{U}=\boldsymbol{I}_k$.

我们有:

定理3.5　设 $\boldsymbol{A}\in S^{n\times n}$,则有

$$\max_{\boldsymbol{U}^{\mathrm{T}}\boldsymbol{U}=\boldsymbol{I}_k}\operatorname{tr}\boldsymbol{U}^{\mathrm{T}}\boldsymbol{A}\boldsymbol{U}=\sum_{i=1}^{k}\lambda_i(\boldsymbol{A})=\operatorname{tr}\boldsymbol{C}_{(k)}^{\mathrm{T}}\boldsymbol{A}\boldsymbol{C}_{(k)},k=1,\cdots,n \tag{3.15}$$

$$\begin{aligned}\min_{\boldsymbol{U}^{\mathrm{T}}\boldsymbol{U}=\boldsymbol{I}_k}\operatorname{tr}\boldsymbol{U}^{\mathrm{T}}\boldsymbol{A}\boldsymbol{U}&=\sum_{i=n-k+1}^{n}\lambda_i(\boldsymbol{A})\\&=\operatorname{tr}\boldsymbol{C}_{[k]}^{\mathrm{T}}\boldsymbol{A}\boldsymbol{C}_{[k]},k=1,\cdots,n\end{aligned} \tag{3.16}$$

证明　仍设 $\boldsymbol{A}$ 的谱分解为

$$\boldsymbol{A}=\boldsymbol{C}\operatorname{diag}(\lambda_1,\cdots,\lambda_n)\boldsymbol{C}^{\mathrm{T}},\boldsymbol{C}\boldsymbol{C}^{\mathrm{T}}=\boldsymbol{C}^{\mathrm{T}}\boldsymbol{C}=\boldsymbol{I}_n$$

则有

$$\begin{aligned}\operatorname{tr}\boldsymbol{U}^{\mathrm{T}}\boldsymbol{A}\boldsymbol{U}&=\operatorname{tr}\boldsymbol{U}^{\mathrm{T}}\boldsymbol{C}\operatorname{diag}(\lambda_1,\cdots,\lambda_n)\boldsymbol{C}^{\mathrm{T}}\boldsymbol{U}\\&=\operatorname{tr}\operatorname{diag}(\lambda_1,\cdots,\lambda_n)\boldsymbol{C}^{\mathrm{T}}\boldsymbol{U}\boldsymbol{U}^{\mathrm{T}}\boldsymbol{C}\end{aligned}$$

记 $\boldsymbol{C}^{\mathrm{T}}\boldsymbol{U}\boldsymbol{U}^{\mathrm{T}}\boldsymbol{C}$ 的主对角元依次为 $\mu_1,\cdots,\mu_n$. 注意到 $\boldsymbol{C}^{\mathrm{T}}\boldsymbol{U}$ 为 $n\times k$ 阶列正交阵,故有

$$0\leqslant\mu_j=\boldsymbol{C}_j^{\mathrm{T}}\boldsymbol{U}\boldsymbol{U}^{\mathrm{T}}\boldsymbol{C}_j\leqslant1$$

$$\sum_{j=1}^{n}\mu_j=\operatorname{tr}\boldsymbol{C}^{\mathrm{T}}\boldsymbol{U}\boldsymbol{U}^{\mathrm{T}}\boldsymbol{C}=\operatorname{tr}\boldsymbol{U}^{\mathrm{T}}\boldsymbol{C}\boldsymbol{C}^{\mathrm{T}}\boldsymbol{U}=\operatorname{tr}\boldsymbol{I}_k=k$$

于是有

$$\begin{aligned}\operatorname{tr}\boldsymbol{U}^{\mathrm{T}}\boldsymbol{A}\boldsymbol{U}&=\sum_{i=1}^{n}\lambda_i\mu_i=\sum_{i=1}^{k}\lambda_i-\sum_{i=1}^{k}\lambda_i(1-\mu_i)+\sum_{i=k+1}^{n}\lambda_i\mu_i\\&\leqslant\sum_{i=1}^{k}\lambda_i-\lambda_k\sum_{i=1}^{k}(1-\mu_i)+\lambda_k\sum_{i=k+1}^{n}\mu_i\\&=\sum_{i=1}^{k}\lambda_i+\lambda_k\Big(\sum_{i=1}^{n}\mu_i-k\Big)=\sum_{i=1}^{k}\lambda_i\end{aligned}$$

但当 $\boldsymbol{U}=\boldsymbol{C}_{(k)}$ 时，有 $\operatorname{tr} \boldsymbol{C}_{(k)}^{\mathrm{T}} \boldsymbol{A} \boldsymbol{C}_{(k)}=\sum_{i=1}^{k} \lambda_{i}$，于是得(3.15).

类似的，可得(3.16)，或者用如下方法：记 $\boldsymbol{V}$ 是 $n\times(n-k)$ 阶列正交阵，使得 $[\boldsymbol{U} \vdots \boldsymbol{V}]=\boldsymbol{Q}$ 是正交阵. 于是

$$\operatorname{tr} \boldsymbol{A}=\operatorname{tr} \boldsymbol{Q}^{\mathrm{T}} \boldsymbol{A} \boldsymbol{Q}=\operatorname{tr}(\boldsymbol{U}^{\mathrm{T}} \boldsymbol{A} \boldsymbol{U}+\boldsymbol{V}^{\mathrm{T}} \boldsymbol{A} \boldsymbol{V})$$

由此得

$$\operatorname{tr} \boldsymbol{U}^{\mathrm{T}} \boldsymbol{A} \boldsymbol{U}=\operatorname{tr} \boldsymbol{A}-\operatorname{tr} \boldsymbol{V}^{\mathrm{T}} \boldsymbol{A} \boldsymbol{V}$$

故有

$$\begin{aligned}\min_{\boldsymbol{U}^{\mathrm{T}}\boldsymbol{U}=\boldsymbol{I}_k} \operatorname{tr} \boldsymbol{U}^{\mathrm{T}} \boldsymbol{A} \boldsymbol{U} &= \min_{\boldsymbol{U}^{\mathrm{T}}\boldsymbol{U}=\boldsymbol{I}_k}(\operatorname{tr} \boldsymbol{A}-\operatorname{tr} \boldsymbol{V}^{\mathrm{T}} \boldsymbol{A} \boldsymbol{V}) \\ &=\operatorname{tr} \boldsymbol{A}-\max_{\boldsymbol{V}^{\mathrm{T}}\boldsymbol{V}=\boldsymbol{I}_{n-k}} \operatorname{tr} \boldsymbol{V}^{\mathrm{T}} \boldsymbol{A} \boldsymbol{V} \quad (\text{由}(3.15)) \\ &=\sum_{i=1}^{n} \lambda_{i}-\sum_{i=1}^{n-k} \lambda_{i}=\sum_{i=n-k+1}^{n} \lambda_{i}\end{aligned}$$

故得(3.16).

(3.15)(3.16)给出了顺序特征值的和的表达式. 下面我们对任意给定的一组数

$$1 \leqslant j_1<j_2<\cdots<j_k \leqslant n$$

来给出 $\sum_{i=1}^{k} \lambda_{j_i}$ 的表达式.

定理 3.6(Lidskiĭ) 对任给的 $1 \leqslant j_1<j_2<\cdots<j_k \leqslant n$，有

$$\sum_{i=1}^{k} \boldsymbol{\lambda}_{j_i}=\max_{(\mathrm{I})} \min_{(\mathrm{II})} \operatorname{tr} \boldsymbol{U}^{\mathrm{T}} \boldsymbol{A} \boldsymbol{U} \tag{3.17}$$

其中求极值的条件如下：

(Ⅰ)$L_{j_1} \subset \cdots \subset L_{j_k}$，$\dim L_{j_i}=j_i$，$i=1,\cdots,k$；

（Ⅱ）$U=[u_1 \mid \cdots \mid u_k]$，$U^{\mathrm{T}}U=I_k$，$u_i\in L_{j_i}$，$i=1,\cdots,k$.

证明　我们先来说明，在证（3.17）时，不妨假定 A 是非负定阵（这是因为：对给定的 $A\in S^{n\times n}$，存在 $\delta>0$，使 $A+\delta I>0$），而

$$\sum_{i=1}^{k}\lambda_{j_i}(A+\delta I)=\sum_{i=1}^{k}(\lambda_{j_i}(A)+\delta)=\sum_{i=1}^{k}\lambda_{j_i}+\delta\cdot k$$

且有

$$\mathrm{tr}\ U^{\mathrm{T}}(A+\delta I)U=\mathrm{tr}\ U^{\mathrm{T}}AU+\mathrm{tr}\ \delta U^{\mathrm{T}}U=\mathrm{tr}\ U^{\mathrm{T}}AU+\delta\cdot k$$

下面分几个步骤来证（3.17）：

（1）先证（3.17）的左边≤右边. 只需取 $L_{j_i}=R(C_{(j_i)'})$，这里

$$C_{(j_i)'}\triangleq[c_{j_1}\mid\cdots\mid c_{j_i}],i=1,\cdots,k$$

任给 $u_i\in R(C_{(j_i)'})$，有 $u_i=C_{(j_i)'}t_i$，得

$$\begin{aligned}u_i^{\mathrm{T}}Au_i&=t_i^{\mathrm{T}}C_{(j_i)'}^{\mathrm{T}}C\mathrm{diag}(\lambda_1,\cdots,\lambda_n)C^{\mathrm{T}}C_{(j_i)'}t_i\\&=t_i^{\mathrm{T}}\mathrm{diag}(\lambda_1,\cdots,\lambda_{j_i})t_i\geqslant\lambda_{j_i}\end{aligned}$$

且等号在 $t_i=[0\ \ \cdots\ \ 0\ \ 1]^{\mathrm{T}}$ 时达到，从而有

$$\sum_{i=1}^{k}\lambda_{j_i}\leqslant\min_{(\mathrm{II})}\sum_{i=1}^{k}u_i^{\mathrm{T}}Au_i\leqslant\max_{(\mathrm{I})}\min_{(\mathrm{II})}\mathrm{tr}\ U^{\mathrm{T}}AU \tag{3.18}$$

（2）下证对任给的

$$L_{j_1}\subset\cdots\subset L_{j_k},\dim L_{j_i}=j_i,i=1,\cdots,k$$

必存在满足条件（Ⅱ）的 $u_1,\cdots,u_k$，使得

$$\sum_{i=1}^{k}\lambda_{j_i}\geqslant\sum_{i=1}^{k}u_i^{\mathrm{T}}Au_i\geqslant\min_{(\mathrm{II})}\mathrm{tr}\ U^{\mathrm{T}}AU \tag{3.19}$$

由 $\{L_{j_i}\}$ 的任意性知，结合（3.19）与（3.18）就可

得(3.17).

现在证明(3.19). 已知 $\boldsymbol{A}$ 可看作$\mathbb{R}^n$上的线性算子,如果子空间 $S\subset\mathbb{R}^n$,有 $\boldsymbol{Ax}\in S,\forall\boldsymbol{x}\in S$,那么 $\boldsymbol{A}$ 在 S 上的限制可看作 S 上的线性算子,记为 $\boldsymbol{A}|_S$. $\boldsymbol{A}|_S$ 的特征值与特征向量(在 S 中)也是 $\boldsymbol{A}$ 的特征值与特征向量,但特征值的个数(包括重数)为 $\dim S$,而不再是 n. 由 $\boldsymbol{A}$ 的对称性,我们有 $\lambda_i(\boldsymbol{A}|_S)\leqslant\lambda_i(\boldsymbol{A})$.

我们可以认为 $\boldsymbol{A}$ 一定是某个包含着 L_{j_k} 的子空间 L^m(也可能是$\mathbb{R}^n$)上的算子, $\dim L^m=m$. 为证明(3.19),只需证明存在 $\boldsymbol{u}_1,\cdots,\boldsymbol{u}_k$ 满足(Ⅱ),使得

$$\sum_{i=1}^{k}\lambda_{j_i}(\boldsymbol{A}|_{L^m})\geqslant\sum_{i=1}^{k}\boldsymbol{u}_i^{\mathrm{T}}\boldsymbol{A}\boldsymbol{u}_i \tag{3.20}$$

我们对 m 用数学归纳法给出(3.20)的证明.

当 $m=1$ 时,必有 $j_k=1,k=1$,则(3.20)化为

$$\lambda_1(\boldsymbol{A}|_{L_1})\geqslant\boldsymbol{u}_1^{\mathrm{T}}\boldsymbol{A}\boldsymbol{u}_1$$

这里 $\boldsymbol{u}_1\in L_1$, $\|\boldsymbol{u}_1\|=1$. 由

$$\lambda_1(\boldsymbol{A}|_{L_1})=\max_{\|\boldsymbol{u}\|=1,\boldsymbol{u}\in L_1}\boldsymbol{u}^{\mathrm{T}}\boldsymbol{A}\boldsymbol{u}$$

知此时(3.20)必成立.

设维数小于或等于 $m-1$ 时(3.20)成立,我们来考虑维数等于 m 的情形. 因 $k\leqslant j_k\leqslant m$,故可分两种情形讨论:

(1)当 $k=m$ 时, $j_k=k$,可推得 $j_i=i,i=1,\cdots,k$. 可由本章定理3.5的式(3.15)得

$$\sum_{i=1}^{k}\lambda_i(\boldsymbol{A}|_{L^m})=\max_{\boldsymbol{U}^{\mathrm{T}}\boldsymbol{U}=\boldsymbol{I}_k}\operatorname{tr}\boldsymbol{U}^{\mathrm{T}}\boldsymbol{A}\boldsymbol{U}\geqslant\sum_{i=1}^{k}\boldsymbol{u}_i^{\mathrm{T}}\boldsymbol{A}\boldsymbol{u}_i$$

这里 $\boldsymbol{u}_i$ 的取法是:先取 $\boldsymbol{u}_1\in L_1$,使 $\|\boldsymbol{u}_1\|=1$,扩充为

L_2 的正交规范集$\{\boldsymbol{u}_1,\boldsymbol{u}_2\}$,再扩充为 L_3 的正交规范集$\{\boldsymbol{u}_1,\boldsymbol{u}_2,\boldsymbol{u}_3\}$,如此继续下去,可得$\boldsymbol{u}_i\in L_i,i=1,\cdots,k$,且$\{\boldsymbol{u}_1,\cdots,\boldsymbol{u}_k\}$是正交规范集,即 $\boldsymbol{u}_1,\cdots,\boldsymbol{u}_k$ 满足(Ⅱ).

(2)当 $k<m$ 时,还可分 $j_k<m$ 与 $j_k=m$ 两种情形.先考虑(i)$k<m$ 且 $j_k<m$. 这时应有维数为 $m-1$ 的子空间 L^{m-1}满足 $L_{j_k}\subset L^{m-1}\subset L^m$. 取 $\boldsymbol{B}=\boldsymbol{PAP}$,这里 $\boldsymbol{P}$ 是到 L^{m-1}的正投影阵. 不难看出 $\boldsymbol{B}$ 是 L^{m-1}上的线性算子(因为任给 $\boldsymbol{x}\in L^{m-1}$,有 $\boldsymbol{PAPx}\in R(\boldsymbol{P})=L^{m-1}$). 用归纳假设,可得

$$\sum_{i=1}^{k}\lambda_{j_i}(\boldsymbol{B}|_{L^{m-1}})\geqslant\sum_{i=1}^{k}\boldsymbol{u}_i^{\mathrm{T}}\boldsymbol{B}\boldsymbol{u}_i,\boldsymbol{u}_1,\cdots,\boldsymbol{u}_k\text{ 满足(Ⅱ)}$$

注意到

$$\begin{aligned}\lambda_{j_i}(\boldsymbol{B}|_{L^{m-1}})&=\lambda_{j_i}(\boldsymbol{PAP}|_{L^{m-1}})=\lambda_{j_i}(\boldsymbol{PA}|_{L^{m-1}})\\&\leqslant\lambda_{j_i}(\boldsymbol{PA}|_{L^m})\leqslant\lambda_{j_i}(\boldsymbol{A}|_{L^m})\end{aligned}\tag{3.21}$$

(3.21)中后一个不等式成立的理由参看定理 4.2 的推论,且

$$\boldsymbol{u}_i^{\mathrm{T}}\boldsymbol{B}\boldsymbol{u}_i=\boldsymbol{u}_i^{\mathrm{T}}\boldsymbol{PAP}\boldsymbol{u}_i=\boldsymbol{u}_i^{\mathrm{T}}\boldsymbol{A}\boldsymbol{u}_i\quad(\text{因为 }\boldsymbol{u}_i\in L^{m-1})$$
$$i=1,\cdots,k$$

于是得(3.20). (ii)$k<m$ 且 $j_k=m$. 这时 $j_1,\cdots,j_k$ 必不是相继的从 1 开始的自然数,故必有自然数介于某个 j_{l-1}与 j_l 之间,并设 g 是其中最大的一个,即有$j_{l-1}<g<j_l$(当 $l=1$ 时,这里 $j_0=0$),并且$(j_l,\cdots,j_k)=(g+1,\cdots,m)$. 这里可取 L^{m-1}满足 $L^m\supset L^{m-1}\supset L_{j_{l-1}}$,$\boldsymbol{c}_{g+1},\cdots,\boldsymbol{c}_m$, $\boldsymbol{c}_\alpha$ 为 $\boldsymbol{A}|_{L^m}$ 的第 α 个特征向量,$\alpha=g+1,\cdots,m$(因为 $j_{l-1}+m-g=m+j_{l-1}-g<m$,且 $\boldsymbol{c}_\alpha\in L^m,\alpha=g+1,\cdots,m$,这样的 L^{m-1}是存在的). 于是有

$$L_{j_{l-1}} \subset (L^{m-1} \cap L_{j_l}) \subset \cdots \subset (L^{m-1} \cap L_{j_k})$$

注意到

$$\begin{aligned} &\dim(L^{m-1} \cap L_{j_i}) \\ =&\dim L^{m-1} + \dim L_{j_i} - \dim(L^{m-1} + L_{j_i}) \\ =&m-1+j_i - \dim(L^{m-1} + L_{j_i}) \\ \geqslant&m-1+j_i - \dim L^m \\ =&j_i - 1, i = l, \cdots, k \end{aligned}$$

故可取 $S_{j_i-1} \subset L^{m-1} \cap L_{j_i}, i = l, \cdots, k$,也就是取 $S_g, S_{g+1}, \cdots, S_{m-1}$,且满足

$$L_{j_1} \subset \cdots \subset L_{j_{l-1}} \subset S_g \subset S_{g+1} \subset \cdots \subset S_{m-1}$$ ①

仍令 $\boldsymbol{B} = \boldsymbol{PAP}$,这里 $\boldsymbol{P}$ 是到 L^{m-1} 的正投影阵. 将 $\boldsymbol{B}$ 视为 L^{m-1} 上的线性算子,由归纳假设,存在

$$\boldsymbol{u}_i \in L_{j_i}, i = 1, \cdots, l-1$$

$$\boldsymbol{u}_\alpha \in S_\alpha, \alpha = g, \cdots, m-1$$

使得

$$\sum_{i=1}^{l-1} \boldsymbol{u}_i^{\mathrm{T}} \boldsymbol{B} \boldsymbol{u}_i + \sum_{\alpha=g}^{m-1} \boldsymbol{u}_\alpha^{\mathrm{T}} \boldsymbol{B} \boldsymbol{u}_\alpha \leqslant \sum_{i=1}^{l-1} \lambda_{j_i}(\boldsymbol{B}|_{L^{m-1}}) + \sum_{\alpha=g}^{m-1} \lambda_\alpha(\boldsymbol{B}|_{L^{m-1}}) \tag{3.22}$$

对 $i = 1, \cdots, l-1$, $\lambda_{j_i}(\boldsymbol{B}|_{L^{m-1}}) \leqslant \lambda_{j_i}(\boldsymbol{A}|_{L^m})$ 的理由同(3.21)的说明. 对于 $\alpha = g+1, \cdots, m$,有

$$\boldsymbol{B}\boldsymbol{c}_\alpha = \boldsymbol{PAP}\boldsymbol{c}_\alpha = \boldsymbol{PA}\boldsymbol{c}_\alpha = \lambda_\alpha(\boldsymbol{A}|_{L^m})\boldsymbol{c}_\alpha$$

因 $\boldsymbol{c}_\alpha \in L^{m-1}$,知 $\lambda_\alpha(\boldsymbol{A}|_{L^m})$ 是 $\boldsymbol{B}$ 作为 L^{m-1} 上算子的特征值. 考虑到 $\lambda_g(\boldsymbol{B}|_{L^{m-1}}), \cdots, \lambda_{m-1}(\boldsymbol{B}|_{L^{m-1}})$ 是 $\boldsymbol{B}|_{L^{m-1}}$

① 当 $l=1$ 时,此空间列从 S_g 开始($L_{j_0} = \{\boldsymbol{0}\}$),且后面(3.22)两边第一个求和项不存在.

的最小的 $m-g$ 个特征值,故必有

$$\sum_{\alpha=g}^{m-1}\lambda_{\alpha}(\boldsymbol{B}|_{L^{m-1}}) \leqslant \sum_{\alpha=g+1}^{m}\lambda_{\alpha}(\boldsymbol{A}|_{L^{m}})$$

又由(3.22)得

$$\sum_{i=1}^{l-1}\boldsymbol{u}_i^{\mathrm{T}}\boldsymbol{A}\boldsymbol{u}_i + \sum_{\alpha=g}^{m-1}\boldsymbol{u}_{\alpha}^{\mathrm{T}}\boldsymbol{A}\boldsymbol{u}_{\alpha} \leqslant \sum_{i=1}^{k}\lambda_{j_i}(\boldsymbol{A}|_{L^{m}})$$

即得(3.20)成立. 定理证毕.

对于 $\sum_{i=1}^{k}\lambda_{j_i}(\boldsymbol{A})$,尚有 min max 型表达式

$$\sum_{i=1}^{k}\lambda_{j_i}(\boldsymbol{A}) = \min_{(\mathrm{I}')}\max_{(\mathrm{II}')}\operatorname{tr}\boldsymbol{U}^{\mathrm{T}}\boldsymbol{A}\boldsymbol{U} \qquad (3.23)$$

其中求极值的条件如下:

(Ⅰ′) $T_{j_1}\subset\cdots\subset T_{j_k}$, $\dim T_{j_i}=j_i-1$, $i=1,\cdots,k$;

(Ⅱ′) $\boldsymbol{U}=[\boldsymbol{u}_1 \mid \cdots \mid \boldsymbol{u}_k]$, $\boldsymbol{U}^{\mathrm{T}}\boldsymbol{U}=\boldsymbol{I}_k$, $\boldsymbol{u}_i\in T_{j_i}^{\perp}$, $i=1,\cdots,k$.

我们也可讨论和式 $\sum_{\alpha=1}^{n}c_{\alpha}\lambda_{\alpha}(\boldsymbol{A})$ 的表示问题,限于篇幅,这里不予详述.

§4　关于特征值的不等式

本节将讨论涉及特征值的各种类型的不等式. 由于特征值在矩阵论中的基本作用,这些不等式的意义是不言而喻的.

1. 特征值的分隔定理

定理 4.1（Sturm（斯图姆）分隔定理） 设 $A\in S^{n\times n}$，且记

$$A_k=\begin{bmatrix} a_{11} & \cdots & a_{1k} \\ \vdots & & \vdots \\ a_{k1} & \cdots & a_{kk} \end{bmatrix}$$

是 A 的 k 阶顺序主子阵，则有

$$\lambda_{i+1}(A_{k+1})\leqslant\lambda_i(A_k)\leqslant\lambda_i(A_{k+1})$$
$$k=1,\cdots,n;i=1,\cdots,k \tag{4.1}$$

（这里 A_{k+1} 的相继特征值 $\lambda_i(A_{k+1})$，$\lambda_{i+1}(A_{k+1})$ 被 A_k 的特征值 $\lambda_i(A_k)$ 分隔开来，故有分隔定理的名称.）

证明 利用本章§3 的第 2 小节中特征值的表达式(3.13)有

$$\lambda_i(A_{k+1})=\min_{B\in\mathbb{R}^{(i-1)\times(k+1)}}\max\{x^{\mathrm{T}}Ax\mid \|x\|=1,Bx=0\}$$

记

$$B=[B_1\ \vdots\ b_{k+1}],x=[x_1\ \cdots\ x_{k+1}]^{\mathrm{T}},y=[x_1\ \cdots\ x_k]^{\mathrm{T}}$$

则有

$$\begin{aligned}&\max\{x^{\mathrm{T}}A_{k+1}x\mid \|x\|=1,Bx=0\}\\ \geqslant&\max\{x^{\mathrm{T}}A_{k+1}x\mid \|x\|=1,Bx=0,x_{k+1}=0\}\\ =&\max\{y^{\mathrm{T}}A_ky\mid \|y\|=1,B_1y=0\}\end{aligned}$$

因 B 任意，故有

$$\begin{aligned}&\min_{B\in\mathbb{R}^{(i-1)\times(k+1)}}\max\{x^{\mathrm{T}}A_{k+1}x\mid \|x\|=1,Bx=0\}\\ \geqslant&\min_{B_1\in\mathbb{R}^{(i-1)\times k}}\max\{y^{\mathrm{T}}A_ky\mid \|y\|=1,B_1y=0\}\end{aligned}$$

即得

$$\lambda_i(A_{k+1})\geqslant\lambda_i(A_k)$$

为证另一式,利用表达式(3.14). 仍用前述记号,但这时 $\boldsymbol{B}$ 是 $(n-i)\times(k+1)$ 阶阵,有

$$\begin{aligned}
&\lambda_{i+1}(\boldsymbol{A}_{k+1})\\
&=\max_{\boldsymbol{B}\in\mathbb{R}^{(n-i)\times(k+1)}}\min\{\boldsymbol{x}^{\mathrm{T}}\boldsymbol{A}_{k+1}\boldsymbol{x}\mid\|\boldsymbol{x}\|=1,\boldsymbol{B}\boldsymbol{x}=\boldsymbol{0}\}\\
&\leqslant\max_{\boldsymbol{B}\in\mathbb{R}^{(n-i)\times(k+1)}}\min\{\boldsymbol{x}^{\mathrm{T}}\boldsymbol{A}_{k+1}\boldsymbol{x}\mid\|\boldsymbol{x}\|=1,\boldsymbol{B}\boldsymbol{x}=\boldsymbol{0},x_{k+1}=0\}\\
&=\max_{\boldsymbol{B}_1\in\mathbb{R}^{(n-i)\times k}}\min\{\boldsymbol{y}^{\mathrm{T}}\boldsymbol{A}_k\boldsymbol{y}\mid\|\boldsymbol{y}\|=1,\boldsymbol{B}_1\boldsymbol{y}=\boldsymbol{0}\}\\
&=\lambda_i(\boldsymbol{A}_k)
\end{aligned}$$

故(4.1)得证.

我们可将 Sturm 分隔定理推广为:

定理 4.2(Poincaré(庞加莱)分隔定理)　设 $\boldsymbol{A}\in S^{n\times n}$,$\boldsymbol{B}_1$ 是 $n\times k$ 阶列正交阵,则有

$$\lambda_{n-k+i}(\boldsymbol{A})\leqslant\lambda_i(\boldsymbol{B}_1^{\mathrm{T}}\boldsymbol{A}\boldsymbol{B}_1)\leqslant\lambda_i(\boldsymbol{A}),i=1,\cdots,k \quad (4.2)$$

并且(4.2)中右边不等式的等号对任意 i 成立的充要条件是 $\boldsymbol{B}_1=\boldsymbol{C}_{(k)}\boldsymbol{U}$,(4.2)中左边不等式的等号对任意 i 成立的充要条件是 $\boldsymbol{B}_1=\boldsymbol{C}_{[k]}\boldsymbol{U}$,其中 $\boldsymbol{U}$ 是任意的 k 阶正交阵,$k=1,\cdots,n$.

证明　将 $\boldsymbol{B}_1$ 扩充为正交阵 $\boldsymbol{B}=[\boldsymbol{B}_1 \mid \boldsymbol{B}_2]$,于是有

$$\lambda_i(\boldsymbol{B}^{\mathrm{T}}\boldsymbol{A}\boldsymbol{B})=\lambda_i(\boldsymbol{A}),i=1,\cdots,n$$

注意到 $\boldsymbol{B}_1^{\mathrm{T}}\boldsymbol{A}\boldsymbol{B}_1$ 是 $\boldsymbol{B}^{\mathrm{T}}\boldsymbol{A}\boldsymbol{B}$ 的 k 阶主子阵,由定理 4.1 得

$$\begin{aligned}
\lambda_{n-k+i}(\boldsymbol{A})&=\lambda_{i+n-k}(\boldsymbol{B}^{\mathrm{T}}\boldsymbol{A}\boldsymbol{B})\\
&\leqslant\lambda_i(\boldsymbol{B}_1^{\mathrm{T}}\boldsymbol{A}\boldsymbol{B}_1)\leqslant\cdots\leqslant\lambda_i(\boldsymbol{B}^{\mathrm{T}}\boldsymbol{A}\boldsymbol{B})=\lambda_i(\boldsymbol{A})
\end{aligned}$$

从而有(4.2)成立.

当 $\boldsymbol{B}_1=\boldsymbol{C}_{(k)}\boldsymbol{U}$ 时,有

$$\boldsymbol{B}_1^{\mathrm{T}}\boldsymbol{A}\boldsymbol{B}_1=\boldsymbol{U}^{\mathrm{T}}\boldsymbol{C}_{(k)}^{\mathrm{T}}\boldsymbol{A}\boldsymbol{C}_{(k)}\boldsymbol{U}=\boldsymbol{U}^{\mathrm{T}}\mathrm{diag}(\lambda_1,\cdots,\lambda_k)\boldsymbol{U}$$

知 $\lambda_i(\boldsymbol{B}_1^{\mathrm{T}}\boldsymbol{A}\boldsymbol{B}_1)=\lambda_i(\boldsymbol{A})$. 反之,若

$$\lambda_i(\boldsymbol{B}_1^{\mathrm{T}}\boldsymbol{A}\boldsymbol{B}_1)=\lambda_i(\boldsymbol{A})\triangleq\lambda_i,\ \forall i$$

则有 $\boldsymbol{B}_1^{\mathrm{T}}\boldsymbol{A}\boldsymbol{B}_1$ 的谱分解式

$$\boldsymbol{B}_1^{\mathrm{T}}\boldsymbol{A}\boldsymbol{B}_1=\boldsymbol{U}^{\mathrm{T}}\mathrm{diag}(\lambda_1,\cdots,\lambda_k)\boldsymbol{U}$$

于是 $\boldsymbol{B}_1\boldsymbol{U}^{\mathrm{T}}$ 是由 $\boldsymbol{A}$ 的前 k 个特征向量所构成的矩阵,故有 $\boldsymbol{B}_1\boldsymbol{U}^{\mathrm{T}}=\boldsymbol{C}_{(k)}$,即 $\boldsymbol{B}_1=\boldsymbol{C}_{(k)}\boldsymbol{U}$(但要注意,同样是由 $\boldsymbol{A}$ 的前 k 个特征向量所构成的矩阵 $\boldsymbol{C}_{(k)}$,可以相差一个正交因子,尤其是当有重特征根时). 类似可得另一充要条件.

如果我们在定理 4.2 中取 $\boldsymbol{A}$ 为它的 $k+1$ 阶主子阵 $\boldsymbol{A}_{k+1}$,$\boldsymbol{B}=[\boldsymbol{I}_k\ \vdots\ \boldsymbol{0}]^{\mathrm{T}}$,那么有 $\boldsymbol{B}^{\mathrm{T}}\boldsymbol{A}_{k+1}\boldsymbol{B}=\boldsymbol{A}_k$,于是(4.2)就化为(4.1). 可见定理 4.2 是定理 4.1 的推广.

定理 4.2 有一个有用的推论如下:

推论 设 $\boldsymbol{A}$ 是非负定阵,$\boldsymbol{P}$ 是秩为 k 的正投影阵,则有

$$\lambda_{n-k+i}(\boldsymbol{A})\leqslant\lambda_i(\boldsymbol{P}\boldsymbol{A})\leqslant\lambda_i(\boldsymbol{A}),i=1,\cdots,k \tag{4.3}$$

并且,(4.3)中右边不等式的等号对任意 i 成立的充要条件是 $\boldsymbol{P}=\boldsymbol{P}_{\boldsymbol{C}_{(k)}}$,(4.3)中左边不等式的等号对任意 i 成立的充要条件是 $\boldsymbol{P}=\boldsymbol{P}_{\boldsymbol{C}_{[k]}}$. 这里 $\boldsymbol{P}_{\boldsymbol{B}}$ 表示到 $R(\boldsymbol{B})$ 的正投影阵.

证明 因 $\boldsymbol{P}$ 是正投影阵,$\boldsymbol{P}$ 有谱分解 $\boldsymbol{P}=\boldsymbol{B}\boldsymbol{B}^{\mathrm{T}}$,这里 $\boldsymbol{B}$ 是 $n\times k$ 阶列正交阵,于是同定理 4.2,知

$$\lambda_{n-k+i}(\boldsymbol{A})\leqslant\lambda_i(\boldsymbol{B}^{\mathrm{T}}\boldsymbol{A}\boldsymbol{B})\leqslant\lambda_i(\boldsymbol{A}),i=1,\cdots,k$$

但当 $\boldsymbol{A}$ 非负定时,$\boldsymbol{B}^{\mathrm{T}}\boldsymbol{A}\boldsymbol{B}$ 亦然. 由 $\boldsymbol{B}^{\mathrm{T}}\boldsymbol{A}\boldsymbol{B}$ 的正特征值与 $\boldsymbol{B}\boldsymbol{B}^{\mathrm{T}}\boldsymbol{A}=\boldsymbol{P}\boldsymbol{A}$ 的正特征值一致,得

$$\lambda_i(\boldsymbol{B}^{\mathrm{T}}\boldsymbol{A}\boldsymbol{B})=\lambda_i(\boldsymbol{P}\boldsymbol{A}),i=1,\cdots,k \tag{4.4}$$

于是得(4.3)成立.

由定理4.2知,(4.3)右边不等式的等号对任意 i 成立的充要条件是 $\boldsymbol{B}=\boldsymbol{C}_{(i)}\boldsymbol{U}$,等价于

$$\boldsymbol{P}=\boldsymbol{C}_{(i)}\boldsymbol{U}\boldsymbol{U}^{\mathrm{T}}\boldsymbol{C}_{(i)}^{\mathrm{T}}=\boldsymbol{C}_{(i)}\boldsymbol{C}_{(i)}^{\mathrm{T}}=\boldsymbol{P}_{\boldsymbol{C}_{(i)}}$$

类似有另一结论.

注记　当只假设 $\boldsymbol{A}$ 为对称阵时,(4.4)可不成立,如取

$$\boldsymbol{A}=\begin{bmatrix}0 & 0\\0 & -1\end{bmatrix},\boldsymbol{B}=\begin{bmatrix}0\\1\end{bmatrix}$$

然而,(4.3)中左边不等式仍成立(留作习题).

可进一步推广 Poincaré 分隔定理到相对特征值(参看第1章问题和补充10).设 $\boldsymbol{A}\in S^{n\times n}$,$\boldsymbol{M}$ 是 n 阶正定阵,$\boldsymbol{A}$ 关于 $\boldsymbol{M}$ 的相对特征值按从大到小的顺序排列,记为 $\lambda_1(\boldsymbol{A}/\boldsymbol{M}),\cdots,\lambda_n(\boldsymbol{A}/\boldsymbol{M})$.我们有

$$\lambda_i(\boldsymbol{A}/\boldsymbol{M})=\lambda_i(\boldsymbol{M}^{-\frac{1}{2}}\boldsymbol{A}\boldsymbol{M}^{-\frac{1}{2}}),i=1,\cdots,n \quad (4.5)$$

定理4.3　设 $n\times k$ 阶阵 $\boldsymbol{B}$ 满足 $\boldsymbol{B}^{\mathrm{T}}\boldsymbol{M}\boldsymbol{B}=\boldsymbol{I}_k$,则有

$$\lambda_{n-k+i}(\boldsymbol{A}/\boldsymbol{M})\leqslant\lambda_i(\boldsymbol{B}^{\mathrm{T}}\boldsymbol{A}\boldsymbol{B})\leqslant\lambda_i(\boldsymbol{A}/\boldsymbol{M}),i=1,\cdots,k \quad (4.6)$$

在(4.6)中,右边不等式的等号对任意 i 成立的充要条件是 $\boldsymbol{B}=\boldsymbol{Q}_{(k)}\boldsymbol{U}$,左边不等式的等号对任意 i 成立的充要条件是 $\boldsymbol{B}=\boldsymbol{Q}_{[k]}\boldsymbol{U}$,这里 $\boldsymbol{Q}=[\boldsymbol{q}_1\,\vdots\,\cdots\,\vdots\,\boldsymbol{q}_n]$,$\boldsymbol{q}_i$ 是 $\boldsymbol{A}$ 关于 $\boldsymbol{M}$ 的相应于 $\lambda_i(\boldsymbol{A}/\boldsymbol{M})$ 的相对特征向量,$\boldsymbol{Q}_{(k)}$ 是 $\boldsymbol{Q}$ 的前 k 列子阵,$\boldsymbol{Q}_{[k]}$ 是 $\boldsymbol{Q}$ 的后 k 列子阵,$\boldsymbol{U}$ 是 k 阶正交阵.

证明　注意到

$$\boldsymbol{B}^{\mathrm{T}}\boldsymbol{A}\boldsymbol{B}=\boldsymbol{B}^{\mathrm{T}}\boldsymbol{M}^{\frac{1}{2}}\boldsymbol{M}^{-\frac{1}{2}}\boldsymbol{A}\boldsymbol{M}^{-\frac{1}{2}}\boldsymbol{M}^{\frac{1}{2}}\boldsymbol{B}$$

$$(\boldsymbol{B}^{\mathrm{T}}\boldsymbol{M}^{\frac{1}{2}})(\boldsymbol{M}^{\frac{1}{2}}\boldsymbol{B})=\boldsymbol{I}_k$$

用定理4.2立得

$$\lambda_{n-k+i}(\boldsymbol{M}^{-\frac{1}{2}}\boldsymbol{A}\boldsymbol{M}^{-\frac{1}{2}})\leqslant\lambda_i(\boldsymbol{B}^{\mathrm{T}}\boldsymbol{A}\boldsymbol{B})\leqslant\lambda_i(\boldsymbol{M}^{-\frac{1}{2}}\boldsymbol{A}\boldsymbol{M}^{-\frac{1}{2}})$$
$$i=1,\cdots,k \tag{4.7}$$

注意到(4.5),就得(4.6).

由(4.2)等号成立的充要条件得

$$\boldsymbol{M}^{\frac{1}{2}}\boldsymbol{B}=\boldsymbol{C}_{(k)}\boldsymbol{U}$$

和

$$\boldsymbol{M}^{\frac{1}{2}}\boldsymbol{B}=\boldsymbol{C}_{[k]}\boldsymbol{U}$$

这里 $\boldsymbol{C}_{(k)}$,$\boldsymbol{C}_{[k]}$ 分别是由 $\boldsymbol{M}^{-\frac{1}{2}}\boldsymbol{A}\boldsymbol{M}^{-\frac{1}{2}}$ 的前 k 个和后 k 个特征向量所组成的矩阵,这等价于

$$\begin{aligned}&\boldsymbol{M}^{-\frac{1}{2}}\boldsymbol{A}\boldsymbol{M}^{-\frac{1}{2}}\boldsymbol{C}_{(k)}\\&=\boldsymbol{C}_{(k)}\operatorname{diag}(\lambda_1(\boldsymbol{M}^{-\frac{1}{2}}\boldsymbol{A}\boldsymbol{M}^{-\frac{1}{2}}),\cdots,\lambda_k(\boldsymbol{M}^{-\frac{1}{2}}\boldsymbol{A}\boldsymbol{M}^{-\frac{1}{2}}))\end{aligned}$$

等价于

$$\boldsymbol{A}(\boldsymbol{M}^{-\frac{1}{2}}\boldsymbol{C}_{(k)})=\boldsymbol{M}(\boldsymbol{M}^{-\frac{1}{2}}\boldsymbol{C}_{(k)})\operatorname{diag}(\lambda_1(\boldsymbol{M}^{-\frac{1}{2}}\boldsymbol{A}\boldsymbol{M}^{-\frac{1}{2}}),\cdots,\lambda_k(\boldsymbol{M}^{-\frac{1}{2}}\boldsymbol{A}\boldsymbol{M}^{-\frac{1}{2}}))$$

等价于 $\boldsymbol{M}^{-\frac{1}{2}}\boldsymbol{C}_{(k)}\triangleq\boldsymbol{Q}_{(k)}$ 是由 $\boldsymbol{A}$ 关于 $\boldsymbol{M}$ 的前 k 个相对特征向量所组成的子阵,等价于 $\boldsymbol{B}=\boldsymbol{Q}_{(k)}\boldsymbol{U}$. 类似可得另一结论.

特征值分隔定理的应用是多方面的. 例如,可以用它推出关于迹和行列式的不等式. 前面已得的定理3.5的式(3.15)(3.16),显然是(4.2)的直接推论. 还有:

定理4.4　设 $\boldsymbol{A}$ 是 n 阶非负定阵，则对 $n\times k$ 阶列正交阵 $\boldsymbol{U}$，有

$$\prod_{i=1}^{k}\lambda_{n-k+i}(\boldsymbol{A})\leqslant\det\boldsymbol{U}^{\mathrm{T}}\boldsymbol{A}\boldsymbol{U}\leqslant\prod_{i=1}^{k}\lambda_{i}(\boldsymbol{A})\quad(4.8)$$

并且(4.8)右边的等号当且仅当 $\boldsymbol{U}=\boldsymbol{C}_{(k)}\boldsymbol{Q}$ 时成立，左边的等号当且仅当 $\boldsymbol{V}=\boldsymbol{C}_{[k]}\boldsymbol{Q}$ 时成立，这里 $\boldsymbol{Q}$ 是任意的 k 阶正交阵.

下一小节的许多不等式，也是分隔定理的应用.

习　题　1

4.1. 在 $\boldsymbol{A}$ 仅仅是对称阵的条件下，(4.3)是否仍成立?

4.2. 设 $\boldsymbol{A}>\boldsymbol{0}$，证明

$$\max_{\boldsymbol{U}^{\mathrm{T}}\boldsymbol{U}=\boldsymbol{I}_k}\operatorname{tr}(\boldsymbol{U}^{\mathrm{T}}\boldsymbol{A}\boldsymbol{U})^{-1}=\sum_{i=1}^{k}\lambda_{n-i+1}^{-1}(\boldsymbol{A})$$

$$\min_{\boldsymbol{U}^{\mathrm{T}}\boldsymbol{U}=\boldsymbol{I}_k}\operatorname{tr}(\boldsymbol{U}^{\mathrm{T}}\boldsymbol{A}\boldsymbol{U})^{-1}=\sum_{i=1}^{k}\lambda_{i}^{-1}(\boldsymbol{A})$$

4.3. 设 $\boldsymbol{A}\in\mathbb{R}^{n\times n}$，$\boldsymbol{A}>\boldsymbol{0}$，且设 $g_1,\cdots,g_k>0$，证明：

(1) $\max\{\det\boldsymbol{B}^{\mathrm{T}}\boldsymbol{A}\boldsymbol{B}\mid\boldsymbol{B}\in\mathbb{R}^{n\times k},\boldsymbol{B}^{\mathrm{T}}\boldsymbol{B}$ 的主对角元为 $g_1,\cdots,g_k\}=\left(\prod_{i=1}^{k}g_i\right)\prod_{i=1}^{k}\lambda_i(\boldsymbol{A})$；

(2) $\min\{\det\boldsymbol{B}^{\mathrm{T}}\boldsymbol{A}\boldsymbol{B}\mid\boldsymbol{B}\in\mathbb{R}^{n\times k},\boldsymbol{B}^{\mathrm{T}}\boldsymbol{B}=\operatorname{diag}(g_1,\cdots,g_k)\}=\left(\prod_{i=1}^{k}g_i\right)\prod_{i=1}^{k}\lambda_{n-i+1}(\boldsymbol{A})$.

2. 关于特征值的不等式

定理 4.5(Weyl(外尔)) 设 $\boldsymbol{A},\boldsymbol{B}\in S^{n\times n}$,则有

$$\lambda_i(\boldsymbol{A})+\lambda_n(\boldsymbol{B})\leqslant\lambda_i(\boldsymbol{A}+\boldsymbol{B})\leqslant\lambda_i(\boldsymbol{A})+\lambda_1(\boldsymbol{B})$$

$$i=1,\cdots,n \tag{4.9}$$

证明 设 $\|\boldsymbol{x}\|=1$,显然有

$$\boldsymbol{x}^{\mathrm{T}}\boldsymbol{A}\boldsymbol{x}+\min\ \boldsymbol{x}^{\mathrm{T}}\boldsymbol{B}\boldsymbol{x}\leqslant\boldsymbol{x}^{\mathrm{T}}(\boldsymbol{A}+\boldsymbol{B})\boldsymbol{x}\leqslant\boldsymbol{x}^{\mathrm{T}}\boldsymbol{A}\boldsymbol{x}+\max\ \boldsymbol{x}^{\mathrm{T}}\boldsymbol{B}\boldsymbol{x}$$

即得

$$\boldsymbol{x}^{\mathrm{T}}\boldsymbol{A}\boldsymbol{x}+\lambda_n(\boldsymbol{B})\leqslant\boldsymbol{x}^{\mathrm{T}}(\boldsymbol{A}+\boldsymbol{B})\boldsymbol{x}\leqslant\boldsymbol{x}^{\mathrm{T}}\boldsymbol{A}\boldsymbol{x}+\lambda_1(\boldsymbol{B})$$

再由 λ_i 的表达式(3.13)或(3.14),立得(4.9).

推论(特征值的单调性) 设 $\boldsymbol{A},\boldsymbol{B}\in S^{n\times n}$,则有

$$\boldsymbol{A}\leqslant\boldsymbol{B}\Rightarrow\lambda_i(\boldsymbol{A})\leqslant\lambda_i(\boldsymbol{B})$$

$$\boldsymbol{A}<\boldsymbol{B}\Rightarrow\lambda_i(\boldsymbol{A})<\lambda_i(\boldsymbol{B})$$

现在我们给出定理 4.5 的一个推广:

定理 4.6 设 $\boldsymbol{A},\boldsymbol{B}\in S^{n\times n}$,$\boldsymbol{G}=\boldsymbol{A}+\boldsymbol{B}$,且设 $\alpha_1,\cdots,\alpha_n,\beta_1,\cdots,\beta_n,\gamma_1,\cdots,\gamma_n$ 分别是 $\boldsymbol{A},\boldsymbol{B},\boldsymbol{G}$ 的按降序排列的特征值,则对任给的 $1\leqslant j_1<\cdots<j_k\leqslant n$,有

$$\sum_{i=1}^{k}\alpha_{j_i}+\sum_{i=1}^{k}\beta_{n-k+i}\leqslant\sum_{i=1}^{k}\gamma_{j_i}\leqslant\sum_{i=1}^{k}\alpha_{j_i}+\sum_{i=1}^{k}\beta_i \tag{4.10}$$

或写成等价的

$$\sum_{i=1}^{k}\beta_{n-k+i}\leqslant\min_{1\leqslant j_1<\cdots<j_k\leqslant n}\sum_{i=1}^{k}(\gamma_{j_i}-\alpha_{j_i})$$

$$\max_{1\leqslant j_1<\cdots<j_k\leqslant n}\sum_{i=1}^{k}(\gamma_{j_i}-\alpha_{j_i})\leqslant\sum_{i=1}^{k}\beta_i \tag{4.10'}$$

证明 我们仅证右边的不等式,而把左边的不等式留作习题.

利用定理 3.6 的表达式,由该定理证明中的式

(3.18)和(3.19)知,存在空间列 $L_{j_1}\subset L_{j_2}\subset\cdots\subset L_{j_k}$,使得

$$\sum_{i=1}^{k}\gamma_{j_i}=\min_{(\mathrm{II})}\sum_{i=1}^{k}\boldsymbol{u}_i^{\mathrm{T}}\boldsymbol{G}\boldsymbol{u}_i\quad((\mathrm{II})\text{ 参看}(3.17))$$

并且存在$\{\boldsymbol{v}_1,\cdots,\boldsymbol{v}_k\}$满足条件(Ⅱ),且使得

$$\sum_{i=1}^{k}\boldsymbol{v}_i^{\mathrm{T}}\boldsymbol{A}\boldsymbol{v}_i=\min_{(\mathrm{II})}\sum_{i=1}^{k}\boldsymbol{u}_i^{\mathrm{T}}\boldsymbol{A}\boldsymbol{u}_i$$

于是由

$$\sum_{i=1}^{k}\boldsymbol{v}_i^{\mathrm{T}}\boldsymbol{G}\boldsymbol{v}_i=\sum_{i=1}^{k}\boldsymbol{v}_i^{\mathrm{T}}\boldsymbol{A}\boldsymbol{v}_i+\sum_{i=1}^{k}\boldsymbol{v}_i^{\mathrm{T}}\boldsymbol{B}\boldsymbol{v}_i$$

得

$$\begin{aligned}\sum_{i=1}^{k}\gamma_{j_i}&=\min_{(\mathrm{II})}\sum_{i=1}^{k}\boldsymbol{u}_i^{\mathrm{T}}\boldsymbol{G}\boldsymbol{u}_i\leqslant\sum_{i=1}^{k}\boldsymbol{v}_i^{\mathrm{T}}\boldsymbol{G}\boldsymbol{v}_i\\&=\min_{(\mathrm{II})}\sum_{i=1}^{k}\boldsymbol{u}_i^{\mathrm{T}}\boldsymbol{A}\boldsymbol{u}_i+\sum_{i=1}^{k}\boldsymbol{v}_i^{\mathrm{T}}\boldsymbol{B}\boldsymbol{v}_i\\&\leqslant\max_{(\mathrm{I})}\ \min_{(\mathrm{II})}\sum_{i=1}^{k}\boldsymbol{u}_i^{\mathrm{T}}\boldsymbol{A}\boldsymbol{u}_i+\sum_{i=1}^{k}\beta_i\\&=\sum_{i=1}^{k}\alpha_{j_i}+\sum_{i=1}^{k}\beta_i\end{aligned}$$

对于乘积矩阵 $\boldsymbol{AB}$ 的特征值,讨论较为困难. 常用的初等结果有:

定理 4.7　设 $\boldsymbol{A},\boldsymbol{B}\in\mathbb{R}^{n\times n}$,$\lambda(\boldsymbol{AB})$是 $\boldsymbol{AB}$ 的任一特征值,则有

$$\lambda_n(\boldsymbol{A}^{\mathrm{T}}\boldsymbol{A})\lambda_n(\boldsymbol{B}^{\mathrm{T}}\boldsymbol{B})\leqslant|\lambda(\boldsymbol{AB})|^2\leqslant\lambda_1(\boldsymbol{A}^{\mathrm{T}}\boldsymbol{A})\lambda_1(\boldsymbol{B}^{\mathrm{T}}\boldsymbol{B})\tag{4.11}$$

证明　存在 $\|\boldsymbol{x}\|_E=1$ 使

$$\boldsymbol{ABx}=\lambda(\boldsymbol{AB})\boldsymbol{x}\Rightarrow\boldsymbol{x}^{\mathrm{T}}\boldsymbol{B}^{\mathrm{T}}\boldsymbol{A}^{\mathrm{T}}=\lambda(\boldsymbol{AB})\boldsymbol{x}^{\mathrm{T}}$$

于是有

$$x^{\mathrm{T}}B^{\mathrm{T}}A^{\mathrm{T}}ABx = |\lambda(AB)|^2 x^{\mathrm{T}}x = |\lambda(AB)|^2$$

由特征值的表达式得

$$\lambda_n(B^{\mathrm{T}}A^{\mathrm{T}}AB) \leqslant |\lambda(AB)|^2 \leqslant \lambda_1(B^{\mathrm{T}}A^{\mathrm{T}}AB) \tag{4.12}$$

注意到 $B^{\mathrm{T}}A^{\mathrm{T}}AB$ 与 $A^{\mathrm{T}}ABB^{\mathrm{T}}$，从而与 $(BB^{\mathrm{T}})^{\frac{1}{2}}(A^{\mathrm{T}}A)\cdot(BB^{\mathrm{T}})^{\frac{1}{2}}$ 有相同的非零特征值. 由 $\lambda_1(A^{\mathrm{T}}A)I_n - A^{\mathrm{T}}A \geqslant \mathbf{0}$ 得

$$(BB^{\mathrm{T}})^{\frac{1}{2}}(\lambda_1(A^{\mathrm{T}}A)I_n - A^{\mathrm{T}}A)(BB^{\mathrm{T}})^{\frac{1}{2}} \geqslant \mathbf{0}$$

从而有

$$\begin{aligned}\lambda_1(B^{\mathrm{T}}A^{\mathrm{T}}AB) &= \lambda_1((BB^{\mathrm{T}})^{\frac{1}{2}}A^{\mathrm{T}}A(BB^{\mathrm{T}})^{\frac{1}{2}})\\ &\leqslant \lambda_1(\lambda_1(A^{\mathrm{T}}A)BB^{\mathrm{T}})\\ &= \lambda_1(A^{\mathrm{T}}A)\lambda_1(B^{\mathrm{T}}B)\end{aligned} \tag{4.13}$$

得(4.11)的右边. 又从 $A^{\mathrm{T}}A - \lambda_n(A^{\mathrm{T}}A)I_n \geqslant \mathbf{0}$，可推出(4.11)的左边.

推论 1 设 $A, B \in S^{n\times n}$，$\lambda(AB)$ 是 AB 的特征值，则有

$$|\lambda(AB)| \leqslant \max_i |\lambda_i(A)| \max_i |\lambda_i(B)| \tag{4.14}$$

证明 只需注意到：当 A 对称时，$A^{\mathrm{T}}A$ 的特征值 $\lambda(A^{\mathrm{T}}A)$ 是 A 的特征值的平方，因此有

$$\lambda^2(A) = \lambda(A^{\mathrm{T}}A)$$

故由(4.11)立得(4.14).

推论 2 设 $A \in \mathbb{R}^{m\times n}$，$B \in \mathbb{R}^{n\times k}$，有

$$\| AB \|_m \leqslant \| A \|_m \| B \|_m$$

证明 由定理 4.7 证明中的式(4.13)立得.

定理 4.8　设 $\boldsymbol{A},\boldsymbol{B}\in S^{n\times n}$,则有

$$\lambda_n(\boldsymbol{B})\lambda_i(\boldsymbol{A}^2)\leqslant\lambda_i(\boldsymbol{ABA})\leqslant\lambda_1(\boldsymbol{B})\lambda_i(\boldsymbol{A}^2),i=1,\cdots,n \tag{4.15}$$

证明　用类似于定理 4.7 证明中的手法,由

$$\lambda_1(\boldsymbol{B})\boldsymbol{A}^2=\boldsymbol{A}(\lambda_1(\boldsymbol{B})\boldsymbol{I}_n-\boldsymbol{B})\boldsymbol{A}+\boldsymbol{ABA}$$

$$\boldsymbol{ABA}=\boldsymbol{A}(\boldsymbol{B}-\lambda_n(\boldsymbol{B})\boldsymbol{I}_n)\boldsymbol{A}+\lambda_n(\boldsymbol{B})\boldsymbol{A}^2$$

根据特征值的单调性(定理 4.5 的推论)得

$$\lambda_i(\lambda_1(\boldsymbol{B})\boldsymbol{A}^2)\geqslant\lambda_i(\boldsymbol{ABA})\geqslant\lambda_i(\lambda_n(\boldsymbol{B})\boldsymbol{A}^2)$$

此即(4.15).

下面我们来讨论矩阵的数值特征,尤其是特征值的凸凹性.

定理 4.9　设 $P^{n\times n}$ 是 n 阶正定阵的全体,易见 $P^{n\times n}$ 是 $\mathbb{R}^{n\times n}$ 中的凸集. 考虑 $-\ln\det(\cdot):P^{n\times n}\to\mathbb{R}^1$,则有 $-\ln\det\boldsymbol{A}$ 是 $P^{n\times n}$ 上的凸函数,它等价于:任给 $\boldsymbol{A}$, $\boldsymbol{B}\in P^{n\times n}$,有

$$\det(\alpha\boldsymbol{A}+(1-\alpha)\boldsymbol{B})\geqslant(\det\boldsymbol{A})^{\alpha}\cdot(\det\boldsymbol{B})^{1-\alpha},0<\alpha<1 \tag{4.16}$$

等价的,有

$$\prod_{i=1}^{n}\lambda_i(\alpha\boldsymbol{A}+(1-\alpha)\boldsymbol{B})\geqslant\prod_{i=1}^{n}(\lambda_i(\boldsymbol{A}))^{\alpha}(\lambda_i(\boldsymbol{B}))^{1-\alpha},0<\alpha<1 \tag{4.16'}$$

并且(4.16)(4.16′)仅当 $\boldsymbol{A}=\boldsymbol{B}$ 时才有等号成立.

证明　$P^{n\times n}$ 是凸集易从特征值的单调性得出.

$-\ln\det \boldsymbol{A}$的凸性等价于(4.16)是显然的. 根据第1章问题和补充6,有非奇异阵$\boldsymbol{P}$使

$$\boldsymbol{A}=\boldsymbol{P}^{\mathrm{T}}\boldsymbol{P},\boldsymbol{B}=\boldsymbol{P}^{\mathrm{T}}\mathrm{diag}(\beta_1,\cdots,\beta_n)\boldsymbol{P}$$

于是(4.16)等价于

$$\prod_{i=1}^{n}[\alpha+(1-\alpha)\beta_i]\geqslant\prod_{i=1}^{n}\beta_i^{1-\alpha}$$

而从 $\ln x$ 的凹性知

$$\ln(\alpha+(1-\alpha)\beta_i)\geqslant\alpha\ln 1+(1-\alpha)\ln\beta_i$$

推出 $\alpha+(1-\alpha)\beta_i\geqslant\beta_i^{1-\alpha}$,故可得(4.16). 由 $\ln x$ 的严凹性,知等号成立的充要条件为 $\beta_i=1,i=1,\cdots,n$,此即 $\boldsymbol{A}=\boldsymbol{B}$. (4.16)与(4.16′)的等价性是明显的.

推论 假设如定理4.6,则对任意的k,有

$$\begin{aligned}&\prod_{i=k}^{n}\lambda_i(\alpha\boldsymbol{A}+(1-\alpha)\boldsymbol{B})\\ \geqslant&\prod_{i=k}^{n}(\lambda_i(\boldsymbol{A}))^{\alpha}(\lambda_i(\boldsymbol{B}))^{1-\alpha},0<\alpha<1\end{aligned}\tag{4.17}$$

并且等号成立的充要条件是

$$\lambda_i(\boldsymbol{A})=\lambda_i(\boldsymbol{B}),i=k,\cdots,n$$

且它们相应的后 $n-k+1$ 个特征向量对应相同.

证明 设 $\alpha\boldsymbol{A}+(1-\alpha)\boldsymbol{B}$ 的后 $n-k+1$ 个特征向量构成的矩阵为$\boldsymbol{P}_2$,我们有

$$\begin{aligned}&\prod_{i=k}^{n}\lambda_i(\alpha\boldsymbol{A}+(1-\alpha)\boldsymbol{B})\\ =&\det(\boldsymbol{P}_2^{\mathrm{T}}(\alpha\boldsymbol{A}+(1-\alpha)\boldsymbol{B})\boldsymbol{P}_2)\\ =&\det(\alpha\boldsymbol{P}_2^{\mathrm{T}}\boldsymbol{A}\boldsymbol{P}_2+(1-\alpha)\boldsymbol{P}_2^{\mathrm{T}}\boldsymbol{B}\boldsymbol{P}_2)\\ \geqslant&(\det\boldsymbol{P}_2^{\mathrm{T}}\boldsymbol{A}\boldsymbol{P}_2)^{\alpha}\cdot(\det\boldsymbol{P}_2^{\mathrm{T}}\boldsymbol{B}\boldsymbol{P}_2)^{1-\alpha}\quad(\text{由(4.16)})\end{aligned}$$

$$\geqslant \left(\prod_{i=k}^{n} \lambda_i(\boldsymbol{A})\right)^{\alpha} \left(\prod_{i=k}^{n} \lambda_i(\boldsymbol{B})\right)^{1-\alpha}$$

此即(4.17). 等号成立的条件可由后两个不等式等号均成立的条件立得.

定理 4.10(特征值的凹凸性)　设 $\boldsymbol{A} \in S^{n\times n}$,记

$$\underline{S}_k(\boldsymbol{A}) = \sum_{i=k}^{n} \lambda_i(\boldsymbol{A})$$

$$\overline{S}_k(\boldsymbol{A}) = \sum_{i=1}^{k} \lambda_i(\boldsymbol{A})$$

则$\underline{S}_k(\boldsymbol{A})$ 为凹函数,$\overline{S}_k(\boldsymbol{A})$ 为凸函数,$k = 1,\cdots,n$.

证明　令

$$\boldsymbol{X} = \boldsymbol{I} + \varepsilon\boldsymbol{A}, \boldsymbol{Y} = \boldsymbol{I} + \varepsilon\boldsymbol{B}, \varepsilon > 0 \text{ 充分小}$$

当 $\boldsymbol{A},\boldsymbol{B} \in S^{n\times n}$时,有 $\boldsymbol{X},\boldsymbol{Y} \in P^{n\times n}$. 由定理 4.9 的推论得

$$\prod_{i=k}^{n} \lambda_i(\alpha\boldsymbol{X} + (1-\alpha)\boldsymbol{Y}) \geqslant \prod_{i=k}^{n} (\lambda_i(\boldsymbol{X}))^{\alpha}(\lambda_i(\boldsymbol{Y}))^{1-\alpha}, 0 <$$

$\alpha < 1$, 此即

$$\prod_{i=k}^{n} (1 + \varepsilon\gamma_i) \geqslant \prod_{i=k}^{n} (1 + \varepsilon\lambda_i)^{\alpha}(1 + \varepsilon\mu_i)^{1-\alpha}, 0 < \alpha < 1$$

其中 λ_i,μ_i,γ_i 分别是$\boldsymbol{A},\boldsymbol{B},\alpha\boldsymbol{A} + (1-\alpha)\boldsymbol{B}$ 的顺序特征值,$i = 1,\cdots,n$. 设 ε 充分小,将上式展开,比 ε 高阶的项合在一起,有

$$1 + \varepsilon \sum_{i=k}^{n} \gamma_i \geqslant 1 + \alpha\varepsilon \sum_{i=k}^{n} \lambda_i + (1-\alpha)\varepsilon \sum_{i=k}^{n} \mu_i + O(\varepsilon^2)$$

消去 1,两边用 ε 除,令 $\varepsilon \to 0$,可推出

$$\sum_{i=k}^{n} \gamma_i \geqslant \alpha \sum_{i=k}^{n} \lambda_i + (1-\alpha) \sum_{i=k}^{n} \mu_i$$

此即

Ky Fan 定理

$$\underline{S}_k(\alpha\boldsymbol{A}+(1-\alpha)\boldsymbol{B})\geqslant\alpha\,\underline{S}_k(\boldsymbol{A})+(1-\alpha)\underline{S}_k(\boldsymbol{B})$$
$$k=1,\cdots,n$$

为证 $\overline{S}_k(\boldsymbol{A})$ 的凸性，只需注意到

$$\overline{S}_k(\boldsymbol{A}) = -\underline{S}_{n-k+1}(-\boldsymbol{A})$$

而凹函数的反号总是凸函数.

定理4.10 的一个重要的特例是 $\lambda_1(\boldsymbol{A})$ 是凸函数. 这一结果与矩阵范数 $\|\cdot\|_m$ 是凸函数是一致的，将会经常用到.

习　题　2

4.4. 设 $\boldsymbol{A},\boldsymbol{B}\in S^{n\times n}$，证明

$$\lambda_i(\boldsymbol{A}+\boldsymbol{B})\leqslant\lambda_j(\boldsymbol{A})+\lambda_k(\boldsymbol{B}),\ \forall j+k\leqslant i+1$$

4.5. 设 $\boldsymbol{A},\boldsymbol{B}\in\mathbb{R}^{n\times n}$，证明

$$\sum_{i=1}^{k}\lambda_i((\boldsymbol{A}+\boldsymbol{B})^{\mathrm{T}}(\boldsymbol{A}+\boldsymbol{B}))$$
$$\leqslant\sum_{i=1}^{k}\lambda_i(\boldsymbol{A}^{\mathrm{T}}\boldsymbol{A})+\sum_{i=1}^{k}\lambda_i(\boldsymbol{B}^{\mathrm{T}}\boldsymbol{B}),k=1,\cdots,n$$

4.6. 设 $\boldsymbol{A}\in P^{n\times n}$，证明下列为凸函数：

(1) $\phi_1(\boldsymbol{A})=\det(\boldsymbol{A}^{-1})$；

(2) $\phi_2(\boldsymbol{A})=\mathrm{tr}(\boldsymbol{A}^{-1})$；

(3) $\phi_3(\boldsymbol{A})=\lambda_1(\boldsymbol{A}^{-1})$.

3. 特征值的估计

特征值的表达式以极值形式刻画了特征值，为推导特征值之间的关系提供了有力的工具. 但是，它并

不提供计算特征值的具体方法,若要用表达式去计算特征值,实际上很难做到,况且,特征值的表达式仅对对称矩阵才有效,这就限制了它的使用范围. 在大量应用中,我们往往不需要精确地算出特征值,只要能适当地估计出它的范围就完全够用了. 因此,从一个矩阵的各个元素出发,如能用较简便的运算就给出矩阵的特征值的范围的估计,显然有很大的意义.

在本小节中,如果我们的对象仍是一般的 n 阶实矩阵,但它的特征值很可能是复数,总不免要涉及复数域,故常以 n 阶复数阵为对象,其全体记为 $\mathbb{C}^{n\times n}$. 因此,凡用绝对值符号 $|\cdot|$,皆表示复数的模. $\boldsymbol{A}^*$ 表示 $\boldsymbol{A}$ 的共轭转置,前面已说明复向量空间的标准内积是 $(\boldsymbol{x},\boldsymbol{y})=\boldsymbol{y}^*\boldsymbol{x}$.

定理 4.11　设 $\boldsymbol{A}=(a_{ij})\in\mathbb{C}^{n\times n}$,令

$$d_1=\max_{i,j}|a_{ij}|$$

$$d_2=\max_{i,j}\frac{|a_{ij}+\overline{a}_{ji}|}{2}$$

$$d_3=\max_{i,j}\frac{|a_{ij}-\overline{a}_{ji}|}{2}$$

则有

$$|\lambda|\leqslant nd_1,\ |\mathrm{Re}\ \lambda|\leqslant nd_2,\ |\mathrm{Im}\ \lambda|\leqslant nd_3 \quad (4.18)$$

其中,λ 是 $\boldsymbol{A}$ 的任一特征值,Re,Im 分别表示实部和虚部.

证明　存在非零复向量 $\boldsymbol{x}$ 满足

$$\boldsymbol{A}\boldsymbol{x}=\lambda\boldsymbol{x}\Rightarrow\boldsymbol{x}^*\boldsymbol{A}\boldsymbol{x}=\lambda\boldsymbol{x}^*\boldsymbol{x},\boldsymbol{x}^*\boldsymbol{A}^*\boldsymbol{x}=\overline{\lambda}\boldsymbol{x}^*\boldsymbol{x}$$

可取 $\|\boldsymbol{x}\| = (\boldsymbol{x}^*\boldsymbol{x})^{\frac{1}{2}} = 1$，则有

$$|\lambda| = |\boldsymbol{x}^*\boldsymbol{A}\boldsymbol{x}| = \left|\sum_{i,j} \bar{x}_i a_{ij} x_j\right|$$

$$\leqslant \sum_{i,j} |x_i||x_j||a_{ij}| \leqslant d_1\left(\sum_{i=1}^{n} |x_i|\right)^2$$

根据本章习题1.4有

$$\left(\sum_{i=1}^{n} |x_i|\right)^2 \leqslant n\sum_{i=1}^{n} |x_i|^2$$

故立得

$$|\lambda| \leqslant d_1 n\sum_{i=1}^{n} |x_i|^2 = d_1 n$$

再注意到

$$\mathrm{Re}(\lambda) = \frac{\lambda + \bar{\lambda}}{2} = \boldsymbol{x}^*\left(\frac{\boldsymbol{A}+\boldsymbol{A}^*}{2}\right)\boldsymbol{x}$$

$$\mathrm{Im}(\lambda) = \frac{\lambda - \bar{\lambda}}{2} = \boldsymbol{x}^*\left(\frac{\boldsymbol{A}-\boldsymbol{A}^*}{2}\right)\boldsymbol{x}$$

仿照上面讨论可得要证的(4.18)的另两个估计式.

此定理表明 Hermite 阵 $\boldsymbol{A}$（满足 $\boldsymbol{A}^* = \boldsymbol{A}$）及实对称阵的特征值必为实数.

定理 4.12 设 $\boldsymbol{A} = (a_{ij}) \in \mathbb{C}^{n\times n}$，令

$$\gamma_i = \sum_{j=1, j\neq i}^{n} |a_{ij}|, M_i = |a_{ii}| + \sum_{j=i+1}^{n} |a_{ij}|$$

$$m_i = |a_{ii}| - \sum_{j=i+1}^{n} |a_{ij}|$$

若

$$|a_{ii}| > \gamma_i, i = 1, \cdots, n \tag{4.19}$$

则有

$$0 < \prod_{i=1}^{n} m_i \leqslant |\det \boldsymbol{A}| = \prod_{i=1}^{n} |\lambda_i(\boldsymbol{A})| \leqslant \prod_{i=1}^{n} M_i \tag{4.20}$$

且当 $a_{ij} = 0, \forall j > i$ 时，(4.20) 中等号成立.

证明　首先可证 $\det \boldsymbol{A} \neq 0$，用反证法. 假设 $\det \boldsymbol{A} = 0$，则 $\boldsymbol{A}\boldsymbol{x} = \boldsymbol{0}$ 有非零解 $\boldsymbol{x} = [x_1 \ \cdots \ x_n]^{\mathrm{T}}$. 记 $\max_i |x_i| = |x_k|$，由 $\boldsymbol{a}_{(k)}^{\mathrm{T}}\boldsymbol{x} = 0$ 可得

$$\begin{aligned} |a_{kk}x_k| &= |a_{k1}x_1 + \cdots + a_{k,k-1}x_{k-1} + a_{k,k+1}x_{k+1} + \cdots + a_n x_n| \\ &\leqslant \sum_{j \neq k} |a_{kj}||x_k| = \gamma_k |x_k| \end{aligned}$$

由 $|x_k| \neq 0$，得 $|a_{kk}| \leqslant \gamma_k$，与(4.19) 矛盾.

现在考虑方程组

$$\begin{bmatrix} a_{21} \\ \vdots \\ a_{n1} \end{bmatrix} + \begin{bmatrix} a_{22} & \cdots & a_{2n} \\ \vdots & & \vdots \\ a_{n2} & \cdots & a_{nn} \end{bmatrix} \begin{bmatrix} x_2 \\ \vdots \\ x_n \end{bmatrix} = \boldsymbol{0} \tag{4.21}$$

用(4.19)，仿照上面知系数矩阵非奇异，故有唯一解

$$\boldsymbol{x}^{(1)} = [x_2^{(1)} \ \cdots \ x_n^{(1)}]^{\mathrm{T}}$$

并且，可证

$$|x_k^{(1)}| = \max\{|x_2^{(1)}|, \cdots, |x_n^{(1)}|\} < 1$$

事实上，与前面类似可得

$$|a_{kk}| \leqslant \sum_{j=2, j\neq k}^{n} |a_{kj}| + \frac{|a_{k1}|}{|x_k^{(1)}|}$$

如果 $|x_k^{(1)}| \geqslant 1$，那么就得与(4.19) 矛盾的结论. 由此用分块的初等变换，考虑到 $\boldsymbol{x}^{(1)}$ 是(4.21) 的解，得

$$\det \boldsymbol{A} = \det\left(\boldsymbol{A}\begin{bmatrix} 1 & \boldsymbol{0} \\ \boldsymbol{x}^{(1)} & \boldsymbol{I} \end{bmatrix}\right)$$

$$= \det\begin{bmatrix} b_{11} & a_{12} & \cdots & a_{1n} \\ & a_{22} & \cdots & a_{2n} \\ \mathbf{0} & \vdots & & \vdots \\ & a_{n2} & \cdots & a_{nn} \end{bmatrix}$$

$$= b_{11} \cdot \det\begin{bmatrix} a_{22} & \cdots & a_{2n} \\ \vdots & & \vdots \\ a_{n2} & \cdots & a_{nn} \end{bmatrix}$$

$$\triangleq b_{11} \cdot \det \boldsymbol{A}_1$$

其中

$$b_{11} = a_{11} + \sum_{j=2}^{n} a_{1j}x_j^{(1)}, \mid x_j^{(1)} \mid < 1, j = 2, \cdots, n$$

对 $\boldsymbol{A}_1$ 继续用上述办法,可得

$$\det \boldsymbol{A} = b_{11} \cdot b_{22} \cdot \det \boldsymbol{A}_2$$

其中

$$b_{22} = a_{22} + \sum_{j=3}^{n} a_{2j}x_j^{(2)}, \mid x_j^{(2)} \mid < 1, j = 3, \cdots, n$$

$$\boldsymbol{A}_2 = \begin{bmatrix} a_{33} & \cdots & a_{3n} \\ \vdots & & \vdots \\ a_{n3} & \cdots & a_{nn} \end{bmatrix}$$

再对 $\boldsymbol{A}_2$ 依上面方法处理,如此继续下去,最终得

$$\det \boldsymbol{A} = \prod_{i=1}^{n} \left(a_{ii} + \sum_{j=i+1}^{n} a_{ij}x_j^{(i)} \right), \boldsymbol{x}^{(n)} = \mathbf{0}, \mid x_j^{(i)} \mid < 1$$

$$i = 1, \cdots, n-1, j > i$$

利用熟知的不等式

$$|a| - |b| \leqslant |a + b| \leqslant |a| + |b|$$

即得

$$0 < \prod_{i=1}^{n}(|a_{ii}| - \sum_{j=i+1}^{n}|a_{ij}|) \leqslant |\det \boldsymbol{A}|$$

$$\leqslant \prod_{i=1}^{n}(|a_{ii}| + \sum_{j=i+1}^{n}|a_{ij}|)$$

从而有(4.20).

当 $a_{ij}=0, \forall j>i$ 时,显然有 $m_i=M_i, \forall i$,故得

$$0 < \prod_{i=1}^{n}|a_{ii}| = \prod_{i=1}^{n}m_i = |\det \boldsymbol{A}| = \prod_{i=1}^{n}M_i$$

在估计特征值的范围时,如下概念是很有用的:

定义4.1　Gershgorin(格什戈林)圆.

设 $\boldsymbol{A}=(a_{ij})\in\mathbb{C}^{n\times n}$,令

$$D_i(\boldsymbol{A}) = \{Z \mid |Z-a_{ii}| \leqslant r_i \triangleq \sum_{j=1,j\neq i}^{n}|a_{ij}|\}$$

称 $D_i(\boldsymbol{A})$ 为 $\boldsymbol{A}$ 的第 i 个 **Gershgorin 圆**.

定理4.13　设 λ 是 $\boldsymbol{A}\in\mathbb{C}^{n\times n}$ 的特征值,则有

$$\lambda \in \bigcup_{i=1}^{n}D_i(\boldsymbol{A}) \tag{4.22}$$

证明　因 λ 是 $\boldsymbol{A}$ 的特征值,故有 $\det(\lambda\boldsymbol{I}-\boldsymbol{A})=0$. 考虑到定理4.12,如果

$$\lambda \notin \bigcup_{i=1}^{n}D_i(\boldsymbol{A})$$

那么

$$|\lambda-a_{ii}| > \gamma_i, \forall i$$

于是 $|\det(\lambda\boldsymbol{I}-\boldsymbol{A})|>0$,得矛盾. 因此必有(4.22).

注记　虽有(4.22),并不能说明每个 Gershgorin 圆中都有 $\boldsymbol{A}$ 的特征值. 然而,可有以下结果:任给 $(j_1,\cdots,j_n)$ 是 $(1,\cdots,n)$ 的一个置换,则当

$$(\bigcup_{i=1}^{s}D_{j_i}) \cap (\bigcup_{i=s+1}^{n}D_{j_i}) = \varnothing(\text{空集})$$

时,必有 A 的特征值 $\lambda_1 \in \bigcup_{i=1}^{s} D_{j_i}$,$\lambda_2 \in \bigcup_{i=s+1}^{n} D_{j_i}$. 可是此结果的证明涉及分析和拓扑知识,不拟在此介绍.

定理 4.13 可有以下推广:

定理 4.14 设 $A \in \mathbb{C}^{n\times n}$,$0 \leqslant \alpha \leqslant 1$,$\lambda$ 是 A 的任一特征值,则存在 i 满足

$$|\lambda - a_{ii}| \leqslant \gamma_i^{\alpha}(A)\gamma_i^{1-\alpha}(A^{\mathrm{T}}) \tag{4.23}$$

证明 设 $x = [x_1 \ \cdots \ x_n]^{\mathrm{T}}$ 是 A 的相应于 λ 的特征向量,即有 $(\lambda I - A)x = 0$,从而推得

$$|\lambda - a_{ii}||x_i| = \left|\sum_{i=1,j\neq i}^{n} a_{ij}x_j\right| \leqslant \sum_{j=1,j\neq i}^{n} |a_{ij}||x_j|, i = 1,\cdots,n$$

下面用反证法,假设(4.23)不成立,则对任意 i,有

$$|\lambda - a_{ii}| > \gamma_i^{\alpha}(A)\gamma_i^{1-\alpha}(A^{\mathrm{T}})$$

于是得

$$\gamma_i^{\alpha}(A)\gamma_i^{1-\alpha}(A^{\mathrm{T}})|x_i| < |\lambda - a_{ii}||x_i| \leqslant \sum_{j=1,j\neq i}^{n} |a_{ij}||x_j|$$

对满足 $x_i \neq 0$ 的 i 成立. 上式右边用 Hölder 不等式得

$$\begin{aligned}&\sum_{j=1,j\neq i}^{n} |a_{ij}|^{\alpha}|a_{ij}|^{1-\alpha}|x_j| \\ \leqslant &\left(\sum_{j\neq i}|a_{ij}|\right)^{\alpha}\cdot\left(\sum_{j\neq i}|a_{ij}||x_j|^{\frac{1}{1-\alpha}}\right)^{1-\alpha} \\ = &\gamma_i^{\alpha}(A)\left(\sum_{j\neq i}|a_{ij}||x_j|^{\frac{1}{1-\alpha}}\right)^{1-\alpha}\end{aligned}$$

由“<”成立,知 $\gamma_i^{\alpha}(A) > 0$,可约去,得

$$\gamma_i^{1-\alpha}(A^{\mathrm{T}})|x_i| < \left(\sum_{j\neq i}|a_{ij}||x_j|^{\frac{1}{1-\alpha}}\right)^{1-\alpha}$$

即

$$\gamma_i(A^{\mathrm{T}})|x_i|^{\frac{1}{1-\alpha}} < \sum_{j\neq i}|a_{ij}||x_j|^{\frac{1}{1-\alpha}}, x_i \neq 0$$

当 $x_i=0$ 时,上式必有"≤"成立,故有

$$\sum_{i=1}^{n}\gamma_i(\boldsymbol{A}^{\mathrm{T}})\mid x_i\mid^{\frac{1}{1-\alpha}} < \sum_{i=1}^{n}\sum_{j\neq i}\mid a_{ij}\mid\mid x_j\mid^{\frac{1}{1-\alpha}} \tag{4.24}$$

但按定义

$$\begin{aligned}\sum_{i=1}^{n}\gamma_i(\boldsymbol{A}^{\mathrm{T}})\mid x_i\mid^{\frac{1}{1-\alpha}} &= \sum_{i=1}^{n}\sum_{j\neq i}\mid a_{ji}\mid\mid x_i\mid^{\frac{1}{1-\alpha}}\\ &= \sum_{j=1}^{n}\sum_{i\neq j}\mid a_{ji}\mid\mid x_i\mid^{\frac{1}{1-\alpha}}\end{aligned}$$

与(4.24)矛盾,故必有(4.23)成立.

习　题　3

4.7. 设 $\boldsymbol{A}\in\mathbb{R}^{n\times n}$,$\lambda(\boldsymbol{A})$是 $\boldsymbol{A}$ 的任一特征值,证明

$$\mid \mathrm{Im}(\lambda)\mid\leqslant\sqrt{\frac{n(n-1)}{2}}\cdot d_3$$

$$d_3=\max_{i,j}\left\{\frac{\mid a_{ij}-a_{ji}\mid}{2}\right\}$$

4.8. 设 $\boldsymbol{A}=(a_{ij})\in\mathbb{C}^{n\times n}$,证明 Schur 不等式

$$\sum_{i=1}^{n}\mid\lambda_i(\boldsymbol{A})\mid^2\leqslant\sum_{i,j=1}^{n}\mid a_{ij}\mid^2$$

$$\sum_{i=1}^{n}\mathrm{Re}^2(\lambda_i(\boldsymbol{A}))\leqslant\sum_{i,j=1}^{n}\left|\frac{a_{ij}+\overline{a}_{ji}}{2}\right|^2$$

$$\sum_{i=1}^{n}\mathrm{Im}^2(\lambda_i(\boldsymbol{A}))\leqslant\sum_{i,j=1}^{n}\left|\frac{a_{ij}-\overline{a}_{ji}}{2}\right|^2$$

4.9. 设 $\boldsymbol{A}\in\mathbb{C}^{n\times n}$, $\|\boldsymbol{A}\|^2=\sum_{i,j=1}^{n}\mid a_{ij}\mid^2$,证明

<u>Ky Fan 定理</u>

$$\sum_{i=1}^{n} |\lambda_i(\boldsymbol{A})|^2 = \min_{S \in \mathbb{C}^{n\times n}, \det S \neq 0} \| \boldsymbol{S}^{-1}\boldsymbol{A}\boldsymbol{S} \|^2$$

4.10. 设 $\boldsymbol{A} \in P^{n\times n}$，证明

$$\lambda_n \cdot \cdots \cdot \lambda_k \leqslant a_{nn} \cdot \cdots \cdot a_{kk}, 1 \leqslant k \leqslant n$$

§5　正交不变范数下的极值问题

前面我们已经定义了正交不变范数，并且已经看出，矩阵的常用的欧氏范数 $\|\boldsymbol{A}\|_E = \left(\sum_{i,j} a_{ij}^2\right)^{\frac{1}{2}}$ 及由向量范数诱导的矩阵范数 $\|\boldsymbol{A}\|_m = \lambda_1(\boldsymbol{A}^{\mathrm{T}}\boldsymbol{A})^{\frac{1}{2}}$ 都是正交不变的. 本节将建立一般的正交不变范数与矩阵的奇异值的对称标尺函数之间的内在联系，并在此基础上给出一些不等式和极值问题的解.

在本节中，凡是 $\boldsymbol{x} \geqslant \boldsymbol{y}$（或 $\boldsymbol{x} > \boldsymbol{y}$），将表示向量 $\boldsymbol{x}-\boldsymbol{y}$ 的各个元素都是非负的（或正的）. 注意它与矩阵不等式的区别.

1. 正交不变范数与对称标尺函数

设 $\|\cdot\|$ 是 $\mathbb{R}^{m\times n}$ 上的正交不变范数，$\boldsymbol{A} \in \mathbb{R}^{m\times n}$. 根据 $\boldsymbol{A}$ 的奇异值分解

$$\boldsymbol{A} = \boldsymbol{U}\boldsymbol{D}\boldsymbol{V}, \boldsymbol{U}, \boldsymbol{V} \text{ 分别为 } m, n \text{ 阶正交阵} \tag{5.1}$$

其中 $\boldsymbol{D}$ 是以 $\boldsymbol{A}$ 的从大到小排列的顺序奇异值 $\sigma_1(\boldsymbol{A}), \cdots, \sigma_l(\boldsymbol{A})$ 为主对角元的 $m \times n$ 阶对角阵，$l =$

$\min(m,n)$. 又由正交不变范数的条件(4),有

$$\|A\| = \|UDV\| = \|D\| \triangleq \phi([\sigma_1(A) \ \cdots \ \sigma_l(A)]^{\mathrm{T}}) \tag{5.2}$$

可见矩阵 A 的正交不变范数实质上是 A 的奇异值的函数.

下面我们来讨论这个函数的性质,建立它与正交不变范数的内在联系.

定理5.1　由正交不变范数给定的函数 $\phi(\cdot)$: $\mathbb{R}^l \to \mathbb{R}^1$,具有下列性质:

(1) $\phi(x) > 0 (x \neq 0)$;

(2) $\phi(\rho x) = |\rho| \phi(x)$;

(3) $\phi(x+y) \leqslant \phi(x) + \phi(y)$;

(4) $\phi(x_\pi) = \phi(x)$, x_π 是 x 的坐标经置换而得的任一向量.

证明　根据范数的定义,(1) ~ (3)是显然的. 考虑到任一置换可表示成若干个对换的乘积,要对 $x = [\sigma_1(A) \ \cdots \ \sigma_l(A)]^{\mathrm{T}}$ 的坐标作一个置换 π,只需在对角阵 D 的左边乘若干个 $P(i,j)$ 型初等阵(这种矩阵是正交阵),每乘一个 $P(i,j)$,相当于对 $\sigma_1(A),\cdots,\sigma_l(A)$ 作一个对换,故有正交阵 U 使得 UD 的主对角元向量为 $[\sigma_{\pi_1}(A) \ \cdots \ \sigma_{\pi_l}(A)]^{\mathrm{T}}$,而 $\|UD\| = \|D\|$,因此 $\phi(x_\pi) = \phi(x)$. 故有性质(4).

注意到奇异值都是非负的,由(5.2)知,$\phi(\cdot)$ 仅对非负向量有定义. 为了后面讨论的方便,不妨将定义域扩充到整个 $\mathbb{R}^l$,扩充由下面的(5)给出:

(5) $\phi(Jx) = \phi(x)$, J 是以 ± 1 为对角元的对

角阵.

定义 5.1 设 $\phi(\cdot):\mathbb{R}^l\to\mathbb{R}^1$满足上述性质(1)~(5),则称 $\phi(\cdot)$是$\mathbb{R}^l$上的**对称标尺(gauge)函数**.

定理 5.2 设 $\phi(\cdot):\mathbb{R}^l\to\mathbb{R}^1$是对称标尺函数,则对 $\boldsymbol{A}\in\mathbb{R}^{m\times n}$, $l=\min(m,n)$,取

$$\|\boldsymbol{A}\|=\phi(\boldsymbol{x}_{\boldsymbol{A}})\tag{5.2'}$$

其中 $\boldsymbol{x}_{\boldsymbol{A}}=[\sigma_1(\boldsymbol{A})\quad\cdots\quad\sigma_l(\boldsymbol{A})]^{\mathrm{T}}$. 由上式(5.2′)给出的$\|\cdot\|:\mathbb{R}^{m\times n}\to\mathbb{R}^1$是$\mathbb{R}^{m\times n}$上的正交不变范数.

证明 $\|\cdot\|$满足正交不变范数的(1)~(3)是显然的. 又因对 $\boldsymbol{A}$ 左、右各乘正交阵并不改变它的奇异值,于是得(4). 故$\|\cdot\|$是正交不变范数.

这样就建立了正交不变范数与对称标尺函数之间的一一对应关系. 下面将进一步说明,依据对称标尺函数的性质,可以证明矩阵 $\boldsymbol{A}$ 的正交不变范数的大小与它的奇异值向量的"大小"有着本质的联系. 为了证明这个基本事实,我们需要引进向量受控和双随机阵的概念,这两个概念不仅在这里有必要,而且在研讨其他不等式时,也起着重要的作用.

定义 5.2 设 $\boldsymbol{x},\boldsymbol{y}\in\mathbb{R}^n$,如果

$$\max_{1\leqslant j_1<\cdots<j_k\leqslant n}\sum_{i=1}^{k}x_{j_i}\leqslant\max_{1\leqslant j_1<\cdots<j_k\leqslant n}\sum_{i=1}^{k}y_{j_i},k=1,\cdots,n\tag{5.3}$$

那么称 $\boldsymbol{x}$ 受控于 $\boldsymbol{y}$,或 $\boldsymbol{x}$ 被 $\boldsymbol{y}$ 控制,或 $\boldsymbol{y}$ 控制了 $\boldsymbol{x}$,记为 $\boldsymbol{x}\prec\boldsymbol{y}$. 如果又满足

$$\sum_{i=1}^{n}x_i=\sum_{i=1}^{n}y_i\tag{5.4}$$

那么称 $\boldsymbol{x}$ 严控于 $\boldsymbol{y}$,或 $\boldsymbol{x}$ 被 $\boldsymbol{y}$ 严控,或 $\boldsymbol{y}$ 严控了 $\boldsymbol{x}$,记为 $\boldsymbol{x} < \cdot\, \boldsymbol{y}$.

为了讨论的方便,我们常常需要了解向量 $\boldsymbol{x}$ 的坐标的大小次序,记它的最大的坐标为 $x_{(1)}$,其次为 $x_{(2)}$,……,最小的坐标为 $x_{(n)}$. 记

$$\boldsymbol{x}_{(\cdot)} \triangleq [x_{(1)} \quad x_{(2)} \quad \cdots \quad x_{(n)}]^{\mathrm{T}}$$

$\boldsymbol{x}_{(\cdot)}$ 与 $\boldsymbol{x}$ 的差别在于坐标已按从大到小的次序排好.

于是,$\boldsymbol{x} < \boldsymbol{y}$ 等价于

$$\sum_{i=1}^{k} x_{(i)} \leqslant \sum_{i=1}^{k} y_{(i)}, k = 1, \cdots, n \qquad (5.3')$$

而 $\boldsymbol{x} < \cdot\, \boldsymbol{y}$ 等价于(5.3′)与(5.4)同时满足.

定义 5.3　设 $\boldsymbol{D} \in \mathbb{R}^{n \times n}$,$\boldsymbol{D}$ 的各元素非负,且满足

$$\boldsymbol{D}\boldsymbol{1}_n = \boldsymbol{1}_n, \boldsymbol{D}^{\mathrm{T}}\boldsymbol{1}_n = \boldsymbol{1}_n \qquad (5.5)$$

这里 $\boldsymbol{1}_n = [1 \quad \cdots \quad 1]^{\mathrm{T}}$,则称 $\boldsymbol{D}$ 为**双随机阵**. 换句话说,(5.5)就是 $\boldsymbol{D}$ 的各列、各行元素之和均为 1.

如果 $\boldsymbol{D}$ 不一定满足(5.5),而满足

$$\boldsymbol{D}\boldsymbol{1}_n \leqslant \boldsymbol{1}_n, \boldsymbol{D}^{\mathrm{T}}\boldsymbol{1}_n \leqslant \boldsymbol{1}_n \qquad (5.6)$$

($\boldsymbol{x} \leqslant \boldsymbol{y}$,指 $\boldsymbol{y} - \boldsymbol{x}$ 各元非负),那么称 $\boldsymbol{D}$ 为**次双随机阵**.

容易看出:一个由单位阵经过若干次行的对换而得到的置换阵,必为双随机的正交阵;双随机阵的乘积是双随机阵(因为 $\boldsymbol{AB1}_n = \boldsymbol{A1}_n = \boldsymbol{1}_n$). 设 $\boldsymbol{Q}$ 是正交阵,则 $\boldsymbol{Q} \circ \boldsymbol{Q} \triangleq (q_{ij}^2)$ 是双随机阵. 这类性质在后面将要用到.

向量受控和双随机阵的联系见如下定理:

定理 5.3　设 $\boldsymbol{x}, \boldsymbol{y} \geqslant \boldsymbol{0}$,则有

$$\boldsymbol{x} < \cdot\, \boldsymbol{y} \Leftrightarrow \text{存在双随机阵 } \boldsymbol{D} \text{ 使得 } \boldsymbol{x} = \boldsymbol{D}\boldsymbol{y}$$

证明 注意到上面提到的性质，不妨假定 $\boldsymbol{x},\boldsymbol{y}$ 均是排好序的，即 $\boldsymbol{x}=\boldsymbol{x}_{(\cdot)},\boldsymbol{y}=\boldsymbol{y}_{(\cdot)}$.

"⇐"改记 $\boldsymbol{x}=\boldsymbol{D}\boldsymbol{y}$ 为分块形式，即

$$\begin{bmatrix}\boldsymbol{x}^1\\ \boldsymbol{x}^2\end{bmatrix}=\begin{bmatrix}\boldsymbol{D}_{11} & \boldsymbol{D}_{12}\\ \boldsymbol{D}_{21} & \boldsymbol{D}_{22}\end{bmatrix}\begin{bmatrix}\boldsymbol{y}^1\\ \boldsymbol{y}^2\end{bmatrix}$$

这里 $\boldsymbol{x}^1=[x_1\ \ \cdots\ \ x_k]^{\mathrm{T}},\boldsymbol{y}^1=[y_1\ \ \cdots\ \ y_k]^{\mathrm{T}}$，其余是相应分块，于是得

$$\begin{aligned}\sum_{i=1}^{k}x_i &= \mathbf{1}_k^{\mathrm{T}}\boldsymbol{x}^1=\mathbf{1}_k^{\mathrm{T}}(\boldsymbol{D}_{11}\boldsymbol{y}^1+\boldsymbol{D}_{12}\boldsymbol{y}^2)\\ &=\mathbf{1}_k^{\mathrm{T}}\boldsymbol{y}^1-\mathbf{1}_k^{\mathrm{T}}(\boldsymbol{I}_k-\boldsymbol{D}_{11})\boldsymbol{y}^1+\mathbf{1}_k^{\mathrm{T}}\boldsymbol{D}_{12}\boldsymbol{y}^2\\ &\leqslant \mathbf{1}_k^{\mathrm{T}}\boldsymbol{y}^1-\mathbf{1}_k^{\mathrm{T}}(\boldsymbol{I}_k-\boldsymbol{D}_{11})\mathbf{1}_k y_k+\mathbf{1}_k^{\mathrm{T}}\boldsymbol{D}_{12}\mathbf{1}_{n-k}y_k\\ &=\mathbf{1}_k^{\mathrm{T}}\boldsymbol{y}^1-(\mathbf{1}_k^{\mathrm{T}}\mathbf{1}_k-\mathbf{1}_k^{\mathrm{T}}[\boldsymbol{D}_{11}\ \ \boldsymbol{D}_{12}]\mathbf{1}_n)y_k\\ &=\sum_{i=1}^{k}y_i-(\mathbf{1}_k^{\mathrm{T}}\mathbf{1}_k-\mathbf{1}_k^{\mathrm{T}}\mathbf{1}_k)y_k\\ &=\sum_{i=1}^{k}y_i,k=1,\cdots,n-1\end{aligned}$$

且有

$$\mathbf{1}_n^{\mathrm{T}}\boldsymbol{x}=\mathbf{1}_n^{\mathrm{T}}\boldsymbol{D}\boldsymbol{y}=\mathbf{1}_n^{\mathrm{T}}\boldsymbol{y}$$

故得

$$\boldsymbol{x}\prec\cdot\,\boldsymbol{y}$$

"⇒"对 n 用数学归纳法. 当 $n=1$ 时，$\boldsymbol{x}\prec\cdot\,\boldsymbol{y}$，即 $\boldsymbol{x}=\boldsymbol{y}$，而$\mathbf{1}$正是 1 阶的双随机阵. 设阶数小于或等于 $n-1$时结论成立，下面考虑 n 维情形：

已知 $\boldsymbol{x}\prec\cdot\,\boldsymbol{y}$，可分两种情况：

(1) $x_1=y_1$，此时，记

$$\tilde{\boldsymbol{x}}=[x_2\ \ \cdots\ \ x_n]^{\mathrm{T}},\tilde{\boldsymbol{y}}=[y_2\ \ \cdots\ \ y_n]^{\mathrm{T}}$$

可得$\tilde{\boldsymbol{x}} \prec \cdot\, \tilde{\boldsymbol{y}}$,由归纳假设,存在双随机阵$\tilde{\boldsymbol{D}}$使$\tilde{\boldsymbol{x}} = \tilde{\boldsymbol{D}}\tilde{\boldsymbol{y}}$. 取

$$\boldsymbol{D} = \begin{bmatrix} 1 & \boldsymbol{0} \\ \boldsymbol{0} & \tilde{\boldsymbol{D}} \end{bmatrix}$$

显见$\boldsymbol{D}$仍为双随机阵,且有$\boldsymbol{x} = \boldsymbol{D}\boldsymbol{y}$.

(2)$x_1 < y_1$,此时必有$\boldsymbol{y}$的某个坐标不大于x_1(否则严控条件不能成立). 设y_t是其中的第一个,即有$x_1 < y_1, \cdots, y_{t-1}$,但$y_t \leqslant x_1 < y_1$. 后一个不等式保证了存在$\alpha \in [0,1)$,使得

$$x_1 = \alpha y_1 + (1-\alpha) y_t$$

令

$$\boldsymbol{D}_1 = \left[\begin{array}{ccccc|c} \alpha & 0 & \cdots & 0 & 1-\alpha & \\ 0 & & & & 0 & \\ \vdots & & \boldsymbol{I}_{t-2} & & \vdots & \boldsymbol{0} \\ 0 & & & & 0 & \\ 1-\alpha & 0 & \cdots & 0 & \alpha & \\ \hline & & \boldsymbol{0} & & & \boldsymbol{I}_{n-t} \end{array}\right]$$

为双随机阵,记$\boldsymbol{D}_1\boldsymbol{y} \triangleq \boldsymbol{z} \triangleq [z_1 \quad \cdots \quad z_n]^{\mathrm{T}}$,则有

$$z_1 = \alpha y_1 + (1-\alpha) y_t = x_1$$

$$z_t = (1-\alpha) y_1 + \alpha y_t = y_t + y_1 - x_1$$

$$z_2 = y_2, \cdots, z_{t-1} = y_{t-1}, z_{t+1} = y_{t+1}, \cdots, z_n = y_n \quad (5.7)$$

注意到$z_1 = x_1$,记$\tilde{\boldsymbol{z}} = [z_2 \quad \cdots \quad z_n]^{\mathrm{T}}$,可证$\tilde{\boldsymbol{x}} \prec \cdot\, \tilde{\boldsymbol{z}}$. 由(5.7)知:

当$k \leqslant t-1$时,有

$$\sum_{i=2}^{k} z_i = \sum_{i=2}^{k} y_i > \sum_{i=2}^{k} x_1 \geqslant \sum_{i=2}^{k} x_i$$

当 $k>t-1$ 时，有

$$\sum_{i=2}^{k} z_i = \sum_{\substack{i \neq t \\ i=2}}^{k} y_i + y_t + y_1 - x_1 = \sum_{i=1}^{k} y_i - x_1 \geqslant \sum_{i=2}^{k} x_i$$

得到受控条件满足，而

$$\mathbf{1}_{n-1}^{\mathrm{T}} \tilde{\boldsymbol{z}} = \mathbf{1}_n^{\mathrm{T}} \boldsymbol{z} - x_1 = \mathbf{1}_n^{\mathrm{T}} \boldsymbol{y} - x_1 = \mathbf{1}_n^{\mathrm{T}} \boldsymbol{x} - x_1 = \mathbf{1}_{n-1}^{\mathrm{T}} \tilde{\boldsymbol{x}}$$

得 $\tilde{\boldsymbol{x}} \prec \cdot\, \tilde{\boldsymbol{z}}$. 于是可仿照(1)得双随机阵 $\boldsymbol{D}_2$ 使 $\boldsymbol{x}=\boldsymbol{D}_2\boldsymbol{z}$，取 $\boldsymbol{D}=\boldsymbol{D}_2\boldsymbol{D}_1$，就有

$$\boldsymbol{x}=\boldsymbol{D}_2\boldsymbol{z}=\boldsymbol{D}_2\boldsymbol{D}_1\boldsymbol{y}=\boldsymbol{D}\boldsymbol{y}$$

而 $\boldsymbol{D}$ 为双随机阵. 证毕.

定理 5.4 设 $\boldsymbol{y} \geqslant \mathbf{0}$，任给双随机阵 $\boldsymbol{D}$，记 $\boldsymbol{x}=\boldsymbol{D}\boldsymbol{y}$，则有

$$\boldsymbol{x} = \sum_{\pi \in S_n} \alpha_\pi \boldsymbol{y}_\pi, \alpha_\pi \geqslant 0, \sum_{\pi \in S_n} \alpha_\pi = 1 \tag{5.8}$$

其中 S_n 是 n 个元的置换的全体(n 次对称群，参见第1章 §2 的第2小节)，$\boldsymbol{y}_\pi = [y_{\pi(1)} \quad y_{\pi(2)} \quad \cdots \quad y_{\pi(n)}]^{\mathrm{T}}$.

证明 仍对 n 用数学归纳法. 由要证的(5.8)的结构，不妨设 $\boldsymbol{x},\boldsymbol{y}$ 的分量均已按降序排好. 当 $n=1$ 时，(5.8)显然为真. 当 $n=2$ 时，必有

$$\boldsymbol{D} = \begin{bmatrix} \alpha & 1-\alpha \\ 1-\alpha & \alpha \end{bmatrix}, \alpha \geqslant 0$$

故有

$$\boldsymbol{x} = \boldsymbol{D}\boldsymbol{y} = \begin{bmatrix} \alpha & 1-\alpha \\ 1-\alpha & \alpha \end{bmatrix} \begin{bmatrix} y_1 \\ y_2 \end{bmatrix}$$

$$= \begin{bmatrix} \alpha y_1 + (1-\alpha) y_2 \\ (1-\alpha) y_1 + \alpha y_2 \end{bmatrix}$$

$$= \alpha\begin{bmatrix} y_1 \\ y_2 \end{bmatrix} + (1-\alpha)\begin{bmatrix} y_2 \\ y_1 \end{bmatrix}$$

因此得(5.8)成立.

现设 $n-1$ 时(5.8)成立,考虑 n 的情形:

(1) 当 $x_1 = y_1$ 时,记 $\tilde{\boldsymbol{x}} = [x_2 \cdots x_n]^{\mathrm{T}}$, $\tilde{\boldsymbol{y}} = [y_2 \quad \cdots \quad y_n]^{\mathrm{T}}$,则按定理5.3,由

$$\boldsymbol{x} = \boldsymbol{D}\boldsymbol{y} \Rightarrow \boldsymbol{x} \prec\cdot\, \boldsymbol{y} \Rightarrow \tilde{\boldsymbol{x}} \prec\cdot\, \tilde{\boldsymbol{y}} \Rightarrow \tilde{\boldsymbol{x}} = \tilde{\boldsymbol{D}}\tilde{\boldsymbol{y}}$$

这里 $\tilde{\boldsymbol{D}}$ 是 $n-1$ 阶双随机阵. 由归纳假设可得

$$\tilde{\boldsymbol{x}} = \sum_{\tilde{\pi} \in S_{n-1}} \alpha_{\tilde{\pi}} \tilde{\boldsymbol{y}}_{\tilde{\pi}}, \alpha_{\tilde{\pi}} \geqslant 0, \sum_{\tilde{\pi} \in S_{n-1}} \alpha_{\tilde{\pi}} = 1$$

这里 S_{n-1} 是符号$(2,3,\cdots,n)$的置换的全体. 于是有

$$\boldsymbol{x} = \sum_{\tilde{\pi} \in S_{n-1}} \alpha_{\tilde{\pi}} \boldsymbol{y}_{\tilde{\pi}} \tag{5.9}$$

这里 $\boldsymbol{y}_{\tilde{\pi}} = \begin{bmatrix} y_1 \\ \tilde{\boldsymbol{y}}_{\tilde{\pi}} \end{bmatrix}$. 取 $\boldsymbol{\pi} \in S_n$, 由于 $\boldsymbol{\pi}(1) = 1, \boldsymbol{\pi}(i) = \tilde{\boldsymbol{\pi}}(i), i = 2,\cdots,n$ 给定,则有 $\boldsymbol{y}_{\pi} = \boldsymbol{y}_{\tilde{\pi}}$,和式(5.9)中不出现的 $\boldsymbol{y}$ 的置换向量 $\boldsymbol{y}_{\pi'}$,其系数均为零,于是得(5.8).

(2) 当 $x_1 < y_1$ 时,仿定理5.4证明中的分析,可设 y_t 是 $\boldsymbol{y}$ 的分量中第一个不大于 x_1 的,有 $y_t \leqslant x_1 < y_{t-1}$. 取 $u_t = y_t + y_{t-1} - x_1$,令

$$\tilde{\boldsymbol{z}} \triangleq [z_2 \ \cdots \ z_n]^{\mathrm{T}} = [y_1 \ \cdots \ y_{t-2} \ u_t \ y_{t+1} \ \cdots \ y_n]^{\mathrm{T}} \in \mathbb{R}^{n-1}$$

则可证 $\tilde{\boldsymbol{x}} \prec\cdot\, \tilde{\boldsymbol{z}}$. 这里因为 $\tilde{\boldsymbol{z}}$ 的分量已按降序排好,且有:

当 $k < t$ 时,有

$$\sum_{i=2}^{k} z_i = \sum_{i=1}^{k-1} y_i \geqslant \sum_{i=1}^{k-1} x_i \geqslant \sum_{i=2}^{k} x_i$$

当 $k \geqslant t$ 时,有

$$\sum_{i=2}^{k} z_i = \sum_{i=1}^{t-2} y_i + u_t + \sum_{i=t+1}^{k} y_i = \sum_{i=1}^{k} y_i - x_1 \geqslant \sum_{i=2}^{k} x_i$$

而 $\sum\limits_{i=2}^{n} z_i = \sum\limits_{i=1}^{n} y_i - x_1 = \sum\limits_{i=2}^{n} x_i$,得 $\tilde{\boldsymbol{x}} \prec \cdot\, \tilde{\boldsymbol{z}}$. 从而由归纳假设,有

$$\tilde{\boldsymbol{x}} = \sum_{\tilde{\pi} \in S_{n-1}} \alpha_{\tilde{\pi}} \tilde{\boldsymbol{z}}_{\tilde{\pi}}, \alpha_{\tilde{\pi}} \geqslant 0, \sum_{\tilde{\pi} \in S_{n-1}} \alpha_{\tilde{\pi}} = 1$$

仿照(1) 中(5.9),有

$$\boldsymbol{x} = \sum_{\tilde{\pi} \in S_{n-1}} \alpha_{\tilde{\pi}} \boldsymbol{z}_{\tilde{\pi}} \tag{5.10}$$

这里 $\boldsymbol{z}_{\tilde{\pi}} = \begin{bmatrix} x_1 \\ \tilde{\boldsymbol{z}}_{\tilde{\pi}} \end{bmatrix}$. 注意到 $\boldsymbol{z}_{\tilde{\pi}}$ 是以 $x_1, y_1, \cdots, y_{t-2}, u_t, y_{t+1}, \cdots, y_n$ 为坐标,但后面 $n-1$ 个坐标已经由 $\tilde{\boldsymbol{\pi}}$ 置换了的向量,此时 u_t 是 $\boldsymbol{z}_{\tilde{\pi}}$ 的某一个分量,为书写方便,不妨设它就是 $\boldsymbol{z}_{\tilde{\pi}}$ 的第二个分量. 必存在 $\boldsymbol{y}$ 的一个坐标经过了置换的向量 $\boldsymbol{y}_{\pi}$,使得 $y_{\pi(1)} = y_{t-1}, y_{\pi(2)} = y_t$,并且 $\boldsymbol{y}_{\pi}$ 的后 $n-2$ 个分量逐个等于 $\boldsymbol{z}_{\tilde{\pi}}$ 的后 $n-2$ 个分量. 由 y_t 及 u_t 的取法知

$$\begin{bmatrix} x_1 \\ x_t \end{bmatrix} \prec \cdot \begin{bmatrix} y_{t-1} \\ y_t \end{bmatrix} \Rightarrow \begin{bmatrix} x_1 \\ u_t \end{bmatrix} = \beta_{\tilde{\pi}} \begin{bmatrix} y_{t-1} \\ y_t \end{bmatrix} + (1 - \beta_{\tilde{\pi}}) \begin{bmatrix} y_t \\ y_{t-1} \end{bmatrix}$$

$$0 \leqslant \beta_{\tilde{\pi}} \leqslant 1$$

于是

$$\boldsymbol{z}_{\tilde{\pi}} = \beta_{\tilde{\pi}} \boldsymbol{y}_{\pi} + (1 - \beta_{\tilde{\pi}}) \boldsymbol{y}_{\pi'}$$

这里$\pi' \in S_n$,$\pi'(i) = \pi(i)$,$i = 3,\cdots,n$,而且$\pi'(1) = \pi(2)$,$\pi'(2) = \pi(1)$.将$z_{\tilde{\pi}}$代入(5.10)得

$$x = \sum_{\tilde{\pi} \in S_{n-1}} \alpha_{\tilde{\pi}}(\beta_{\tilde{\pi}} y_{\pi} + (1 - \beta_{\tilde{\pi}}) y_{\pi'})$$

从而将x表示成了y的置换向量的和,再注意到

$$\sum_{\tilde{\pi} \in S_{n-1}} (\alpha_{\tilde{\pi}}\beta_{\tilde{\pi}} + \alpha_{\tilde{\pi}}(1 - \beta_{\tilde{\pi}})) = \sum_{\tilde{\pi} \in S_{n-1}} \alpha_{\tilde{\pi}} = 1$$

得上述和表达式为凸组合,从而(5.8)得证.

现在我们来证明本节的基本不等式关系,叙述为:

定理5.5　设$A,B \in \mathbb{R}^{m\times n}$,$a$和$b$分别是$A,B$的奇异值向量,它们的维数为$l = \min(m,n)$,且分量均已按降序排好,则有

$$\|B\| \leqslant \|A\|,\text{任意正交不变范数 } \|\cdot\| \tag{5.11}$$

当且仅当

$$b < a, a = [\sigma_1(A) \quad \cdots \quad \sigma_l(A)]^{\mathrm{T}}$$
$$b = [\sigma_1(B) \quad \cdots \quad \sigma_l(B)]^{\mathrm{T}} \tag{5.12}$$

证明　定理5.1与定理5.2保证了(5.11)等价于

$$\phi(b) \leqslant \phi(a),\text{任意对称标尺函数 } \phi(\cdot) \tag{5.13}$$

故只需证(5.12)⇔(5.13).

"⇐"当本章(1.6)成立时,我们取l个对称标尺函数

$$\phi_k(x) = \max_{1\leqslant j_1 < \cdots < j_k \leqslant l} \sum_{i=1}^{k} | x_{j_i} |, k = 1,\cdots,l$$

则$\phi_k(b) \leqslant \phi_k(a)$,故可推出

$$\sum_{i=1}^{k} b_i \leqslant \sum_{i=1}^{k} a_i, k = 1, \cdots, l \qquad (5.12')$$

此即受控条件(5.3) 成立,得 $\boldsymbol{b} < \boldsymbol{a}$.

“⇒”我们还需要用到对称标尺函数的如下单调性

$$\mathbf{0} \leqslant \boldsymbol{x} \leqslant \boldsymbol{y} \Rightarrow \phi(\boldsymbol{x}) \leqslant \phi(\boldsymbol{y}) \qquad (5.14)$$

为证(5.14),先考虑$\mathbf{0} \leqslant \boldsymbol{x} \leqslant \boldsymbol{y}$,$\boldsymbol{x}$,$\boldsymbol{y}$仅有第$i$个坐标不相等,则存在$\alpha \in (0,1]$,有

$$x_i = \alpha y_i + (1-\alpha)(-y_i)$$

于是

$$\boldsymbol{x} = \alpha \boldsymbol{y} + (1-\alpha)\boldsymbol{J}_i \boldsymbol{y}$$

这里$\boldsymbol{J}_i = \boldsymbol{P}(i(-1))$(参见第1章 §3 的第1小节),从而由本章 §5 的第1小节中性质(3)(2)(5) 得

$$\begin{aligned}\phi(\boldsymbol{x}) &\leqslant \phi(\alpha \boldsymbol{y}) + \phi((1-\alpha)\boldsymbol{J}_i \boldsymbol{y}) \\ &= \alpha\phi(\boldsymbol{y}) + (1-\alpha)\phi(\boldsymbol{y}) \\ &= \phi(\boldsymbol{y})\end{aligned}$$

对一般的$\mathbf{0} \leqslant \boldsymbol{x} \leqslant \boldsymbol{y}$,有

$$\mathbf{0} \leqslant \begin{bmatrix} x_1 \\ x_2 \\ \vdots \\ x_l \end{bmatrix} \leqslant \begin{bmatrix} y_1 \\ x_2 \\ \vdots \\ x_l \end{bmatrix} \leqslant \begin{bmatrix} y_1 \\ y_2 \\ \vdots \\ x_l \end{bmatrix} \leqslant \cdots \leqslant \begin{bmatrix} y_1 \\ y_2 \\ \vdots \\ y_l \end{bmatrix}$$

对上面每个不等式应用已得结论,有 $\phi(\boldsymbol{x}) \leqslant \phi(\boldsymbol{y})$.

现有(5.12) 成立,即 $\boldsymbol{b} < \boldsymbol{a}$. 顺序减小 $\boldsymbol{a}$ 的最小的非零坐标,总可求得$\boldsymbol{a}' \leqslant \boldsymbol{a}$而$\boldsymbol{b} <\cdot\, \boldsymbol{a}'$. 根据定理5.3 和定理 5.4,可得双随机阵 $\boldsymbol{D}$,使

$$\boldsymbol{b} = \boldsymbol{D}\boldsymbol{a}' = \sum_{\pi \in S_n} \alpha_\pi \boldsymbol{a}'_\pi$$

于是

$$\phi(\boldsymbol{b}) = \phi(\sum \alpha_\pi \boldsymbol{a}'_\pi) \leqslant \sum \alpha_\pi \phi(\boldsymbol{a}'_\pi)$$
$$= \phi(\boldsymbol{a}') \sum \alpha_\pi = \phi(\boldsymbol{a}') \leqslant \phi(\boldsymbol{a})$$

故得(5.13).

2. 关于奇异值的不等式和极值问题

根据奇异值的定义,它是由非负定阵的特征值导出的. 因而,关于非负定阵特征值的一些不等式,往往可导出关于奇异值的不等式. 我们将在此略引数例,而不去一一枚举.

设 $\boldsymbol{A} \in \mathbb{R}^{m\times n}$,首先,我们可从特征值表达式去导出奇异值表达式,如

$$\lambda_1(\boldsymbol{A}^{\mathrm{T}}\boldsymbol{A}) = \max_{\|\boldsymbol{x}\|=1} \boldsymbol{x}^{\mathrm{T}}\boldsymbol{A}^{\mathrm{T}}\boldsymbol{A}\boldsymbol{x} \Rightarrow \sigma_1(\boldsymbol{A}) = \max_{\|\boldsymbol{x}\|=1} \|\boldsymbol{A}\boldsymbol{x}\|$$

于是有

$$\sigma_i(\boldsymbol{A}) = \min_{\boldsymbol{B}\in\mathbb{R}^{(i-1)\times n}} \max_{\substack{\|\boldsymbol{x}\|=1 \\ \boldsymbol{B}\boldsymbol{x}=\boldsymbol{0}}} \|\boldsymbol{A}\boldsymbol{x}\|, i = 1,\cdots,l \tag{5.15}$$

其次,由 Poincaré 分隔定理,得

$$\lambda_{n-k+i}(\boldsymbol{A}^{\mathrm{T}}\boldsymbol{A}) \leqslant \lambda_i(\boldsymbol{B}_1^{\mathrm{T}}\boldsymbol{A}^{\mathrm{T}}\boldsymbol{A}\boldsymbol{B}_1) \leqslant \lambda_i(\boldsymbol{A}^{\mathrm{T}}\boldsymbol{A}), i = 1,\cdots,k$$

这里 $\boldsymbol{B}_1$ 是 $n\times k$ 阶列正交阵,可导出

$$\sigma_{n-k+i}(\boldsymbol{A}) \leqslant \sigma_i(\boldsymbol{A}\boldsymbol{B}_1) \leqslant \sigma_i(\boldsymbol{A}) \tag{5.16}$$

对矩阵 $\boldsymbol{B}_1^{\mathrm{T}}\boldsymbol{A}^{\mathrm{T}}$,任给 $m\times r$ 阶列正交阵 $\boldsymbol{C}_1$,又有

$$\sigma_{n+m-k-r+i}(\boldsymbol{A}) \leqslant \sigma_{m-r+i}(\boldsymbol{B}_1^{\mathrm{T}}\boldsymbol{A}^{\mathrm{T}}) \leqslant \sigma_i(\boldsymbol{B}_1^{\mathrm{T}}\boldsymbol{A}^{\mathrm{T}}\boldsymbol{C}_1)$$
$$\leqslant \sigma_i(\boldsymbol{B}_1^{\mathrm{T}}\boldsymbol{A}^{\mathrm{T}}) \leqslant \sigma_i(\boldsymbol{A})$$

于是得

$$\sigma_{m+n-r-k+i}(\boldsymbol{A}) \leqslant \sigma_i(\boldsymbol{C}_1^{\mathrm{T}}\boldsymbol{A}\boldsymbol{B}_1) \leqslant \sigma_i(\boldsymbol{A}) \tag{5.17}$$

$$i = 1,\cdots,s = \min(k,r)$$

现在我们来推导几个与奇异值有关的不等式. 为此,我们先证明一个与双随机阵有关的常用不等式:

定理 5.6 设 $\boldsymbol{x},\boldsymbol{y} \in \mathbb{R}^n$,且它们的分量均已按降序排好,$\boldsymbol{D}$ 是任给的 n 阶双随机阵,则有

$$\boldsymbol{x}^{\mathrm{T}} \underline{\boldsymbol{y}} \leqslant \boldsymbol{x}^{\mathrm{T}}\boldsymbol{D}\boldsymbol{y} \leqslant \boldsymbol{x}^{\mathrm{T}}\boldsymbol{y} \tag{5.18}$$

这里$\underline{\boldsymbol{y}} \triangleq [\underline{y}_1 \ \cdots \ \underline{y}_n]^{\mathrm{T}}$,而$\underline{y}_i = y_{n-i+1}, i = 1,\cdots,n$.

证明 先证(5.18) 右边的不等式. 用数学归纳法,当$n = 1$时,结论成立. 假设对$n - 1$维向量,结论亦成立. 现讨论n维情形,记

$$\boldsymbol{z} = \boldsymbol{D}\boldsymbol{y},\tilde{\boldsymbol{z}} = [z_2 \ \cdots \ z_n]^{\mathrm{T}},\tilde{\boldsymbol{y}} = [y_2 + y_1 - z_1 \ \ y_3 \ \cdots \ y_n]^{\mathrm{T}}$$

则由 $\boldsymbol{z} \prec \boldsymbol{y} \Rightarrow \tilde{\boldsymbol{z}} \prec \tilde{\boldsymbol{y}}$,故有 $n - 1$ 阶双随机阵$\widetilde{\boldsymbol{D}}$ 使$\tilde{\boldsymbol{z}} = \widetilde{\boldsymbol{D}}\tilde{\boldsymbol{y}}$. 由归纳假设可得

$$\tilde{\boldsymbol{x}}^{\mathrm{T}} \tilde{\boldsymbol{z}} \leqslant \tilde{\boldsymbol{x}}^{\mathrm{T}} \tilde{\boldsymbol{y}},\tilde{\boldsymbol{x}} = [x_2 \ \cdots \ x_n]^{\mathrm{T}}$$

由于

$$\boldsymbol{x}^{\mathrm{T}}\boldsymbol{z} = x_1 z_1 + \tilde{\boldsymbol{x}}^{\mathrm{T}} \tilde{\boldsymbol{z}} \leqslant x_1 z_1 + \tilde{\boldsymbol{x}}^{\mathrm{T}} \tilde{\boldsymbol{y}}$$

而

$$\begin{aligned} x_1 z_1 + \tilde{\boldsymbol{x}}^{\mathrm{T}} \tilde{\boldsymbol{y}} &= x_1 z_1 + x_2(y_1 - z_1) - x_1 y_1 + \boldsymbol{x}^{\mathrm{T}}\boldsymbol{y} \\ &= (x_1 - x_2)(z_1 - y_1) + \boldsymbol{x}^{\mathrm{T}}\boldsymbol{y} \leqslant \boldsymbol{x}^{\mathrm{T}}\boldsymbol{y} \end{aligned}$$

于是得

$$\boldsymbol{x}^{\mathrm{T}}\boldsymbol{z} \leqslant \boldsymbol{x}^{\mathrm{T}}\boldsymbol{y}$$

在已得的结果中用 $-\underline{\boldsymbol{y}}$ 代替 $\boldsymbol{y}$,则有

$$\boldsymbol{x}^{\mathrm{T}}\boldsymbol{D}(-\underline{\boldsymbol{y}}) \leqslant \boldsymbol{x}^{\mathrm{T}}(-\underline{\boldsymbol{y}})$$

即得

$$x^{\mathrm{T}}\underline{y} \leqslant x^{\mathrm{T}}D\underline{y}$$

注记　对于次双随机阵 D',(5.18) 右边的不等式仍成立,因为此时存在双随机阵 D 满足 $D-D'$ 的各个元素均非负(思考题).

定理 5.7　设 $A,B\in\mathbb{R}^{m\times n}$,$A,B$ 的奇异值向量分别为 a,b. 设 A,B 的奇异值分解为

$$A = PD_1Q, B = RD_2S$$

其中 D_1,D_2 分别是以 a 的元素和 b 的元素为主对角元的 $m\times n$ 阶对角阵,P,R 是 m 阶正交阵,Q,S 是 n 阶正交阵[①],则对任给的 n 阶正交阵 U 和 m 阶正交阵 V,有

$$|\operatorname{tr} AUB^{\mathrm{T}}V| \leqslant a^{\mathrm{T}}b \triangleq \sum_{i=1}^{l}\sigma_i(A)\sigma_i(B), l=\min(m,n) \tag{5.19}$$

并且(5.19) 的等号可在 $U=Q^{\mathrm{T}}S, V=RP^{\mathrm{T}}$ 时达到.

证明　利用奇异值分解式,有

$$\begin{aligned}|\operatorname{tr} AUB^{\mathrm{T}}V| &= |\operatorname{tr} PD_1QUS^{\mathrm{T}}D_2^{\mathrm{T}}R^{\mathrm{T}}V| \\ &= |\operatorname{tr} D_1(QUS^{\mathrm{T}})D_2^{\mathrm{T}}(R^{\mathrm{T}}VP)|\end{aligned}$$

因此当 $U=Q^{\mathrm{T}}S, V=RP^{\mathrm{T}}$ 时,由 $\operatorname{tr} D_1D_2^{\mathrm{T}} = a^{\mathrm{T}}b$ 知(5.19) 的等号成立.

一般的,因 QUS^{T} 与 $R^{\mathrm{T}}VP$ 分别为 n 阶和 m 阶正交阵,故不妨仍记为 U,V,只需讨论 $\operatorname{tr} D_1UD_2^{\mathrm{T}}V$ 的范围,记

$$\operatorname{tr} D_1UD_2^{\mathrm{T}}V \triangleq a^{\mathrm{T}}d$$

这里 d 是 $UD_2^{\mathrm{T}}V$ 的主对角线向量. 注意到

---

① 下面用到的奇异值分解均在此意义下,不再赘述.

Ky Fan 定理

$$d_i = \sum_{k=1}^{l} u_{ik} b_k v_{ki}, i = 1, \cdots, l, l = \min(m, n)$$

有

$$| d_i | \leqslant \sum_{k=1}^{l} | u_{ik} v_{ki} | b_k \leqslant \sum_{k=1}^{l} \left(\frac{u_{ik}^2 + v_{ki}^2}{2} \right) b_k$$

记$\frac{u_{ik}^2 + v_{ki}^2}{2} = q_{ik}$. 由 $\boldsymbol{U}, \boldsymbol{V}$ 的正交性,易见 $\boldsymbol{Q} \triangleq (q_{ik})$ 是次双随机阵,即有$\sum_i q_{ik} \leqslant 1$, $\sum_k q_{ik} \leqslant 1$,且 $q_{ik} \geqslant 0$. 根据定理 5.6 的注记,有

$$| \boldsymbol{a}^{\mathrm{T}} \boldsymbol{d} | \leqslant \boldsymbol{a}^{\mathrm{T}} \boldsymbol{Q} \boldsymbol{b} \leqslant \boldsymbol{a}^{\mathrm{T}} \boldsymbol{b}$$

故得(5.19).

定理 5.8 设 $\boldsymbol{A} \in \mathbb{R}^{n \times n}$,则有

$$\lambda_i \left(\frac{\boldsymbol{A}^{\mathrm{T}} + \boldsymbol{A}}{2} \right) \leqslant \sigma_i(\boldsymbol{A}) \triangleq \lambda_i^{\frac{1}{2}}(\boldsymbol{A}^{\mathrm{T}} \boldsymbol{A}) \tag{5.20}$$

证明 设 $\boldsymbol{A}$ 的奇异值分解是

$$\boldsymbol{A} = \boldsymbol{PDQ}, \boldsymbol{P}, \boldsymbol{Q} \text{ 为 } n \text{ 阶正交阵}$$

则记 $\boldsymbol{U} = \boldsymbol{PQ}, \boldsymbol{H} = \boldsymbol{Q}^{\mathrm{T}} \boldsymbol{DQ}$,又有 $\boldsymbol{A} = \boldsymbol{UH}$,即 $\boldsymbol{A}$ 的正交 - 非负定分解. 由 C - S 不等式有

$$\boldsymbol{y}^{\mathrm{T}} \left(\frac{\boldsymbol{A}^{\mathrm{T}} + \boldsymbol{A}}{2} \right) \boldsymbol{y} = \boldsymbol{y}^{\mathrm{T}} \boldsymbol{A} \boldsymbol{y} = \boldsymbol{y}^{\mathrm{T}} \boldsymbol{UH} \boldsymbol{y} \leqslant \| \boldsymbol{Hy} \| \, \| \boldsymbol{U}^{\mathrm{T}} \boldsymbol{y} \|$$

当 $\| \boldsymbol{y} \| = 1$ 时,有

$$\begin{aligned} \| \boldsymbol{Hy} \| \cdot \| \boldsymbol{U}^{\mathrm{T}} \boldsymbol{y} \| &= \| \boldsymbol{Hy} \| = (\boldsymbol{y}^{\mathrm{T}} \boldsymbol{H}^{\mathrm{T}} \boldsymbol{Hy})^{\frac{1}{2}} \\ &= (\boldsymbol{y}^{\mathrm{T}} \boldsymbol{A}^{\mathrm{T}} \boldsymbol{Ay})^{\frac{1}{2}} \end{aligned}$$

对不等式

$$\boldsymbol{y}^{\mathrm{T}} \left(\frac{\boldsymbol{A}^{\mathrm{T}} + \boldsymbol{A}}{2} \right) \boldsymbol{y} \leqslant (\boldsymbol{y}^{\mathrm{T}} \boldsymbol{A}^{\mathrm{T}} \boldsymbol{Ay})^{\frac{1}{2}}$$

使用特征值和奇异值的表达式((3.13) 及(5.15)),

立得要证的结论.

注记　定理 5.8 中的 $\lambda_i\left(\frac{A^T+A}{2}\right)$ 不能改为 $\sigma_i\left(\frac{A^T+A}{2}\right)$.

例如

$$A=\begin{bmatrix}1 & 0\\1 & 0\end{bmatrix}$$

则

$$\frac{A^T+A}{2}=\begin{bmatrix}1 & \frac{1}{2}\\ \frac{1}{2} & 0\end{bmatrix}$$

使 $\sigma_2\left(\frac{A^T+A}{2}\right)\leqslant\sigma_2(A)$ 不成立.

下面讨论一类奇异值的极值问题. 设 $A\in\mathbb{R}^{m\times n}$, $\operatorname{rank} A=r$,设 S 是 $m\times n$ 阶矩阵的一个特定类,试问

$$\min_{B\in S}\ \sigma_i(A-B),i=1,\cdots,l$$

在 S 的何处达到?这也就是在 S 中找一矩阵,使其在奇异值意义下最接近 A 的问题. 如果有 $B_0\in S$ 满足

$$\sigma_i(A-B)\geqslant\sigma_i(A-B_0),i=1,\cdots,l,\forall B\in S$$

那么显然有 $A-B$ 的奇异值向量 d 控制了 $A-B_0$ 的奇异值向量 d_0. 于是,按定理 5.5,对一切正交不变范数 $\|\cdot\|$ 都有

$$\|A-B\|\geqslant\|A-B_0\|,\forall B\in S$$

因此,在一切正交不变范数意义下,B_0 都是 S 中对 A 的最佳逼近. 不难看出,在正交不变范数意义下的最佳

逼近不见得是在奇异值意义下的最佳逼近，因为由 $\boldsymbol{d}_0 < \boldsymbol{d}$ 不能推出 $\boldsymbol{d}_0 \leqslant \boldsymbol{d}$.

我们将对两个具体的矩阵类 S_1 和 S_2 给出奇异值意义下的最佳逼近.

定理 5.9 设 $\boldsymbol{A} \in \mathbb{R}^{m\times n}$，$\operatorname{rank} \boldsymbol{A} = r$，$k < r$，记

$$S_1 = \{\boldsymbol{X} \mid \boldsymbol{X} \in \mathbb{R}^{m\times n}, \operatorname{rank} \boldsymbol{X} \leqslant k\}$$

又设 $\boldsymbol{A}$ 的奇异值分解为

$$\boldsymbol{A} = \sum_{i=1}^{r} \sigma_i(\boldsymbol{A}) \boldsymbol{u}_i \boldsymbol{v}_i^{\mathrm{T}} \tag{5.21}$$

则当

$$\boldsymbol{X}_0 = \sum_{i=1}^{k} \sigma_i(\boldsymbol{A}) \boldsymbol{u}_i \boldsymbol{v}_i^{\mathrm{T}} \tag{5.22}$$

时有

$$\min_{\boldsymbol{X} \in S_1} \sigma_i(\boldsymbol{A} - \boldsymbol{X}) = \sigma_i(\boldsymbol{A} - \boldsymbol{X}_0), i = 1, \cdots, l, l = \min(m, n) \tag{5.23}$$

反之，当 $\boldsymbol{X}_0 \in S_1$ 满足(5.23)时，$\boldsymbol{X}_0$ 必如(5.22)所示，且此时 $\boldsymbol{A}$ 有奇异值分解如(5.21).

证明 (1) 当 $\boldsymbol{A}, \boldsymbol{X}_0$ 如(5.21)(5.22)所示时，有

$$\boldsymbol{A} - \boldsymbol{X}_0 = \sum_{i=k+1}^{r} \sigma_i(\boldsymbol{A}) \boldsymbol{u}_i \boldsymbol{v}_i^{\mathrm{T}}$$

它是 $\boldsymbol{A} - \boldsymbol{X}_0$ 的奇异值分解，故得

$$\sigma_i(\boldsymbol{A} - \boldsymbol{X}_0) = \sigma_{k+i}(\boldsymbol{A}), i \leqslant l - k \tag{5.24}$$

下面要充分利用 $\boldsymbol{X}$ 的特征去给出证明. 因为 $\operatorname{rank} \boldsymbol{X} \leqslant k$，设法将 $\boldsymbol{X}$ 分解，使其有一可任意选取的因子，而另一因子有较好的性质. 考虑奇异值分解 $\boldsymbol{X} = \boldsymbol{PDQ}$，取 $\boldsymbol{P}$ 的前 k 列记为 $\boldsymbol{G}$，则 $\boldsymbol{G}^{\mathrm{T}}\boldsymbol{G} = \boldsymbol{I}_k$. 记 $\boldsymbol{D}$ 的 k 阶

顺序主子阵与 $\boldsymbol{Q}$ 的前 k 行的乘积为 $\boldsymbol{Y}$,$\boldsymbol{Y}$ 是 $k\times n$ 阶阵,有 $\boldsymbol{X}=\boldsymbol{GY}$. 实际上,对任取的 $\boldsymbol{Y}$,均有 $\boldsymbol{X}=\boldsymbol{GY}\in S_1$,故可应用关于广义最小二乘解的定理 2.7,得矩阵不等式

$$(\boldsymbol{A}-\boldsymbol{GY})^{\mathrm{T}}(\boldsymbol{A}-\boldsymbol{GY})\geqslant(\boldsymbol{A}-\boldsymbol{GG}^{+}\boldsymbol{A})^{\mathrm{T}}(\boldsymbol{A}-\boldsymbol{GG}^{+}\boldsymbol{A})$$
$$=\boldsymbol{A}^{\mathrm{T}}(\boldsymbol{I}-\boldsymbol{GG}^{+})\boldsymbol{A}$$

因 $\boldsymbol{G}^{\mathrm{T}}\boldsymbol{G}=\boldsymbol{I}_k(\boldsymbol{G}^{+}=\boldsymbol{G}^{\mathrm{T}})$,$\boldsymbol{I}-\boldsymbol{GG}^{+}$ 是到 $R^{\perp}(\boldsymbol{G})$ 的正交投影阵,得 $\mathrm{rank}(\boldsymbol{I}-\boldsymbol{GG}^{+})=m-k$. 由 $\boldsymbol{A}^{\mathrm{T}}(\boldsymbol{I}-\boldsymbol{GG}^{+})\boldsymbol{A}$ 的非负定性及 Poincaré 分隔定理的推论,可得

$$\lambda_i(\boldsymbol{A}^{\mathrm{T}}(\boldsymbol{I}-\boldsymbol{GG}^{+})\boldsymbol{A})$$
$$=\lambda_i((\boldsymbol{I}-\boldsymbol{GG}^{+})\boldsymbol{AA}^{\mathrm{T}})\geqslant\lambda_{k+i}(\boldsymbol{AA}^{\mathrm{T}})$$
$$=\sigma_{k+i}^2(\boldsymbol{A})=\sigma_i^2(\boldsymbol{A}-\boldsymbol{X}_0)$$

而由上面的矩阵不等式,应有

$$\sigma_i^2(\boldsymbol{A}-\boldsymbol{X})=\lambda_i(\boldsymbol{A}-\boldsymbol{X})^{\mathrm{T}}(\boldsymbol{A}-\boldsymbol{X})$$
$$\geqslant\lambda_i(\boldsymbol{A}^{\mathrm{T}}(\boldsymbol{I}-\boldsymbol{GG}^{+})\boldsymbol{A})$$

故得(5.23).

(2) 现设有 $\boldsymbol{X}_0\in S_1$ 满足(5.23),要推出 $\boldsymbol{X}_0$,$\boldsymbol{A}$ 的奇异值分解如(5.22)(5.21)所示.

$\boldsymbol{A}$ 总有奇异值分解,不妨设为(5.21),且上面已推得

$$\min_{\boldsymbol{X}\in S_1}\sigma_i^2(\boldsymbol{A}-\boldsymbol{X})=\sigma_{k+i}^2(\boldsymbol{A}),k+i\leqslant l$$

而当 $k+i>l$ 时

$$\min_{\boldsymbol{X}\in S_1}\sigma_i(\boldsymbol{A}-\boldsymbol{X})=0$$

故若 $\boldsymbol{X}_0$ 满足(5.23),则必有 $\boldsymbol{A}-\boldsymbol{X}_0\triangleq\boldsymbol{E}$ 的非零奇异值恰为 $\sigma_{k+1}(\boldsymbol{A}),\cdots,\sigma_r(\boldsymbol{A})$. 设 $\boldsymbol{E}$ 有奇异值分解

$$E = \sum_{i=k+1}^{r} \sigma_i(\boldsymbol{A})\boldsymbol{p}_i\boldsymbol{q}_i^{\mathrm{T}} \triangleq \boldsymbol{P}_2\boldsymbol{D}_2\boldsymbol{Q}_2^{\mathrm{T}}$$

由奇异值分解的来由，知其中 $\boldsymbol{p}_i$ 是 $\boldsymbol{E}\boldsymbol{E}^{\mathrm{T}}$ 的相应于特征值 $\sigma_i^2(\boldsymbol{A})$ 的特征向量. 我们需要证明 $\boldsymbol{p}_i$ 也是 $\boldsymbol{A}\boldsymbol{A}^{\mathrm{T}}$ 的相应于特征值 $\sigma_i^2(\boldsymbol{A})$ 的特征向量，这就要从 $\boldsymbol{E}\boldsymbol{E}^{\mathrm{T}}\boldsymbol{P}_2 = \boldsymbol{P}_2\boldsymbol{D}_2$ 去推出 $\boldsymbol{A}\boldsymbol{A}^{\mathrm{T}}\boldsymbol{P}_2 = \boldsymbol{P}_2\boldsymbol{D}_2$. 然而

$$\begin{aligned} \boldsymbol{A}\boldsymbol{A}^{\mathrm{T}} &= (\boldsymbol{E} + \boldsymbol{X}_0)(\boldsymbol{E} + \boldsymbol{X}_0)^{\mathrm{T}} \\ &= \boldsymbol{E}\boldsymbol{E}^{\mathrm{T}} + \boldsymbol{E}\boldsymbol{X}_0^{\mathrm{T}} + \boldsymbol{X}_0\boldsymbol{E}^{\mathrm{T}} + \boldsymbol{X}_0\boldsymbol{X}_0^{\mathrm{T}} \end{aligned}$$

因此有

$$\begin{aligned} \boldsymbol{A}\boldsymbol{A}^{\mathrm{T}}\boldsymbol{P}_2 &= \boldsymbol{E}\boldsymbol{E}^{\mathrm{T}}\boldsymbol{P}_2 + \boldsymbol{E}\boldsymbol{X}_0^{\mathrm{T}}\boldsymbol{P}_2 + \boldsymbol{X}_0\boldsymbol{E}^{\mathrm{T}}\boldsymbol{P}_2 + \boldsymbol{X}_0\boldsymbol{X}_0^{\mathrm{T}}\boldsymbol{P}_2 \\ &= \boldsymbol{P}_2\boldsymbol{D}_2 + \boldsymbol{E}\boldsymbol{X}_0^{\mathrm{T}}\boldsymbol{P}_2 + \boldsymbol{X}_0\boldsymbol{E}^{\mathrm{T}}\boldsymbol{P}_2 + \\ &\quad \boldsymbol{X}_0\boldsymbol{X}_0^{\mathrm{T}}\boldsymbol{E}\boldsymbol{E}^{\mathrm{T}}\boldsymbol{P}_2\boldsymbol{D}_2^{-1} \end{aligned}$$

故只需证明 $\boldsymbol{E}\boldsymbol{X}_0^{\mathrm{T}} = \boldsymbol{0}, \boldsymbol{X}_0^{\mathrm{T}}\boldsymbol{E} = \boldsymbol{0}$（它蕴涵了 $\boldsymbol{X}_0^{\mathrm{T}}\boldsymbol{P}_2 = \boldsymbol{0}$）就够了.

欲证 $\boldsymbol{E}^{\mathrm{T}}\boldsymbol{X}_0 = \boldsymbol{0}$，设 $\boldsymbol{P}$ 是到 $R(\boldsymbol{X}_0)$ 的正投影阵，则有 rank $\boldsymbol{P}\boldsymbol{A} \triangleq k_1 \leqslant k$. 于是，由(1)中的推理得

$$\sigma_i^2((\boldsymbol{I} - \boldsymbol{P})\boldsymbol{A}) \geqslant \sigma_{k_1+i}^2(\boldsymbol{A}) \geqslant \sigma_{k+i}^2(\boldsymbol{A}) = \sigma_i^2(\boldsymbol{A} - \boldsymbol{X}_0)$$

于是

$$\operatorname{tr}(\boldsymbol{A} - \boldsymbol{P}\boldsymbol{A})^{\mathrm{T}}(\boldsymbol{A} - \boldsymbol{P}\boldsymbol{A}) \geqslant \operatorname{tr}(\boldsymbol{A} - \boldsymbol{X}_0)^{\mathrm{T}}(\boldsymbol{A} - \boldsymbol{X}_0)$$

但又有

$$\begin{aligned} &\operatorname{tr}(\boldsymbol{A} - \boldsymbol{P}\boldsymbol{A})^{\mathrm{T}}(\boldsymbol{A} - \boldsymbol{P}\boldsymbol{A}) \\ &= \operatorname{tr}(\boldsymbol{A} - \boldsymbol{X}_0 - \boldsymbol{P}(\boldsymbol{A} - \boldsymbol{X}_0))^{\mathrm{T}}(\boldsymbol{A} - \boldsymbol{X}_0 - \boldsymbol{P}(\boldsymbol{A} - \boldsymbol{X}_0)) \\ &= \operatorname{tr}(\boldsymbol{A} - \boldsymbol{X}_0)^{\mathrm{T}}(\boldsymbol{I} - \boldsymbol{P})^{\mathrm{T}}(\boldsymbol{I} - \boldsymbol{P})(\boldsymbol{A} - \boldsymbol{X}_0) \\ &= \operatorname{tr}(\boldsymbol{A} - \boldsymbol{X}_0)^{\mathrm{T}}(\boldsymbol{I} - \boldsymbol{P})(\boldsymbol{A} - \boldsymbol{X}_0) \\ &= \operatorname{tr}(\boldsymbol{A} - \boldsymbol{X}_0)^{\mathrm{T}}(\boldsymbol{A} - \boldsymbol{X}_0) - \operatorname{tr}(\boldsymbol{A} - \boldsymbol{X}_0)^{\mathrm{T}}\boldsymbol{P}(\boldsymbol{A} - \boldsymbol{X}_0) \end{aligned}$$

注意到$(\boldsymbol{A}-\boldsymbol{X}_0)^{\mathrm{T}}\boldsymbol{P}(\boldsymbol{A}-\boldsymbol{X}_0)$非负定,可得

$$\mathrm{tr}(\boldsymbol{A}-\boldsymbol{X}_0)^{\mathrm{T}}\boldsymbol{P}(\boldsymbol{A}-\boldsymbol{X}_0)=0$$

推得

$$(\boldsymbol{A}-\boldsymbol{X}_0)^{\mathrm{T}}\boldsymbol{X}_0\boldsymbol{X}_0^{+}(\boldsymbol{A}-\boldsymbol{X}_0)=\boldsymbol{0}$$

由此可得

$$(\boldsymbol{A}-\boldsymbol{X}_0)^{\mathrm{T}}\boldsymbol{X}_0=\boldsymbol{0}$$

即$\boldsymbol{E}^{\mathrm{T}}\boldsymbol{X}_0=\boldsymbol{0}$.

类似的,考虑

$$\mathrm{tr}(\boldsymbol{A}-\boldsymbol{X}_0-\boldsymbol{P}(\boldsymbol{A}-\boldsymbol{X}_0))(\boldsymbol{A}-\boldsymbol{X}_0-\boldsymbol{P}(\boldsymbol{A}-\boldsymbol{X}_0))^{\mathrm{T}}$$

可推出$\boldsymbol{X}_0\boldsymbol{E}^{\mathrm{T}}=\boldsymbol{0}$,从而得$\boldsymbol{A}\boldsymbol{A}^{\mathrm{T}}\boldsymbol{P}_2=\boldsymbol{P}_2\boldsymbol{D}_2$.

现在可得$\boldsymbol{A}$的如下奇异值分解

$$\boldsymbol{A}=\boldsymbol{U}\boldsymbol{D}\boldsymbol{V}^{\mathrm{T}}$$

这里

$$\boldsymbol{U}=[\boldsymbol{U}_1 \vdots \boldsymbol{U}_2],\boldsymbol{U}_2=\boldsymbol{P}_2,\boldsymbol{D}=\begin{bmatrix}\boldsymbol{D}_1 & \boldsymbol{0}\\ \boldsymbol{0} & \boldsymbol{D}_2\end{bmatrix},\boldsymbol{V}=[\boldsymbol{V}_1 \vdots \boldsymbol{V}_2]$$

亦可记为

$$\boldsymbol{A}=\boldsymbol{U}_1\boldsymbol{D}_1\boldsymbol{V}_1^{\mathrm{T}}+\boldsymbol{U}_2\boldsymbol{D}_2\boldsymbol{V}_2^{\mathrm{T}}$$

由奇异值分解的由来,知

$$\boldsymbol{V}_2^{\mathrm{T}}=\boldsymbol{D}_2^{-1}\boldsymbol{U}_2^{\mathrm{T}}\boldsymbol{A}=\boldsymbol{D}_2^{-1}\boldsymbol{P}_2^{\mathrm{T}}(\boldsymbol{X}_0+\boldsymbol{E})=\boldsymbol{D}_2^{-1}\boldsymbol{P}_2^{\mathrm{T}}\boldsymbol{E}=\boldsymbol{Q}_2^{\mathrm{T}}$$

于是得$\boldsymbol{E}=\boldsymbol{U}_2\boldsymbol{D}_2\boldsymbol{V}_2^{\mathrm{T}}$,可推出$\boldsymbol{X}_0=\boldsymbol{U}_1\boldsymbol{D}_1\boldsymbol{V}_1^{\mathrm{T}}$. 这表明$\boldsymbol{X}_0$,$\boldsymbol{A}$的奇异值分解正如(5.22)与(5.21)所示.

定理5.10　设$\boldsymbol{A}\in\mathbb{R}^{m\times n}$,$\mathrm{rank}\,\boldsymbol{A}=r$. 又设$\boldsymbol{M}\in\mathbb{R}^{m\times s}$,$\boldsymbol{N}\in\mathbb{R}^{t\times n}$,记

$$S_2=\{\boldsymbol{X}=\boldsymbol{M}\boldsymbol{Y}+\boldsymbol{Z}\boldsymbol{N}\mid \boldsymbol{Y}\in\mathbb{R}^{s\times n},\boldsymbol{Z}\in\mathbb{R}^{m\times t}\}$$

则当

$$X_0 = MM^+ A + (I - MM^+)AN^+ N \quad (5.25)$$

或

$$X_0 = MM^+ A(I - N^+ N) + AN^+ N \quad (5.26)$$

时,有

$$\min_{X \in S_2} \sigma_i(A - X) = \sigma_i(A - X_0), i = 1, \cdots, l \quad (5.27)$$

证明　因为$A - X = A - MY - ZN$,注意到Y是可以任取的,所以,若给定Z,就可用矩阵极值定理(定理2.7)得到$\forall Y \in \mathbb{R}^{s\times n}$,有

$$\begin{aligned}&(A - X)^{\mathrm{T}}(A - X)\\ \geqslant &(A - ZN - MM^+(A - ZN))^{\mathrm{T}} \cdot\\ &(A - ZN - MM^+(A - ZN))\\ = &(A - ZN)^{\mathrm{T}}(I - MM^+)^2(A - ZN)\end{aligned}$$

由上式后一个矩阵的非负定性及定理2.9,得

$$\begin{aligned}&\lambda_i((A - X)^{\mathrm{T}}(A - X))\\ \geqslant &\lambda_i((A - ZN)^{\mathrm{T}}(I - MM^+)^2(A - ZN))\\ = &\lambda_i((I - MM^+)(A - ZN)(A - ZN)^{\mathrm{T}}(I - MM^+))\end{aligned}$$

对

$$(A - ZN)(A - ZN)^{\mathrm{T}} = (A^{\mathrm{T}} - N^{\mathrm{T}}Z^{\mathrm{T}})^{\mathrm{T}}(A^{\mathrm{T}} - N^{\mathrm{T}}Z^{\mathrm{T}})$$

再用定理2.7,得

$$\begin{aligned}&(A - ZN)(A - ZN)^{\mathrm{T}}\\ \geqslant &(A^{\mathrm{T}} - N^{\mathrm{T}}N^{\mathrm{T}+}A^{\mathrm{T}})^{\mathrm{T}}(A^{\mathrm{T}} - N^{\mathrm{T}}N^{\mathrm{T}+}A^{\mathrm{T}})\\ = &A(I - N^+ N)^2A^{\mathrm{T}}\end{aligned}$$

再根据定理2.2和定理2.8就有

$$\lambda_i((A - X)^{\mathrm{T}}(A - X))$$

$$\geqslant \lambda_i((\boldsymbol{I}-\boldsymbol{M}\boldsymbol{M}^+)(\boldsymbol{A}-\boldsymbol{Z}\boldsymbol{N})\cdot (\boldsymbol{A}-\boldsymbol{Z}\boldsymbol{N})^{\mathrm{T}}(\boldsymbol{I}-\boldsymbol{M}\boldsymbol{M}^+))$$
$$\geqslant \lambda_i((\boldsymbol{I}-\boldsymbol{M}\boldsymbol{M}^+)\boldsymbol{A}(\boldsymbol{I}-\boldsymbol{N}^+\boldsymbol{N})^2\boldsymbol{A}^{\mathrm{T}}(\boldsymbol{I}-\boldsymbol{M}\boldsymbol{M}^+))$$
$$=\lambda_i((\boldsymbol{A}-\boldsymbol{X}_0)^{\mathrm{T}}(\boldsymbol{A}-\boldsymbol{X}_0))$$

其中 $\boldsymbol{X}_0$ 如(5.25),于是得(5.27).

类似的,考虑先给定 $\boldsymbol{Y}$,就可得 $\boldsymbol{X}_0$ 如(5.26).(5.26)与(5.25)相等,但 $\boldsymbol{Y}$ 和 $\boldsymbol{Z}$ 的取法有所不同.

3. 正交不变范数下的最佳逼近

设 $\boldsymbol{A}\in\mathbb{R}^{m\times n}$,$S$ 是 $\mathbb{R}^{m\times n}$ 的子集,讨论是否有 $\boldsymbol{X}_0\in S$,使得

$$\|\boldsymbol{A}-\boldsymbol{X}_0\| = \min_{\boldsymbol{X}\in S}\|\boldsymbol{A}-\boldsymbol{X}\|$$

这里 $\|\cdot\|$ 是欧氏范数 $\|\cdot\|_E$ 或任意正交不变范数.

前面已经说明,上一小节所得的最佳逼近定理蕴涵了正交不变范数意义下的最佳逼近. 这类结论,不再赘述. 本节将对另一些 S 给出范数意义下的最佳逼近.

定理 5.11　设 $\boldsymbol{A}\in\mathbb{R}^{m\times n}$,$\boldsymbol{B}\in\mathbb{R}^{m\times s}$,$\operatorname{rank}\boldsymbol{B}=s$,$\boldsymbol{M}$,$\boldsymbol{N}$ 分别是 m 阶和 n 阶正定阵,记

$$S=\{\boldsymbol{X}\boldsymbol{Y}\mid \boldsymbol{X}\in\mathbb{R}^{s\times k},\boldsymbol{X}^{\mathrm{T}}\boldsymbol{B}^{\mathrm{T}}\boldsymbol{M}\boldsymbol{B}\boldsymbol{X}=\boldsymbol{I}_k,\boldsymbol{Y}\in\mathbb{R}^{k\times n}\}$$

则有

$$\min_{\boldsymbol{X}\boldsymbol{Y}\in S}\|\boldsymbol{M}^{\frac{1}{2}}(\boldsymbol{A}-\boldsymbol{B}\boldsymbol{X}\boldsymbol{Y})\boldsymbol{N}^{\frac{1}{2}}\|_E^2=\operatorname{tr}\boldsymbol{A}^{\mathrm{T}}\boldsymbol{M}\boldsymbol{A}\boldsymbol{N}-\sum_{i=1}^{k}\lambda_i \tag{5.28}$$

其中 $\lambda_1,\cdots,\lambda_k$ 是 $\boldsymbol{B}^{\mathrm{T}}\boldsymbol{M}\boldsymbol{A}\boldsymbol{N}\boldsymbol{A}^{\mathrm{T}}\boldsymbol{M}\boldsymbol{B}$ 相对于 $\boldsymbol{B}^{\mathrm{T}}\boldsymbol{M}\boldsymbol{B}$ 的前 k

个特征值,并且(5.28)的极值在 $\boldsymbol{X}_0\boldsymbol{Y}_0$ 处达到,其中 $\boldsymbol{Y}_0$ 满足 $\boldsymbol{B}\boldsymbol{X}_0\boldsymbol{Y}_0 = \boldsymbol{B}\boldsymbol{X}_0\boldsymbol{X}_0^{\mathrm{T}}\boldsymbol{B}^{\mathrm{T}}\boldsymbol{M}\boldsymbol{A}, \boldsymbol{X}_0 = [\boldsymbol{p}_1 \vdots \cdots \vdots \boldsymbol{p}_k]$, $\boldsymbol{p}_1, \cdots, \boldsymbol{p}_k$ 是相应于 $\boldsymbol{\lambda}_1, \cdots, \boldsymbol{\lambda}_k$ 的相对特征向量.

证明 我们总有

$$\begin{aligned}&\min_{XY \in S} \| \boldsymbol{M}^{\frac{1}{2}}(\boldsymbol{A} - \boldsymbol{BXY})\boldsymbol{N}^{\frac{1}{2}} \|^2 \\ &= \min\{ \min_{\boldsymbol{Y} \in \mathbb{R}^{k\times n}} \| \boldsymbol{M}^{\frac{1}{2}}(\boldsymbol{A} - \boldsymbol{BXY})\boldsymbol{N}^{\frac{1}{2}} \|^2 \mid \boldsymbol{X} \in \mathbb{R}^{s\times k}, \boldsymbol{X}^{\mathrm{T}}\boldsymbol{B}^{\mathrm{T}}\boldsymbol{MBX} = \boldsymbol{I}_k \}\end{aligned}$$

而由定理 2.8 知,后一极值在

$$\boldsymbol{M}^{\frac{1}{2}}\boldsymbol{BXY}_0 = (\boldsymbol{M}^{\frac{1}{2}}\boldsymbol{BX})(\boldsymbol{M}^{\frac{1}{2}}\boldsymbol{BX})^{+}\boldsymbol{M}^{\frac{1}{2}}\boldsymbol{A}$$

时达到. 由于 $(\boldsymbol{M}^{\frac{1}{2}}\boldsymbol{BX})^{+} = (\boldsymbol{M}^{\frac{1}{2}}\boldsymbol{BX})^{\mathrm{T}}$(因为由 S_1 的假设,$\boldsymbol{M}^{\frac{1}{2}}\boldsymbol{BX}$ 是列正交阵),极值点所满足的条件可改写为

$$\boldsymbol{BXY}_0 = \boldsymbol{BXX}^{\mathrm{T}}\boldsymbol{B}^{\mathrm{T}}\boldsymbol{MA}$$

接着讨论

$$\min\{ \| \boldsymbol{M}^{\frac{1}{2}}(\boldsymbol{A} - \boldsymbol{BXX}^{\mathrm{T}}\boldsymbol{B}^{\mathrm{T}}\boldsymbol{MA})\boldsymbol{N}^{\frac{1}{2}} \| \mid \boldsymbol{X} \in \mathbb{R}^{s\times k}, \boldsymbol{X}^{\mathrm{T}}\boldsymbol{B}^{\mathrm{T}}\boldsymbol{MBX} = \boldsymbol{I}_k \}$$

何时达到. 事实上,注意到

$$\begin{aligned}&\boldsymbol{M}^{\frac{1}{2}}(\boldsymbol{A} - \boldsymbol{BXX}^{\mathrm{T}}\boldsymbol{B}^{\mathrm{T}}\boldsymbol{MA})\boldsymbol{N}^{\frac{1}{2}} \\ &= (\boldsymbol{I} - \boldsymbol{M}^{\frac{1}{2}}\boldsymbol{BXX}^{\mathrm{T}}\boldsymbol{B}^{\mathrm{T}}\boldsymbol{M}^{\frac{1}{2}})\boldsymbol{M}^{\frac{1}{2}}\boldsymbol{AN}^{\frac{1}{2}}\end{aligned}$$

易见 $\boldsymbol{I} - \boldsymbol{M}^{\frac{1}{2}}\boldsymbol{BXX}^{\mathrm{T}}\boldsymbol{B}^{\mathrm{T}}\boldsymbol{M}^{\frac{1}{2}}$ 是正投影阵,记为 $\boldsymbol{I} - \boldsymbol{P}$,又记

$$S_1 = \{\boldsymbol{X} \mid \boldsymbol{X} \in \mathbb{R}^{s\times k}, \boldsymbol{X}^{\mathrm{T}}\boldsymbol{B}^{\mathrm{T}}\boldsymbol{MBX} = \boldsymbol{I}_k\}$$

$$\begin{aligned}&\min_{X \in S_1} \| \boldsymbol{M}^{\frac{1}{2}}(\boldsymbol{A} - \boldsymbol{BXX}^{\mathrm{T}}\boldsymbol{B}^{\mathrm{T}}\boldsymbol{MA})\boldsymbol{N}^{\frac{1}{2}} \|_E^2 \\ &= \min_{X \in S_1} \| (\boldsymbol{I} - \boldsymbol{P})\boldsymbol{M}^{\frac{1}{2}}\boldsymbol{AN}^{\frac{1}{2}} \|_E^2\end{aligned}$$

$$= \min_{X \in S_1} \operatorname{tr} \boldsymbol{N}^{\frac{1}{2}} \boldsymbol{A}^{\mathrm{T}} \boldsymbol{M}^{\frac{1}{2}} (\boldsymbol{I} - \boldsymbol{P}) \boldsymbol{M}^{\frac{1}{2}} \boldsymbol{A} \boldsymbol{N}^{\frac{1}{2}}$$

$$= \min_{X \in S_1} (\operatorname{tr} \boldsymbol{A}^{\mathrm{T}} \boldsymbol{MAN} - \operatorname{tr} \boldsymbol{X}^{\mathrm{T}} \boldsymbol{B}^{\mathrm{T}} \boldsymbol{MANA}^{\mathrm{T}} \boldsymbol{MBX})$$

$$= \operatorname{tr} \boldsymbol{A}^{\mathrm{T}} \boldsymbol{MAN} - \max_{X \in S_1} \sum_{i=1}^{k} \lambda_i (\boldsymbol{X}^{\mathrm{T}} \boldsymbol{B}^{\mathrm{T}} \boldsymbol{MANA}^{\mathrm{T}} \boldsymbol{MBX})$$

$$= \operatorname{tr} \boldsymbol{A}^{\mathrm{T}} \boldsymbol{MAN} - \sum_{i=1}^{k} \lambda_i \left(\frac{\boldsymbol{B}^{\mathrm{T}} \boldsymbol{MANA}^{\mathrm{T}} \boldsymbol{MB}}{\boldsymbol{B}^{\mathrm{T}} \boldsymbol{MB}} \right)$$

上面最后一个等式是根据定理4.3 的式(4.6),从而得(5.28). 再由定理4.3 关于式(4.6) 等号成立的充要条件,得定理结论中的 $\boldsymbol{X}_0,\boldsymbol{Y}_0$ 为极小值点,即(5.28)的极值在 $\boldsymbol{X}_0\boldsymbol{Y}_0$ 处达到.

定理 5.12　设 $\boldsymbol{A},\boldsymbol{B} \in \mathbb{R}^{m\times n}$,记

$$S = \{\boldsymbol{XBY} \mid \boldsymbol{X},\boldsymbol{Y} \text{ 分别是 } m,n \text{ 阶正交阵}\}$$

则

$$\min_{XBY \in S} \| \boldsymbol{A} - \boldsymbol{XBY} \|_E^2 = \| \boldsymbol{A} \|_E^2 + \| \boldsymbol{B} \|_E^2 - 2\boldsymbol{a}^{\mathrm{T}} \boldsymbol{b} \tag{5.29}$$

其中 $\boldsymbol{a},\boldsymbol{b}$ 分别是 $\boldsymbol{A},\boldsymbol{B}$ 的奇异值向量.

并且,当 $\boldsymbol{A},\boldsymbol{B}$ 有奇异值分解式

$$\boldsymbol{A} = \boldsymbol{PD}_1\boldsymbol{Q},\boldsymbol{B} = \boldsymbol{RD}_2\boldsymbol{S}$$

时,极小值点为 $\boldsymbol{X}_0 = \boldsymbol{PR}^{\mathrm{T}},\boldsymbol{Y}_0 = \boldsymbol{S}^{\mathrm{T}}\boldsymbol{Q}$(参看定理5.7).

证明　由于

$$\begin{aligned} \| \boldsymbol{A} - \boldsymbol{XBY} \|_E^2 &= \operatorname{tr}(\boldsymbol{A}^{\mathrm{T}} - \boldsymbol{Y}^{\mathrm{T}}\boldsymbol{B}^{\mathrm{T}}\boldsymbol{X}^{\mathrm{T}})(\boldsymbol{A} - \boldsymbol{XBY}) \\ &= \operatorname{tr} \boldsymbol{A}^{\mathrm{T}}\boldsymbol{A} + \operatorname{tr} \boldsymbol{Y}^{\mathrm{T}}\boldsymbol{B}^{\mathrm{T}}\boldsymbol{X}^{\mathrm{T}}\boldsymbol{XBY} - 2\operatorname{tr} \boldsymbol{A}^{\mathrm{T}}\boldsymbol{XBY} \\ &= \| \boldsymbol{A} \|_E^2 + \| \boldsymbol{B} \|_E^2 - 2\operatorname{tr} \boldsymbol{BYA}^{\mathrm{T}}\boldsymbol{X} \end{aligned}$$

由定理5.7 可立得要证的结论.

定理 5.13　设 $\boldsymbol{A},\boldsymbol{B} \in \mathbb{R}^{m\times n}$,$\operatorname{rank} \boldsymbol{B} = k$,记

Ky Fan 定理

$$S = \{XBY \mid X \text{ 是 } m \text{ 阶正交阵}, Y \in \mathbb{R}^{n\times n}\}$$

则有

$$\min_{XBY\in S} \| A - XBY \|_E^2 = \| A \|_E^2 - \sum_{i=1}^{k} \lambda_i(A^{\mathrm{T}}A) \tag{5.30}$$

并且(5.30)的极值在 X_0BY_0 处达到,这里

$$X_0 = RP^{\mathrm{T}}, BY_0 = BB^+ X_0^{\mathrm{T}}A$$

而 R,P 分别是 $A^{\mathrm{T}}A$ 与 BB^+ 的谱分解式

$$A^{\mathrm{T}}A = RD_1R^{\mathrm{T}}, BB^+ = PD_2P^{\mathrm{T}}$$

中的正交变换阵.

证明 由上文知

$$\begin{aligned}
&\min_{XBY\in S} \| A - XBY \|_E^2 \\
&= \min_{X\text{正交}} \min_{Y\in\mathbb{R}^{n\times n}} \| A - XBY \|_E^2 \\
&= \min_{X\text{正交}} \| A - XB(XB)^+ A \|_E^2 \\
&= \min_{X\text{正交}} \operatorname{tr} A(I - XBB^+ X^{\mathrm{T}})A^{\mathrm{T}} \\
&= \operatorname{tr} AA^{\mathrm{T}} - \max_{X\text{正交}} \operatorname{tr} AXBB^+ X^{\mathrm{T}}A^{\mathrm{T}}
\end{aligned}$$

因 $XBB^+ X^{\mathrm{T}}$ 是正投影阵,由定理4.2的推论知

$$\lambda_i(XBB^+ X^{\mathrm{T}}A^{\mathrm{T}}A) \leqslant \lambda_i(A^{\mathrm{T}}A), i = 1,\cdots,k$$

且等号成立的充要条件是

$$XBB^+ X^{\mathrm{T}} = R_{(k)}R_{(k)}^{\mathrm{T}}$$

故当 $X_0 = RP^{\mathrm{T}}$ 时,有

$$\begin{aligned}
\max_{X\text{正交}} \operatorname{tr} AXBB^+ X^{\mathrm{T}}A^{\mathrm{T}} &= \operatorname{tr} AX_0BB^+ X_0^{\mathrm{T}}A^{\mathrm{T}} \\
&= \sum_{i=1}^{k} \lambda_i(A^{\mathrm{T}}A)
\end{aligned}$$

得(5.30)成立,且这时 Y_0 应满足

$$X_0BY_0 = X_0BB^+X_0^{\mathrm{T}}A$$

约去 X_0 得

$$BY_0 = BB^+X_0^{\mathrm{T}}A$$

定理 5.14(正交逼近)　设 $A \in \mathbb{R}^{n\times n}$,$A$ 的奇异值分解是 $A = PDQ$,则有

$$\min_{X\text{正交}} \| A - X \| = \| A - PQ \|,\text{任意正交不变范数} \tag{5.31}$$

证明　不妨设 A 是一个有非负对角元的对角阵 D,只需证明

$$\min_{X\text{正交}} \| D - X \| = \| D - I \|,\text{任意正交不变范数} \tag{5.31$'$}$$

根据定理 5.5 知,(5.31′) 又等价于

$$\sum_{i=1}^{k} \sigma_i(D - X) \geqslant \max_{j_1<\cdots<j_k} \sum_{i=1}^{k} |\sigma_{j_i}(D) - 1|, k = 1,\cdots,n \tag{5.32}$$

注意到

$$\sigma_i(D - X) = \lambda_i^{\frac{1}{2}}((D - X)(D - X)^{\mathrm{T}})$$

且因

$$\begin{bmatrix} 0 & D - X \\ (D - X)^{\mathrm{T}} & 0 \end{bmatrix}\begin{bmatrix} 0 & D - X \\ (D - X)^{\mathrm{T}} & 0 \end{bmatrix}$$

$$= \begin{bmatrix} (D - X)(D - X)^{\mathrm{T}} & 0 \\ 0 & (D - X)^{\mathrm{T}}(D - X) \end{bmatrix}$$

若记 $(D - X)(D - X)^{\mathrm{T}}$ 的顺序特征值为 $\lambda_1,\cdots,\lambda_n$,则知

$$G \triangleq \begin{bmatrix} 0 & D - X \\ (D - X)^{\mathrm{T}} & 0 \end{bmatrix}$$

的特征值为 λ_i 的平方根，$i=1,\cdots,n$. 根据第 1 章问题和补充 3，因 $\boldsymbol{G}$ 的奇阶主子式都为 0，知 $\boldsymbol{G}$ 的特征多项式是 $\boldsymbol{\lambda}^2$ 的 n 次多项式，故若 $\boldsymbol{\lambda}$ 是 $\boldsymbol{G}$ 的特征值，则 $-\boldsymbol{\lambda}$ 也是. 因此 $\boldsymbol{G}$ 的特征值必须是 $\lambda_1^{\frac{1}{2}},\cdots,\lambda_n^{\frac{1}{2}},-\lambda_n^{\frac{1}{2}},\cdots,-\lambda_1^{\frac{1}{2}}$，故有

$$\sum_{i=1}^{k}\sigma_i(\boldsymbol{D}-\boldsymbol{X})=\sum_{i=1}^{k}\lambda_i(\boldsymbol{G}),k=1,\cdots,n$$

由定理 4.6 的式(4.10′)知

$$\begin{aligned}&\sum_{i=1}^{k}\lambda_i\left(\begin{bmatrix}\boldsymbol{0}&\boldsymbol{D}\\\boldsymbol{D}&\boldsymbol{0}\end{bmatrix}-\begin{bmatrix}\boldsymbol{0}&\boldsymbol{X}\\\boldsymbol{X}^{\mathrm{T}}&\boldsymbol{0}\end{bmatrix}\right)\\ \geqslant&\max_{1\leqslant j_1<\cdots<j_k\leqslant 2n}\sum_{i=1}^{k}\left\{\lambda_{j_i}\left(\begin{bmatrix}\boldsymbol{0}&\boldsymbol{D}\\\boldsymbol{D}&\boldsymbol{0}\end{bmatrix}\right)-\lambda_{j_i}\left(\begin{bmatrix}\boldsymbol{0}&\boldsymbol{X}\\\boldsymbol{X}^{\mathrm{T}}&\boldsymbol{0}\end{bmatrix}\right)\right\}\end{aligned}$$

注意到 $\begin{bmatrix}\boldsymbol{0}&\boldsymbol{D}\\\boldsymbol{D}&\boldsymbol{0}\end{bmatrix}$ 的特征值是

$$\sigma_1(\boldsymbol{D}),\cdots,\sigma_n(\boldsymbol{D}),-\sigma_n(\boldsymbol{D}),\cdots,-\sigma_1(\boldsymbol{D})$$

而 $\begin{bmatrix}\boldsymbol{0}&\boldsymbol{X}\\\boldsymbol{X}^{\mathrm{T}}&\boldsymbol{0}\end{bmatrix}$ 的特征值是

$$1,\cdots,1,-1,\cdots,-1$$

故同序号的特征值相减只能是同号的数相减，可得

$$\begin{aligned}&\max_{1\leqslant j_1<\cdots<j_k\leqslant 2n}\sum_{i=1}^{k}\left\{\lambda_{j_i}\left(\begin{bmatrix}\boldsymbol{0}&\boldsymbol{D}\\\boldsymbol{D}&\boldsymbol{0}\end{bmatrix}\right)-\lambda_{j_i}\left(\begin{bmatrix}\boldsymbol{0}&\boldsymbol{X}\\\boldsymbol{X}^{\mathrm{T}}&\boldsymbol{0}\end{bmatrix}\right)\right\}\\ =&\max_{1\leqslant j_1<\cdots<j_k\leqslant n}\sum_{i=1}^{k}\left|\sigma_{j_i}(\boldsymbol{D})-1\right|\end{aligned}$$

于是有(5.32)成立.

此定理可推广至 $\boldsymbol{A}\in\mathbb{R}^{m\times n}$，这时 $\boldsymbol{X}$ 取列正交阵，有类似的结论，参见本章问题和补充 7.

定理 5.15　设$\boldsymbol{A}$是秩为r的n阶非负定阵,$\boldsymbol{A}$的谱分解为$\boldsymbol{A}=\sum_{i=1}^{r}\lambda_i(\boldsymbol{A})\boldsymbol{C}_i\boldsymbol{C}_i^{\mathrm{T}}$,则

$$\min_{\boldsymbol{L}\in S}\|\boldsymbol{A}-\boldsymbol{L}\|=\|\boldsymbol{A}-\sum_{i=1}^{k}\boldsymbol{C}_i\boldsymbol{C}_i^{\mathrm{T}}\|\text{,任意正交不变范数}\tag{5.33}$$

其中$S=\{\boldsymbol{L}\mid\boldsymbol{L}\text{ 对称幂等},\operatorname{rank}\boldsymbol{L}=k<r\}$.

证明　仿照定理5.14,不妨设$\boldsymbol{A}$为对角阵

$$\operatorname{diag}(\lambda_1,\cdots,\lambda_r,0,\cdots,0)$$

只要能证这时(5.33)的极小值在

$$\boldsymbol{L}=\operatorname{diag}(\underbrace{1,\cdots,1}_{k\text{个}},0,\cdots,0)$$

时取到即可.

与定理5.14的证明完全类似,只需注意到$\begin{bmatrix}\boldsymbol{0}&\boldsymbol{L}\\\boldsymbol{L}^{\mathrm{T}}&\boldsymbol{0}\end{bmatrix}$的特征值是

$$\underbrace{1,\cdots,1}_{k\text{个}},\underbrace{0,\cdots,0}_{2(n-k)\text{个}},\underbrace{-1,\cdots,-1}_{k\text{个}}$$

注记　如果考虑$S=\{\boldsymbol{L}\mid\boldsymbol{L}\text{ 是秩为 }k\text{ 的幂等阵}\}$,那么(5.33)可以不成立. 例如取

$$\boldsymbol{L}=\begin{bmatrix}\frac{7}{4}&-\frac{3}{4}\\\frac{7}{4}&-\frac{3}{4}\end{bmatrix},k=1,\boldsymbol{A}=\begin{bmatrix}6&0\\0&0\end{bmatrix},\boldsymbol{C}_1=\begin{bmatrix}1\\0\end{bmatrix}$$

不难算出

$$\|\boldsymbol{A}-\boldsymbol{C}_1\boldsymbol{C}_1^{\mathrm{T}}\|=5>\|\boldsymbol{A}-\boldsymbol{L}\|=\sqrt{22.25}\approx4.72$$

问题和补充

1. 零根的重数

设 $\boldsymbol{A}$ 是 n 阶方阵，k 是 $\boldsymbol{A}$ 的零特征值的重数，证明：

(1)当 $\boldsymbol{A}$ 非负定，$p>0,q<0,\frac{1}{p}+\frac{1}{q}=1$ 时，有

$$n-k\geqslant\frac{(\operatorname{tr}\boldsymbol{A})^{p}}{(\operatorname{tr}\boldsymbol{A}^{q})^{\frac{p}{q}}}$$

(2)当 $\boldsymbol{A}$ 对称时，有

$$k\leqslant\frac{n\operatorname{tr}\boldsymbol{A}^{2}-(\operatorname{tr}\boldsymbol{A})^{2}}{\operatorname{tr}\boldsymbol{A}^{2}}$$

2. 关于迹的不等式

(1)设 $\boldsymbol{A},\boldsymbol{B}$ 为对称阵，证明

$$\operatorname{tr}((\boldsymbol{AB})^{2})\leqslant\operatorname{tr}(\boldsymbol{A}^{2}\boldsymbol{B}^{2})$$

且等号成立的充要条件是 $\boldsymbol{AB}=\boldsymbol{BA}$.(提示：考虑 $\boldsymbol{AB}-\boldsymbol{BA}$ 为斜对称阵，参看第1章问题和补充7.)

(2)设 $\boldsymbol{A},\boldsymbol{B}$ 为非负定阵，证明

$$2\operatorname{tr}(\boldsymbol{AB})\leqslant\operatorname{tr}(\boldsymbol{A}^{2})+\operatorname{tr}(\boldsymbol{B}^{2})$$

等号成立的充要条件是 $\boldsymbol{A}=\boldsymbol{B}$，并且有

$$\operatorname{tr}(\boldsymbol{AB})\leqslant[\operatorname{tr}(\boldsymbol{A}^{2})]^{\frac{1}{2}}[\operatorname{tr}(\boldsymbol{B}^{2})]^{\frac{1}{2}}$$

等号成立的充要条件是 $\boldsymbol{B}=d\boldsymbol{A}$，$d$ 是一个数.

3. 相对特征值的表示

设 $\boldsymbol{A}$ 是 n 阶对称阵，$\boldsymbol{M}$ 是 n 阶正定阵，$\lambda_1,\cdots,\lambda_n$ 是 $\boldsymbol{A}$ 关于 $\boldsymbol{M}$ 的**相对特征值**（$\det(\lambda\boldsymbol{M}-\boldsymbol{A})$ 的根），$\lambda_1\geqslant\cdots\geqslant\lambda_n$，证明：

(1) $\lambda_1=\max\limits_{\boldsymbol{x}\in\mathbb{R}^n}\dfrac{\boldsymbol{x}^{\mathrm{T}}\boldsymbol{A}\boldsymbol{x}}{\boldsymbol{x}^{\mathrm{T}}\boldsymbol{M}\boldsymbol{x}}$，$\lambda_n=\min\limits_{\boldsymbol{x}\in\mathbb{R}^n}\dfrac{\boldsymbol{x}^{\mathrm{T}}\boldsymbol{A}\boldsymbol{x}}{\boldsymbol{x}^{\mathrm{T}}\boldsymbol{M}\boldsymbol{x}}$.

(2) $\lambda_{k+1}=\min\limits_{\boldsymbol{B}\in\mathbb{R}^{k\times n}}\max\limits_{\boldsymbol{BMx}=\boldsymbol{0}}\dfrac{\boldsymbol{x}^{\mathrm{T}}\boldsymbol{A}\boldsymbol{x}}{\boldsymbol{x}^{\mathrm{T}}\boldsymbol{M}\boldsymbol{x}}$;

$\lambda_{n-k}=\max\limits_{\boldsymbol{B}\in\mathbb{R}^{k\times n}}\min\limits_{\boldsymbol{BMx}=\boldsymbol{0}}\dfrac{\boldsymbol{x}^{\mathrm{T}}\boldsymbol{A}\boldsymbol{x}}{\boldsymbol{x}^{\mathrm{T}}\boldsymbol{M}\boldsymbol{x}}$.

(3) $\sum\limits_{i=1}^{k}\lambda_i=\max\left\{\sum\limits_{i=1}^{k}\dfrac{\boldsymbol{x}_i^{\mathrm{T}}\boldsymbol{A}\boldsymbol{x}_i}{\boldsymbol{x}_i^{\mathrm{T}}\boldsymbol{M}\boldsymbol{x}_i}\mid \boldsymbol{x}_i\neq\boldsymbol{0},\boldsymbol{x}_i^{\mathrm{T}}\boldsymbol{M}\boldsymbol{x}_j=0,\forall i\neq j\right\}$.

而当 $\boldsymbol{A}$ 非负定时，有

$$\prod_{i=n-k+1}^{n}\lambda_i=\min\left\{\prod_{i=1}^{k}\frac{\boldsymbol{x}_i^{\mathrm{T}}\boldsymbol{A}\boldsymbol{x}_i}{\boldsymbol{x}_i^{\mathrm{T}}\boldsymbol{M}\boldsymbol{x}_i}\mid \boldsymbol{x}_i\neq\boldsymbol{0},\boldsymbol{x}_i^{\mathrm{T}}\boldsymbol{M}\boldsymbol{x}_j=0,\forall i\neq j\right\}$$

4. Kantorovich（康托洛维奇）不等式

(1) 设 $\boldsymbol{A}$ 为 n 阶正定阵，$\boldsymbol{A}$ 的从大到小排列的特征值是 $\lambda_1,\cdots,\lambda_n$，证明 Kantorovich 不等式

$$1\leqslant\frac{(\boldsymbol{x}^{\mathrm{T}}\boldsymbol{A}\boldsymbol{x})(\boldsymbol{x}^{\mathrm{T}}\boldsymbol{A}^{-1}\boldsymbol{x})}{(\boldsymbol{x}^{\mathrm{T}}\boldsymbol{x})^2}\leqslant\frac{1}{4}\left[\left(\frac{\lambda_n}{\lambda_1}\right)^{\frac{1}{2}}+\left(\frac{\lambda_1}{\lambda_n}\right)^{\frac{1}{2}}\right]^2$$

(2) 假设如(1)，对任给的 k 列正交阵 $\boldsymbol{U}$（$\boldsymbol{U}^{\mathrm{T}}\boldsymbol{U}=\boldsymbol{I}_k$），证明

$$1\leqslant\det(\boldsymbol{U}^{\mathrm{T}}\boldsymbol{A}\boldsymbol{U})\det(\boldsymbol{U}^{\mathrm{T}}\boldsymbol{A}^{-1}\boldsymbol{U})\leqslant\prod_{i=1}^{k}\frac{(\lambda_i+\lambda_{n-i+1})^2}{4\lambda_{n-i+1}\cdot\lambda_i}$$

(3) 又设 $\boldsymbol{B}>\boldsymbol{0}$，$\boldsymbol{B}$ 的从大到小排列的特征值是 $\mu_1,\cdots,\mu_n$，并且 $\boldsymbol{AB}=\boldsymbol{BA}$，证明

Ky Fan 定理

$$
\begin{aligned}
&(\boldsymbol{x}^{\mathrm{T}}\boldsymbol{A}^{2}\boldsymbol{x})(\boldsymbol{x}^{\mathrm{T}}\boldsymbol{B}^{2}\boldsymbol{x})\\
&\leqslant\frac{1}{4}\left[\left(\frac{\lambda_{1}\mu_{1}}{\lambda_{n}\mu_{n}}\right)^{\frac{1}{2}}+\left(\frac{\lambda_{n}\mu_{n}}{\lambda_{1}\mu_{1}}\right)^{\frac{1}{2}}\right]^{2}(\boldsymbol{x}^{\mathrm{T}}\boldsymbol{A}\boldsymbol{B}\boldsymbol{x})^{2}
\end{aligned}
$$

5. 用 g－逆表示的二次函数极值

(1)设 $\boldsymbol{A}$ 是 n 阶非负定阵,$\boldsymbol{b}\in R(\boldsymbol{A})$,证明

$$
\boldsymbol{b}^{\mathrm{T}}\boldsymbol{A}^{+}\boldsymbol{b}=\max\left\{\frac{\boldsymbol{x}^{\mathrm{T}}\boldsymbol{b}\boldsymbol{b}^{\mathrm{T}}\boldsymbol{x}}{\boldsymbol{x}^{\mathrm{T}}\boldsymbol{A}\boldsymbol{x}}\mid \boldsymbol{x}^{\mathrm{T}}\boldsymbol{A}\boldsymbol{x}\neq 0,\boldsymbol{x}\in R(\boldsymbol{A})\right\}
$$

并求出极大值点 $\boldsymbol{x}_0$.

(2)设 $\boldsymbol{A},\boldsymbol{B}$ 是 n 阶方阵,$\boldsymbol{A}$ 正定,$\boldsymbol{b}\in\mathbb{R}^{n}$,证明

$$
\boldsymbol{b}^{\mathrm{T}}(\boldsymbol{B}^{\mathrm{T}}\boldsymbol{A}^{-1}\boldsymbol{B})^{-}\boldsymbol{b}=\min\{\boldsymbol{x}^{\mathrm{T}}\boldsymbol{A}\boldsymbol{x}\mid \boldsymbol{B}^{\mathrm{T}}\boldsymbol{x}=\boldsymbol{b}\}
$$

且极小值在 $\boldsymbol{x}_0=\boldsymbol{A}^{-1}\boldsymbol{B}(\boldsymbol{B}^{\mathrm{T}}\boldsymbol{A}^{-1}\boldsymbol{B})^{-}$处达到.

(3)设 $\boldsymbol{A}$ 是 n 阶非负定阵,$\boldsymbol{B}\in\mathbb{R}^{n\times k}$,$\boldsymbol{b}\in R(\boldsymbol{B}^{\mathrm{T}})$,且记

$$
\begin{bmatrix}\boldsymbol{A} & \boldsymbol{B}\\ \boldsymbol{B}^{\mathrm{T}} & \boldsymbol{0}\end{bmatrix}^{-}=\begin{bmatrix}\boldsymbol{C}_1 & \boldsymbol{C}_2\\ \boldsymbol{C}_3 & -\boldsymbol{C}_4\end{bmatrix}
$$

其中 g－逆任意选定,证明

$$
\min\{\boldsymbol{x}^{\mathrm{T}}\boldsymbol{A}\boldsymbol{x}\mid \boldsymbol{B}^{\mathrm{T}}\boldsymbol{x}=\boldsymbol{b}\}=\boldsymbol{b}^{\mathrm{T}}\boldsymbol{C}_4\boldsymbol{b}
$$

6. 关于 g－逆的矩阵不等式

设 $\boldsymbol{A}\geqslant\boldsymbol{B}\geqslant\boldsymbol{0}$,证明:

(1)$\operatorname{rank}[\boldsymbol{A}\ \vdots\ \boldsymbol{B}]=\operatorname{rank}\boldsymbol{A}$,记 $\boldsymbol{A}_r^{-}$,$\boldsymbol{B}_r^{-}$分别为 $\boldsymbol{A},\boldsymbol{B}$ 的自反 g－逆,则有

$$
\boldsymbol{B}_r^{-}-\boldsymbol{A}_r^{-}\geqslant\boldsymbol{0}\Leftrightarrow\boldsymbol{A}\boldsymbol{A}_r^{-}=\boldsymbol{B}\boldsymbol{B}_r^{-}
$$

且此时有

$$
\operatorname{rank}(\boldsymbol{A}-\boldsymbol{B})=\operatorname{rank}(\boldsymbol{B}_r^{-}-\boldsymbol{A}_r^{-})
$$

(2) $B^+ - A^+ \geqslant 0 \Leftrightarrow \operatorname{rank} A = \operatorname{rank} B$.

7. 列正交逼近

设 $A \in \mathbb{R}^{m\times n}(m \geqslant n)$，$A$ 的奇异值分解为 $A = UDV$，证明

$$\min_{X\text{列正交阵}} \| A - X \| = \left\| A - U\begin{bmatrix} V \\ \cdots \\ 0 \end{bmatrix} \right\|,\text{任意正交不变范数}$$

8. 谱半径

设 $A \in \mathbb{R}^{n\times n}$，称 A 的特征值的模的最大值为 A 的谱半径，记为 $r(A)$，即

$$r(A) = \max_i |\lambda_i(A)|$$

且设 B 为对称阵，有

$$g(A,B) = \max\left[\frac{(Ax, BAx)}{(x, Bx)}\right]^{\frac{1}{2}}$$

证明：

(1) $r(A) = \min\{g(A,B) \mid B$ 是正定阵$\}$；

(2) $r(A) = \min\{g(A,B) \mid B$ 是对称阵$\}$.

9. 非负定阵的和的行列式

设 A, B 是 n 阶非负定阵，记

$$A = \begin{bmatrix} A_{11} & A_{12} \\ A_{21} & A_{22} \end{bmatrix}, B = \begin{bmatrix} B_{11} & B_{12} \\ B_{21} & B_{22} \end{bmatrix}$$

证明：

(1) $\det(A+B) \geqslant \det A + \det B$.

(2)若 $\boldsymbol{A}_{11}$,$\boldsymbol{B}_{11}$正定,则有

$$\frac{\det(\boldsymbol{A}+\boldsymbol{B})}{\det(\boldsymbol{A}_{11}+\boldsymbol{B}_{11})} \geqslant \frac{\det \boldsymbol{A}}{\det \boldsymbol{A}_{11}}+\frac{\det \boldsymbol{B}}{\det \boldsymbol{B}_{11}}$$

(提示:注意 $\det \boldsymbol{A}=\det \boldsymbol{A}_{11} \cdot \det(\boldsymbol{A}_{22}-\boldsymbol{A}_{21}\boldsymbol{A}_{11}^{-1}\boldsymbol{A}_{12})$,欲证

$$\boldsymbol{A}_{22}+\boldsymbol{B}_{22}-(\boldsymbol{A}_{21}+\boldsymbol{B}_{21})(\boldsymbol{A}_{11}+\boldsymbol{B}_{11})^{-1}(\boldsymbol{A}_{12}+\boldsymbol{B}_{12}) \geqslant (\boldsymbol{A}_{22}-\boldsymbol{A}_{21}\boldsymbol{A}_{11}^{-1}\boldsymbol{A}_{12})+(\boldsymbol{B}_{22}-\boldsymbol{B}_{21}\boldsymbol{B}_{11}^{-1}\boldsymbol{B}_{12})$$

此即

$$\boldsymbol{G} \triangleq \boldsymbol{A}_{21}\boldsymbol{A}_{11}^{-1}\boldsymbol{A}_{12}+\boldsymbol{B}_{21}\boldsymbol{B}_{11}^{-1}\boldsymbol{B}_{12}-(\boldsymbol{A}_{21}+\boldsymbol{B}_{21})(\boldsymbol{A}_{11}+\boldsymbol{B}_{11})^{-1}(\boldsymbol{A}_{12}+\boldsymbol{B}_{12}) \geqslant \boldsymbol{0}$$

但 $\boldsymbol{G}$ 可表示为

$$\boldsymbol{G}=[\boldsymbol{A}_{21} \vdots \boldsymbol{B}_{21}]\begin{bmatrix}\boldsymbol{I}\\ -\boldsymbol{B}_{11}^{-1}\boldsymbol{A}_{11}\end{bmatrix}(\boldsymbol{A}_{11}+\boldsymbol{A}_{11}\boldsymbol{B}_{11}^{-1}\boldsymbol{A}_{11})^{-1} \cdot [\boldsymbol{I} \vdots -\boldsymbol{A}_{11}\boldsymbol{B}_{11}^{-1}]\begin{bmatrix}\boldsymbol{A}_{12}\\ \boldsymbol{B}_{12}\end{bmatrix}$$

于是 $\boldsymbol{G}$ 非负定,且 $\boldsymbol{G}$ 与 $\boldsymbol{A}_{12}-\boldsymbol{A}_{11}\boldsymbol{B}_{11}^{-1}\boldsymbol{B}_{12}$同秩.)

(3)设 $\boldsymbol{A}-\boldsymbol{B} \geqslant \boldsymbol{0}(>\boldsymbol{0})$,则有

$$\det(\boldsymbol{A}_{ii}) \geqslant (>) \det(\boldsymbol{B}_{ii}),i=1,2$$

(4)设 $\boldsymbol{A}_i$,$\boldsymbol{B}_i$ 分别是 $\boldsymbol{A}$,$\boldsymbol{B}$ 的 i 阶顺序主子阵,$i=1,\cdots,n-1$,且设这些顺序主子阵都是正定阵,则有

$$\det(\boldsymbol{A}+\boldsymbol{B}) \geqslant \det \boldsymbol{A}\left(1+\sum_{i=1}^{n-1}\frac{\det \boldsymbol{B}_i}{\det \boldsymbol{A}_i}\right)+\det \boldsymbol{B}\left(1+\sum_{i=1}^{n-1}\frac{\det \boldsymbol{A}_i}{\det \boldsymbol{B}_i}\right)$$

（提示：对阶数 n 用数学归纳法.）

(5) 设 $\boldsymbol{A} > \boldsymbol{B} > \boldsymbol{0}$，则有

$$\det(\boldsymbol{A} + \boldsymbol{B}) > \det \boldsymbol{A} + n\det \boldsymbol{B}$$

(6) 在(4)的条件下，实际上可证明更强的不等式

$$\det(\boldsymbol{A} + \boldsymbol{B}) \geqslant \det \boldsymbol{A}\left(1 + \sum_{i=1}^{n-1} \frac{\det \boldsymbol{B}_i}{\det \boldsymbol{A}_i}\right) + \det \boldsymbol{B}\left(1 + \sum_{i=1}^{n-1} \frac{\det \boldsymbol{A}_i}{\det \boldsymbol{B}_i}\right) + (2^n - 2n)(\det \boldsymbol{A} \cdot \det \boldsymbol{B})^{\frac{1}{2}}$$

（提示：仍对 n 用数学归纳法，但要注意利用不等式 $ax + bx^{-1} \geqslant (ba^{-1})^{\frac{1}{2}}, 0 < x < +\infty$.）

(7) 设 $\boldsymbol{A} > \boldsymbol{0}, \boldsymbol{B} > \boldsymbol{0}$，则有

$$\det(\boldsymbol{A} + \boldsymbol{B}) \geqslant \det \boldsymbol{A} + \det \boldsymbol{B} + (2^n - 2)(\det \boldsymbol{A} \cdot \det \boldsymbol{B})^{\frac{1}{2}}$$

且当 $\boldsymbol{A} > \boldsymbol{B} > \boldsymbol{0}$ 时，有

$$\det(\boldsymbol{A} + \boldsymbol{B}) > \det \boldsymbol{A} + (2^n - 1)\det \boldsymbol{B}$$

10. 非负定阵的平行和

设 $\boldsymbol{A}, \boldsymbol{B}$ 是 n 阶非负定阵，令

$$\boldsymbol{A} : \boldsymbol{B} \triangleq \boldsymbol{A}(\boldsymbol{A} + \boldsymbol{B})^{+}\boldsymbol{B}$$

则称 $\boldsymbol{A} : \boldsymbol{B}$ 为 $\boldsymbol{A}$ 与 $\boldsymbol{B}$ 的平行和，证明：

(1) $\boldsymbol{A} : \boldsymbol{B} = \boldsymbol{B} : \boldsymbol{A}, (\boldsymbol{A} : \boldsymbol{B}) : \boldsymbol{C} = \boldsymbol{A} : (\boldsymbol{B} : \boldsymbol{C})$；

(2) 设 $\boldsymbol{A}\boldsymbol{x} = \lambda \boldsymbol{x}, \boldsymbol{B}\boldsymbol{x} = \mu \boldsymbol{x}$，则有 $(\boldsymbol{A} : \boldsymbol{B})\boldsymbol{x} = (\lambda : \mu)\boldsymbol{x}$；

(3) 设 $a_i, b_i > 0$，则

$$\left(\sum_i a_i\right) : \left(\sum_i b_i\right) \geqslant \sum_i (a_i : b_i)$$

从而有

$$\operatorname{tr}(\boldsymbol{A}:\boldsymbol{B})\leqslant(\operatorname{tr}\boldsymbol{A}):(\operatorname{tr}\boldsymbol{B})$$

且等号当且仅当 $\boldsymbol{A}=d\boldsymbol{B}$ 时成立，d 是一个数；

(4) $\det(\boldsymbol{A}:\boldsymbol{B})\leqslant(\det\boldsymbol{A}):(\det\boldsymbol{B})$.

第4章 矩阵的特殊乘积与矩阵函数的微商

在本章中，我们先介绍矩阵的两种较常见的特殊乘积，即 Kronecker（克罗内克）积和Hadamard积，它们有较广泛的用途，尤其是 Kronecker 积，在矩阵的理论和计算方法中，都是十分重要的. 然而，我们所能涉及的仅仅是它们的基本性质和浅显的应用.

本章的另一部分内容是矩阵函数的微商. 这里的函数可以是矩阵变量的矩阵值函数，我们将给出这种情形下的微商概念和基本性质. 由于本书的宗旨，我们不去讨论矩阵函数的微商的多方面应用，而局限于和前面各章有关的论题，如矩阵的数值特征中迹、范数与行列式的微商,以及用矩阵的微商求解极值问题等. 唯一的例外是列入了变量替换的 Jacobi(雅可比)行列式一节,因为它体现了我们所介绍的矩阵方法的应用,并且其本身很有实用意义.

§1 矩阵的特殊乘积和拉直

1. 矩阵的 Kronecker 积

定义 1.1 设

$$\boldsymbol{A}=(a_{ij})\in\mathbb{C}^{m\times n},\boldsymbol{B}=(b_{st})\in\mathbb{C}^{p\times q}$$

是任意的两个复数阵,称如下给出的分块矩阵

$$\boldsymbol{A}\otimes\boldsymbol{B}=\begin{bmatrix} a_{11}\boldsymbol{B} & a_{12}\boldsymbol{B} & \cdots & a_{1n}\boldsymbol{B} \\ a_{21}\boldsymbol{B} & a_{22}\boldsymbol{B} & \cdots & a_{2n}\boldsymbol{B} \\ \vdots & \vdots & & \vdots \\ a_{m1}\boldsymbol{B} & a_{m2}\boldsymbol{B} & \cdots & a_{mn}\boldsymbol{B} \end{bmatrix}\in\mathbb{C}^{mp\times nq} \tag{1.1}$$

是 $\boldsymbol{A}$ 与 $\boldsymbol{B}$ 的 **Kronecker 积,或直积,或张量积**.

$\boldsymbol{A}\otimes\boldsymbol{B}$ 是一个 $m\times n$ 块的分块矩阵,为了讨论分块阵 $\boldsymbol{P}$ 的需要,我们将用符号:

$[\boldsymbol{P}]_{\alpha\beta}$表示 $\boldsymbol{P}$ 的(α,β) - 块;

$(\boldsymbol{P})_{ij}$表示 $\boldsymbol{P}$ 的(i,j) - 元;

$(\boldsymbol{P})_{(\alpha,k)(\beta,l)}$表示 $\boldsymbol{P}$ 的(α,β) - 块的(k,l) - 元.

由于要证两个剖分相同的分块阵相等,只需证明它们的相应分块相等,在这类情形下,上面的符号将

带来不少方便.

对(1.1)用上面的符号可得

$$[\boldsymbol{A}\otimes\boldsymbol{B}]_{\alpha\beta}=a_{\alpha\beta}\boldsymbol{B} \tag{1.2}$$

$$(\boldsymbol{A}\otimes\boldsymbol{B})_{(\alpha,k)(\beta,l)}=(\boldsymbol{A}\otimes\boldsymbol{B})_{(\alpha-1)m+k,(\beta-1)n+l}=a_{\alpha\beta}b_{kl}$$

不难由定义直接导出 Kronecker 积的如下性质:

定理 1.1　只要下面所涉及的运算可行,就有:

(1)$\boldsymbol{0}\otimes\boldsymbol{A}=\boldsymbol{A}\otimes\boldsymbol{0}=\boldsymbol{0}$.

(2)$(\boldsymbol{A}_1+\boldsymbol{A}_2)\otimes\boldsymbol{B}=\boldsymbol{A}_1\otimes\boldsymbol{B}+\boldsymbol{A}_2\otimes\boldsymbol{B}$;

$\boldsymbol{A}\otimes(\boldsymbol{B}_1+\boldsymbol{B}_2)=\boldsymbol{A}\otimes\boldsymbol{B}_1+\boldsymbol{A}\otimes\boldsymbol{B}_2$.

(3)$\zeta\boldsymbol{A}\otimes\eta\boldsymbol{B}=\xi\eta(\boldsymbol{A}\otimes\boldsymbol{B})$.

(4)$(\boldsymbol{A}\otimes\boldsymbol{B})\otimes\boldsymbol{C}=\boldsymbol{A}\otimes(\boldsymbol{B}\otimes\boldsymbol{C})$.

(5)$(\boldsymbol{A}_1\otimes\boldsymbol{B}_1)(\boldsymbol{A}_2\otimes\boldsymbol{B}_2)=(\boldsymbol{A}_1\boldsymbol{A}_2)\otimes(\boldsymbol{B}_1\boldsymbol{B}_2)$.

(6)$(\boldsymbol{A}\otimes\boldsymbol{B})^{-1}=\boldsymbol{A}^{-1}\otimes\boldsymbol{B}^{-1}$;

$(\boldsymbol{A}\otimes\boldsymbol{B})^{+}=\boldsymbol{A}^{+}\otimes\boldsymbol{B}^{+}$;

$\boldsymbol{A}^{-}\otimes\boldsymbol{B}^{-}\in(\boldsymbol{A}\otimes\boldsymbol{B})\{1\}$①.

(7)$(\boldsymbol{A}\otimes\boldsymbol{B})^{\mathrm{T}}=\boldsymbol{A}^{\mathrm{T}}\otimes\boldsymbol{B}^{\mathrm{T}}$;

$(\boldsymbol{A}\otimes\boldsymbol{B})^{*}=\boldsymbol{A}^{*}\otimes\boldsymbol{B}^{*}$.

(8)两个上(下)三角阵的直积是上(下)三角阵.

(9)两个正交(酉)阵的直积是正交(酉)阵.

证明　(1)~(4)由定义为显然的. (5)是一条很有用的性质,证明如下:

设 $\boldsymbol{A}_i\in\mathbb{C}^{m_i\times n_i}$,$\boldsymbol{B}_i\in\mathbb{C}^{p_i\times q_i}$,$i=1,2$,由可乘性应有 $n_1=m_2$,$q_1=p_2$(蕴涵了 $n_1q_1=m_2p_2$),(5)的两边都是

① 可举例说明$(\boldsymbol{A}\otimes\boldsymbol{B})^{-}$不一定能表示成 $\boldsymbol{A}^{-}\otimes\boldsymbol{B}^{-}$ 的形式.

$m_1p_1\times n_2q_2$ 阶阵,并且,都自然地分为 $m_1\times n_2$ 块,记 $\boldsymbol{A}_i=(a_{kl}^{(i)})$,$i=1,2$,下面用分块矩阵的乘法证明两边的$(\alpha,\beta)$ - 块相等,即

$$\begin{aligned}&[(\boldsymbol{A}_1\otimes\boldsymbol{B}_1)(\boldsymbol{A}_2\otimes\boldsymbol{B}_2)]_{\alpha\beta}\\=&\sum_{\gamma=1}^{n_1}[\boldsymbol{A}_1\otimes\boldsymbol{B}_1]_{\alpha\gamma}[\boldsymbol{A}_2\otimes\boldsymbol{B}_2]_{\gamma\beta}\\=&\sum_{\gamma=1}^{n_1}a_{\alpha\gamma}^{(1)}\boldsymbol{B}_1a_{\gamma\beta}^{(2)}\boldsymbol{B}_2=(\boldsymbol{A}_1\boldsymbol{A}_2)_{\alpha\beta}\boldsymbol{B}_1\boldsymbol{B}_2\\=&[(\boldsymbol{A}_1\boldsymbol{A}_2)\otimes(\boldsymbol{B}_1\boldsymbol{B}_2)]_{\alpha\beta}\end{aligned}$$

由(5),注意到

$$(\boldsymbol{A}\otimes\boldsymbol{B})(\boldsymbol{A}^{-1}\otimes\boldsymbol{B}^{-1})=(\boldsymbol{A}\boldsymbol{A}^{-1})\otimes(\boldsymbol{B}\boldsymbol{B}^{-1})=\boldsymbol{I}\otimes\boldsymbol{I}=\boldsymbol{I}$$

得(6)的第一式,其余两式类似可证(留作习题).

根据

$$\begin{aligned}[(\boldsymbol{A}\otimes\boldsymbol{B})^{\mathrm{T}}]_{(\alpha,\beta)}&=([\boldsymbol{A}\otimes\boldsymbol{B}]_{(\beta,\alpha)})^{\mathrm{T}}\\&=(a_{\beta\alpha}\boldsymbol{B})^{\mathrm{T}}=a_{\beta\alpha}\boldsymbol{B}^{\mathrm{T}}\\&=[\boldsymbol{A}^{\mathrm{T}}\otimes\boldsymbol{B}^{\mathrm{T}}]_{(\alpha,\beta)}\end{aligned}$$

得(7)的第一式,第二式由此易见.(8)按定义立得.(9)可由(6)(7)推出.

容易看出,直积的交换律不成立,即 $\boldsymbol{A}\otimes\boldsymbol{B}$ 一般不等于 $\boldsymbol{B}\otimes\boldsymbol{A}$.

现在我们给出关于直积的一个深刻事实.由此还可推得直积的另一些性质.

定理 1.2 设

$$\varphi(x,y)=\sum_{i,j=0}^{p}\alpha_{ij}x^iy^j$$

是 x,y 的 p 次多项式,定义

$$\varphi(\boldsymbol{A},\boldsymbol{B}) = \sum_{i,j=0}^{p} \alpha_{ij}\boldsymbol{A}^{i} \otimes \boldsymbol{B}^{j}, \boldsymbol{A} \in \mathbb{C}^{m\times m}, \boldsymbol{B} \in \mathbb{C}^{n\times n} \tag{1.3}$$

设 $\lambda_1,\cdots,\lambda_m$ 与 $\mu_1,\cdots,\mu_n$ 分别是 $\boldsymbol{A}$ 与 $\boldsymbol{B}$ 的特征值,则 $\varphi(\boldsymbol{A},\boldsymbol{B})$ 的特征值的集合是

$$\{\varphi(\lambda_i,\mu_j) \mid i=1,\cdots,m;j=1,\cdots,n\} \tag{1.4}$$

证明　我们不难设想利用 Schur 的上三角化定理(参见第 1 章问题和补充 11),或用 Jordan 标准形,存在酉阵 $\boldsymbol{P}$ 和 $\boldsymbol{Q}$,满足

$$\boldsymbol{P}^*\boldsymbol{A}\boldsymbol{P}=\boldsymbol{T}_1, \boldsymbol{Q}^*\boldsymbol{B}\boldsymbol{Q}=\boldsymbol{T}_2$$

这里 $\boldsymbol{T}_i$ 为上三角阵,它们的主对角元分别是 $\boldsymbol{A},\boldsymbol{B}$ 的特征值,由(8)(9)知 $\boldsymbol{T}_1\otimes\boldsymbol{T}_2$ 是上三角阵,$\boldsymbol{P}\otimes\boldsymbol{Q}$ 是酉阵.

对 $\boldsymbol{A}^i\otimes\boldsymbol{B}^j$ 有

$$\begin{aligned}&(\boldsymbol{P}\otimes\boldsymbol{Q})^*(\boldsymbol{A}^i\otimes\boldsymbol{B}^j)(\boldsymbol{P}\otimes\boldsymbol{Q})\\&=(\boldsymbol{P}^*\boldsymbol{A}^i\boldsymbol{P})\otimes(\boldsymbol{Q}^*\boldsymbol{B}^j\boldsymbol{Q})=\boldsymbol{T}_1^i\otimes\boldsymbol{T}_2^j\end{aligned}$$

因此得

$$\begin{aligned}&(\boldsymbol{P}\otimes\boldsymbol{Q})^*\varphi(\boldsymbol{A},\boldsymbol{B})(\boldsymbol{P}\otimes\boldsymbol{Q})\\&=\sum_{i,j=0}^{p}\alpha_{ij}(\boldsymbol{P}\otimes\boldsymbol{Q})^*(\boldsymbol{A}^i\otimes\boldsymbol{B}^j)(\boldsymbol{P}\otimes\boldsymbol{Q})\\&=\varphi(\boldsymbol{T}_1,\boldsymbol{T}_2)\end{aligned} \tag{1.5}$$

(1.5)表明(1.4)是(1.3)的特征值的集合.

推论　由定理 1.2 可进一步得到直积的如下性质:

(10)$\Lambda(\boldsymbol{A}\otimes\boldsymbol{B})=\{\lambda\mu \mid \lambda\in\Lambda(\boldsymbol{A}),\mu\in\Lambda(\boldsymbol{B})\}$,这里 $\Lambda(\boldsymbol{A})$ 表示 $\boldsymbol{A}$ 的特征值的集合,m 重根算 m 个.

(11) $\det(\boldsymbol{A}\otimes\boldsymbol{B})=(\det\boldsymbol{A})^n(\det\boldsymbol{B})^m$, $\boldsymbol{A}\in\mathbb{C}^{m\times m}$, $\boldsymbol{B}\in\mathbb{C}^{n\times n}$.

(12) $\operatorname{tr}(\boldsymbol{A}\otimes\boldsymbol{B})=(\operatorname{tr}\boldsymbol{A})(\operatorname{tr}\boldsymbol{B})$, $\boldsymbol{A}\in\mathbb{C}^{m\times m}$, $\boldsymbol{B}\in\mathbb{C}^{n\times n}$.

(13) $\operatorname{rank}(\boldsymbol{A}\otimes\boldsymbol{B})=(\operatorname{rank}\boldsymbol{A})(\operatorname{rank}\boldsymbol{B})$, $\boldsymbol{A},\boldsymbol{B}$ 为任意阶矩阵.

(14) $\boldsymbol{A}\geqslant\boldsymbol{0},\boldsymbol{B}\geqslant\boldsymbol{0}\Rightarrow\boldsymbol{A}\otimes\boldsymbol{B}\geqslant\boldsymbol{0}$[①];

$\boldsymbol{A}>\boldsymbol{0},\boldsymbol{B}>\boldsymbol{0}\Rightarrow\boldsymbol{A}\otimes\boldsymbol{B}>\boldsymbol{0}$.

(15) $\boldsymbol{A}^2=\boldsymbol{A},\boldsymbol{B}^2=\boldsymbol{B}\Rightarrow(\boldsymbol{A}\otimes\boldsymbol{B})^2=\boldsymbol{A}\otimes\boldsymbol{B}$.

证明 要得(10),只需在定理 1.2 中取 $\varphi(x,y)=xy$. 当(10)成立时,有

$$\begin{aligned}\det(\boldsymbol{A}\otimes\boldsymbol{B})&=\prod_{i,j}\lambda_i\mu_j=\Big(\prod_{i=1}^m\lambda_i\Big)^n\Big(\prod_{j=1}^n\mu_j\Big)^m\\&=(\det\boldsymbol{A})^n(\det\boldsymbol{B})^m\end{aligned}$$

$$\operatorname{tr}(\boldsymbol{A}\otimes\boldsymbol{B})=\sum_{i,j}\lambda_i\mu_j=\Big(\sum_{i=1}^m\lambda_i\Big)\Big(\sum_{j=1}^n\mu_j\Big)=(\operatorname{tr}\boldsymbol{A})(\operatorname{tr}\boldsymbol{B})$$

关于迹的结论尚可从定义明显看出. 对直积的秩,可考虑 $\boldsymbol{A}^*\boldsymbol{A},\boldsymbol{B}^*\boldsymbol{B}$,它们均为 Hermite 阵,其秩等于非零特征值的个数(m 重根算 m 个),故有

$$\begin{aligned}\operatorname{rank}(\boldsymbol{A}^*\boldsymbol{A}\otimes\boldsymbol{B}^*\boldsymbol{B})&=(\operatorname{rank}\boldsymbol{A}^*\boldsymbol{A})(\operatorname{rank}\boldsymbol{B}^*\boldsymbol{B})\\&=(\operatorname{rank}\boldsymbol{A})(\operatorname{rank}\boldsymbol{B})\end{aligned}$$

又因为

$$\boldsymbol{A}^*\boldsymbol{A}\otimes\boldsymbol{B}^*\boldsymbol{B}=(\boldsymbol{A}^*\otimes\boldsymbol{B}^*)(\boldsymbol{A}\otimes\boldsymbol{B})=(\boldsymbol{A}\otimes\boldsymbol{B})^*(\boldsymbol{A}\otimes\boldsymbol{B})$$

得

① 这里 $\boldsymbol{A}\geqslant\boldsymbol{0}$ 表示 $\boldsymbol{A}$ 是 Hermite 非负定阵,即对称非负定阵向复数域的推广. 这种推广是平行的,当然,不妨仍理解为实对称非负定阵.

$$\operatorname{rank}((A^*A)\otimes(B^*B))=\operatorname{rank}(A\otimes B)$$

于是得(11)～(13).

(14)(15)的证明类似(留作习题).

由此可见直积具有良好的性质. 如果我们取 $\varphi(x,y)$ 为各种具体形式的多项式,尚可得一些有趣的结论,参看本章习题 1.4.

2. 矩阵的 Hadamard 积

根据多次叙述过的理由,从本小节起,我们仍回到实数域中讨论. 但大部分结果易于推广至复数域.

定义 1.2　设 $\boldsymbol{A}=(a_{ij})\in\mathbb{R}^{m\times n}$, $\boldsymbol{B}=(b_{ij})\in\mathbb{R}^{m\times n}$,令

$$\boldsymbol{A}\circ\boldsymbol{B}=(a_{ij}b_{ij})\in\mathbb{R}^{m\times n}\tag{1.6}$$

则称 $\boldsymbol{A}\circ\boldsymbol{B}$ 为 $\boldsymbol{A}$ 与 $\boldsymbol{B}$ 的 **Hadamard 积**,它是将 $\boldsymbol{A},\boldsymbol{B}$ 的 (i,j)－元相乘作为自己的 (i,j)－元.

关于 Hadamard 积的基本性质,有:

定理 1.3　只要下面涉及的运算可行,就有:

(1) $\boldsymbol{A}\circ\boldsymbol{B}=\boldsymbol{B}\circ\boldsymbol{A}$.

(2) $(\boldsymbol{A}\circ\boldsymbol{B})\circ\boldsymbol{C}=\boldsymbol{A}\circ(\boldsymbol{B}\circ\boldsymbol{C})$.

(3) $(\boldsymbol{A}+\boldsymbol{B})\circ\boldsymbol{C}=\boldsymbol{A}\circ\boldsymbol{C}+\boldsymbol{B}\circ\boldsymbol{C}$.

(4) $\boldsymbol{A}\circ\boldsymbol{0}=\boldsymbol{0}$, $\boldsymbol{A}\circ\boldsymbol{1}\boldsymbol{1}^{\mathrm{T}}=\boldsymbol{A}$,其中 $\boldsymbol{1}$ 是全部元素皆为 1 的向量;

$\boldsymbol{A}\circ\boldsymbol{I}=\operatorname{diag}\boldsymbol{A}$,其中 $\operatorname{diag}\boldsymbol{A}=\operatorname{diag}(a_{11},\cdots,a_{nn})$, $\boldsymbol{A}\in\mathbb{R}^{n\times n}$.

(5) $\boldsymbol{x}^{\mathrm{T}}(\boldsymbol{A}\circ\boldsymbol{B})\boldsymbol{y}=\operatorname{tr}[(\operatorname{diag}\boldsymbol{x})\boldsymbol{A}(\operatorname{diag}\boldsymbol{y})\boldsymbol{B}^{\mathrm{T}}]$,其中

$$\operatorname{diag}\boldsymbol{x}=\operatorname{diag}(x_1,\cdots,x_m)$$

$\boldsymbol{x}=[x_1\ \ \cdots\ \ x_m]^{\mathrm{T}}$.

(6) $\boldsymbol{A}\geqslant\boldsymbol{0},\boldsymbol{B}\geqslant\boldsymbol{0}\Rightarrow\boldsymbol{A}\circ\boldsymbol{B}\geqslant\boldsymbol{0}$;

$\boldsymbol{A}>\boldsymbol{0},\boldsymbol{B}>\boldsymbol{0}\Rightarrow\boldsymbol{A}\circ\boldsymbol{B}>\boldsymbol{0}$.

证明 (1) ~ (4)由定义显见. 欲证(5),注意到

$$\boldsymbol{x}^{\mathrm{T}}(\boldsymbol{A}\circ\boldsymbol{B})\boldsymbol{y}=\sum_{i,j}x_i a_{ij}b_{ij}y_j$$

而

$$((\operatorname{diag}\boldsymbol{x})\boldsymbol{A}(\operatorname{diag}\boldsymbol{y})\boldsymbol{B}^{\mathrm{T}})_{ii}=\sum_{j}x_i a_{ij}y_j b_{ij}$$

因此

$$\operatorname{tr}((\operatorname{diag}\boldsymbol{x})\boldsymbol{A}(\operatorname{diag}\boldsymbol{y})\boldsymbol{B}^{\mathrm{T}})=\sum_{i,j}x_i a_{ij}y_j b_{ij}=\boldsymbol{x}^{\mathrm{T}}(\boldsymbol{A}\circ\boldsymbol{B})\boldsymbol{y}$$

所以(5)成立.

现证(6),记 $\boldsymbol{A}=\boldsymbol{C}^{\mathrm{T}}\boldsymbol{C},\boldsymbol{B}=\boldsymbol{D}^{\mathrm{T}}\boldsymbol{D}$,则有

$$\begin{aligned}\boldsymbol{x}^{\mathrm{T}}(\boldsymbol{A}\circ\boldsymbol{B})\boldsymbol{x}&=\operatorname{tr}[(\operatorname{diag}\boldsymbol{x})\boldsymbol{A}(\operatorname{diag}\boldsymbol{x})\boldsymbol{B}^{\mathrm{T}}]\\&=\operatorname{tr}[(\operatorname{diag}\boldsymbol{x})\boldsymbol{C}^{\mathrm{T}}\boldsymbol{C}(\operatorname{diag}\boldsymbol{x})\boldsymbol{D}^{\mathrm{T}}\boldsymbol{D}]\\&=\operatorname{tr}[(\boldsymbol{D}(\operatorname{diag}\boldsymbol{x})\boldsymbol{C}^{\mathrm{T}})(\boldsymbol{C}(\operatorname{diag}\boldsymbol{x})\boldsymbol{D}^{\mathrm{T}})]\\&=\operatorname{tr}[(\boldsymbol{C}(\operatorname{diag}\boldsymbol{x})\boldsymbol{D}^{\mathrm{T}})^{\mathrm{T}}(\boldsymbol{C}(\operatorname{diag}\boldsymbol{x})\boldsymbol{D}^{\mathrm{T}})]\geqslant 0\end{aligned}$$

从而可见(6)的第一个命题成立. 又注意到,当 $\boldsymbol{A},\boldsymbol{B}>\boldsymbol{0}$ 时,可取 $\boldsymbol{C},\boldsymbol{D}$ 为非奇异阵,因此,若 $\boldsymbol{x}\neq\boldsymbol{0}$,则有

$$\boldsymbol{C}(\operatorname{diag}\boldsymbol{x})\boldsymbol{D}^{\mathrm{T}}\triangleq\boldsymbol{F}\neq\boldsymbol{0}$$

可得 $\operatorname{tr}\boldsymbol{F}^{\mathrm{T}}\boldsymbol{F}>0$,这就说明 $\boldsymbol{A}\circ\boldsymbol{B}>\boldsymbol{0}$.

对于 $\boldsymbol{A}\circ\boldsymbol{B}$ 的数值特征,如特征值、秩、迹、行列式,均很难做出断言. 有关的结论,可参看本章习题1.6和习题 1.7.

我们可以建立 Hadamard 积与 Kronecker 积之间的如下关系:

定理 1.4 设 $\boldsymbol{A},\boldsymbol{B}\in\mathbb{R}^{m\times n}$,则有

$$\boldsymbol{A}\circ\boldsymbol{B}=\boldsymbol{E}_m^{\mathrm{T}}(\boldsymbol{A}\otimes\boldsymbol{B})\boldsymbol{E}_n \tag{1.7}$$

其中

$$\boldsymbol{E}_k=[\boldsymbol{e}_1\otimes\boldsymbol{e}_1 \mid \cdots \mid \boldsymbol{e}_k\otimes\boldsymbol{e}_k]$$

$$\boldsymbol{e}_i=[0\ \ \cdots\ \ 0\ \underset{i}{1}\ 0\ \ \cdots\ \ 0]^{\mathrm{T}},i=1,\cdots,k;k=m,n$$

证明　考虑(1.7)右边的(i,j)-元,有

$$\begin{aligned}(\boldsymbol{E}_m^{\mathrm{T}}(\boldsymbol{A}\otimes\boldsymbol{B})\boldsymbol{E}_n)_{ij}&=(\boldsymbol{e}_i^{\mathrm{T}}\otimes\boldsymbol{e}_i^{\mathrm{T}})(\boldsymbol{A}\otimes\boldsymbol{B})(\boldsymbol{e}_j\otimes\boldsymbol{e}_j)\\&=(\boldsymbol{e}_i^{\mathrm{T}}\boldsymbol{A}\boldsymbol{e}_j)\otimes(\boldsymbol{e}_i^{\mathrm{T}}\boldsymbol{B}\boldsymbol{e}_j)\\&=a_{ij}\otimes b_{ij}=a_{ij}b_{ij}=(\boldsymbol{A}\circ\boldsymbol{B})_{ij}\end{aligned}$$

故得(1.7).

3. 矩阵的拉直及其与直积的关系

设$\boldsymbol{A}\in\mathbb{R}^{m\times n}$,在第 1 章例 1.1 中已给出有序基 E 下的表示

$$\overrightarrow{\boldsymbol{A}}\triangleq[a_{11}\ \cdots\ a_{1n}\ \ a_{21}\ \cdots\ a_{2n}\ \cdots\ a_{m1}\ \cdots\ a_{mn}]^{\mathrm{T}} \tag{1.8}$$

由变换$\boldsymbol{A}\to\overrightarrow{\boldsymbol{A}}$,给出了$\mathbb{R}^{m\times n}\to\mathbb{R}^{mn}$的(线性)同构映射.引进$\overrightarrow{\boldsymbol{A}}$的意义就在于可将矩阵式表示为向量式,在一些特殊情况下可能带来某种方便.然而,必须注意,这种变换仅保留了线性性,对于矩阵的种种其他特征,大部分弃置了,故在使用时,只能限于一定范围.

定义 1.3　设$\boldsymbol{A}\in\mathbb{R}^{m\times n}$,称(1.8)中定义的$\overrightarrow{\boldsymbol{A}}$为$\boldsymbol{A}$的**(按行)拉直**.

某些书上按列拉直,即将$[a_{11}\cdots a_{m1}\ a_{12}\cdots a_{m2}\cdots a_{1n}\cdots a_{mn}]^{\mathrm{T}}$作为$\boldsymbol{A}$的拉直.容易看出,$\boldsymbol{A}$ 的按行拉直恰恰是$\boldsymbol{A}^{\mathrm{T}}$的按列拉直,因此,两者在实际使用时区别不大,可相互转换.一般我们将只讨论按行拉直,简称为

拉直.

关于拉直的性质及其与特殊乘积的关系，我们可给出如下的定理：

定理 1.5 只要下面涉及的运算可行，就有：

(1) $\overrightarrow{\sum_{i=1}^{k}\xi_i \boldsymbol{A}_i} = \sum_{i=1}^{k}\xi_i \overrightarrow{\boldsymbol{A}_i}$（线性性）；

(2) $\operatorname{tr} \boldsymbol{B}^{\mathrm{T}}\boldsymbol{A} = \overrightarrow{\boldsymbol{B}}^{\mathrm{T}}\overrightarrow{\boldsymbol{A}}$；

(3) $\overrightarrow{\boldsymbol{ABC}} = (\boldsymbol{A} \otimes \boldsymbol{C}^{\mathrm{T}})\overrightarrow{\boldsymbol{B}}$；

(4) 任给 $\boldsymbol{A} \in \mathbb{R}^{m\times n}$，存在不依赖于 $\boldsymbol{A}$ 的确定的 $m \times n$ 阶置换阵（由 $\boldsymbol{I}_{mn}$ 经行置换而得）$\boldsymbol{H}$，满足

$$\boldsymbol{H}\overrightarrow{\boldsymbol{A}^{\mathrm{T}}} = \overrightarrow{\boldsymbol{A}}$$

证明 (1) 是显然的. (2) 由

$$\operatorname{tr} \boldsymbol{B}^{\mathrm{T}}\boldsymbol{A} = \sum_{i,j} b_{ij}a_{ij} = \overrightarrow{\boldsymbol{B}}^{\mathrm{T}}\overrightarrow{\boldsymbol{A}}$$

可得.

证明(3)：设

$$\boldsymbol{A} \in \mathbb{R}^{m\times p}, \boldsymbol{B} \in \mathbb{R}^{p\times q}, \boldsymbol{C} \in \mathbb{R}^{q\times n}$$

于是 $\boldsymbol{ABC} \in \mathbb{R}^{m\times n}$. 考虑 $\boldsymbol{ABC}$ 的 (i,j) - 元，有

$$(\boldsymbol{ABC})_{ij} = \sum_{k=1}^{p}\sum_{l=1}^{q} a_{ik}b_{kl}c_{lj} \triangleq d_{ij} \tag{1.9}$$

由拉直的定义，知 $\overrightarrow{\boldsymbol{ABC}}$ 的第 $(i-1)n+j$ 个分量是

$$(\overrightarrow{\boldsymbol{ABC}})_{(i-1)n+j} = d_{ij}, i = 1,\cdots,m; j = 1,\cdots,n \tag{1.10}$$

根据(1.2)知 $\boldsymbol{A} \otimes \boldsymbol{C}^{\mathrm{T}}$ 的 $((i-1)n+j,(k-1)q+l)$ - 元是

$$(\boldsymbol{A} \otimes \boldsymbol{C}^{\mathrm{T}})_{(i,j)(k,l)} = a_{ik}c_{lj}$$

而 $\overrightarrow{\boldsymbol{B}}$ 的第 $(k-1)q+l$ 个分量是

$$(\boldsymbol{B})_{kl}=b_{kl}$$

于是得

$$((\boldsymbol{A}\otimes\boldsymbol{C}^{\mathrm{T}})\overrightarrow{\boldsymbol{B}})_{(i-1)n+j}=\sum_{k=1}^{p}\sum_{l=1}^{q}a_{ik}c_{lj}b_{kl}=d_{ij}$$

$$i=1,\cdots,m;j=1,\cdots,n \tag{1.11}$$

由(1.10)与(1.11)立得要证的结论(3).

证明(4):考虑到 $\overrightarrow{\boldsymbol{A}^{\mathrm{T}}}$ 的第 $(i-1)n+j$ 个分量为 a_{ji} ($\boldsymbol{A}^{\mathrm{T}}$ 的 (i,j) - 元),它是 $\overrightarrow{\boldsymbol{A}}$ 的第 $(j-1)m+i$ 个分量,令置换 $\sigma\in S_{mn}$,由 $\sigma((i-1)n+j)=(j-1)m+i$ 给定,则与 σ 相应的置换阵 $\boldsymbol{H}$ 就满足结论的要求,故得(4)成立.

作为(3)的应用,我们有

$$\begin{aligned}\overrightarrow{\boldsymbol{AB}}&=\overrightarrow{\boldsymbol{ABI}}=(\boldsymbol{A}\otimes\boldsymbol{I})\overrightarrow{\boldsymbol{B}}\\&=\overrightarrow{\boldsymbol{AIB}}=(\boldsymbol{A}\otimes\boldsymbol{B}^{\mathrm{T}})\overrightarrow{\boldsymbol{I}}\\&=(\boldsymbol{A}\otimes\boldsymbol{B}^{\mathrm{T}})[\boldsymbol{e}_1^{\mathrm{T}}\mid\cdots\mid\boldsymbol{e}_n^{\mathrm{T}}]^{\mathrm{T}}\\&=\overrightarrow{\boldsymbol{IAB}}=(\boldsymbol{I}\otimes\boldsymbol{B}^{\mathrm{T}})\overrightarrow{\boldsymbol{A}}\end{aligned} \tag{1.12}$$

作为特例还有

$$\overrightarrow{\boldsymbol{xy}^{\mathrm{T}}}=\overrightarrow{\boldsymbol{x}\cdot\mathbf{1}\cdot\boldsymbol{y}^{\mathrm{T}}}=\boldsymbol{x}\otimes\boldsymbol{y},\boldsymbol{x}\in\mathbb{R}^{m},\boldsymbol{y}\in\mathbb{R}^{n} \tag{1.13}$$

习　题

1.1. 试不利用定理 1.2,直接证明 Kronecker 积的性质(11)(12)(13).

1.2. 证明

$$(A^{\{i,j,\cdots,l\}}\otimes B^{\{i,j,\cdots,l\}})\in(A\otimes B)\{i,j,\cdots,l\}$$

其中 $A^{\{i,j,\cdots,l\}}$表示 A 的$\{i,j,\cdots,l\}$-逆.

1.3. 设 P_i 是到矩阵 A_i 的列空间的正投影阵，$i=1,2$，证明：$P_1\otimes P_2$ 是到 $R(A_1\otimes A_2)$的正投影阵.

1.4. 设 $A\in\mathbb{R}^{m\times m}$，$B\in\mathbb{R}^{n\times n}$，它们的特征值分别是 $\lambda_1,\cdots,\lambda_m$ 与 $\mu_1,\cdots,\mu_n$. 试求

$$A\otimes I_n+I_m\otimes B$$

的特征值.

1.5. 设 $A\in\mathbb{R}^{m\times m}$，$A$ 的特征值为 $\lambda_1,\cdots,\lambda_m$，证明

$$C=\mathbf{1}_n\mathbf{1}_n^{\mathrm{T}}\otimes A\quad(\mathbf{1}_n=[\underbrace{1\ \ \cdots\ \ 1}_{n\text{个}}]^{\mathrm{T}})$$

的特征值是 $n\lambda_1,\cdots,n\lambda_n$ 和 $m(n-1)$重零.

1.6. 设 A,B 是 n 阶非负定阵，证明

$$\lambda_n(A)\min\{b_{11},\cdots,b_{nn}\}$$
$$\leqslant\lambda_j(A\circ B)\leqslant\lambda_1(A)\max\{b_{11},\cdots,b_{nn}\}$$

1.7. 设 A,B 是 n 阶非负定阵，证明

$$(\det A)(\det B)\leqslant\det(A\circ B)$$

§2　线性矩阵方程的求解

作为矩阵的特殊乘积与拉直的应用，首先可考虑线性矩阵方程的求解问题，由此可以顺便给出第 2 章中 g-逆的通式的由来.

1. 一般线性矩阵方程

一般的线性矩阵方程,就是一个以某个矩阵的各个元素为未知数,且展开后各项的未知数至多为一次的矩阵方程. 如设未知数矩阵为 $\boldsymbol{X}$,则一般线性矩阵方程必有形式

$$\sum_{i=1}^{k} \boldsymbol{A}_i \boldsymbol{X} \boldsymbol{B}_i = \boldsymbol{C} \tag{2.1}$$

这里只要求所涉及的矩阵运算可行. 于是,如果 $\boldsymbol{X} \in \mathbb{R}^{m\times n}$, $\boldsymbol{C} \in \mathbb{R}^{p\times q}$,则必有 $\boldsymbol{A}_i \in \mathbb{R}^{p\times m}$, $\boldsymbol{B}_i \in \mathbb{R}^{n\times q}$, $i = 1,\cdots,k$.

定理 2.1　一般线性矩阵方程(2.1)有解(相容)的充要条件是

$$\overrightarrow{\boldsymbol{C}} \in R\left(\sum_{i=1}^{k} \boldsymbol{A}_i \otimes \boldsymbol{B}_i^{\mathrm{T}}\right) \tag{2.2}$$

当(2.1)相容时,则(2.1)的通解为满足

$$\begin{aligned}\overrightarrow{\boldsymbol{X}} = &\left(\sum_{i=1}^{k} \boldsymbol{A}_i \otimes \boldsymbol{B}_i^{\mathrm{T}}\right)^{-} \overrightarrow{\boldsymbol{C}} + \\ &\left(\boldsymbol{I} - \left(\sum_{i=1}^{k} \boldsymbol{A}_i \otimes \boldsymbol{B}_i\right)^{-} \left(\sum_{i=1}^{k} \boldsymbol{A}_i \otimes \boldsymbol{B}_i\right)\right)\overrightarrow{\boldsymbol{U}}, \\ &\boldsymbol{U}\ \text{任选}\end{aligned} \tag{2.3}$$

的矩阵 $\boldsymbol{X}$.

证明　注意到

$$\begin{aligned}\sum_{i=1}^{k} \boldsymbol{A}_i \boldsymbol{X} \boldsymbol{B}_i = \boldsymbol{C} &\Leftrightarrow \overrightarrow{\sum_{i=1}^{k} \boldsymbol{A}_i \boldsymbol{X} \boldsymbol{B}_i} = \overrightarrow{\boldsymbol{C}} \\ &\Leftrightarrow \left(\sum_{i=1}^{k} (\boldsymbol{A}_i \otimes \boldsymbol{B}_i^{\mathrm{T}})\right)\overrightarrow{\boldsymbol{X}} = \overrightarrow{\boldsymbol{C}}\end{aligned}$$

从而由线性方程组的理论即得要证的结论.

关于相容的其他充要条件，自然亦可类似讨论. 这里遇到的困难是(2.1)的形式过于一般，故要化简(2.3)，从而给出矩阵形式的通解常常不容易做到. 然而拉直是同构，所以从原则上讲，问题已经解决.

下面讨论几种特殊的情形，这些情形会常常遇到.

2. 矩阵方程 $\boldsymbol{AXB}=\boldsymbol{C}$ 的解

当 $k=1$ 时，(2.1)化为形式

$$\boldsymbol{AXB}=\boldsymbol{C} \tag{2.4}$$

由(2.2)(2.3)知，(2.4)的相容条件是 $\overrightarrow{\boldsymbol{C}}\in R(\boldsymbol{A}\otimes\boldsymbol{B}^{\mathrm{T}})$，而通解为满足

$$\overrightarrow{\boldsymbol{X}}=(\boldsymbol{A}\otimes\boldsymbol{B}^{\mathrm{T}})^{-}\overrightarrow{\boldsymbol{C}}+(\boldsymbol{I}-(\boldsymbol{A}\otimes\boldsymbol{B}^{\mathrm{T}})^{-}(\boldsymbol{A}\otimes\boldsymbol{B}^{\mathrm{T}}))\overrightarrow{\boldsymbol{U}},\boldsymbol{U}\text{ 任选} \tag{2.5}$$

的矩阵 $\boldsymbol{X}$.

现讨论(2.5)的化简. 根据 Kronecker 积的性质(6)及定理1.5中的(3)，有

$$\begin{aligned}\overrightarrow{\boldsymbol{X}}&=(\boldsymbol{A}^{-}\otimes(\boldsymbol{B}^{\mathrm{T}})^{-})\overrightarrow{\boldsymbol{C}}+\overrightarrow{\boldsymbol{U}}-(\boldsymbol{A}^{-}\otimes(\boldsymbol{B}^{\mathrm{T}})^{-})(\boldsymbol{A}\otimes\boldsymbol{B}^{\mathrm{T}})\overrightarrow{\boldsymbol{U}}\\&=\overrightarrow{\boldsymbol{A}^{-}\boldsymbol{C}((\boldsymbol{B}^{\mathrm{T}})^{-})^{\mathrm{T}}}+\overrightarrow{\boldsymbol{U}}-\overrightarrow{\boldsymbol{A}^{-}\boldsymbol{AU}((\boldsymbol{B}^{\mathrm{T}})^{-}\boldsymbol{B}^{\mathrm{T}})^{\mathrm{T}}}\end{aligned}$$

注意到拉直的线性性及 $((\boldsymbol{B}^{\mathrm{T}})^{-})^{\mathrm{T}}\in\boldsymbol{B}\{1\}$，得

$$\overrightarrow{\boldsymbol{X}}=\overrightarrow{\boldsymbol{A}^{-}\boldsymbol{CB}^{-}+\boldsymbol{U}-\boldsymbol{A}^{-}\boldsymbol{AUBB}^{-}}$$

于是有通解的矩阵形式

$$\boldsymbol{X}=\boldsymbol{A}^{-}\boldsymbol{CB}^{-}+\boldsymbol{U}-\boldsymbol{A}^{-}\boldsymbol{AUBB}^{-},\boldsymbol{U}\text{ 任选} \tag{2.6}$$

其中 $\boldsymbol{A}^{-},\boldsymbol{B}^{-}$ 是任选的 g-逆.

当 $\boldsymbol{A}=\boldsymbol{B}=\boldsymbol{C}$ 时，(2.6)就转化为 Penrose 方程 $\boldsymbol{AXA}=\boldsymbol{A}$ 的通解

$$X = A^{-}AA^{-} + U - A^{-}AUAA^{-}$$

由于 Penrose 方程 $AXA = A$ 的形式,不妨将通解公式中的 $A^{-}AA^{-}$ 简化为 A^{-},得化简后的通解公式

$$X = A^{-} + U - A^{-}AUAA^{-}, U\text{ 任选} \tag{2.7}$$

这正是得到第 2 章定理 2.5 中所证明过的公式的一种途径.

作为特例,有:

$AXB = 0$ 的通解为

$$X = U - A^{-}AUBB^{-}, U\text{ 任选} \tag{2.8}$$

当(2.4)不相容时,可考虑它的最小二乘解 X,使

$$\mathrm{tr}(AXB - C)^{\mathrm{T}}(AXB - C)$$

达到最小值. 由第 2 章 §4 的第 2 小节知,只需在(2.5)中取

$$(A \otimes B^{\mathrm{T}})^{-} \in (A \otimes B^{\mathrm{T}})\{1,3\}$$

根据本章习题 1.2,这时只要取

$$A^{-} \in A\{1,3\}, (B^{\mathrm{T}})^{-} \in B^{\mathrm{T}}\{1,3\}$$

注意到 $B^{\mathrm{T}-} \in B^{\mathrm{T}}\{1,3\}$,等价于

$$B^{\mathrm{T}}(B^{\mathrm{T}})^{-}B^{\mathrm{T}} = B^{\mathrm{T}}$$

且 $B^{\mathrm{T}}(B^{\mathrm{T}})^{-}$对称. 当

$$(B^{\mathrm{T}}(B^{\mathrm{T}})^{-})^{\mathrm{T}} = ((B^{\mathrm{T}})^{-})^{\mathrm{T}}B = B^{\mathrm{T}}(B^{\mathrm{T}})^{-}$$

时,$((B^{\mathrm{T}})^{-})^{\mathrm{T}}B$ 对称,由此可见,必须在(2.6)中取 $B^{-} \in B\{1,4\}$,故得(2.4)的最小二乘解为

$$X = A^{\{1,3\}}CB^{\{1,4\}} + U - A^{\{1,3\}}AUBB^{\{1,4\}}, U\text{ 任选} \tag{2.9}$$

具有其他性质的解,也可仿照上面求得.

3. 矩阵方程 $AX+XB=C$ 的求解问题

设矩阵方程

$$\boldsymbol{AX}+\boldsymbol{XB}=\boldsymbol{C},\boldsymbol{C}\in\mathbb{R}^{m\times n} \tag{2.10}$$

这时必有 $\boldsymbol{A}\in\mathbb{R}^{m\times m},\boldsymbol{B}\in\mathbb{R}^{n\times n}$. (2.10)所对应的向量线性方程为

$$(\boldsymbol{A}\otimes\boldsymbol{I}_n+\boldsymbol{I}_m\otimes\boldsymbol{B}^{\mathrm{T}})\overrightarrow{\boldsymbol{X}}=\overrightarrow{\boldsymbol{C}} \tag{2.10$'$}$$

即使在(2.10′)相容的条件下,由于(2.10′)中系数矩阵的 g - 逆难于化简,它的解的精确表达式仍难于给出.

在特殊的情形下,如设矩阵 $\boldsymbol{A},\boldsymbol{B}$ 的特征值的实部全部为负数,则可用矩阵分析方法给出(2.10)的解的精确表达式

$$\boldsymbol{X}=-\int_0^{\infty}\mathrm{e}^{\boldsymbol{A}t}\boldsymbol{C}\mathrm{e}^{\boldsymbol{B}t}\mathrm{d}t \tag{2.11}$$

其中矩阵函数 $\mathrm{e}^{\boldsymbol{A}t}\triangleq\sum\limits_{n=0}^{\infty}\dfrac{(\boldsymbol{A}t)^n}{n!}$, 矩阵序列

$$\{\boldsymbol{A}_k=(a_{ij}^{(k)}),k=1,2,\cdots\}$$

收敛到 $\boldsymbol{A}=(a_{ij})$定义为 $a_{ij}^{(k)}\to a_{ij}(k\to\infty)$, $\forall i,j$,而矩阵积分

$$\int(b_{ij}(t))\mathrm{d}t\triangleq\left(\int b_{ij}(t)\mathrm{d}t\right)$$

限于篇幅,我们不准备叙述此结论的证明过程,显然证明并不困难. 下面对方程(2.10)或(2.10′)给出一个定性的结论.

记 $\boldsymbol{G}\triangleq\boldsymbol{A}\otimes\boldsymbol{I}_n+\boldsymbol{I}_m\otimes\boldsymbol{B}^{\mathrm{T}}$. 根据习题 1.4,有 $\boldsymbol{G}$ 的特征值为 $\lambda_i+\mu_j,i=1,\cdots,m;j=1,\cdots,n$,其中 λ_i,μ_j 分别为 $\boldsymbol{A},\boldsymbol{B}^{\mathrm{T}}$ 的特征值. 由此可得,如果 $\boldsymbol{A}$ 与 $-\boldsymbol{B}$ 无相同的

特征值,那么 $\boldsymbol{G}$ 无零特征值,于是(2.10′)有唯一解.

我们对方程(2.10)中当 $\boldsymbol{A}=\boldsymbol{B},\boldsymbol{C}=\boldsymbol{0}$ 的情形

$$\boldsymbol{AX}-\boldsymbol{XA}=\boldsymbol{0},\boldsymbol{A}\in\mathbb{R}^{n\times n}\tag{2.12}$$

有特殊的兴趣.这是因为求解(2.12)也就是寻求和 $\boldsymbol{A}$ 可交换的矩阵.

设 $\boldsymbol{P}^{-1}\boldsymbol{AP}=\boldsymbol{J}$ 是 $\boldsymbol{A}$ 的 Jordan 标准形,这时 $\boldsymbol{AX}=\boldsymbol{XA}$,即

$$\boldsymbol{PJP}^{-1}\boldsymbol{X}=\boldsymbol{XPJP}^{-1}$$

或

$$\boldsymbol{JP}^{-1}\boldsymbol{XP}=\boldsymbol{P}^{-1}\boldsymbol{XPJ}$$

记 $\boldsymbol{P}^{-1}\boldsymbol{XP}=\boldsymbol{Y}$,知解 $\boldsymbol{AX}=\boldsymbol{XA}$ 等价于解

$$\boldsymbol{JY}=\boldsymbol{YJ},\boldsymbol{J}\text{ 为 Jordan 标准形}\tag{2.13}$$

现考虑(2.13)中 $\boldsymbol{J}$ 为对角形的情形(由第1章的问题和补充5知,此时 $\boldsymbol{A}$ 为单纯阵).设 $\boldsymbol{A}$ 的特征值为 λ_i,λ_i 有 m_i 重,$i=1,\cdots,s,\lambda_1,\cdots,\lambda_s$ 各不相同,$\sum\limits_{i=1}^{s}m_i=n$,于是可记

$$\boldsymbol{J}=\operatorname{diag}(\lambda_1\boldsymbol{I}_{m_1},\lambda_2\boldsymbol{I}_{m_2},\cdots,\lambda_s\boldsymbol{I}_{m_s})\tag{2.14}$$

是一个分块对角阵,从而得

$$\boldsymbol{J}\otimes\boldsymbol{I}_n-\boldsymbol{I}_n\otimes\boldsymbol{J}=\operatorname{diag}(\underbrace{\lambda_1\boldsymbol{I}_n-\boldsymbol{J},\cdots,\lambda_1\boldsymbol{I}_n-\boldsymbol{J}}_{m_1\text{个}},\cdots,\underbrace{\lambda_s\boldsymbol{I}_n-\boldsymbol{J},\cdots,\lambda_s\boldsymbol{I}_n-\boldsymbol{J}}_{m_s\text{个}})$$

由于

$$\lambda_i\boldsymbol{I}_n-\boldsymbol{J}=\operatorname{diag}((\lambda_i-\lambda_1)\boldsymbol{I}_{m_1},\cdots,(\lambda_i-\lambda_i)\boldsymbol{I}_{m_i},\cdots,(\lambda_i-\lambda_s)\boldsymbol{I}_{m_s})$$

易见

$$(\boldsymbol{J}\otimes\boldsymbol{I}_n-\boldsymbol{I}_n\otimes\boldsymbol{J})\vec{\boldsymbol{Y}}=\boldsymbol{0} \tag{2.15}$$

的解$\vec{\boldsymbol{Y}}$使得

$$\boldsymbol{Y}=\begin{bmatrix}\boldsymbol{Y}_{11} & & & \boldsymbol{0}\\ & \boldsymbol{Y}_{22} & & \\ & & \ddots & \\ \boldsymbol{0} & & & \boldsymbol{Y}_{ss}\end{bmatrix},\boldsymbol{Y}_{ii}\text{为任意的 } m_i \text{ 阶方阵}$$

$$i=1,\cdots,s \tag{2.16}$$

是一个分块对角阵,从而得与对角阵(2.14)可交换的必为分块相应的分块对角阵(2.16). 由(2.16)又可看出(2.15)的解空间的维数为 $d=\sum_{i=1}^{s}m_i^2$.

习　　题

2.1. 设 $\boldsymbol{A}\in\mathbb{R}^{n\times n}$,若 $\boldsymbol{A}$ 有各不相同的特征值(即特征值的重数均为1),证明:与 $\boldsymbol{A}$ 可交换的矩阵是单纯阵.

2.2. 设 $\boldsymbol{A}\in\mathbb{R}^{n\times n}$,若 $\boldsymbol{A}$ 是正规阵,且有各不相同的特征值,证明:与 $\boldsymbol{A}$ 可交换的矩阵是正规阵.

2.3. 设 $\boldsymbol{A},\boldsymbol{B}$ 都是 n 阶正规阵,证明:$\boldsymbol{AB}=\boldsymbol{BA}\Leftrightarrow$ $\boldsymbol{A},\boldsymbol{B}$ 有相同的正交完备特征向量集.

2.4. 设$\boldsymbol{JY}=\boldsymbol{YJ}$,且

$$\boldsymbol{J}=\begin{bmatrix}\lambda & 1 & & \boldsymbol{0}\\ & \ddots & \ddots & \\ & & \ddots & 1\\ & & & \ddots \\ \boldsymbol{0} & & & \lambda\end{bmatrix}$$

证明

$$\boldsymbol{Y}=\begin{bmatrix} y_1 & y_2 & \cdots & \cdots & y_n \\ & \ddots & \ddots & & \vdots \\ & & \ddots & \ddots & \vdots \\ & & & \ddots & y_2 \\ \boldsymbol{0} & & & & y_1 \end{bmatrix}$$

§3　矩阵函数的微商

1. 矩阵函数的微商概念和基本公式

设 $\boldsymbol{X}\in\mathbb{R}^{m\times n}$是矩阵变量，我们将用大写英文字母来表示 $\boldsymbol{X}$ 的矩阵值函数，用希腊字母表示 $\boldsymbol{X}$ 的数值函数，例外时另加说明.

定义 3.1　设 $\boldsymbol{X}$ 的函数值 $\boldsymbol{F}(\boldsymbol{X})\in\mathbb{R}^{p\times q}$. 记

$$\boldsymbol{F}(\boldsymbol{X})=(f_{ij}(\boldsymbol{X}))$$

简记为(f_{ij}). 令

$$\frac{\partial\boldsymbol{F}(\boldsymbol{X})}{\partial\boldsymbol{X}}\triangleq\frac{\partial\,\overrightarrow{\boldsymbol{F}(\boldsymbol{X})}^{\mathrm{T}}}{\partial\overrightarrow{\boldsymbol{X}}}\triangleq\begin{bmatrix} \frac{\partial f_{11}}{\partial x_{11}} & \frac{\partial f_{12}}{\partial x_{11}} & \cdots & \frac{\partial f_{pq}}{\partial x_{11}} \\ \frac{\partial f_{11}}{\partial x_{12}} & \frac{\partial f_{12}}{\partial x_{12}} & \cdots & \frac{\partial f_{pq}}{\partial x_{12}} \\ \vdots & \vdots & & \vdots \\ \frac{\partial f_{11}}{\partial x_{mn}} & \frac{\partial f_{12}}{\partial x_{mn}} & \cdots & \frac{\partial f_{pq}}{\partial x_{mn}} \end{bmatrix}\in\mathbb{R}^{mn\times pq} \tag{3.1}$$

称$\dfrac{\partial \boldsymbol{F}(\boldsymbol{X})}{\partial \boldsymbol{X}}$$\left(简记为\dfrac{\partial \boldsymbol{F}}{\partial \boldsymbol{X}}\right)$为 $\boldsymbol{F}(\boldsymbol{X})$ 对 $\boldsymbol{X}$ 的**微商矩阵**[①].

作为特例有:

向量 $\boldsymbol{x}\in\mathbb{R}^n$的数值函数 $\varphi(\boldsymbol{x})$ 对 $\boldsymbol{x}$ 的微商向量为

$$\frac{\partial\varphi}{\partial\boldsymbol{x}}=\left[\frac{\partial\varphi}{\partial x_1}\quad\frac{\partial\varphi}{\partial x_2}\quad\cdots\quad\frac{\partial\varphi}{\partial x_n}\right]^{\mathrm{T}}\tag{3.2}$$

矩阵 $\boldsymbol{X}\in\mathbb{R}^{m\times n}$的数值函数 $\boldsymbol{\Phi}(\boldsymbol{X})$ 对 $\boldsymbol{X}$ 的微商按定义 3. 1 是

$$\frac{\partial\boldsymbol{\Phi}}{\partial\overrightarrow{\boldsymbol{X}}}\triangleq\left[\frac{\partial\phi}{\partial x_{11}}\cdots\frac{\partial\phi}{\partial x_{1n}}\,\frac{\partial\phi}{\partial x_{21}}\cdots\frac{\partial\phi}{\partial x_{2n}}\cdots\frac{\partial\phi}{\partial x_{m1}}\cdots\frac{\partial\phi}{\partial x_{mn}}\right]^{\mathrm{T}}\tag{3.3}$$

但习惯上记$\dfrac{\partial\phi}{\partial\overrightarrow{\boldsymbol{X}}}$为等价的矩阵形式,即

$$\frac{\partial\boldsymbol{\Phi}}{\partial\{\boldsymbol{X}\}}\triangleq\left(\frac{\partial\phi}{\partial x_{ij}}\right)\in\mathbb{R}^{m\times n}\tag{3.3$'$}$$

注意(3. 3)与(3. 3′)中符号的微小区别,特别当后面讨论矩阵的数值函数的微商时,要灵活掌握.

我们还需要矩阵的数值函数 $\boldsymbol{\Phi}(\boldsymbol{X})$ 对 $\boldsymbol{X}$ 的二阶微商矩阵

$$\frac{\partial^2\boldsymbol{\Phi}(\boldsymbol{X})}{\partial\boldsymbol{X}^2}\triangleq\frac{\partial}{\partial\overrightarrow{\boldsymbol{X}}}\left(\frac{\partial\boldsymbol{\Phi}(\boldsymbol{X})}{\partial\overrightarrow{\boldsymbol{X}}}\right)^{\mathrm{T}}\triangleq\left(\frac{\partial^2\boldsymbol{\Phi}(\boldsymbol{X})}{\partial x_{ij}\partial x_{kl}}\right)\in\mathbb{R}^{mn\times mn}\tag{3.4}$$

在 $\boldsymbol{X}$ 为向量 $\boldsymbol{x}\in\mathbb{R}^n$时有

$$\frac{\partial^2\boldsymbol{\Phi}}{\partial\boldsymbol{x}^2}=\left(\frac{\partial^2\boldsymbol{\Phi}(\boldsymbol{x})}{\partial x_i\partial x_j}\right)\in\mathbb{R}^{n\times n}\tag{3.5}$$

下面给出矩阵函数微商的基本性质:

① 当 $m=n$,且 $\boldsymbol{X}$ 对称时,要另行处理,本节不予讨论.

定理 3.1　只要下面涉及的运算可行，我们就有：

(1) $\boldsymbol{F}(\boldsymbol{X})\equiv\boldsymbol{C}$，则$\dfrac{\partial\boldsymbol{F}(\boldsymbol{X})}{\partial\boldsymbol{X}}=\boldsymbol{0}$（矩阵）；

(2) $\dfrac{\partial\boldsymbol{X}}{\partial\boldsymbol{X}}=\boldsymbol{I}_{mn}$，其中 $\boldsymbol{X}\in\mathbb{R}^{m\times n}$；

(3) $\dfrac{\partial\sum\xi_i\boldsymbol{F}_i(\boldsymbol{X})}{\partial\boldsymbol{X}}=\sum\xi_i\dfrac{\partial\boldsymbol{F}_i(\boldsymbol{X})}{\partial\boldsymbol{X}}$（线性性）；

(4) 设 $\boldsymbol{F}(\boldsymbol{X})\in\mathbb{R}^{p\times q}$，$\boldsymbol{G}(\boldsymbol{X})\in\mathbb{R}^{q\times r}$，则有

$$\frac{\partial\boldsymbol{F}(\boldsymbol{X})\boldsymbol{G}(\boldsymbol{X})}{\partial\boldsymbol{X}}=\frac{\partial\boldsymbol{F}(\boldsymbol{X})}{\partial\boldsymbol{X}}(\boldsymbol{I}_p\otimes\boldsymbol{G}(\boldsymbol{X}))+\frac{\partial\boldsymbol{G}(\boldsymbol{X})}{\partial\boldsymbol{X}}(\boldsymbol{F}^{\mathrm{T}}(\boldsymbol{X})\otimes\boldsymbol{I}_r)\tag{3.6}$$

(5) 设 $\boldsymbol{F}(\boldsymbol{G}(\boldsymbol{X}))$ 是两个矩阵函数的复合函数，则有

$$\frac{\partial\boldsymbol{F}(\boldsymbol{G}(\boldsymbol{X}))}{\partial\boldsymbol{X}}=\frac{\partial\boldsymbol{G}(\boldsymbol{X})}{\partial\boldsymbol{X}}\frac{\partial\boldsymbol{F}(\boldsymbol{G})}{\partial\boldsymbol{G}}\tag{3.7}$$

证明　按定义 3.1 知，(1) ~ (3) 显然成立.

欲证(4)，仍用双指标法如本章§1 的第 1 小节，记$\dfrac{\partial\boldsymbol{F}}{\partial\boldsymbol{X}}$的$((i-1)n+j,(k-1)q+l)$－元为

$$\left(\frac{\partial\boldsymbol{F}}{\partial\boldsymbol{X}}\right)_{(i,j)(k,l)}=\frac{\partial f_{kl}}{\partial x_{ij}}$$

于是有

$$\begin{aligned}&\left(\frac{\partial\boldsymbol{F}(\boldsymbol{X})\boldsymbol{G}(\boldsymbol{X})}{\partial\boldsymbol{X}}\right)_{(i,j)(k,l)}\\&=\frac{\partial(\boldsymbol{F}(\boldsymbol{X})\boldsymbol{G}(\boldsymbol{X}))_{kl}}{\partial x_{ij}}=\frac{\partial}{\partial x_{ij}}\left(\sum_{s=1}^{q}f_{ks}g_{sl}\right)\\&=\sum_{s=1}^{q}\frac{\partial f_{ks}}{\partial x_{ij}}g_{sl}+\sum_{s=1}^{q}f_{ks}\frac{\partial g_{sl}}{\partial x_{ij}}\end{aligned}\tag{3.8}$$

然而又有

$$\left(\frac{\partial \boldsymbol{F}(\boldsymbol{X})}{\partial \boldsymbol{X}}(\boldsymbol{I}_p \otimes \boldsymbol{G}(\boldsymbol{X}))\right)_{(i,j)(k,l)}$$

$$= \sum_{t,s}\left(\frac{\partial \boldsymbol{F}}{\partial \boldsymbol{X}}\right)_{(i,j)(t,s)}(\boldsymbol{I}_p \otimes \boldsymbol{G})_{(t,s)(k,l)}$$

$$= \sum_{t,s}\frac{\partial f_{ts}}{\partial x_{ij}}\delta_{tk}g_{sl} = \sum_{s=1}^{q}\frac{\partial f_{ks}}{\partial x_{ij}}g_{sl} \tag{3.9}$$

$$\left(\frac{\partial \boldsymbol{G}}{\partial \boldsymbol{X}}(\boldsymbol{F}^{\mathrm{T}} \otimes \boldsymbol{I}_r)\right)_{(i,j)(k,l)}$$

$$= \sum_{s,t}\frac{\partial g_{st}}{\partial x_{ij}}f_{ks}\delta_{tl} = \sum_{s=1}^{q}\frac{\partial g_{sl}}{\partial x_{ij}}f_{ks} \tag{3.10}$$

由(3.8)～(3.10)立得(3.6)成立.

欲证(5),设 $\boldsymbol{F} \in \mathbb{R}^{p\times q}$,$\boldsymbol{G} \in \mathbb{R}^{s\times t}$,注意到$\dfrac{\partial \boldsymbol{F}(\boldsymbol{G}(\boldsymbol{X}))}{\partial \boldsymbol{X}}$是 $mn \times pq$ 阶阵,并且

$$\left(\frac{\partial \boldsymbol{F}(\boldsymbol{G}(\boldsymbol{X}))}{\partial \boldsymbol{X}}\right)_{(i,j)(k,l)} = \frac{\partial f_{kl}(\boldsymbol{G}(\boldsymbol{X}))}{\partial x_{ij}} \tag{3.11}$$

然而由多元数值函数的复合函数求导公式有

$$\frac{\partial f_{kl}(\boldsymbol{G}(\boldsymbol{X}))}{\partial x_{ij}} = \sum_{\alpha,\beta}\frac{\partial f_{kl}}{\partial g_{\alpha\beta}}\frac{\partial g_{\alpha\beta}}{\partial x_{ij}} = \left(\frac{\partial \boldsymbol{G}}{\partial \boldsymbol{X}}\frac{\partial \boldsymbol{F}}{\partial \boldsymbol{G}}\right)_{(i,j)(k,l)} \tag{3.12}$$

结合(3.11)与(3.12),就得(3.7)成立.

推论 只要下面涉及的运算可行,就有:

(6) $$\frac{\partial \boldsymbol{AXB}}{\partial \boldsymbol{X}} = \boldsymbol{A}^{\mathrm{T}} \otimes \boldsymbol{B} \tag{3.13}$$

(7) $$\frac{\partial \boldsymbol{X}^{-1}}{\partial \boldsymbol{X}} = -(\boldsymbol{X}^{-1})^{\mathrm{T}} \otimes \boldsymbol{X}^{-1} \tag{3.14}$$

证明 利用(4)和(1)(2)可得

$$\begin{aligned}\frac{\partial \boldsymbol{AXB}}{\partial \boldsymbol{X}} &= \frac{\partial \boldsymbol{AX}}{\partial \boldsymbol{X}}(\boldsymbol{I}\otimes \boldsymbol{B}) + \frac{\partial \boldsymbol{B}}{\partial \boldsymbol{X}}(\boldsymbol{X}^{\mathrm{T}}\boldsymbol{A}^{\mathrm{T}}\otimes \boldsymbol{I})\\ &= \left[\frac{\partial \boldsymbol{A}}{\partial \boldsymbol{X}}(\boldsymbol{I}\otimes \boldsymbol{X}) + \frac{\partial \boldsymbol{X}}{\partial \boldsymbol{X}}(\boldsymbol{A}^{\mathrm{T}}\otimes \boldsymbol{I})\right](\boldsymbol{I}\otimes \boldsymbol{B}) + \boldsymbol{0}\\ &= \boldsymbol{I}\cdot(\boldsymbol{A}^{\mathrm{T}}\otimes \boldsymbol{I})(\boldsymbol{I}\otimes \boldsymbol{B})\\ &= \boldsymbol{A}^{\mathrm{T}}\otimes \boldsymbol{B}\end{aligned}$$

故有(6) 成立.

由 $\boldsymbol{XX}^{-1}=\boldsymbol{I}$,用(1)(2)(4) 可得

$$\boldsymbol{0}=\frac{\partial(\boldsymbol{XX}^{-1})}{\partial \boldsymbol{X}}=\frac{\partial \boldsymbol{X}}{\partial \boldsymbol{X}}(\boldsymbol{I}\otimes \boldsymbol{X}^{-1})+\frac{\partial \boldsymbol{X}^{-1}}{\partial \boldsymbol{X}}(\boldsymbol{X}^{\mathrm{T}}\otimes \boldsymbol{I})$$

注意到 $\boldsymbol{X}^{\mathrm{T}}\otimes \boldsymbol{I}$ 有逆 $(\boldsymbol{X}^{\mathrm{T}})^{-1}\otimes \boldsymbol{I}$,得

$$\begin{aligned}\frac{\partial \boldsymbol{X}^{-1}}{\partial \boldsymbol{X}} &= -(\boldsymbol{I}\otimes \boldsymbol{X}^{-1})((\boldsymbol{X}^{\mathrm{T}})^{-1}\otimes \boldsymbol{I})\\ &= -(\boldsymbol{X}^{-1})^{\mathrm{T}}\otimes \boldsymbol{X}^{-1}\end{aligned}$$

故有(7) 成立.

2. 矩阵的数值特征的微商

矩阵的数值特征中,迹、行列式和范数都是矩阵的数值函数,并有明确的表达式,故可给出它们的微商,而且,这些微商公式是十分有用的. 由于欧氏范数是通过迹表示的,我们将只讨论矩阵的迹与行列式的微商. 根据已给出的微商公式,讨论易于进行. 这里只证明几个典型的结果,而将其他常用的公式列在本章习题 3. 2 和习题 3. 3 中.

定理 3. 2　设 $\boldsymbol{X}\in\mathbb{R}^{m\times n}$ 是矩阵变量,设

$$\varphi_1(\boldsymbol{X})=\mathrm{tr}(\boldsymbol{AX}+\boldsymbol{X}^{\mathrm{T}}\boldsymbol{BX})$$

$$\varphi_2(\boldsymbol{X})=\mathrm{tr}(\boldsymbol{AXBXCX}^{\mathrm{T}})$$

则有

$$\frac{\partial \varphi_1}{\partial \{\boldsymbol{X}\}} = \boldsymbol{A}^{\mathrm{T}} + \boldsymbol{B}\boldsymbol{X} + \boldsymbol{B}^{\mathrm{T}}\boldsymbol{X} \tag{3.15}$$

$$\frac{\partial \varphi_2}{\partial \{\boldsymbol{X}\}} = \boldsymbol{A}^{\mathrm{T}}\boldsymbol{X}\boldsymbol{C}^{\mathrm{T}}\boldsymbol{X}^{\mathrm{T}}\boldsymbol{B}^{\mathrm{T}} + \boldsymbol{B}^{\mathrm{T}}\boldsymbol{X}^{\mathrm{T}}\boldsymbol{A}^{\mathrm{T}}\boldsymbol{X}\boldsymbol{C}^{\mathrm{T}} + \boldsymbol{A}\boldsymbol{X}\boldsymbol{B}\boldsymbol{X}\boldsymbol{C} \tag{3.16}$$

证明 为证(3.15)，记 $\boldsymbol{Y} = \boldsymbol{A}\boldsymbol{X} + \boldsymbol{X}^{\mathrm{T}}\boldsymbol{B}\boldsymbol{X}$，根据(3.7)有

$$\frac{\partial \varphi_1(\boldsymbol{X})}{\partial \boldsymbol{X}} = \frac{\partial \boldsymbol{Y}}{\partial \boldsymbol{X}} \frac{\partial \varphi_1(\boldsymbol{X})}{\partial \boldsymbol{Y}} = \frac{\partial \boldsymbol{Y}}{\partial \boldsymbol{X}} \frac{\partial \mathrm{tr}\ \boldsymbol{Y}}{\partial \boldsymbol{Y}}$$

由定义易得

$$\frac{\partial \mathrm{tr}\ \boldsymbol{Y}}{\partial \boldsymbol{Y}} = \vec{\boldsymbol{I}}_n \quad \left(\text{或}\frac{\partial \mathrm{tr}\ \boldsymbol{Y}}{\partial \{\boldsymbol{Y}\}} = \boldsymbol{I}_n\right)$$

由(3.6)(3.13)得

$$\begin{aligned}
\frac{\partial \boldsymbol{Y}}{\partial \boldsymbol{X}} &= \frac{\partial}{\partial \boldsymbol{X}}(\boldsymbol{A}\boldsymbol{X} + \boldsymbol{X}^{\mathrm{T}}\boldsymbol{B}\boldsymbol{X}) \\
&= \boldsymbol{A}^{\mathrm{T}} \otimes \boldsymbol{I} + \frac{\partial \boldsymbol{X}^{\mathrm{T}}}{\partial \boldsymbol{X}}(\boldsymbol{I} \otimes \boldsymbol{B}\boldsymbol{X}) + \frac{\partial \boldsymbol{B}\boldsymbol{X}}{\partial \boldsymbol{X}}(\boldsymbol{X} \otimes \boldsymbol{I}) \\
&= \boldsymbol{A}^{\mathrm{T}} \otimes \boldsymbol{I} + \frac{\partial \vec{\boldsymbol{X}}^{\mathrm{TT}}}{\partial \vec{\boldsymbol{X}}}(\boldsymbol{I} \otimes \boldsymbol{B}\boldsymbol{X}) + (\boldsymbol{B}^{\mathrm{T}} \otimes \boldsymbol{I})(\boldsymbol{X} \otimes \boldsymbol{I})
\end{aligned}$$

注意到定理 1.5 的(4)有

$$\frac{\partial \vec{\boldsymbol{X}}^{\mathrm{TT}}}{\partial \vec{\boldsymbol{X}}} = \frac{\partial \vec{\boldsymbol{X}}^{\mathrm{T}}\boldsymbol{H}}{\partial \vec{\boldsymbol{X}}} = \boldsymbol{H} \otimes \boldsymbol{I} = \boldsymbol{H}$$

于是有

$$\begin{aligned}
\frac{\partial \varphi_1}{\partial \boldsymbol{X}} &= [\boldsymbol{A}^{\mathrm{T}} \otimes \boldsymbol{I} + \boldsymbol{H}(\boldsymbol{I} \otimes \boldsymbol{B}\boldsymbol{X}) + (\boldsymbol{B}^{\mathrm{T}}\boldsymbol{X} \otimes \boldsymbol{I})]\vec{\boldsymbol{I}}_n \\
&= (\boldsymbol{A}^{\mathrm{T}} \otimes \boldsymbol{I})\vec{\boldsymbol{I}}_n + \boldsymbol{H}(\boldsymbol{I} \otimes \boldsymbol{B}\boldsymbol{X})\vec{\boldsymbol{I}}_n + (\boldsymbol{B}^{\mathrm{T}}\boldsymbol{X} \otimes \boldsymbol{I})\vec{\boldsymbol{I}}_n
\end{aligned}$$

$$=\overrightarrow{A^{\mathrm{T}}}+H\overrightarrow{(BX)^{\mathrm{T}}}+\overrightarrow{B^{\mathrm{T}}X}$$

$$=\overrightarrow{A^{\mathrm{T}}+BX+B^{\mathrm{T}}X}$$

记成矩阵形式就有

$$\frac{\partial\varphi_1}{\partial\{X\}}=A^{\mathrm{T}}+BX+B^{\mathrm{T}}X$$

故(3.15)得证.

(3.16)的证法是类似的,记 $Y=AXBXCX^{\mathrm{T}}$,有

$$\frac{\partial\varphi_2}{\partial X}=\frac{\partial Y}{\partial X}\frac{\partial \mathrm{tr}\ Y}{\partial Y}=\frac{\partial Y}{\partial X}\vec{I}_n$$

然后由

$$\frac{\partial Y}{\partial X}=\frac{\partial}{\partial X}(AX(BXCX^{\mathrm{T}}))$$
$$=A^{\mathrm{T}}\otimes BXCX^{\mathrm{T}}+(AXB)^{\mathrm{T}}\otimes CX^{\mathrm{T}}+H((AXBXC)^{\mathrm{T}}\otimes I)$$

得

$$\frac{\partial\varphi_2}{\partial X}=\overrightarrow{A^{\mathrm{T}}XC^{\mathrm{T}}X^{\mathrm{T}}B^{\mathrm{T}}}+\overrightarrow{B^{\mathrm{T}}X^{\mathrm{T}}A^{\mathrm{T}}XC^{\mathrm{T}}}+\overrightarrow{AXBXC}$$

于是有

$$\frac{\partial\varphi_2}{\partial\{X\}}=A^{\mathrm{T}}XC^{\mathrm{T}}X^{\mathrm{T}}B^{\mathrm{T}}+B^{\mathrm{T}}X^{\mathrm{T}}A^{\mathrm{T}}XC^{\mathrm{T}}+AXBXC$$

注记　定理3.2中迹的微商的具体求法可以是:先把 Y 中第一个 X 看作变量,而其余皆为常值矩阵,得(3.15)和(3.16)中第一项(即将此 X 左边矩阵的转置乘上右边矩阵的转置);再考虑 Y 中第二个变量矩阵 X,这时又把其余的矩阵视作常值,仿照上面得第二项.如果某个变量矩阵以 X^{T} 形式出现,那么相应此

$\boldsymbol{X}^{\mathrm{T}}$ 所得的项为 $\boldsymbol{X}^{\mathrm{T}}$ 左边的矩阵乘 $\boldsymbol{X}^{\mathrm{T}}$ 右边的矩阵(如在(3.15)中的 $\boldsymbol{I}\cdot\boldsymbol{BX}$,(3.16)中的 $\boldsymbol{AXBXC}\cdot\boldsymbol{I}$). 依此类推可直接得各种形式下的结果.

另一种常用的情形,是变量矩阵以逆的形式出现在求迹的项中,如 $\operatorname{tr}\boldsymbol{AX}^{-1}\boldsymbol{B}$,$\operatorname{tr}\boldsymbol{X}^{-1}\boldsymbol{AXB}$ 等. 只要注意到逆的微商公式(3.14),这些函数的微商公式也不难求得,如:

定理 3.3 设 $\boldsymbol{X}\in\mathbb{R}^{n\times n}$ 为变量矩阵,$\boldsymbol{X}$ 可逆,则有

$$\frac{\partial(\operatorname{tr}(\boldsymbol{AX}^{-1}\boldsymbol{B}))}{\partial\{\boldsymbol{X}\}}=(-\boldsymbol{X}^{-1}\boldsymbol{BAX}^{-1})^{\mathrm{T}} \tag{3.17}$$

$$\frac{\partial(\operatorname{tr}(\boldsymbol{X}^{-1}\boldsymbol{AXB}))}{\partial\{\boldsymbol{X}\}}=(\boldsymbol{BX}^{-1}\boldsymbol{A}-\boldsymbol{X}^{-1}\boldsymbol{AXBX}^{-1})^{\mathrm{T}} \tag{3.18}$$

证明 现证(3.18),把(3.17)的证明留作习题. 记 $\boldsymbol{Y}=\boldsymbol{X}^{-1}\boldsymbol{AXB}$,有

$$\begin{aligned}
&\frac{\partial(\operatorname{tr}(\boldsymbol{X}^{-1}\boldsymbol{AXB}))}{\partial\boldsymbol{X}}\\
&=\frac{\partial(\boldsymbol{X}^{-1}\boldsymbol{AXB})}{\partial\boldsymbol{X}}\frac{\partial(\operatorname{tr}\boldsymbol{Y})}{\partial\boldsymbol{Y}}\\
&=\left[\frac{\partial\boldsymbol{X}^{-1}}{\partial\boldsymbol{X}}(\boldsymbol{I}\otimes\boldsymbol{AXB})+\frac{\partial\boldsymbol{X}}{\partial\boldsymbol{X}}((\boldsymbol{X}^{-1}\boldsymbol{A})^{\mathrm{T}}\otimes\boldsymbol{B})\right]\vec{\boldsymbol{I}}_{n}\\
&=[(-(\boldsymbol{X}^{-1})^{\mathrm{T}}\otimes\boldsymbol{X}^{-1})(\boldsymbol{I}\otimes\boldsymbol{AXB})+\boldsymbol{A}^{\mathrm{T}}(\boldsymbol{X}^{-1})^{\mathrm{T}}\otimes\boldsymbol{B}]\vec{\boldsymbol{I}}_{n}\\
&=\overrightarrow{-(\boldsymbol{X}^{-1})^{\mathrm{T}}\boldsymbol{B}^{\mathrm{T}}\boldsymbol{X}^{\mathrm{T}}\boldsymbol{A}^{\mathrm{T}}(\boldsymbol{X}^{-1})^{\mathrm{T}}+\boldsymbol{A}^{\mathrm{T}}(\boldsymbol{X}^{-1})^{\mathrm{T}}\boldsymbol{B}^{\mathrm{T}}}
\end{aligned}$$

因此有(3.18).

对于矩阵变量的行列式的微商公式,我们仅给出以下事实:

定理 3.4　设 $\boldsymbol{X}\in\mathbb{R}^{m\times n}$是矩阵变量，则有

$$\frac{\partial \det \boldsymbol{X}}{\partial\{\boldsymbol{X}\}}=(\boldsymbol{X}^{\mathrm{T}})^{-1}\det \boldsymbol{X} \tag{3.19}$$

证明　由第 1 章定理 2.7 知，$\det \boldsymbol{X}=\sum\limits_{i=1}^{n}x_{ij}X_{ij}$，这里 X_{ij} 是 x_{ij} 的代数余子式，易见

$$\frac{\partial \det \boldsymbol{X}}{\partial x_{ij}}=X_{ij}\Rightarrow\frac{\partial \det \boldsymbol{X}}{\partial\{\boldsymbol{X}\}}=(\boldsymbol{X}^{-1})^{\mathrm{T}}\det \boldsymbol{X}$$

故得(3.19).

定理 3.5　设 $\boldsymbol{X}\in\mathbb{R}^{m\times n}$是矩阵变量，$\boldsymbol{A}$ 是 m 阶方阵，若 $\det \boldsymbol{X}_0^{\mathrm{T}}\boldsymbol{A}\boldsymbol{X}_0>0$，则在 $\boldsymbol{X}_0$ 的邻域

$$\boldsymbol{U}_{\delta}=\{\boldsymbol{X}\mid\|\boldsymbol{X}-\boldsymbol{X}_0\|_E<\delta\},\delta>0\text{ 适当小}$$

内可令 $\varphi(\boldsymbol{X})=\ln\det \boldsymbol{X}^{\mathrm{T}}\boldsymbol{A}\boldsymbol{X}$，且有

$$\frac{\partial\varphi}{\partial\{\boldsymbol{X}\}}=\boldsymbol{A}\boldsymbol{X}(\boldsymbol{X}^{\mathrm{T}}\boldsymbol{A}\boldsymbol{X})^{-1}+\boldsymbol{A}^{\mathrm{T}}\boldsymbol{X}(\boldsymbol{X}^{\mathrm{T}}\boldsymbol{A}^{\mathrm{T}}\boldsymbol{X})^{-1} \tag{3.20}$$

证明　记 $f=\det \boldsymbol{X}^{\mathrm{T}}\boldsymbol{A}\boldsymbol{X},\boldsymbol{Y}=\boldsymbol{X}^{\mathrm{T}}\boldsymbol{A}\boldsymbol{X}$，由复合函数微商公式(3.7)可得

$$\frac{\partial\varphi}{\partial\boldsymbol{X}}=\frac{\partial\boldsymbol{Y}}{\partial\boldsymbol{X}}\frac{\partial\varphi}{\partial\boldsymbol{Y}}=\frac{\partial\boldsymbol{Y}}{\partial\boldsymbol{X}}\frac{\partial f}{\partial\boldsymbol{Y}}\frac{\partial\varphi}{\partial f}$$

且有

$$\frac{\partial\boldsymbol{Y}}{\partial\boldsymbol{X}}=\boldsymbol{H}(\boldsymbol{I}\otimes\boldsymbol{A}\boldsymbol{X})+(\boldsymbol{A}^{\mathrm{T}}\boldsymbol{X}\otimes\boldsymbol{I})$$

$$\frac{\partial f}{\partial\boldsymbol{Y}}=\overrightarrow{(\boldsymbol{Y}^{\mathrm{T}})^{-1}}\det\boldsymbol{Y}$$

$$\frac{\partial\varphi}{\partial f}=(\det\boldsymbol{Y})^{-1}$$

从而有

$$
\begin{aligned}
\frac{\partial \varphi}{\partial \boldsymbol{X}} &= [\boldsymbol{H}(\boldsymbol{I} \otimes \boldsymbol{AX}) + (\boldsymbol{A}^{\mathrm{T}}\boldsymbol{X} \otimes \boldsymbol{I})]\overrightarrow{(\boldsymbol{Y}^{\mathrm{T}})^{-1}} \\
&= \boldsymbol{H}\,\overrightarrow{\boldsymbol{I}(\boldsymbol{Y}^{-1})^{\mathrm{T}}(\boldsymbol{AX})^{\mathrm{T}}} + \overrightarrow{\boldsymbol{A}^{\mathrm{T}}\boldsymbol{X}(\boldsymbol{Y}^{\mathrm{T}})^{-1}\boldsymbol{I}} \\
&= \overrightarrow{\boldsymbol{AXY}^{-1}} + \overrightarrow{\boldsymbol{A}^{\mathrm{T}}\boldsymbol{X}(\boldsymbol{Y}^{\mathrm{T}})^{-1}}
\end{aligned}
$$

写成矩阵形式,于是得(3.20).

3. 矩阵函数的微商在极值问题中的应用

以矩阵为自变量的函数,实际上不过是一般的多元函数. 当此函数有二阶偏导数时,如果函数在某点的一阶微商皆为零,而二阶偏导数矩阵是正定的,那么函数在该点达到极小值. 这是数学分析中熟知的事实,现在我们把这个事实用于矩阵变量的情形. 实际中这类极值问题是很多的,但限于篇幅,这里只举两个简单的例子.

例 3.1 设 $\boldsymbol{A}$ 是 $m \times n$ 阶列满秩阵,$\boldsymbol{b}$ 是 m 维向量,试求

$$\min_{\boldsymbol{x} \in \mathbb{R}^n} (\boldsymbol{b} - \boldsymbol{Ax})^{\mathrm{T}}(\boldsymbol{b} - \boldsymbol{Ax}) \tag{3.21}$$

解 根据定理 3.2 及其注记,我们有

$$
\begin{aligned}
&\frac{\partial (\boldsymbol{b} - \boldsymbol{Ax})^{\mathrm{T}}(\boldsymbol{b} - \boldsymbol{Ax})}{\partial \boldsymbol{x}} \\
&= \frac{\partial}{\partial \boldsymbol{x}} \operatorname{tr}(\boldsymbol{b}^{\mathrm{T}}\boldsymbol{b} - \boldsymbol{b}^{\mathrm{T}}\boldsymbol{Ax} - \boldsymbol{x}^{\mathrm{T}}\boldsymbol{A}^{\mathrm{T}}\boldsymbol{b} + \boldsymbol{x}^{\mathrm{T}}\boldsymbol{A}^{\mathrm{T}}\boldsymbol{Ax}) \\
&= -\boldsymbol{A}^{\mathrm{T}}\boldsymbol{b} - \boldsymbol{A}^{\mathrm{T}}\boldsymbol{b} + \boldsymbol{A}^{\mathrm{T}}\boldsymbol{Ax} + \boldsymbol{A}^{\mathrm{T}}\boldsymbol{Ax} \\
&= 2(\boldsymbol{A}^{\mathrm{T}}\boldsymbol{Ax} - \boldsymbol{A}^{\mathrm{T}}\boldsymbol{b})
\end{aligned}
$$

并且有

$$\frac{\partial^2 (\boldsymbol{b} - \boldsymbol{Ax})^{\mathrm{T}}(\boldsymbol{b} - \boldsymbol{Ax})}{\partial^2 \boldsymbol{x}}$$

$$=\frac{\partial(2(\boldsymbol{A}^{\mathrm{T}}\boldsymbol{A}\boldsymbol{x}-\boldsymbol{A}^{\mathrm{T}}\boldsymbol{b}))}{\partial\boldsymbol{x}}=2\boldsymbol{A}^{\mathrm{T}}\boldsymbol{A}>\boldsymbol{0}(\text{正定})$$

因此,若 $\boldsymbol{x}_0$ 满足

$$\boldsymbol{A}^{\mathrm{T}}\boldsymbol{A}\boldsymbol{x}=\boldsymbol{A}^{\mathrm{T}}\boldsymbol{b} \tag{3.22}$$

则 $\boldsymbol{x}_0$ 是要求的极小值点. 由于(3.22)的解为

$$\boldsymbol{x}=(\boldsymbol{A}^{\mathrm{T}}\boldsymbol{A})^{-1}\boldsymbol{A}^{\mathrm{T}}\boldsymbol{b}$$

于是得

$$\begin{aligned}&\min_{\boldsymbol{x}\in\mathbb{R}^n}(\boldsymbol{b}-\boldsymbol{A}\boldsymbol{x})^{\mathrm{T}}(\boldsymbol{b}-\boldsymbol{A}\boldsymbol{x})\\&=(\boldsymbol{b}-(\boldsymbol{A}^{\mathrm{T}}\boldsymbol{A})^{-1}\boldsymbol{A}^{\mathrm{T}}\boldsymbol{b})^{\mathrm{T}}(\boldsymbol{b}-(\boldsymbol{A}^{\mathrm{T}}\boldsymbol{A})^{-1}\boldsymbol{A}^{\mathrm{T}}\boldsymbol{b})\\&=\boldsymbol{b}^{\mathrm{T}}(\boldsymbol{I}-\boldsymbol{P}_A)\boldsymbol{b}\end{aligned}$$

其中 $\boldsymbol{P}_A$ 是到 $R(\boldsymbol{A})$ 的正投影阵.

例 3.2　设 $\boldsymbol{A}$ 是 n 阶正定阵, $\boldsymbol{B}\in\mathbb{R}^{n\times n}$, $\boldsymbol{u}\in R(\boldsymbol{B}^{\mathrm{T}})$,试求

$$\min_{\boldsymbol{B}^{\mathrm{T}}\boldsymbol{x}=\boldsymbol{u}}\boldsymbol{x}^{\mathrm{T}}\boldsymbol{A}\boldsymbol{x} \tag{3.23}$$

解　用 Lagrange(拉格朗日)乘子法,令

$$f=\boldsymbol{x}^{\mathrm{T}}\boldsymbol{A}\boldsymbol{x}+2\boldsymbol{d}^{\mathrm{T}}(\boldsymbol{B}^{\mathrm{T}}\boldsymbol{x}-\boldsymbol{u})$$

其中 $\boldsymbol{d}\in\mathbb{R}^n$ 是待定乘子,于是有

$$\frac{\partial f}{\partial\boldsymbol{x}}=2\boldsymbol{A}\boldsymbol{x}+2\boldsymbol{B}\boldsymbol{d},\ \frac{\partial f}{\partial\boldsymbol{d}}=2(\boldsymbol{B}^{\mathrm{T}}\boldsymbol{x}-\boldsymbol{u})$$

故稳定点满足方程

$$\begin{bmatrix}\boldsymbol{A}&\boldsymbol{B}\\\boldsymbol{B}^{\mathrm{T}}&\boldsymbol{0}\end{bmatrix}\begin{bmatrix}\boldsymbol{x}\\\boldsymbol{d}\end{bmatrix}=\begin{bmatrix}\boldsymbol{0}\\\boldsymbol{u}\end{bmatrix} \tag{3.24}$$

注意到

$$\frac{\partial^2 f}{\partial\boldsymbol{x}^2}=2A>\boldsymbol{0}$$

知 f 在稳定点达到极小值. 解(3.23),用分块行初等变换有

$$\begin{bmatrix} I & 0 \\ -B^{T}A^{-1} & I \end{bmatrix}\begin{bmatrix} A & B \\ B^{T} & 0 \end{bmatrix}\begin{bmatrix} x \\ d \end{bmatrix} = \begin{bmatrix} I & 0 \\ -B^{T}A^{-1} & I \end{bmatrix}\begin{bmatrix} 0 \\ u \end{bmatrix}$$

即

$$\begin{bmatrix} A & B \\ 0 & -B^{T}A^{-1}B \end{bmatrix}\begin{bmatrix} x \\ d \end{bmatrix} = \begin{bmatrix} 0 \\ u \end{bmatrix}$$

解得

$$x = A^{-1}B(B^{T}A^{-1}B)^{-}u, g-\text{逆任取(但不影响 } x\text{)}$$

因此

$$\begin{aligned}\min_{B^{T}x=u} x^{T}Ax &= u^{T}(B^{T}A^{-1}B)^{-}B^{T}A^{-1}AA^{-1}B(B^{T}A^{-1}B)^{-}u \\ &= u^{T}(B^{T}A^{-1}B)^{-}B^{T}A^{-1}B(B^{T}A^{-1}B)^{-}u\end{aligned}$$

注意到

$$u = B^{T}x = (B^{T}A^{-1}B)(B^{T}A^{-1}B)^{-}u$$

故得所求极小值为 $u^{T}(B^{T}A^{-1}B)^{-}u$.

习　　题

3.1. 设 $\varphi(X)$ 是矩阵变量 X 的数值函数，又设 X 是变数 t 的函数，证明

$$\frac{\partial\varphi(X)}{\partial t} = \operatorname{tr}\left(\frac{\partial\{X\}}{\partial t}\frac{\partial\varphi}{\partial\{X\}}\right)^{①}$$

从而推出

① 这里$\frac{\partial\{X\}}{\partial t}$的含义如(3.3′)，即有$\frac{\partial\{X\}}{\partial t} = \left(\frac{\partial x_{ij}}{\partial t}\right)$，下同.

$$\frac{\partial \operatorname{tr} \boldsymbol{X}}{\partial t} = \operatorname{tr} \frac{\partial \{\boldsymbol{X}\}}{\partial t}$$

$$\frac{\partial \det \boldsymbol{X}}{\partial t} = (\det \boldsymbol{X}) \operatorname{tr}\left(\boldsymbol{X}^{-1} \frac{\partial \{\boldsymbol{X}\}}{\partial t}\right)$$

$$\frac{\partial}{\partial t} \ln \det \boldsymbol{X} = \operatorname{tr}\left(\boldsymbol{X}^{-1} \frac{\partial \{\boldsymbol{X}\}}{\partial t}\right)$$

3.2. 设 $\varphi(\boldsymbol{x})$ 是向量 $\boldsymbol{x}$ 的数值函数,证明:

$\varphi(\boldsymbol{x})$	$\frac{\partial \varphi}{\partial \boldsymbol{x}}$	$\frac{\partial^2 \varphi}{\partial \boldsymbol{x}^2}$
$\boldsymbol{b}^{\mathrm{T}}\boldsymbol{x}$	$\boldsymbol{b}$	$\boldsymbol{0}$
$\boldsymbol{x}^{\mathrm{T}}\boldsymbol{A}\boldsymbol{y}$	$\boldsymbol{A}\boldsymbol{y}$	$\boldsymbol{0}$
$\boldsymbol{x}^{\mathrm{T}}\boldsymbol{x}$	$2\boldsymbol{x}$	$2\boldsymbol{I}$
$\boldsymbol{x}^{\mathrm{T}}\boldsymbol{A}\boldsymbol{x}$	$2\boldsymbol{A}\boldsymbol{x}$	$2\boldsymbol{A}$(当 $\boldsymbol{A}=\boldsymbol{A}^{\mathrm{T}}$)

3.3. 设 $\varphi(\boldsymbol{X})$ 是矩阵变量 $\boldsymbol{X}$ 的数值函数,证明:

$\varphi(\boldsymbol{X})$	$\frac{\partial \varphi}{\partial \{\boldsymbol{X}\}}$
(1) $\operatorname{tr} \boldsymbol{A}\boldsymbol{X}$	$\boldsymbol{A}^{\mathrm{T}}$
(2) $\operatorname{tr} \boldsymbol{X}^{\mathrm{T}}\boldsymbol{A}\boldsymbol{X}$	$(\boldsymbol{A}+\boldsymbol{A}^{\mathrm{T}})\boldsymbol{X}$
(3) $\operatorname{tr} \boldsymbol{X}\boldsymbol{A}\boldsymbol{X}$	$\boldsymbol{X}^{\mathrm{T}}\boldsymbol{A}^{\mathrm{T}}+\boldsymbol{A}^{\mathrm{T}}\boldsymbol{X}^{\mathrm{T}}$
(4) $\operatorname{tr} \boldsymbol{X}\boldsymbol{A}\boldsymbol{X}^{\mathrm{T}}$	$\boldsymbol{X}(\boldsymbol{A}+\boldsymbol{A}^{\mathrm{T}})$
(5) $\operatorname{tr} \boldsymbol{X}^{\mathrm{T}}\boldsymbol{A}\boldsymbol{X}^{\mathrm{T}}$	$\boldsymbol{A}\boldsymbol{X}^{\mathrm{T}}+\boldsymbol{X}^{\mathrm{T}}\boldsymbol{A}$
(6) $\operatorname{tr} \boldsymbol{X}^{\mathrm{T}}\boldsymbol{A}\boldsymbol{X}\boldsymbol{B}$	$\boldsymbol{A}\boldsymbol{X}\boldsymbol{B}+\boldsymbol{A}^{\mathrm{T}}\boldsymbol{X}\boldsymbol{B}^{\mathrm{T}}$
(7) $\operatorname{tr} \boldsymbol{X}^{-1}\boldsymbol{A}\boldsymbol{X}^{-1}\boldsymbol{B}$	$-(\boldsymbol{X}^{-1}\boldsymbol{A}\boldsymbol{X}^{-1}\boldsymbol{B}\boldsymbol{X}^{-1}+\boldsymbol{X}^{-1}\boldsymbol{B}\boldsymbol{X}^{-1}\boldsymbol{A}\boldsymbol{X}^{-1})^{\mathrm{T}}$
(8) $\ln(\det(\boldsymbol{X}^{\mathrm{T}}\boldsymbol{X}))$	$2\boldsymbol{X}(\boldsymbol{X}^{\mathrm{T}}\boldsymbol{X})^{-1}$

3.4. 设 $\boldsymbol{x} \in \mathbb{R}^m$,记

$$\boldsymbol{x} = [\boldsymbol{x}_1^{\mathrm{T}} \quad \boldsymbol{x}_2^{\mathrm{T}}]^{\mathrm{T}}, \boldsymbol{x}_1 \in \mathbb{R}^n, n < m$$

设 $\boldsymbol{B} \in \mathbb{R}^{m \times k}$,$\boldsymbol{u} \in R(\boldsymbol{B}^{\mathrm{T}})$,试求

$$\min_{\boldsymbol{B}^{\mathrm{T}}\boldsymbol{x}=\boldsymbol{u}} \boldsymbol{x}_1^{\mathrm{T}}\boldsymbol{x}_1$$

§4　一些简单的变量替换的 Jacobi 行列式

在求矩阵变量的数值函数的积分时，往往要作变量替换，这时就需要求出变量替换的 Jacobi 行列式. 设 $\boldsymbol{X}\in\mathbb{R}^{m\times n}$是矩阵变量，$\boldsymbol{Y}=F(\boldsymbol{X})\in\mathbb{R}^{m\times n}$是一一变换，$F(\boldsymbol{X})$可微，则按定义，其 Jacobi 行列式为

$$\det\frac{\partial \boldsymbol{Y}}{\partial \boldsymbol{X}}\triangleq J(\boldsymbol{Y}:\boldsymbol{X}) \tag{4.1}$$

我们将在 $F(\boldsymbol{X})$ 为某些较简单的情形时，用前面所引进的记号和方法求 Jacobi 行列式.

1. 当变量矩阵为非对称阵的情形

设 $\boldsymbol{X}\in\mathbb{R}^{m\times n}$是变量矩阵，且其独立变量的个数是 $m\cdot n$ 个，我们将给出 $\boldsymbol{X}$ 的线性变换与逆变换的Jacobi 行列式.

定理 4.1　作 $\boldsymbol{X}$ 的线性变换

$$\boldsymbol{Y}=\boldsymbol{AXB}$$

其中 $\boldsymbol{A},\boldsymbol{B}$ 分别为 m 阶、n 阶非奇异方阵，则有

$$J(\boldsymbol{Y}:\boldsymbol{X})=(\det \boldsymbol{A})^n(\det \boldsymbol{B})^m \tag{4.2}$$

证明　由于

$$J(\boldsymbol{Y}:\boldsymbol{X})\triangleq\det\frac{\partial \boldsymbol{Y}}{\partial \boldsymbol{X}}=\det(\boldsymbol{A}^{\mathrm{T}}\otimes\boldsymbol{B})=(\det \boldsymbol{A}^{\mathrm{T}})^n\cdot(\det \boldsymbol{B})^m$$

因此得(4.2).

定理 4.2　当 $m=n$，且 $\boldsymbol{X}$ 可逆时，作 $\boldsymbol{X}$ 的逆变换

$\boldsymbol{Y}=\boldsymbol{X}^{-1}$,则有

$$J(\boldsymbol{Y}:\boldsymbol{X})=-(\det\boldsymbol{X})^{-2n} \tag{4.3}$$

证明　由

$$\frac{\partial\boldsymbol{X}^{-1}}{\partial\boldsymbol{X}}=-(\boldsymbol{X}^{-1})^{\mathrm{T}}\otimes\boldsymbol{X}^{-1}$$

仿照上面即得(4.3).

2. 当变量矩阵为三角阵的情形

设 $\boldsymbol{X}\in\mathbb{R}^{n\times n}$,且设 $\boldsymbol{X}$ 为非奇异下三角阵,$\boldsymbol{X}$ 含 $\frac{n(n+1)}{2}$个独立变量 $x_{11},x_{21},x_{22},\cdots,x_{n1},\cdots,x_{nn}$,其余为 0. 这时,情况较为复杂,我们无法整体地应用 §3 中已得的公式,然而,仍可用分块矩阵的方法来处理. 为此,令

$$\boldsymbol{x}_{[i]}=[x_{i1}\ \cdots\ x_{ii}]^{\mathrm{T}},\boldsymbol{X}_i=\boldsymbol{X}\begin{Bmatrix}1,\cdots,i\\1,\cdots,i\end{Bmatrix}$$

后者表示 $\boldsymbol{X}$ 的 i 阶顺序主子阵.

定理 4.3　设 $\boldsymbol{G}$ 为给定的非奇异下三角阵,令变换

$$\boldsymbol{Y}=\boldsymbol{G}\boldsymbol{X}$$

则有

$$J(\boldsymbol{Y}:\boldsymbol{X})=\prod_{i=1}^{n}g_{ii}^{i},g_{11},\cdots,g_{nn}\text{ 是 }\boldsymbol{G}\text{ 的主对角元} \tag{4.4}$$

证明　因 $\boldsymbol{Y},\boldsymbol{X}$ 都含$\frac{n(n+1)}{2}$个变量,故 $\boldsymbol{Y}$ 对 $\boldsymbol{X}$ 的微商矩阵不能再用 §1 中定义的拉直来表示. 仿照 §3

中的定义,记

$$\frac{\partial \boldsymbol{Y}}{\partial \boldsymbol{X}} \triangleq \frac{\partial[\boldsymbol{y}_{[1]}^{\mathrm{T}} \quad \cdots \quad \boldsymbol{y}_{[n]}^{\mathrm{T}}]}{\partial[\boldsymbol{x}_{[1]}^{\mathrm{T}} \quad \cdots \quad \boldsymbol{x}_{[n]}^{\mathrm{T}}]^{\mathrm{T}}} = \left(\frac{\partial \boldsymbol{y}_{[j]}^{\mathrm{T}}}{\partial \boldsymbol{x}_{[i]}}\right)$$

是一个分块矩阵,其(i,j)-块为

$$\frac{\partial \boldsymbol{y}_{[j]}^{\mathrm{T}}}{\partial \boldsymbol{x}_{[i]}} = \begin{bmatrix} \frac{\partial y_{j1}}{\partial x_{i1}} & \cdots & \frac{\partial y_{jj}}{\partial x_{i1}} \\ \vdots & & \vdots \\ \frac{\partial y_{j1}}{\partial x_{ii}} & \cdots & \frac{\partial y_{jj}}{\partial x_{ii}} \end{bmatrix}$$

注意到

$$\boldsymbol{y}_{[i]}^{\mathrm{T}} = \boldsymbol{g}_{[i]}^{\mathrm{T}} \boldsymbol{X}_i$$

且 $\boldsymbol{X}_i$ 中仅含 $\boldsymbol{x}_{[1]},\cdots,\boldsymbol{x}_{[i]}$ 中各变元,故有

$$\frac{\partial \boldsymbol{y}_{[i]}^{\mathrm{T}}}{\partial \boldsymbol{x}_{[\alpha]}} = \boldsymbol{0}, \alpha > i$$

所以$\frac{\partial \boldsymbol{Y}}{\partial \boldsymbol{X}}$是一个分块上三角阵. 为计算其行列式,只需算出各个对角块的行列式,而

$$\frac{\partial \boldsymbol{y}_{[i]}^{\mathrm{T}}}{\partial \boldsymbol{x}_{[i]}} = \frac{\partial \boldsymbol{g}_{[i]}^{\mathrm{T}} \boldsymbol{X}_i}{\partial \boldsymbol{x}_{[i]}} = \frac{\partial g_{ii} \boldsymbol{x}_{[i]}^{\mathrm{T}}}{\partial \boldsymbol{x}_{[i]}} = g_{ii} \boldsymbol{I}_i$$

即得

$$\det \frac{\partial \boldsymbol{Y}}{\partial \boldsymbol{X}} = \prod_{i=1}^{n} \det \frac{\partial \boldsymbol{y}_{[i]}^{\mathrm{T}}}{\partial \boldsymbol{x}_{[i]}} = \prod_{i=1}^{n} g_{ii}^{i}$$

定理 4.4 假设如定理 4.3,令变换为

$$\boldsymbol{Y} = \boldsymbol{X}\boldsymbol{G}$$

则有

$$J(\boldsymbol{Y}:\boldsymbol{X}) = \prod_{i=1}^{n} g_{ii}^{n-i+1} \tag{4.5}$$

证明　记号如前,但此时

$$\boldsymbol{y}_{[i]}^{\mathrm{T}}=\boldsymbol{x}_{[i]}^{\mathrm{T}}\boldsymbol{G}_i$$

仍有$\frac{\partial \boldsymbol{Y}}{\partial \boldsymbol{X}}$为分块上三角阵,而

$$\frac{\partial \boldsymbol{y}_{[i]}^{\mathrm{T}}}{\partial \boldsymbol{x}_{[i]}}=\frac{\partial \boldsymbol{x}_{[i]}^{\mathrm{T}}\boldsymbol{G}_i}{\partial \boldsymbol{x}_{[i]}}=\boldsymbol{G}_i$$

于是

$$J(\boldsymbol{Y}:\boldsymbol{X})=\det\frac{\partial \boldsymbol{Y}}{\partial \boldsymbol{X}}=\prod_{i=1}^{n}\det\boldsymbol{G}_i=\prod_{i=1}^{n}g_{ii}^{n-i+1}$$

当 $\boldsymbol{X},\boldsymbol{G}$ 都是上三角阵时,结果显然是类似的. 此时,只需仿照上面定义

$$\boldsymbol{x}_{[i]}=[x_{1i}\ \cdots\ x_{ii}]^{\mathrm{T}}$$

而取 $\boldsymbol{X}$ 的“拉直”为

$$[\boldsymbol{x}_{[1]}^{\mathrm{T}}\ \cdots\ \boldsymbol{x}_{[n]}^{\mathrm{T}}]^{\mathrm{T}}$$

其余推理也做相应改变.

定理 4.5　$\boldsymbol{X}$ 如前定义为下三角阵,令变换

$$\boldsymbol{Y}=\boldsymbol{X}\boldsymbol{X}^{\mathrm{T}}$$

则有

$$J(\boldsymbol{Y}:\boldsymbol{X})=2^n\prod_{i=1}^{n}x_{ii}^{n-i+1}\tag{4.6}$$

证明　记号如定理 4.3 的证明,有

$$\frac{\partial \boldsymbol{y}_{[i]}^{\mathrm{T}}}{\partial \boldsymbol{x}_{[j]}}=\frac{\partial \boldsymbol{x}_{[i]}^{\mathrm{T}}\boldsymbol{X}_i^{\mathrm{T}}}{\partial \boldsymbol{x}_{[j]}}=\boldsymbol{0},j>i$$

故 $J(\boldsymbol{Y}:\boldsymbol{X})$ 仍为分块上三角阵,而

$$\begin{aligned}\frac{\partial \boldsymbol{y}_{[i]}^{\mathrm{T}}}{\partial \boldsymbol{x}_{[i]}}&=\frac{\partial \boldsymbol{x}_{[i]}^{\mathrm{T}}\boldsymbol{X}_i^{\mathrm{T}}}{\partial \boldsymbol{x}_{[i]}}=\frac{\partial \boldsymbol{X}_i\boldsymbol{x}_{[i]}}{\partial \boldsymbol{x}_{[i]}}\\&=\frac{\partial \boldsymbol{X}_i}{\partial \boldsymbol{x}_{[i]}}(\boldsymbol{I}\otimes\boldsymbol{x}_{[i]})+\boldsymbol{X}_i^{\mathrm{T}}\end{aligned}$$

$$
\begin{aligned}
&= [\mathbf{0} \mid \cdots \mid \mathbf{0} \mid \boldsymbol{I}](\boldsymbol{I} \otimes \boldsymbol{x}_{[i]}) + \boldsymbol{X}_i^{\mathrm{T}} \\
&= \boldsymbol{e}_i^{\mathrm{T}} \otimes \boldsymbol{x}_{[i]} + \boldsymbol{X}_i^{\mathrm{T}} \\
&= \begin{bmatrix} x_{11} & & * \\ & \ddots & \\ & & 2x_{ii} \end{bmatrix}
\end{aligned}
$$

因此有

$$
\det \frac{\partial \boldsymbol{y}_{[i]}^{\mathrm{T}}}{\partial \boldsymbol{x}_{[i]}} = 2 \prod_{k=1}^{i} x_{kk}
$$

故得

$$
\begin{aligned}
J(\boldsymbol{Y} : \boldsymbol{X}) &= \prod_{i=1}^{n} \left(2 \prod_{k=1}^{i} x_{kk}\right) \\
&= 2^n \prod_{i=1}^{n} x_{ii}^{n-i+1}
\end{aligned}
$$

3. 当变量矩阵为对称阵的情形

设变量矩阵 $\boldsymbol{X} \in S^{n \times n}$，$\boldsymbol{X}$ 中含$\frac{n(n+1)}{2}$个独立变量 $x_{11}, x_{21}, x_{22}, \cdots, x_{n1}, \cdots, x_{nn}$，且有 $x_{ij} = x_{ji}$. 我们将要讨论对 $\boldsymbol{X}$ 的相合变换 $\boldsymbol{Y} = \boldsymbol{P}^{\mathrm{T}} \boldsymbol{X} \boldsymbol{P}$ 的 Jacobi 行列式，这里 $\boldsymbol{P}$ 是 n 阶非奇异方阵. 将 §4 的第 2 小节中的方法直接搬用似乎较为困难，注意到任何非奇异阵总可表示为初等矩阵的乘积，而初等阵是三角阵，故可先讨论 $\boldsymbol{P}$ 是三角阵的情形.

定理 4.6 设 $\boldsymbol{X}$ 如上，$\boldsymbol{G}$ 是非奇异上三角阵，令

$$
\boldsymbol{Y} = \boldsymbol{G}^{\mathrm{T}} \boldsymbol{X} \boldsymbol{G}
$$

则有

$$
J(\boldsymbol{Y} : \boldsymbol{X}) = (\det \boldsymbol{G})^{n+1} \tag{4.7}
$$

证明　使用本章 §4 的第 2 小节中的符号，不难看出

$$\boldsymbol{y}_{[i]}^{\mathrm{T}}=\boldsymbol{g}_{[i]}^{\mathrm{T}}\boldsymbol{X}_i\boldsymbol{G}_i, i=1,\cdots,n$$

从而也有

$$\frac{\partial\boldsymbol{Y}}{\partial\boldsymbol{X}}=\frac{\partial[\boldsymbol{y}_{[1]}^{\mathrm{T}}\ \vdots\ \cdots\ \vdots\ \boldsymbol{y}_{[n]}^{\mathrm{T}}]}{\partial[\boldsymbol{x}_{[1]}^{\mathrm{T}}\ \vdots\ \cdots\ \vdots\ \boldsymbol{x}_{[n]}^{\mathrm{T}}]}$$

为分块上三角阵. 由于

$$\frac{\partial\boldsymbol{y}_{[i]}^{\mathrm{T}}}{\partial\boldsymbol{x}_{[i]}}=\frac{\partial\boldsymbol{g}_{[i]}^{\mathrm{T}}\boldsymbol{X}_i\boldsymbol{G}_i}{\partial\boldsymbol{x}_{[i]}}=\frac{\partial g_{ii}\boldsymbol{x}_{[i]}^{\mathrm{T}}\boldsymbol{G}_i}{\partial\boldsymbol{x}_{[i]}}=g_{ii}\boldsymbol{G}_i$$

因此得

$$\begin{aligned}\det\frac{\partial\boldsymbol{Y}}{\partial\boldsymbol{X}} &= \prod_{i=1}^{n}(\det g_{ii}\boldsymbol{G}_i) = \prod_{i=1}^{n}\left(g_{ii}^{i}\prod_{\alpha=1}^{i}g_{\alpha\alpha}\right)\\ &= \prod_{i=1}^{n}g_{ii}^{n+1} = (\det\boldsymbol{G})^{n+1}\end{aligned}$$

即得(4.7).

当 $\boldsymbol{G}$ 为非奇异下三角阵时，我们考虑 $\boldsymbol{Y}$ 的独立变量为 $y_{11},y_{12},y_{22},\cdots,y_{1n},\cdots,y_{nn}$，记

$$\boldsymbol{y}_{[i]}=[y_{1i}\ \vdots\ \cdots\ \vdots\ y_{ii}]^{\mathrm{T}}, i=1,\cdots,n$$

类似可得:

定理 4.7　设 $\boldsymbol{X}$ 如上，$\boldsymbol{G}$ 是非奇异下三角阵，令

$$\boldsymbol{Y}=\boldsymbol{G}^{\mathrm{T}}\boldsymbol{X}\boldsymbol{G}$$

则有

$$J(\boldsymbol{Y}:\boldsymbol{X})=(\det\boldsymbol{G})^{n+1} \tag{4.8}$$

定理 4.8　设 $\boldsymbol{X}$ 如上，$\boldsymbol{P}$ 为 n 阶非奇异阵，令

$$\boldsymbol{Y}=\boldsymbol{P}^{\mathrm{T}}\boldsymbol{X}\boldsymbol{P}$$

则有

$$J(\boldsymbol{Y}:\boldsymbol{X})=(\det\boldsymbol{P})^{n+1} \tag{4.9}$$

证明 $\boldsymbol{P}$ 是初等阵的积,即 $\boldsymbol{P}=\boldsymbol{G}_1\cdots\boldsymbol{G}_k$,而 $\boldsymbol{G}_1,\cdots,\boldsymbol{G}_k$ 为上(下)三角阵,根据

$$\begin{aligned}\det\frac{\partial\boldsymbol{P}^{\mathrm{T}}\boldsymbol{X}\boldsymbol{P}}{\partial\boldsymbol{X}}&=\det\frac{\partial\boldsymbol{G}_k^{\mathrm{T}}\cdots\boldsymbol{G}_1^{\mathrm{T}}\boldsymbol{X}\boldsymbol{G}_1\cdots\boldsymbol{G}_k}{\partial\boldsymbol{X}}\\&=(\det\boldsymbol{G}_k)^{n+1}\cdot\det\frac{\partial\boldsymbol{G}_{k-1}^{\mathrm{T}}\cdots\boldsymbol{G}_1^{\mathrm{T}}\boldsymbol{X}\boldsymbol{G}_1\cdots\boldsymbol{G}_{k-1}}{\partial\boldsymbol{X}}\\&=\prod_{i=1}^{k}(\det\boldsymbol{G}_i)^{n+1}=(\det\boldsymbol{P})^{n+1}\end{aligned}$$

故得(4.9).

关于对称矩阵的逆变换,其 Jacobi 行列式可用较特殊的方法求得,结果为$(\det\boldsymbol{X})^{-(n+1)}$,有兴趣的读者可作为练习.

Ky Fan 引理及应用

第5章

Ky Fan 在拓扑学、运筹学等领域内做出了重要贡献. 他发表了一系列的关于算子与矩阵理论、凸分析与不等式、线性与非线性规划、不动点理论方面的论文，受到了同行的高度评价.

下面两节介绍其在拓扑学、运筹学中的引理及应用.

在多值映象的不动点理论中，Ky Fan 引理(见资料[1]，引理4)是一个很简单的基本命题，它往往是证明更复杂结果的关键工具，例如参考资料[2].

贵州工学院的俞建教授于1988年首先推广了 Ky Fan 引理，然后又给出它的一些应用.

§1　Ky Fan 引理的推广及其应用[①]

1. Ky Fan 引理的推广

定理 1.1　设 X 是 Hausdorff(豪斯道夫)线性拓扑空间 E 中的凸集,Y 和 Z 是 Hausdorff 拓扑空间,c 是从 X 到 Y 的连续映象,$g:X\times Y\to Z$,$A\subset Z$. 如果:

(a) $\forall x\in X,g(x,c(x))\in A$;

(b) $\forall y\in Y,\{x\in X\mid g(x,y)\notin A\}$ 在 X 中是凸的(或空的);

(c) $\forall x\in X,\{y\in Y\mid g(x,y)\in A\}$ 在 Y 中是闭的;

(d) $\exists X_0\subset X$,其中 X_0 非空,且可被 X 中某凸紧集 K 所包含,使 $D=\{y\in Y\mid g(x,y)\in A,\ \forall x\in X_0\}$ 是紧集(未预先假定是非空的).

则 $\exists y^*\in Y$,使 $\forall x\in X,g(x,y^*)\in A$.

引理 1.1　设 K 是 Hausdorff 线性拓扑空间 E 中的凸紧集,则 $\forall\{x_1,\cdots,x_n\}\subset E$, $\mathrm{co}[\{x_1,\cdots,x_n\}\cup K]$ 必是 E 中的凸紧集.

证明　记 $S^{n+1}=\{(\lambda_1,\cdots,\lambda_n,\lambda_{n+1})\mid \lambda_i\geqslant 0,i=1,\cdots,n,n+1,\sum\limits_{i=1}^{n+1}\lambda_i=1\}$,它是紧集.

因 K 是凸紧集,故

① 本节摘编自《应用数学学报》,1988,11(4).

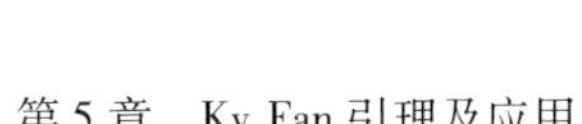

$$\operatorname{co}[\{x_1,\cdots,x_n\}\cup K]=\{\sum_{i=1}^{n+1}\lambda_i x_i \mid \lambda_i\geqslant 0,\ i=1,\cdots,n,n+1,\ \sum_{i=1}^{n+1}\lambda_i=1,x_{n+1}\in K\}$$

令$f(\lambda_1,\cdots,\lambda_n,\lambda_{n+1};x_1,\cdots,x_n;x_{n+1})=\sum_{i=1}^{n+1}\lambda_i x_i$,这是紧集 $Q=S^{n+1}\times\{x_1,\cdots,x_n\}\times K$ 上的连续映象, $\operatorname{co}[\{x_1,\cdots,x_n\}\cup K]=f(Q)$ 必是紧集.

定理 1.1 的证明　$\forall x\in X$,令 $F(x)=\{y\in Y|g(x,y)\in A\}$,由 $c(x)\in F(x)$ 及(c),故 $F(x)$ 是 Y 中的非空闭集.

令 $G(x)=c^{-1}F(x)$,因 c 连续,故 $G(x)$ 是 X 中的闭集. $\forall\{x_1,\cdots,x_n\}\subset X$,如果 $\operatorname{co}\{x_1,\cdots,x_n\}\not\subset\bigcup_{i=1}^{n}G(x_i)$,那么 $\exists\lambda_i\geqslant 0,i=1,\cdots,n,\sum_{i=1}^{n}\lambda_i=1$,使

$$\sum_{i=1}^{n}\lambda_i x_i\in\bigcup_{i=1}^{n}G(x_i)$$

即

$$\forall j=1,\cdots,n,\ \sum_{i=1}^{n}\lambda_i x_i\in G(x_j)$$

$$c(\sum_{i=1}^{n}\lambda_i x_i)\in F(x_j),g(x_i,c(\sum_{i=1}^{n}\lambda_i x_i))\in A$$

由(b)知, $\{x\in X\mid g(x,c(\sum_{i=1}^{n}\lambda_i x_i))\in A\}$是凸的,故 $g(\sum_{i=1}^{n}\lambda_i x_i,c(\sum_{i=1}^{n}\lambda_i x_i))\in A$ 与(a)矛盾.

$\forall\{x_1,\cdots,x_n\}\subset X$,令 $C=\operatorname{co}[\{x_1,\cdots,x_n\}\cup K]$,

由引理1.1知,这是凸紧集. $\forall x \in \{x_1,\cdots,x_n\} \cup K$,令 $H(x) = G(x) \cap C$,由 $x \in H(x)$ 知,这是 X 中的非空紧集. $\forall \{z_1,\cdots,z_p\} \subset \{x_1,\cdots,x_n\} \cup K$,则

$$\mathrm{co}\{z_1,\cdots,z_p\} \subset [\bigcup_{i=1}^{p} G(z_i)] \cap C = \bigcup_{i=1}^{p} H(z_i)$$

由资料[1]中引理1知,$\bigcap_{x \in \{x_1,\cdots,x_n\} \cup K} H(x) \neq \varnothing$,当然有 $\bigcap_{x \in \{x_1,\cdots,x_n\} \cup K} G(x) \neq \varnothing$,进而 $\bigcap_{x \in \{x_1,\cdots,x_n\} \cup K} F(x) \neq \varnothing$.

$\forall \{x_1,\cdots,x_n\} \subset X$,有

$$\bigcap_{i=1}^{n} [F(x_i) \cap D] = \bigcap_{x \in \{x_1,\cdots,x_n\} \cup X_0} F(x) \supset \bigcap_{x \in \{x_1,\cdots,x_n\} \cup K} F(x) \neq \varnothing$$

(这证明了必有 $D \neq \varnothing$). D 是紧集,由有限交定理知,$\bigcap_{x \in X} [F(x) \cap D] \neq \varnothing$,从而 $\bigcap_{x \in X} F(x) \neq \varnothing$.

取 $y^* \in \bigcap_{x \in X} F(x)$,则 $\forall x \in X, g(x,y^*) \in A$.

系1.1 设 X 是Hausdorff线性拓扑空间 E 中的凸集,$A \subset X \times X$ 是闭集. 如果:

(a′) $\forall x \in X, (x,x) \in A$;

(b′) $\forall y \in X, \{x \in X \mid (x,y) \in A\}$ 在 X 中是凸的(或空的);

(d′) $\exists X_0 \subset X$,其中 X_0 非空,且可被 X 中某凸紧集 K 所包含,使 $\{y \in Y \mid (x,y) \in A, \forall x \in X_0\}$ 是紧集(未预先假定是非空的).

则 $\exists y^* \in Y$,使 $\forall x \in X, (x,y^*) \in A$.

证明 A 是闭集,$\forall x \in X, \{y \in Y \mid (x,y) \in A\}$ 在 Y 中必是闭的. 因此系1.1是定理1.1中 $Y = X$, $g(x,y) = (x,y)$, $c(x) = x$ 的特例.

注1.1 资料[1]中引理4又是系1.1中 $X_0 =$

$K = X$ 的特例.

2. 应用(Ⅰ)

定理1.2 设X是Hausdorff线性拓扑空间E中的仿紧凸集,$X_0 \subset X$,其中X_0非空,且可被X中某凸紧集K所包含.F和G是两个X上的准上半连续映象,使得:

(a) $\forall x \in X, F(x)$ 和 $G(x)$ 都是E中的非空子集,且至少有一个是紧集;

(b) $\forall x \in X_0, \forall \varphi \in E'$($E'$表示$E$上连续线性泛函全体所构成的空间),由$\inf\limits_{y \in X} \varphi(x-y) = 0$ 推出

$$\inf_{\substack{u \in F(x) \\ v \in G(x)}} \varphi(u-v) \leqslant 0$$

(c) $\forall x \in X \backslash X_0, \forall \varphi \in E'$,由$\inf\limits_{y \in X_0} \varphi(x-y) \geqslant 0$ 推出

$$\inf_{\substack{u \in F(x) \\ v \in G(x)}} \varphi(u-v) \leqslant 0$$

则 $\exists x^* \in X$,使 $F(x^*)$ 和 $G(x^*)$ 不能被闭超平面严格分离.

证明 用反证法.如果 $\forall z \in X, F(z)$ 和 $G(z)$ 都能被闭超平面严格分离,那么 $\exists \varphi_z \in E', r_z \in (-\infty, +\infty)$,使 $\forall u \in F(z), \forall v \in G(z)$,有

$$\varphi_z(u) > r_z > \varphi_z(v)$$

因F和G在X上都是准上半连续的,故存在N_z(N_z是z在X中的开邻域)使 $\forall y \in N_z, \forall u \in F(y), \forall v \in G(y)$,有$\varphi_z(u) > r_z > \varphi_z(v)$.不妨假设$F(y)$是紧的,则$\varphi_z$在$F(y)$上的极小值$s_y > r_z$,此时

$$\varphi_z(u-v) > s_y - r_z > 0$$

于是

$$N_z \subset \{y \in X \mid \inf_{\substack{u \in F(y) \\ v \in G(y)}} \varphi_z(u - v) > 0\}$$

因 $\bigcup_{z \in X} N_z = X$,而 X 是仿紧的,故由资料[3]中附录 B 知,开覆盖 $\{N_z, z \in X\}$ 有从属于它的连续单位分划 $\{\beta_z, z \in X\}$:$\forall z \in X, \beta_z(x)$ 在 X 上连续,$\beta_z(x) \geqslant 0$. 当 $\beta_z(x) > 0$ 时 $x \in N_z$;$\forall x \in X$,使 $\beta_z(x) > 0$ 的 z 只有有限个,故 $\sum_{z \in X} \beta_z(x)$ 有意义,且 $\sum_{z \in X} \beta_z(x) = 1$.

令

$$A = \{(x, y) \in X \times X \mid \sum_{z \in X} \beta_z(y) \varphi_z(x - y) \leqslant 0\}$$

这是 $X \times X$ 中的闭集.

$\forall x \in X, (x, x) \in A, \forall y \in X$,有

$$\{x \in X \mid (x, y) \notin A\}$$
$$= \{x \in X \mid \sum_{z \in X} \beta_z(y) \varphi_z(x - y) > 0\}$$

是凸的(或空的). 由系 1.1 知,只有以下两种情况可能发生:

情况 1 $\exists y_1 \in X$,使 $\forall x \in X, (x, y_1) \in A$.

情况 2 $\{y \in X \mid (x, y) \in A, \forall x \in X_0\}$ 必不是紧集.

情况 1 发生:$\forall x \in X, \sum_{z \in X} \beta_z(y_1) \varphi_z(x - y_1) \leqslant 0$,令 $\psi_{y_1} = \sum_{z \in X} \beta_z(y_1) \varphi_z \in E'$. $\forall x \in X, \psi_{y_1}(y_1 - x) \geqslant 0$,而当 $x = y_1$ 时,$\psi_{y_1}(y_1 - x) = 0$,故

$$\inf_{x \in X} \psi_{y_1}(y_1 - x) = 0$$

如果 $y_1 \in X_0$,由(b)知,必推得

$$\inf_{\substack{u\in F(y_1)\\ v\in G(y_1)}} \psi_{y_1}(u-v) \leqslant 0$$

但

$$\psi_{y_1}(u-v) = \sum_{z\in X}\beta_z(y_1)\varphi_z(u-v)$$

当 $\beta_z(y_1) > 0$ 时 $y_1 \in N_z$,此时

$$\inf_{\substack{u\in F(y_1)\\ v\in G(y_1)}} \varphi_z(u-v) > 0$$

由 $\forall z \in X, \beta_z(y_1) \geqslant 0$, 且 $\sum_{z\in X}\beta_z(y_1) = 1$, 必有 $\inf_{\substack{u\in F(y_1)\\ v\in G(y_1)}} \psi_{y_1}(u-v) > 0$,矛盾.

如果 $y_1 \in X\backslash X_0$,因

$$\inf_{x\in X_0}\psi_{y_1}(y_1-x) \geqslant \inf_{x\in X}\psi_{y_1}(y_1-x) = 0$$

故由(c)知,必推得 $\inf_{\substack{u\in F(y_1)\\ v\in G(y_1)}} \psi_{y_1}(u-v) \leqslant 0$,同上,必引出矛盾.

情况 2 发生:因 A 是闭集,显然 $\{y\in X \mid (x,y)\in A, \forall x\in X_0\}$ 是闭集,故它不能被 X_0 所包含(否则作为紧集 K 的闭子集,必是紧集,矛盾),即 $\exists y_2 \in X\backslash X_0$,使 $\forall x\in X_0, (x,y_2)\in A$,也即 $\forall x\in X_0, \psi_{y_2}(y_2-x) \geqslant 0$,有

$$\inf_{x\in X_0}\psi_{y_2}(y_2-x) \geqslant 0$$

其中 $\psi_{y_2} = \sum_{z\in X}\beta_z(y_2)\varphi_z \in E'$, 由(c)知, 这推得 $\inf_{\substack{u\in F(y_2)\\ v\in G(y_2)}} \psi_{y_2}(u-v) \leqslant 0$, 同上, 必引出矛盾, 定理 1.2 得证.

系 1.2(资料[2]中定理 2.1)　设 X 是 Hausdorff

局部凸线性拓扑空间 E 中的凸紧集，F 和 G 是两个 X 上的准上半连续映象，使得：

(a) $\forall x \in X, F(x)$ 和 $G(x)$ 都是 E 中的非空闭凸集，且至少有一个是紧集；

(b) $\forall x \in X, \forall \varphi \in E', \inf_{y \in X} \varphi(x-y) = 0$ 推出

$$\inf_{\substack{u \in F(x) \\ v \in G(x)}} \varphi(u-v) \leqslant 0$$

则 $\exists x^* \in X$，使 $F(x^*) \cap G(x^*) \neq \varnothing$.

证明 令 $X_0 = K = X$. 定理1.2 的假设条件全部成立，$\exists x^* \in X$，使 $F(x^*)$ 和 $G(x^*)$ 不能被任何闭超平面严格分离. 如果 $F(x^*) \cap G(x^*) = \varnothing$，因 E 是局部凸的，故由资料[4] 中第三章 §2 定理 6 知，$F(x^*)$ 和 $G(x^*)$ 能被某超平面严格分离，矛盾.

注 1.2 资料[2] 中定理 2.1 的假设条件(b) 为 $\forall x \in X, \forall \varphi \in E'$，由 $\inf_{y \in X} \varphi(x-y) \geqslant 0$ 推出 $\inf_{\substack{u \in F(x) \\ v \in G(x)}} \varphi(u-v) \leqslant 0$. 事实上，当 $y = x$ 时 $\varphi(x-y) = 0$，故 $\inf_{y \in X} \varphi(x-y) > 0$ 是不可能的，我们将其改为由 $\inf_{y \in X} \varphi(x-y) = 0$ 推出 $\inf_{\substack{u \in F(x) \\ u \in G(x)}} \varphi(u-v) \leqslant 0$. 又资料[2] 中定理2.1 是资料[2] 的主要结果，因此资料[2] 中其他一些结果，如定理2.4 和系 2.3 等都可以推广.

定理 1.3 设 X 是 Hausdorff 线性拓扑空间 E 中的仿紧凸集. $X_0 \subset X$，其中 X_0 非空，且可被 X 中某凸紧集 K 所包含，F 和 G 是两个 X 上的准上半连续映象，使得：

(a) $\forall x \in X, F(x)$ 和 $G(x)$ 都是 E 中的非空子集；

(b) $\forall x \in X_0, \forall \varphi \in E'$，如果 $\forall y \in X$，有 $\varphi(x) \leqslant$

$\varphi(y)$,那么 $\exists u \in F(x), \exists v \in G(x)$,使 $\varphi(u) \geqslant \varphi(v)$;

(c) $\forall x \in X \backslash X_0, \forall \varphi \in E'$, 如果 $\forall y \in X_0$, 有 $\varphi(x) \leqslant \varphi(y)$,那么 $\exists u \in F(x), \exists v \in G(x)$,使 $\varphi(u) \geqslant \varphi(v)$.

则 $\exists x^* \in X$,使 $F(x^*)$ 和 $G(x^*)$ 不能被任何闭超平面严格分离.

证明　用反证法. 同定理1.2中的证明, $\forall z \in X$, $\exists N_z$,使 $\forall y \in N_z, \forall u \in F(y), \forall v \in G(y)$,有

$$\varphi_z(u) < r_z < \varphi_z(v)$$

于是

$$N_z \subset \{y \in X \mid \varphi_z(u) < \varphi_z(v), \forall u \in F(y), \forall v \in G(y)\}$$

同定理1.2中的证明,开覆盖 $\{N_z, z \in X\}$ 有从属于它的连续单位分划 $\{\beta_z, z \in X\}$.

令

$$A = \{(x,y) \in X \times X \mid \sum_{z \in X} \beta_z(y) \varphi_z(y - x) \leqslant 0\}$$

这是 $X \times X$ 中的闭集,以下同定理1.2中的证明,必引出矛盾,定理1.3得证.

系1.3(资料[5]中定理9)　设 X 是Hausdorff局部凸线性拓扑空间 E 中的仿紧凸集. $X_0 \subset X$,其中 X_0 非空,且可被 X 中某凸紧集所包含. F 和 G 是两个 X 上的准上半连续映象,使得:

(a) $\forall x \in X, F(x)$ 和 $G(x)$ 都是 E 中的非空闭凸集,且至少有一个是紧集;

(b) $\forall x \in X_0, \forall \varphi \in E'$,如果 $\forall y \in X$,有 $\varphi(x) \leqslant \varphi(y)$,那么 $\exists u \in F(x), \exists v \in G(x)$,使 $\varphi(u) \geqslant \varphi(v)$;

(c) $\forall x \in X \backslash X_0, \forall \varphi \in E'$, 如果 $\forall y \in X_0$, 有

$\varphi(x) \leqslant \varphi(y)$，那么 $\exists u \in F(x), \exists v \in G(x)$，使 $\varphi(u) \geqslant \varphi(v)$.

则 $\exists x^* \in X$，使 $F(x^*) \cup G(x^*) \neq \varnothing$.

注 1.3 资料[5]中定理 9 的证明已给出假设条件(b)与(b′)等价，所以我们直接引用(b′).

3. 应用(Ⅱ)

定理 1.4 设 X 是 Hausdorff 线性拓扑空间 E 中的凸集，Y 和 Z 是 Hausdorff 拓扑空间，c 是从 X 到 Y 的连续映象，$g: X \times Y \to Z, B \subset Z$. 如果：

(a) $\forall y \in Y, \{x \in X \mid g(x,y) \in B\}$ 在 X 中是非空凸的；

(b) $\forall x \in X, \{y \in Y \mid g(x,y) \in B\}$ 在 Y 中是开的；

(c) $\exists X_0 \subset X$，其中 X_0 非空，且可被 X 中某凸紧集 K 所包含，使 $\{y \in Y \mid g(x,y) \notin B, \forall x \in X_0\}$ 是紧集（未预先假定是非空的）.

则 $\exists x^* \in X$，使 $g(x^*, c(x^*)) \in B$.

证明 令 $A = Z - B$，由(a)知，$\forall y \in Y$，有

$$\{x \in X \mid g(x,y) \notin A\} = \{x \in X \mid g(x,y) \in B\}$$

在 X 中是凸的. 由(b)知，$\forall x \in X$，有

$$\{y \in Y \mid g(x,y) \in A\} = Y - \{y \in Y \mid g(x,y) \in B\}$$

在 Y 中是闭的. 由(c)知，有

$$\begin{aligned} &\{y \in Y \mid g(x,y) \in A, \forall x \in X_0\} \\ =& \{y \in Y \mid g(x,y) \notin B, \forall x \in X_0\} \end{aligned}$$

是紧集.

以下用反证法,如果 $\forall x \in X, g(x,c(x)) \notin B$,即 $\forall x \in X, g(x,c(x)) \in A$,这时定理1.1的假设条件全部成立,$\exists y^* \in Y$,使 $\forall x \in X, g(x,y^*) \in A$,即

$$\{x \in X \mid g(x,y^*) \in B\} = \varnothing$$

与(a)矛盾.

Ky Fan不等式在非线性分析、对策论和数理经济学等领域中正在发挥越来越大的作用,例如资料[6]中第六章. Ky Fan不等式已有一些推广,应用定理1.4,我们可以再将它做进一步的推广.

定理1.5　设X是Hausdorff线性拓扑空间E中的凸集,Y是Hausdorff拓扑空间,c是从X到Y的连续映象. f是$X \times Y$上的实值函数,使得:

(a) $\forall x \in X, f(x,y)$ 在Y上对y是下半连续的;

(b) $\forall y \in Y, f(x,y)$ 在X上是拟凹的;

(c) $\forall x \in X, f(x,c(x)) \leqslant 0$;

(d) $\exists X_0 \subset X$,其中X_0非空,且可被X中某凸紧集K所包含,使$\{y \in Y \mid f(x,y) \leqslant 0, \forall x \in X_0\}$是紧集(未预先假定是非空的).

则 $\exists y^* \in Y$,使 $\forall x \in X, f(x,y^*) \leqslant 0$.

证明　令

$$B = \{(x,y) \in X \times Y \mid f(x,y) > 0\}$$

$\forall x \in X$,因$f(x,y)$在Y上对y是下半连续的,故由资料[7]中2.1节定义1(a)知

$$\{y \in Y \mid (x,y) \in B\} = \{y \in Y \mid f(x,y) > 0\}$$

在Y中是开的. $\forall y \in Y$,因$f(x,y)$在X上对x是拟凹的,故从拟凹函数的定义知

$$\{x \in X \mid (x,y) \in B\} = \{x \in X \mid f(x,y) > 0\}$$

在 X 上是凸的.

$$\{y \in Y \mid (x,y) \notin B, \forall x \in X_0\}$$
$$= \{y \in Y \mid f(x,y) \leqslant 0, \forall x \in X_0\}$$

是紧集.

如果 $\forall y \in Y$,有

$$\{x \in X \mid (x,y) \in B\} \neq \varnothing$$

那么由定理1.4知,$\exists x^* \in X$,使 $g(x^*,c(x^*)) \in B$,即 $f(x^*,c(x^*)) > 0$,这与(c)矛盾. 所以 $\exists y^* \in Y$,使

$$\{x \in X \mid (x,y^*) \in B\} = \varnothing$$

即 $\forall x \in X,(x,y^*) \notin B$,也即 $\forall x \in X, f(x,y^*) \leqslant 0$.

注1.4 资料[5]中定理6是以上定理1.5中 $Y = X, X_0 = K, c(x) = x$ 的特例.

定理1.5与定理1.1是等价的,下面应用定理1.5来证明定理1.1.

如果 $g(x,y) \in A$,定义 $f(x,y) = 0$,否则定义 $f(x,y) = 1$.

$\forall x \in X, \forall r \in (-\infty, +\infty)$,由

$$\{y \in Y \mid f(x,y) \leqslant r\} = \begin{cases} \varnothing, r < 0 \\ Y, r \geqslant 1 \\ \{y \in Y \mid g(x,y) \in A\}, 0 \leqslant r < 1 \end{cases}$$

得 $\{y \in Y \mid f(x,y) \leqslant r\}$ 在 Y 中是闭的. 由资料[7]中2.1节定义1(a)知,$f(x,y)$ 在 Y 上对 y 是下半连续的.

$\forall y \in Y, \forall r \in (-\infty, +\infty)$,由

$$\{x \in X \mid f(x,y) \geqslant r\} = \begin{cases} X, r \leqslant 0 \\ \varnothing, r > 1 \\ \{x \in X \mid g(x,y) \notin A\}, 0 < r \leqslant 1 \end{cases}$$

得$\{x \in X \mid f(x,y) \geqslant r\}$在$X$中是凸的(或空的). 由资料[7]中2.1节定义1(c)知,$f(x,y)$在X上对x是拟凹的.

$\forall x \in X, g(x,c(x)) \in A$,即$\forall x \in X, f(x,c(x)) = 0$,且

$$\{y \in Y \mid f(x,y) \leqslant 0, \forall x \in X_0\}$$
$$= \{y \in Y \mid g(x,y) \in A, \forall x \in X_0\}$$

是紧集.

这样,定理1.5的假设条件全部成立,必$\exists y^* \in Y$,使$\forall x \in X, f(x,y^*) \leqslant 0$,即$\forall x \in X, g(x,y^*) \in A$.

参考资料

[1]FAN K. A generalization of Tychonoff's fixed point theorem[J]. Math. Ann., 1961,142:305-310.

[2]JIANG J H. Fixed point theorems for multi-valued mappings in locally convex spaces[J]. 数学学报,1982,25:365-373.

[3]陈文嶂. 非线性泛函分析[M]. 兰州:甘肃人民出版社,1982.

[4]康托洛维奇 Л В,克雷洛夫 Г П. 泛函分析(上册)[M]. 刘征等译. 北京:高等教育出版社,1982.

[5]AUBIN J P, EKELAND I. Applied nonlinear analysis[M]. New York: Wiley-Interscience,1984.

[6]FAN K. Some properties of convex sets related to fixed point theorems [J]. Math. Ann.,1984,266:519-537.

[7]AUBIN J P. Mathematical methods of game and economic theory[M]. Amsterdam: North-Holland, 1979.

§2 关于非凸的有限理性的稳定性①

1. 引言

许多经济模型的基础都是建立在完全理性和凸性条件的假设上,这样的假设太严格,也过于理想化.在实际应用中往往满足不了这样的条件,自然而然,我们会考虑,把这些严格的条件减弱,以便更接近实际应用.

2001 年,Anderlini 和 Canning[1] 为此建立了抽象的架构模型 M,它是一类带有抽象理性函数的参数化的"一般博弈",具体来说,$M=(\Lambda,X,F,\Phi)$:Λ 是参数空间,每个 $\lambda\in\Lambda$ 表示一个博弈;X 是行为空间,每个 $x\in X$ 表示一个策略;行为映射 $F:\Lambda\to 2^X$,其中 $F(\lambda)\subset X$ 是博弈 λ 的可行策略集;映射 F 的图 $\mathrm{Graph}(F)=\{(\lambda,x)\in\Lambda\times X\mid x\in F(\lambda)\}$,$\Phi:\mathrm{Graph}(F)\to\mathbb{R}_+$ 是理性函数,其中 $\mathbb{R}_+=\{x\in\mathbb{R}\mid x\geqslant 0\}$. $\Phi(\lambda,x)$ 是理性函数,其中 $\Phi(\lambda,x)=0$ 对应于完全理性. $\forall\lambda\in\Lambda,\forall\varepsilon\geqslant 0$

$$E(\lambda,\varepsilon)=\{x\in F(\lambda)\mid\Phi(\lambda,x)\leqslant\varepsilon\}$$

定义为博弈 λ 的 ε - 平衡点集,它的意义很清楚,$x\in F(\lambda)$ 表示 x 是博弈 λ 的可行策略,$\Phi(\lambda,x)\leqslant\varepsilon$ 表示对博弈 λ 和其可行策略 x,对应理性函数的值小于或

---

① 本节摘编自《运筹学学报》,2016,20(3).

等于 ε,x 是博弈 λ 的 ε – 平衡点. 特别的

$$E(\lambda)=E(\lambda,0)=\{x\in F(\lambda)\mid \Phi(\lambda,x)=0\}$$

定义为博弈 λ 的平衡点集,它的意义也很清楚,$x\in F(\lambda)$ 表示 x 是博弈 λ 的可行策略,对应理性函数的值为0(完全理性),x 是博弈 λ 的平衡点.

随后,俞建教授等[2-10]在这方面做了更深的研究,并给出了如下的主要假设条件:

(a)(Λ,ρ)是一个完备度量空间,(X,d)是一个度量空间;

(b)集值映射 $F:\Lambda\to 2^X$ 是上半连续的,且 $\forall\lambda\in\Lambda$,$F(\lambda)$是非空紧集;

(c)$\Phi:\Lambda\times X\to\mathbb{R}$ 满足当 $x\in F(\lambda)$时,$\Phi(\lambda,x)\geqslant 0$ 且在(λ,x)是下半连续的;

(d) $\forall\lambda\in\Lambda,E(\lambda)=\{x\in F(\lambda)\mid \Phi(\lambda,x)=0\}\neq\varnothing$.

首先注意到,$\forall\lambda\in\Lambda$, $\forall\varepsilon\geqslant 0$,$E(\lambda,\varepsilon)$必是非空紧集. 事实上,$\forall\varepsilon\geqslant 0$,因为 $E(\lambda,\varepsilon)\supset E(\lambda)$,而 $E(\lambda)\neq\varnothing$,所以 $E(\lambda,\varepsilon)\neq\varnothing$. $\forall x_n\in E(\lambda,\varepsilon)$,$x_n\to x$,则 $x_n\in F(\lambda)$,因 $F(\lambda)$是非空紧集,故 $x\in F(\lambda)$. 因 Φ 对(λ,x)是下半连续的,故

$$\Phi(\lambda,x)\leqslant\varliminf_{n\to\infty}\Phi(\lambda,x_n)\leqslant\varepsilon$$

$x\in E(\lambda,\varepsilon)$,$E(\lambda,\varepsilon)$必是闭集. 又因 $E(\lambda,\varepsilon)\subset F(\lambda)$,而 $F(\lambda)$是紧集,故 $E(\lambda,\varepsilon)$必是非空紧集. 在这些假设条件下,很多好的性质都是成立的.

同时,我们需要以下的定义和定理[3]:

定义 2.1　$\forall\lambda\in\Lambda$,如果 $\forall\delta>0$,存在 $\varepsilon'>0$,当 $\varepsilon<\varepsilon'$,$\rho(\lambda,\lambda')<\varepsilon'$时,有

$$h(E(\lambda',\varepsilon),E(\lambda'))<\delta$$

其中 h 是 X 上的 Hausdorff 距离,那么称 M 在 λ 对 ε -平衡是鲁棒的.

定义 2.2 如果平衡映射 $E:\Lambda\to 2^X$ 在 $\lambda\in\Lambda$ 是连续的,那么称 M 在 λ 是结构稳定的.

定义 2.3 如果 $\forall\lambda\in\Lambda$,$E(\lambda)$ 是非空紧集,且平衡映射 E 在 λ 是上半连续的,那么称 E 是 Λ 上的一个 usco 映射.

定理 2.1 如果(a)~(d)成立,那么:

(1)平衡映射 $E:\Lambda\to 2^X$ 是一个 usco 映射;

(2)存在 Λ 中的一个稠密剩余集 Q,使 $\forall\lambda\in Q$,M 在 λ 是结构稳定的;

(3) $\forall\lambda\in Q$,M 在 λ 对 ε -平衡也是鲁棒的.

而这些结论都是在平衡点存在的情况下得出的,即 $E(\lambda)\neq\varnothing$,并且平衡点的存在大多要依赖映射或者空间的凸性条件. 2005 年,Bianchi,Kassay 和 Pini[11]于 2005 年利用 Ekeland 变分原理证明了没有凸性假设的平衡点存在性问题,具体结果以定理 2.2 列出.

定理 2.2 令 $D\subset X$ 是紧集(不必凸),X 是欧氏空间,$f:D\times D\to\mathbb{R}$ 是一个二元实值函数,且满足:

(1)$f(x,\cdot)$是下半连续的,$\forall x\in D$;

(2)$f(t,t)=0$,$\forall t\in D$;

(3)$f(z,x)\leqslant f(z,y)+f(y,x)$,$\forall x,y,z\in D$;

(4)$f(\cdot,y)$是上半连续的,$\forall y\in D$.

则存在 $\bar{x}\in D$,使得 $f(\bar{x},y)\geqslant 0$,$\forall y\in D$.

受上述工作启发,贵州大学数学系的王春、丘小

玲、王能发、陈拼博四位教授于 2016 年将 Ekeland 变分原理引入到有限理性模型，证明了大多数的博弈以及 Ky Fan 点问题的有限理性模型在非凸和非紧的条件下依旧满足很好的稳定性. 具体安排如下：第 2 小节给出基本定义和若干必需的预备引理和定理；第 3 小节对非凸和非紧的 Ky Fan 点的问题定义理性函数，证明了大多数的 Ky Fan 点问题都是（在 Baire 分类意义上）结构稳定的，对 ε - 平衡也是鲁棒的；第 4 小节给出了两个应用，即非合作博弈中 Nash 平衡问题和多目标博弈弱 Pareto-Nash 平衡问题的稳定性.

2. 基本定义与预备知识

首先，我们需要关于集值映射连续性的一些预备知识[2,12].

定义 2.4　设 Λ 和 X 是两个度量空间，$F:\Lambda\to 2^X$ 是一个集值映射，$\lambda\in\Lambda$，若对 X 中任一开集 U，$U\supset F(\lambda)$（或 $U\cap F(\lambda)\neq\varnothing$），存在 λ 的开邻域 $O(\lambda)$，使 $\forall\lambda'\in O(\lambda)$ 有 $U\supset F(\lambda')$（或 $U\cap F(\lambda')\neq\varnothing$），则称集值映射 F 在 λ 是上半连续的（或下半连续的）. 如果 F 在 λ 既上半连续又下半连续，那么称集值映射 F 在 λ 是连续的.

引理 2.1（资料[6]中引理 1.2）　设 Λ 和 X 是两个度量空间，$\lambda\in\Lambda$，集值映射 $F:\Lambda\to 2^X$ 满足 $F(\lambda)$ 是非空紧集且 F 在 λ 是上半连续的，则 $\forall\lambda_n\in\Lambda,\lambda_n\to\lambda$，$\forall x_n\in F(\lambda_n)$，必存在 $\{x_n\}$ 的子序列 $\{x_{n_k}\}$，使 $x_{n_k}\to x\in F(\lambda)$.

设有限理性模型 $M=\{\Lambda,X,F,\Phi\}$，其中 Λ 是一

个问题空间，$\forall \lambda \in \Lambda$，$\lambda$ 表示一个非线性问题；$F:\Lambda \to 2^X$ 是一个集值映射，$\forall \lambda \in \Lambda$，$F(\lambda) \subset X$ 表示非线性问题 λ 的可行解集；$\Phi:\Lambda \times X \to \mathbb{R}$ 是理性函数，当 $x \in F(\lambda)$ 时，$\Phi(\lambda,x) \geqslant 0$. $\forall \varepsilon \geqslant 0$

$$E(\lambda,\varepsilon) = \{x \in F(\lambda) \mid \Phi(\lambda,x) \leqslant \varepsilon\}$$

表示非线性问题 λ 的 ε - 解集，当 $\varepsilon = 0$ 时

$$E(\lambda) = E(\lambda,0) = \{x \in F(\lambda) \mid \Phi(\lambda,x) \leqslant 0\}$$

表示非线性问题 λ 的 ε - 解集. 这样，$x \in E(\lambda)$ 当且仅当 $x \in F(\lambda)$ 且 $\Phi(\lambda,x) = 0$.

假定 (Λ,ρ) 是一个完备度量空间，X 是一个紧度量空间，$F:\Lambda \to K(X)$ 是上半连续的，其中 $K(X)$ 是 X 中所有非空紧集的集合. $\Phi:\mathrm{Graph}(F) \to \mathbb{R}_+$ 是下半连续的，$\forall \lambda \in \Lambda$，$E(\lambda) \neq \varnothing$. 于是，$\forall \lambda \in \Lambda$，$\forall \varepsilon \geqslant 0$，$E(\lambda,\varepsilon) = \{x \in F(\lambda) \mid \Phi(\lambda,x) \leqslant \varepsilon\}$ 必是 X 中的闭集，从而是紧集.

定理 2.3[7]　设 Λ 是完备度量空间，X 是紧度量空间，$F:\Lambda \to K(X)$ 是上半连续的，$\Phi:\mathrm{Graph}(F) \to \mathbb{R}_+$ 是下半连续的，且 $\forall \lambda \in \Lambda$，$E(\lambda) \neq \varnothing$，则：

(1) 平衡映射 $E:\Lambda \to K(X)$ 是上半连续的；

(2) 存在 Λ 中的一个稠密剩余集 Q，使 $\forall \lambda \in Q$，M 在 λ 是结构稳定的；

(3) 如果 M 在 $\lambda \in \Lambda$ 是结构稳定的，那么 M 在 $\lambda \in \Lambda$ 对 ε - 平衡必是鲁棒的，从而 $\forall \lambda \in Q$，M 在 λ 对 ε - 平衡必是鲁棒的；

(4) $\forall \lambda \in Q$，$\forall \lambda_n \to \lambda$，$\forall \varepsilon_n \to 0$，有 $h(E(\lambda_n,\varepsilon_n), E(\lambda)) \to 0$；

(5)如果 $\lambda \in \Lambda$，而 $E(\lambda)$ 是单点集，那么 M 在 $\lambda \in \Lambda$ 必是结构稳定的，在 λ 对 ε - 平衡也必是鲁棒的.

引理2.2 令 $D \subset X$ 是闭集，(X,d) 是完备度量空间，$f: D \times D \to \mathbb{R}$ 是一个二元实值函数，且满足：

(1) $f(x,\cdot)$ 是上半连续且有上界的，$\forall x \in D$；

(2) $f(t,t)=0$，$\forall t \in D$；

(3) $f(z,x) \geqslant f(z,y)+f(y,x)$，$\forall x,y,z \in D$.

则 $\forall \varepsilon > 0$，$\forall x_0 \in D$，存在 $\bar{x} \in D$，使得

$$\begin{cases} f(x_0,\bar{x}) - \varepsilon d(x_0,\bar{x}) \geqslant 0 \\ f(\bar{x},x) - \varepsilon d(\bar{x},x) < 0, \forall x \in D, x \neq \bar{x} \end{cases}$$

证明同资料[11]中定理2.1类似，因此省略.

注2.1 满足 $f(z,x) \geqslant f(z,y)+f(y,x)$，$\forall x,y,z \in D$ 的函数显然是存在的，如 $f(x,y)=y-x-1$.

定理2.4 令 $D \subset X$ 是紧集（不必凸），(X,d) 是完备度量空间，$f: D \times D \to \mathbb{R}$ 是一个二元实值函数，且满足：

(1) $f(x,\cdot)$ 是上半连续的，$\forall x \in D$；

(2) $f(t,t)=0$，$\forall t \in D$；

(3) $f(z,x) \geqslant f(z,y)+f(y,x)$，$\forall x,y,z \in D$；

(4) $f(\cdot,y)$ 是下半连续的，$\forall y \in D$.

则存在 $\bar{x} \in D$，使得 $f(\bar{x},y) \leqslant 0$，$\forall y \in D$.

证明同资料[11]中性质3.2类似，因此省略.

定义2.5 设 H 是 Hausdorff 拓扑空间 E 中的非空子集，C 是 Hausdorff 线性拓扑空间 H 中的锥，$F: X \to H$，$x \in X$. 如果对 H 中 0 的任意开邻域 V，存在 x

在 X 中的开邻域 U，使 $\forall x' \in U$，有 $F(x') \in F(x) + V - C$（或 $F(x') \in F(x) + V + C$），那么称 F 在 x 是 C 上半连续的（或 C 下半连续的）. 如果 $\forall x \in X$，F 在 x 是 C 上半连续的（或 C 下半连续的），那么称 F 在 X 上是 C 上半连续的（或 C 下半连续的）.

引理 2.3[3] 设 H 是 Hausdorff 拓扑空间 E 中的非空子集，$f=(f_1,\cdots,f_k):X\to\mathbb{R}^k$，$j=1,\cdots,k$，则：

（1）f 在 X 上是 $\mathbb{R}_+^k$ 上半连续的当且仅当 f_j 在 X 上是上半连续的，$j=1,\cdots,k$；

（2）f 在 X 上是 $\mathbb{R}_+^k$ 下半连续的当且仅当 f_j 在 X 上是下半连续的，$j=1,\cdots,k$.

引理 2.4 令 $D\subset X$ 是闭集，(X,d) 是完备度量空间，$f:D\times D\to\mathbb{R}^k$ 是一个二元向量值函数，且满足：

（1）$f(x,\cdot)$ 在 X 上是 $\mathbb{R}_+^k$ 上半连续且有上界的，$\forall x\in D$；

（2）$f(t,t)=\mathbf{0}$，$\forall t\in D$；

（3）$\forall x,y\in D$，$f(x,z)+f(z,y)\notin f(x,y)+\operatorname{int}\mathbb{R}_+^k$，$\forall z\in D$.

则 $\forall \varepsilon>0$，$\forall x_0\in D$，$\exists \bar{x}\in D$，使得

$$\begin{cases} f(x_0,\bar{x})-\varepsilon d(x_0,\bar{x})\boldsymbol{e}_k\notin -\operatorname{int}\mathbb{R}_+^k \\ f(\bar{x},x)-\varepsilon d(x,\bar{x})\boldsymbol{e}_k\notin \mathbb{R}_+^k,\ \forall x\in D, x\neq\bar{x}, \boldsymbol{e}_k=(1,\cdots,1) \end{cases}$$

由于资料[13]中定理 6.2 是更一般的结论，因此该引理的证明省略.

定理 2.5 令 $D\subset X$ 是紧集，(X,d) 是完备度量空间，$f:D\times D\to\mathbb{R}^k$ 是一个二元向量值函数，且满足：

(1) $f(x,\cdot)$ 在 X 上是 $\mathbb{R}_+^k$ 上半连续的，$\forall x\in D$；

(2) $f(t,t)=\mathbf{0}$，$\forall t\in D$；

(3) $\forall x,y\in D$，$f(x,z)+f(z,y)\notin f(x,y)+\operatorname{int}\mathbb{R}_+^k$，$\forall z\in D$；

(4) $f(\cdot,y)$ 在 X 上是 $\mathbb{R}_+^k$ 下半连续的，$\forall y\in D$.

则存在 $\bar{x}\in D$，使得 $f(\bar{x},y)\notin\operatorname{int}\mathbb{R}_+^k$，$\forall y\in D$.

证明　由引理 2.4 可知，对于每一个 $n\in\mathbb{N}$，令 $x_n\in D$，有

$$f(x_n,y)-\frac{1}{n}d(x_n,y)\boldsymbol{e}_k\notin\operatorname{int}\mathbb{R}_+^k,\ \forall y\in D$$

而 D 是紧集，则存在子列 $\{x_{n_k}\}\subset\{x_n\}$，使得 $x_{n_k}\to\bar{x}(n\to\infty)$.

又由(4)可得

$$f(\bar{x},y)-\liminf_{k\to\infty}\left(f(x_{n_k},y)-\frac{1}{n_k}d(x_{n_k},y)\boldsymbol{e}_k\right)\notin\operatorname{int}\mathbb{R}_+^k,\ \forall y\in D$$

即 $f(\bar{x},y)\notin\operatorname{int}\mathbb{R}_+^k$，$\forall y\in D$.

3. 非凸的 Ky Fan 点问题解的稳定性

设 X 是 Hausdorff 线性拓扑空间 E 中的非空凸紧集，$\mathbb{R}$ 是实数集，$\phi:X\times X\to\mathbb{R}$ 满足：

(1) $\forall y\in X$，$x\to\phi(x,y)$ 是下半连续的；

(2) $\forall x\in X$，$y\to\phi(x,y)$ 是凹的；

(3) $\forall x\in X$，$\phi(x,x)\leqslant 0$.

由资料[15,16]知，此时存在 $x^*\in X$，使对任意 $y\in X$，有 $\phi(x^*,y)\leqslant 0$ 成立，这就是著名的 Ky Fan 不等式. 资料[17]首先将以上的 $x^*\in X$ 定义为 ϕ 的

Ky Fan点.

大多数有限理性模型都假设了 Ky Fan 点是存在的,而这个结论往往需要凸性条件的假设,凸性条件一般只有在线性空间中才会有,所以应用被大大地限制了. 以下的这些结论都是在不必凸的情况下证明的.

(1)非凸的 Ky Fan 点问题.

设(X,d)是紧度量空间.

$$\Lambda_{31}=\left\{\lambda=(\phi):\begin{array}{l}\phi:X\times X\to\mathbb{R}\text{ 满足}\forall y\in X,x\to\phi(x,y)\text{在 }X\text{ 上是下半连续的}\\ \forall x\in X,\sup\limits_{(x,y)\in X\times X}|\phi(x,y)|<+\infty\\ \forall x\in X,\phi(x,x)=0\\ \forall x\in X,y\to\phi(x,y)\text{在 }X\text{ 上是上半连续的}\\ \forall x,y,z\in X,\text{有 }\phi(x,y)\geqslant\phi(x,z)+\phi(z,y)\end{array}\right\}$$

$$\forall\lambda_1=\phi_1,\lambda_2=\phi_2\in\Lambda_{31}$$

定义

$$\rho_{31}(\lambda_1,\lambda_2)=\sup_{(x,y)\in X\times X}|\phi_1(x,y)-\phi_2(x,y)|$$

引理 2.5 (Λ_{31},ρ_{31})是一个完备度量空间.

证明 易证(Λ_{31},ρ_{31})是一个度量空间. 设$\{\lambda_n=\phi_n\}_{n=1}^{\infty}$是$\Lambda_{31}$中的任意 Cauchy 序列,即$\forall\varepsilon>0$,存在正整数$N_{31}(\varepsilon)$,使$\forall m,n\geqslant N_{31}(\varepsilon)$,有

$$\rho_{31}(\lambda_m,\lambda_n)=\sup_{(x,y)\in X\times X}|\phi_m(x,y)-\phi_n(x,y)|<\varepsilon$$

存在$\phi:X\times X\to\mathbb{R}$,使

$$\lim_{m\to\infty}\phi_m(x,y)=\phi(x,y)$$

且$\forall n\geqslant N_{31}(\varepsilon)$,有

$$\sup_{(x,y)\in X\times X}|\phi(x,y)-\phi_n(x,y)|\leqslant\varepsilon$$

易知:$\forall y\in X,x\to\phi(x,y)$是下半连续的,$\forall x\in X,y\to$

$\phi(x,y)$是上半连续的，$\forall x\in X$，$\sup_{(x,y)\in X\times X}|\phi(x,y)|<+\infty$，$\forall x\in X,\phi(x,x)=0$.

由 $\phi_n\in\Lambda_{31}$，则 $\forall x,y,z\in X$，有

$$\phi_n(x,y)\geqslant\phi_n(x,z)+\phi_n(z,y)$$

而 $\forall n\geqslant N_{31}(\varepsilon)$，有

$$|\phi(x,y)-\phi_n(x,y)|\leqslant\varepsilon,\ \forall x,y\in X$$

故

$$\phi(x,y)+\varepsilon\geqslant\phi_n(x,y)\geqslant\phi_n(x,z)+\phi_n(z,y)$$

又因

$$\phi_n(x,z)\geqslant\phi(x,z)-\varepsilon$$

$$\phi_n(z,y)\geqslant\phi(z,y)-\varepsilon$$

故

$$\phi(x,y)+\varepsilon\geqslant\phi(x,z)-\varepsilon+\phi(z,y)-\varepsilon$$

即

$$\phi(x,y)\geqslant\phi(x,z)+\phi(z,y)-3\varepsilon$$

由 ε 的任意性得

$$\phi(x,y)\geqslant\phi(x,z)+\phi(z,y)$$

于是，(Λ_{31},ρ_{31})是完备度量空间.

$\forall\lambda=\phi\in\Lambda_{31}$，是给定的一个 Ky Fan 点问题，其解集

$$E_{31}(\lambda)=\{x\in X\mid\phi(x,y)\leqslant0,\ \forall y\in X\}$$

由定理 2.4 可知，$E_{31}(\lambda)\neq\varnothing$.

考虑模型 $M_{31}=\{\Lambda_{31},X,F_{31},\Phi_{31}\}$：$\forall\lambda\in\Lambda_{31}$，$\forall x\in X$，定义

$$F_{31}(\lambda)=X$$

$\forall\lambda\in\Lambda_{31}$，$\forall x\in X$，定义

$$\Phi_{31}(\lambda,x)=\sup_{y\in X}\phi(x,y)$$

引理 2.6 $\forall\lambda\in\Lambda_{31}$, $\forall x\in X$, $\Phi_{31}(\lambda,x)\geqslant 0$; $\Phi_{31}(\lambda,x)=0$ 当且仅当 $x\in E_{31}(\lambda)$.

证明 $\forall\lambda=\phi\in\Lambda_{31}$, $\forall x\in X$,有

$$\Phi_{31}(\lambda,x)=\sup_{y\in X}\phi(x,y)\geqslant\phi(x,x)=0$$

如果 $\Phi_{31}(\lambda,x)=0$,那么$\sup\limits_{y\in X}\phi(x,y)=0$,即 $\forall y\in X$, $\phi(x,y)\leqslant 0$, $x\in E_{31}(\lambda)$. 反之,因为 $E_{31}(\lambda)\neq\varnothing$,如果 $x\in E_{31}(\lambda)$,即 $\forall y\in X$, $\phi(x,y)\leqslant 0$,而 $\phi(x,x)=0$,那么

$$\Phi_{31}(\lambda,x)=\sup_{y\in X}\phi(x,y)=0$$

引理 2.7 $\Phi_{31}(\lambda,x)$对(λ,x)是下半连续的.

证明 显然只需证明$\sup\limits_{y\in X}\phi(x,y)$对$(\phi,x)$是下半连续的,即要证明 $\forall\varepsilon>0$, $\forall\phi_n\in\Lambda_{31}$, $\phi_n\to\phi\in\Lambda_{31}$, $\forall x_n\in X$, $x_n\to x$, 存在正整数 $N_{31}(\varepsilon)$, 使 $\forall n\geqslant N_{31}(\varepsilon)$,有

$$\sup_{y\in X}\phi(x,y)<\sup_{y\in X}\phi_n(x_n,y)+\varepsilon$$

由 $\phi_n\to\phi$ 知,存在正整数 $N'_{31}(\varepsilon)$,使 $\forall n\geqslant N'_{31}(\varepsilon)$,有

$$\sup_{(x,y)\in X\times X}|\phi(x,y)-\phi_n(x,y)|<\frac{\varepsilon}{3}$$

由上确界定义知,存在 $\bar{y}\in X$,使

$$\sup_{y\in X}\phi(x,y)<\phi(x,\bar{y})+\frac{\varepsilon}{3}$$

固定 $\bar{y}\in X$,因 $x\to\phi(x,\bar{y})$是下半连续的,且 $x_n\to x$,故存在正整数 $N_{31}(\varepsilon)\geqslant N'_{31}(\varepsilon)$,使 $\forall n\geqslant N_{31}(\varepsilon)$,有

$$\phi(x,\bar{y})<\phi(x_n,\bar{y})+\frac{\varepsilon}{3}$$

于是$\forall n\geqslant N_{31}(\varepsilon)$，有

$$\sup_{y\in X}\phi(x,y)<\phi(x,\bar{y})+\frac{\varepsilon}{3}<\phi(x_n,\bar{y})+\frac{2\varepsilon}{3}$$

$$<\phi_n(x_n,\bar{y})+\varepsilon<\sup_{y\in X}\phi_n(x_n,y)+\varepsilon$$

$\Phi_{31}(\lambda,x)$对(λ,x)是下半连续的.

定理 2.6　关于这个模型的解的稳定性，定理2.3成立.

证明　由引理2.5知，Λ_{31}是一个完备度量空间，X是紧度量空间，$F_{31}:\Lambda_{31}\to K(X)$连续，$\forall\lambda\in\Lambda$，$E_{31}(\lambda)\neq\varnothing$，又由引理2.7知，$\Phi_{31}(\lambda,x)$对$(\lambda,x)$是下半连续的，因此定理2.3成立.

注 2.2　$\varepsilon>0$，$\lambda=\phi\in\Lambda_{31}$，$E_{31}(\lambda,\varepsilon)=\{x\in X\mid\sup_{y\in X}\phi(x,y)\leqslant\varepsilon\}$，$E_{31}(\lambda,\varepsilon)$是函数$\phi$在$X$中的所有$\varepsilon$ - Ky Fan点的集合（以下类似）.

（2）非凸非紧的Ky Fan点问题.

设(X,d)是完备度量空间（不必紧）

$$\Lambda_{32}=\left\{\lambda=(\phi,A):\begin{array}{l}A\subset X\text{ 是非空紧集}\\ \phi:X\times X\to\mathbb{R}\text{ 满足}\forall y\in X,x\to\phi(x,y)\text{在 }X\text{ 上是下半连续的}\\ \sup_{(x,y)\in X\times X}|\phi(x,y)|<+\infty\\ \forall x\in X,\phi(x,x)=0\\ \forall x\in A,y\to\phi(x,y)\text{在 }A\text{ 上是上半连续的}\\ \forall x,y,z\in A,\text{有 }\phi(x,y)\geqslant\phi(x,z)+\phi(z,y)\end{array}\right\}$$

$\forall\lambda_1=(\phi_1,A_1)$，$\lambda_2=(\phi_2,A_2)\in\Lambda_{32}$

定义

$$\rho_{32}(\lambda_1,\lambda_2)=\sup_{(x,y)\in X\times X}|\phi_1(x,y)-\phi_2(x,y)|+h(A_1,A_2)$$

其中h是X上的Hausdorff距离.

引理 2.8 (Λ_{32},ρ_{32})是一个完备度量空间.

证明类似于引理 2.5.

$\forall\lambda=(\phi,A)\in\Lambda_{32}$,是给定的一个 Ky Fan 点问题,其解集

$$E_{31}(\lambda)=\{x\in A\mid\phi(x,y)\leqslant 0,\forall y\in A\}$$

由定理 2.4 可知,$E_{32}(\lambda)\neq\varnothing$.

考虑模型 $M_{32}=\{\Lambda_{32},X,F_{32},\Phi_{32}\}$: $\forall\lambda\in\Lambda_{32}$, $\forall x\in A$,定义

$$F_{32}(\lambda)=A$$

$\forall\lambda\in\Lambda_{32}$, $\forall x\in A$,定义

$$\Phi_{32}(\lambda,x)=\sup_{y\in A}\phi(x,y)$$

引理 2.9 $\forall\lambda\in\Lambda_{31}$, $\forall x\in A$, $\Phi_{31}(\lambda,x)\geqslant 0$; $\Phi_{31}(\lambda,x)=0$ 当且仅当 $x\in E_{31}(\lambda)$.

证明类似于引理 2.6.

引理 2.10[14] 设 X 和 Y 是两个 Hausdorff 空间,$\{A_\alpha\}_{\alpha\in\Gamma}\subset K(X)$,其中 $K(X)$ 是所有 X 中的非空紧集构成的空间,$\{y^\alpha\}_{\alpha\in\Gamma}\subset Y$,且$\{\phi_\alpha(x,y)\}_{\alpha\in\Gamma}$是 $X\times Y$ 上的一列实值连续函数. 如果

$$A_\alpha\to A\in K(X),y^\alpha\to y\in Y$$

且

$$\sup_{(x,y)\in X\times Y}|\phi_\alpha(x,y)-\phi(x,y)|\to 0$$

其中 f 是 $X\times Y$ 上的一个实值连续函数,则

$$\max_{u\in A_\alpha}\phi_\alpha(u,y^\alpha)\to\max_{u\in A}\phi(u,y)$$

引理 2.11 $\Phi_{32}(\lambda,x)$对(λ,x)是连续的.

证明 $\Phi_{32}(\lambda,x)$ 在 (λ,x) 上连续,即需证明

$\forall \lambda_n \to \lambda, \forall x_n \to x(n\to\infty)$，有

$$\Phi_{32}(\lambda_n, x_n) \to \Phi_{32}(\lambda, x) \quad (n\to\infty)$$

也就是

$$\sup_{(x_n,y)\in X\times X} |\phi_n(x,y) - \phi(x,y)| \to 0$$

$h(A_n, A)\to 0, \forall x_n \to x$，有

$$\sup_{y\in A_n} \phi_n(x,y) \to \sup_{y\in A} \phi(x,y)$$

由引理2.10可得证.

定理2.7　关于这个模型的解的稳定性，定理2.3成立.

证明　由引理2.4知，Λ_{32}是一个完备度量空间，A是紧集，$F_{32}:\Lambda_{32}\to K(A)$连续，$\forall \lambda\in\Lambda, E_{32}(\lambda)\neq\varnothing$，又由引理2.11知，$\Phi_{32}(\lambda,x)$对$(\lambda,x)$是下半连续的，因此定理2.3成立.

(3)非凸向量值函数的Ky Fan点问题.

设(X,d)是紧度量空间

$$\Lambda_{33}=\left\{\lambda=(\phi):\begin{array}{l}\phi: X\times X\to\mathbb{R}^k\text{满足}\forall y\in X, x\to\phi(x,y)\text{在}X\text{上是}\mathbb{R}^k_+\text{连续的}\\ \forall x\in X, \sup\limits_{(x,y)\in X\times X}\|\phi(x,y)\|<+\infty\\ \forall x\in X, \phi(x,x)=\mathbf{0}\\ \forall x\in X, y\to\phi(x,y)\text{在}X\text{上是}\mathbb{R}^k_+\text{上半连续的}\\ \forall x,y,z\in X,\text{有}\phi(x,z)+\phi(z,y)\notin\phi(x,y)+\operatorname{int}\mathbb{R}^k_+\end{array}\right\}$$

$$\forall \lambda_1=\phi_1, \lambda_2=\phi_2\in\Lambda_{33}$$

定义

$$\rho_{33}(\lambda_1,\lambda_2)=\sup_{(x,y)\in X\times X}\|\phi_1(x,y)-\phi_2(x,y)\|$$

引理2.12　(Λ_{33},ρ_{33})是一个完备度量空间.

证明　易证(Λ_{33},ρ_{33})是一个度量空间. 设$\{\lambda_n=$

$\phi_n\}_{n=1}^{\infty}$是Λ_{33}中的任意 Cauchy 序列，即$\forall\varepsilon>0$，存在正整数$N_{33}(\varepsilon)$，使$\forall m,n\geqslant N_{33}(\varepsilon)$，有

$$\rho_{33}(\lambda_m,\lambda_n)=\sup_{(x,y)\in X\times X}\|\phi_m(x,y)-\phi_n(x,y)\|<\varepsilon$$

存在$\phi:X\times X\to\mathbb{R}$，使

$$\lim_{m\to\infty}\phi_m(x,y)=\phi(x,y)$$

且$\forall n\geqslant N_{33}(\varepsilon)$，有

$$\sup_{(x,y)\in X\times X}\|\phi(x,y)-\phi_n(x,y)\|\leqslant\varepsilon$$

易知，$\forall y\in X,x\to\phi(x,y)$在$X$上是$\mathbb{R}_+^k$连续的，$\forall x\in X,y\to\phi(x,y)$在$X$上是$\mathbb{R}_+^k$上半连续的，$\forall x\in X$，$\sup_{(x,y)\in X\times X}|\phi(x,y)|<+\infty$，$\forall\ x\in X,\phi(x,x)=0.$

由$\lambda_n\in\Lambda_{33}$，则$\forall x,y,z\in X$，有

$$\phi_n(x,z)+\phi_n(z,y)\notin\phi_n(x,y)+\operatorname{int}\mathbb{R}_+^k$$

而

$$\sup_{(x,y)\in X\times X}\|\phi(x,y)-\phi_n(x,y)\|\leqslant\varepsilon,\forall x,y\in X$$

故$\forall x,y,z\in X$，有

$$\phi(x,z)+\phi(z,y)\notin\phi(x,y)+\operatorname{int}\mathbb{R}_+^k$$

于是，$\lambda_n\to\lambda,\lambda\in\Lambda_{33}$.

由定理 2.5 可知，$\lambda_n\in\Lambda_{33}$，存在$x_n\in X$，使得$\phi_n(x_n,y)\notin\operatorname{int}\mathbb{R}_+^k$，$\forall y\in X$，而$X$是紧度量空间，不妨设$x_n\to x(n\to\infty)$. 由$\forall y\in X,x\to\phi_n(x,y)$在$X$上是$\mathbb{R}_+^k$连续的，则$\phi_n(x_n,y)\to\phi_n(x,y)$，而$\phi_n(x,y)\to\phi(x,y)$，所以，$\phi_n(x_n,y)\to\phi(x,y)$. 于是，$\phi(x,y)\notin\operatorname{int}\mathbb{R}_+^k$，$\forall y\in X$.

(Λ_{33},ρ_{33})是一个完备度量空间.

$\forall\lambda=\phi\in\Lambda_{33}$，是给定的一个向量值函数的 Ky

Fan点问题,其 Ky Fan 点集

$$E_{33}(\lambda)=\{x\in X\mid \phi(x,y)\notin \operatorname{int}\mathbb{R}_{+}^{k},\ \forall y\in X\}$$

由定理 2.5 可知,$E_{33}(\lambda)\neq\varnothing$.

考虑模型 $M_{33}=\{\Lambda_{33},X,F_{33},\Phi_{33}\}$: $\forall\lambda\in\Lambda_{33}$, $\forall x\in X$,定义

$$F_{33}(\lambda)=X$$

$\forall\lambda\in\Lambda_{33}$, $\forall x\in X$,定义

$$\Phi_{33}(\lambda,x)=\sup_{y\in X}\min_{z\in Z}\langle z,\phi(x,y)\rangle$$

其中 $Z=\{z\in\mathbb{R}_{+}^{k}\mid \|z\|=1\}$ 是$\mathbb{R}^{k}$中的一个紧集(以下同),$\langle z,\phi(x,y)\rangle$是 z 和 $\phi(x,y)$在$\mathbb{R}^{k}$上的内积(以下同).

引理 2.13　$\forall\lambda\in\Lambda_{33}$, $\forall x\in X$, $\Phi_{33}(\lambda,x)\geqslant0$; $\Phi_{33}(\lambda,x)=0$当且仅当 $x\in E_{33}(\lambda)$.

证明　$\forall\lambda\in\Lambda_{33}$, $\forall x\in X$,令 $y=x$,得 $\Phi_{33}(\lambda,x)\geqslant0$. 如果 $\Phi_{33}(\lambda,x)=0$,那么$\forall y\in X$, $\min\limits_{z\in Z}\langle z,\phi(x,y)\rangle\leqslant0$. 如果存在 $y\in X$,使 $\phi(x,y)\in\operatorname{int}\mathbb{R}_{+}^{k}$,那么$\forall z\in Z$,必有$\langle z,\phi(x,y)\rangle>0$,因 Z 是紧的,有$\min\limits_{z\in Z}\langle z,\phi(x,y)\rangle>0$,矛盾,故$\forall y\in X$, $\phi(x,y)\notin\operatorname{int}\mathbb{R}_{+}^{k}$,即 $x\in E_{33}(\lambda)$.

反之,因为 $E_{33}(\lambda)\neq\varnothing$,如果 $x\in E_{33}(\lambda)$,那么$\forall y\in X$, $\phi(x,y)\notin\operatorname{int}\mathbb{R}_{+}^{k}$. 记

$$\phi(x,y)=(\phi_1(x,y),\cdots,\phi_k(x,y))$$

$$J=\{j\in K\mid \phi_j(x,y)\leqslant0\}$$

则 $J\neq\varnothing$,取 $j_0\in J$,定义 $z_0=(z_{01},\cdots,z_{0k})$,其中不妨设 $z_{0j_0}=a$, $a\in(0,+\infty)$,其余全为 0,使其在 Z 中. 由$\langle z,\phi(x,y)\rangle\leqslant0$,得

$$\min_{z\in Z}\langle z,\phi(x,y)\rangle\leqslant 0$$

即 $\Phi_{33}(\lambda,x)=0$.

引理 2.14[2] 设 X,Y 和 Z 是三个度量空间,其中 Z 是紧的,$\{A_m\}$ 是 X 中的一列非空紧集,$\{y_m\}$ 是 Y 中的一个序列,而 $\{\varphi^m(x,y,z)\}$ 是定义在 $X\times Y\times Z$ 上的一列连续函数,如果 $h(A_m,A)\to 0$,其中 h 是 X 上的 Hausdorff 距离,A 是 X 中的一个非空紧集,$y_m\to y$,且

$$\sup_{(x,y,z)\in X\times Y\times Z}|\varphi^m(x,y,z)-\varphi(x,y,z)|\to 0$$

其中 φ 是定义在 $X\times Y\times Z$ 上的一个连续函数,那么

$$\sup_{y_m\in A_m}\min_{z\in Z}\varphi^m(x,y_m,z)\to\sup_{y\in A}\min_{z\in Z}\varphi(x,y,z)$$

引理 2.15 $\Phi_{33}(\lambda,x)$ 对 (λ,x) 是连续的.

证明 要证明 $\Phi_{33}(\lambda,x)$ 在 (λ,x) 上连续,即需证明 $\forall\lambda_n\to\lambda$, $\forall x_n\to x(n\to\infty)$,有

$$\Phi_{33}(\lambda_n,x_n)\to\Phi_{33}(\lambda,x)\quad(n\to\infty)$$

也就是

$$\sup_{y\in X}\min_{z\in Z}\langle z,\phi_n(x_n,y)\rangle\to\sup_{y\in X}\min_{z\in Z}\langle z,\phi(x,y)\rangle$$

定义

$$\varphi^n(y,x_n,z)=\langle z,\phi_n(x_n,y)\rangle$$
$$\varphi(y,x,z)=\langle z,\phi(x,y)\rangle$$

则 φ^n 和 φ 在 $X\times X\times Z$ 上连续,$\forall(y,x,z)\in X\times X\times Z$,因

$$\begin{aligned}&|\varphi^n(y,x,z)-\varphi(y,x,z)|\\&=|\langle z,\phi_n(x,y)\rangle-\langle z,\phi(x,y)\rangle|\\&\leqslant\|z\|\ \|\phi_n(x,y)-\phi(x,y)\|\\&\leqslant\|z\|\rho_{33}(\lambda_n,\lambda)\end{aligned}$$

故得

$$\sup_{(y,x,z)\in X\times X\times Z}|\varphi^n(y,x,z)-\varphi(y,x,z)|\leqslant\|z\|\rho_{33}(\lambda_n,\lambda)\to 0$$

因 X 和 Z 是紧集，$x_n\to x$，故由引理 2.14 得

$$\sup_{y\in X}\min_{z\in Z}\varphi^n(y,x_n,z)\to\sup_{y\in X}\min_{z\in Z}\varphi(y,x,z)$$

于是，$\Phi_{33}(\lambda,x)$ 对 (λ,x) 是连续的.

定理 2.8　关于这个模型的解的稳定性，定理 2.3 成立.

证明　由引理 2.12 知，Λ_{33} 是一个完备度量空间，X 是紧度量空间，$F_{33}:\Lambda_{33}\to K(X)$ 连续，$\forall\lambda\in\Lambda$，$E_{33}(\lambda)\neq\varnothing$，又由引理 2.15 知，$\Phi_{33}(\lambda,x)$ 对 (λ,x) 是连续的，因此定理 2.3 成立.

注 2.3　$\varepsilon>0,\lambda=\phi\in\Lambda_{33},E_{33}(\lambda,\varepsilon)=\{x\in X\mid\phi(x,y)\notin\varepsilon+\text{int}\,\mathbb{R}^k_+,\forall y\in X\}$，$E_{33}(\lambda,\varepsilon)$ 是函数 ϕ 在 X 中的所有 ε - Ky Fan 点的集合.

(4) 非凸非紧向量值函数的 Ky Fan 点问题.

设 (X,d) 是完备度量空间（不必紧）

$$\Lambda_{34}=\left\{\lambda=(\phi,A):\begin{array}{l}A\subset X\text{ 是非空紧集}\\ \phi:X\times X\to\mathbb{R}^k\text{ 满足 }\forall y\in X,x\to\phi(x,y)\text{ 在 }X\text{ 上是 }\mathbb{R}^k_+\text{ 连续的}\\ \forall x\in X,\ \sup\limits_{(x,y)\in X\times X}\|\phi(x,y)\|<+\infty\\ \forall x\in X,\phi(x,x)=\mathbf{0}\\ \forall x\in A,y\to\phi(x,y)\text{ 在 }A\text{ 上是 }\mathbb{R}^k_+\text{ 上半连续的}\\ \forall x,y,z\in A,\text{有 }\phi(x,z)+\phi(z,y)\notin\phi(x,y)+\text{int}\,\mathbb{R}^k_+\end{array}\right\}$$

$$\forall\lambda_1=(\phi_1,A_1),\lambda_2=(\phi_2,A_2)\in\Lambda_{34}$$

定义

$$\rho_{34}(\lambda_1,\lambda_2)=\sup_{(x,y)\in X\times X}\|\phi_1(x,y)-\phi_2(x,y)\|+h(A_1,A_2)$$

其中 h 是 X 上的 Hausdorff 距离.

引理 2.16 (Λ_{34},ρ_{34})是一个完备度量空间.

证明类似于引理 2.12.

$\forall \lambda=\phi\in\Lambda_{34}$,是给定的一个向量值函数的 Ky Fan点问题,其 Ky Fan 点集

$$E_{34}(\lambda)=\{x\in A \mid \phi(x,y)\notin \operatorname{int}\mathbb{R}^k_+,\ \forall y\in A\}$$

由定理 2.5 可知,$E_{34}(\lambda)\neq\varnothing$.

考虑模型 $M_{34}=\{\Lambda_{34},X,F_{34},\Phi_{34}\}$:$\forall\lambda\in\Lambda_{34}$,$\forall x\in A$,定义

$$F_{34}(\lambda)=A$$

$\forall\lambda\in\Lambda_{34}$,$\forall x\in A$,定义

$$\Phi_{34}(\lambda,x)=\sup_{y\in A}\min_{z\in Z}\langle z,\phi(x,y)\rangle$$

引理 2.17 $\forall\lambda\in\Lambda_{34}$,$\forall x\in A$,$\Phi_{34}(\lambda,x)\geqslant 0$;$\Phi_{34}(\lambda,x)=0$当且仅当 $x\in E_{34}(\lambda)$.

证明略类似于引理 2.13.

引理 2.18 $\Phi_{34}(\lambda,x)$对(λ,x)是连续的.

证明 $\Phi_{34}(\lambda_n,x_n)\to\Phi_{34}(\lambda,x)\ (n\to\infty)$,也就是

$$\sup_{y\in A_n}\min_{z\in Z}\langle z,\phi_n(x_n,y)\rangle\to\sup_{y\in A}\min_{z\in Z}\langle z,\phi(x,y)\rangle$$

定义

$$\varphi^n(y,x_n,z)=\langle z,\phi_n(x_n,y)\rangle$$
$$\varphi(y,x,z)=\langle z,\phi(x,y)\rangle$$

则 φ^n 和 φ 在 $X\times X\times Z$ 上连续,$\forall(y,x,z)\in X\times X\times Z$,因

$$\begin{aligned}&|\varphi^n(y,x,z)-\varphi(y,x,z)|\\ &=|\langle z,\phi_n(x,y)\rangle-\langle z,\phi(x,y)\rangle|\\ &\leqslant\|z\|\ \|\phi_n(x,y)-\phi(x,y)\|\end{aligned}$$

$$\leqslant \|z\| \rho_{34}(\lambda_n,\lambda)$$

故得

$$\sup_{(y,x,z)\in X\times X\times Z} |\varphi^n(y,x,z)-\varphi(y,x,z)| \leqslant \|z\| \rho_{34}(\lambda_n,\lambda) \to 0$$

因 X 和 Z 是紧集，$x_n \to x$，$h(A_n,A)\to 0$，故由引理2.14得

$$\sup_{y\in A_n} \min_{z\in Z} \varphi^n(y,x_n,z) \to \sup_{y\in A} \min_{z\in Z} \varphi(y,x,z)$$

于是，$\Phi_{34}(\lambda,x)$对(λ,x)是连续的.

定理2.9 关于这个模型的解的稳定性，定理2.3成立.

证明 由引理2.16知，Λ_{34}是一个完备度量空间，A是紧集，$F_{34}:\Lambda_{34}\to K(A)$连续，$\forall \lambda\in\Lambda$，$E_{34}(\lambda)\neq\varnothing$，又由引理2.18知，$\Phi_{34}(\lambda,x)$对$(\lambda,x)$是连续的，因此定理2.3成立.

3. 应用

(1)n人非合作博弈中的Nash平衡点问题.

X_i是第i个局中人的策略集，它是度量空间E_i中的非空紧集，$X=\prod_{i=1}^{n} X_i$，$u_i:X\to\mathbb{R}$是第i个局中人的支付函数. $\forall i\in\mathbb{N}$，记$\hat{i}=\mathbb{N}\setminus i$. 如果存在$x=(x_1,\cdots,x_n)\in X$，使$\forall i\in\mathbb{N}$，有

$$u_i(x_i,x_{\hat{i}})=\max_{y_i\in X_i} u_i(y_i,x_{\hat{i}})$$

那么称x是此n人非合作博弈的Nash平衡点. 设

Ky Fan 定理

$$\Lambda_{41}=\left\{\lambda=(u_1,\cdots,u_n):\begin{array}{l}\sum_{i=1}^{n}u_i\text{ 在 }X\text{ 上是上半连续的}\\ \forall w=(w_1,\cdots,w_n)\in X,x\to\sum_{i=1}^{n}u_i(w_i,x_{\hat{i}})\text{ 在 }X\text{ 上是下半连续的}\\ \sum_{i=1}^{n}\sup_{x\in X}|u_i(x)|<+\infty\\ \forall x=(x_1,\cdots,x_n)\in X,w\to\sum_{i=1}^{n}u_i(w_i,x_{\hat{i}})\text{ 在 }X\text{ 上是上半连续的}\\ \forall x,y,z\in X,\\ \sum_{i=1}^{n}[u_i(y_i,x_{\hat{i}})-u_i(x_i,x_{\hat{i}})]\geqslant\sum_{i=1}^{n}[u_i(z_i,x_{\hat{i}})-u_i(x_i,x_{\hat{i}})]+\\ \qquad\sum_{i=1}^{n}[u_i(y_i,z_{\hat{i}})-u_i(z_i,z_{\hat{i}})]\end{array}\right\}$$

$\forall\lambda_1=(u_{11},\cdots,u_{1n}),\lambda_2=(u_{21},\cdots,u_{2n})\in\Lambda_{41}$
定义距离

$$\rho_{41}(\lambda_1,\lambda_2)=\sum_{i=1}^{n}\sup_{x\in X}|u_{1i}(x)-u_{2i}(x)|$$

则由资料[4]中引理3.1知，(Λ_{41},ρ_{41})是一个完备度量空间.

显然，这里

$$\phi(x,y)=\sum_{i=1}^{n}[u_i(y_i,x_{\hat{i}})-u_i(x_i,x_{\hat{i}})]$$

$\forall\lambda=(u_1,\cdots,u_n)\in\Lambda_{41}$，它决定了一个非合作博弈问题. 定义

$$E_{41}(\lambda)=\{x=(x_1,\cdots,x_n)\in X\mid\forall i\in\mathbb{N},\ u_i(x_i,x_{\hat{i}})=\max_{w_i\in X_i}u_i(w_i,x_{\hat{i}})\}$$

它是非合作博弈λ的 Nash 平衡点集，由Λ_{41}的定义和定理2.7可知，$E_{41}(\lambda)\neq\varnothing$.

$\forall\lambda=(u_1,\cdots,u_n)\in\Lambda_{41}$，定义$F_{41}(\lambda)=X$，它是

非空紧集，且集值映射 $F_{41}:\Lambda \to 2^X$ 是连续的；$\forall \lambda \in \Lambda_{41}$，$\forall x \in X$，定义

$$\Phi_{41}(\lambda,x) = \sup_{w\in X}\sum_{i=1}^{n}[u_i(w_i,x_{\hat{i}}) - u_i(x_i,x_{\hat{i}})]$$

则易知 $\phi_{41}(\lambda,x) \geqslant 0$，而 $\phi_{41}(\lambda,x) = 0$ 当且仅当 $x \in E_{41}(\lambda)$.

现在，给定模型 $M_{41} = \{\Lambda_{41},X,F_{41},\Phi_{41}\}$.

引理 2.19　$\Phi_{41}(\lambda,x)$ 对 (λ,x) 是下半连续的.

证明　即证明 $\forall \varepsilon > 0$，$\forall u_m = (u_1^m,\cdots,u_n^m) \in \Lambda_{41}$，$u_m \to u = (u_1,\cdots,u_n) \in \Lambda_{41}$，$\forall x_m \in X$，$x_m \to x \in X$，则存在正整数 $N_{41}(\varepsilon)$，使得 $\forall m \geqslant N_{41}(\varepsilon)$，有

$$\begin{aligned}\Phi_{41}(\lambda,x) &= \sup_{w\in X}\phi(x,w) < \sup_{w\in X}\phi_m(x_m,w) + \varepsilon\\ &= \Phi_{41}(\lambda_m,x_m) + \varepsilon\end{aligned}$$

如果当 $u_m \to u$ 时，有 $\phi_m \to \phi$，那么同引理 2.7 的证明类似可得 $\Phi_{41}(\lambda,x)$ 对 (λ,x) 是下半连续的.

$\forall (x,w) \in X \times X$，有

$$\begin{aligned}&|\phi_m(x,w) - \phi(x,w)|\\ =& \left|\sum_{i=1}^{n}[u_i^m(w_i,x_{\hat{i}}) - u_i^m(x_i,x_{\hat{i}})] - \right.\\ &\left.\sum_{i=1}^{n}[u_i(w_i,x_{\hat{i}}) - u_i(x_i,x_{\hat{i}})]\right|\\ \leqslant& \sum_{i=1}^{n}|u_i^m(w_i,x_{\hat{i}}) - u_i(w_i,x_{\hat{i}})| +\\ &\sum_{i=1}^{n}|u_i^m(x_i,x_{\hat{i}}) - u_i(x_i,x_{\hat{i}})|\\ \leqslant& 2\rho_{41}(u_m,u)\end{aligned}$$

从而有

$$\rho_{31}(\phi_m,\phi) = \sup_{(x,w)\in X\times X} |\phi_m(x,w) - \phi(x,w)| \leqslant 2\rho_{41}(u_m,u)$$

即 $u_m \to u$ 时，$\phi_m \to \phi$.

定理 2.10 关于模型 $M_{41} = \{\Lambda_{41}, X, F_{41}, \Phi_{41}\}$ 的解的稳定性，定理 2.3 成立.

证明 Λ_{41} 是一个完备度量空间，X 是紧度量空间，$F_{41}:\Lambda_{41} \to K(X)$ 连续，$\forall \lambda \in \Lambda, E_{41}(\lambda) \neq \varnothing$，又由引理 2.19 知，$\Phi_{41}(\lambda,x)$ 对 (λ,x) 是下半连续的，因此定理 2.3 成立.

(2) 多目标博弈中的弱 Pareto-Nash 平衡点问题.

X_i 是第 i 个局中人的策略集，它是度量空间 E_i 中的非空紧集，$X = \prod_{i=1}^{n} X_i$，$U_i: X \to \mathbb{R}^k$ 是第 i 个局中人的支付函数，$\forall i \in \mathbb{N}$，记 $\hat{i} = \mathbb{N} \setminus i$. 如果存在 $x = (x_1,\cdots,x_n) \in X$，使 $\forall i \in \mathbb{N}, \forall w_i \in X_i$，有

$$U_i(w_i, x_{\hat{i}}) - U_i(x_i, x_{\hat{i}}) \notin \operatorname{int} \mathbb{R}_+^k$$

那么称 x 是此多目标博弈中的弱 Pareto-Nash 平衡点. 设

$$\Lambda_{42} = \left\{ \lambda = (U_1,\cdots,U_n): \begin{array}{l} \sum_{i=1}^{n} U_i \text{ 在 } X \text{ 上是连续的} \\ \sum_{i=1}^{n} \sup_{x\in X} \sum_{i=1}^{n} \| U_i(x) \| < +\infty \\ \forall x = (x_1,\cdots,x_n) \in X, w \to \sum_{i=1}^{n} U_i(w_i, x_{\hat{i}}) \text{ 在 } X \text{ 上是连续的} \\ \forall x,y,z \in X, \\ \sum_{i=1}^{n} [U_i(z_i,x_{\hat{i}}) - U_i(x_i,x_{\hat{i}})] + \sum_{i=1}^{n} [U_i(y_i,z_{\hat{i}}) - U_i(z_i,z_{\hat{i}})] \notin \\ \sum_{i=1}^{n} [U_i(y_i,x_{\hat{i}}) - U_i(x_i,x_{\hat{i}})] + \operatorname{int} \mathbb{R}_+^k \end{array} \right\}$$

$\forall \lambda_1 = (U_{11},\cdots,U_{1n}),\lambda_2 = (U_{21},\cdots,U_{2n}) \in \Lambda_{42}$ 定义距离

$$\rho_{42}(\lambda_1,\lambda_2) = \sum_{i=1}^{n} \sup_{x\in X} \| U_{1i}(x) - U_{2i}(x) \|$$

显然,这里

$$\phi(x,y) = \sum_{i=1}^{n} [U_i(y_i,x_{\hat{i}}) - U_i(x_i,x_{\hat{i}})]$$

则易知(Λ_{42},ρ_{42})是一个完备度量空间.

$\forall \lambda = (U_1,\cdots,U_n) \in \Lambda_{42}$,它决定了一个多目标博弈中的弱 Pareto-Nash 平衡点,定义

$$E_{42}(\lambda) = \{x = (x_1,\cdots,x_n) \in X \mid \forall i \in \mathbb{N}, \forall w_i \in X_i, U_i(w_i,x_{\hat{i}}) - U_i(x_i,x_{\hat{i}}) \notin \mathrm{int}\ \mathbb{R}_+^k\}$$

它是多目标博弈 λ 的弱 Pareto-Nash 平衡点集,由 Λ_{42} 的定义和定理 2.5 可知,$E_{42}(\lambda) \neq \varnothing$.

$\forall \lambda = (U_1,\cdots,U_n) \in \Lambda_{42}$,定义 $F_{42}(\lambda) = X$,它是非空紧集,且集值映射 $F_{42}:\Lambda \to 2^X$ 是连续的;$\forall \lambda \in \Lambda_{42}, \forall x \in X$,定义

$$\Phi_{42}(\lambda,x) = \max_{w\in X} \sum_{i=1}^{n} \min_{\|z\|=1,z\in\mathbb{R}_+^k} \langle z, U_i(w_i,x_{\hat{i}}) - U_i(x_i,x_{\hat{i}})\rangle$$

则易知 $\phi_{42}(\lambda,x) \geqslant 0$,而 $\phi_{42}(\lambda,x) = 0$ 当且仅当 $x \in E_{42}(\lambda)$.

现在,给定模型 $M_{42} = \{\Lambda_{42},X,F_{42},\Phi_{42}\}$.

引理 2.20　$\Phi_{42}(\lambda,x)$ 对(λ,x)是连续的.

证明　要证明 $\Phi_{42}(\lambda,x)$在(λ,x)上连续,即需证明 $\forall \lambda_m = (U_1^m,\cdots,U_n^m) \in \Lambda_{42}, U_m \to U = (U_1,\cdots,U_n) \in \Lambda_{42}, \forall x_m \in X, x_m \to x \in X$,有

$$\Phi_{42}(\lambda_m, x_m) \to \Phi_{42}(\lambda, x) \quad (m \to \infty)$$

也就是，$\forall i \in \mathbb{N}$，有

$$\max_{w_i \in X_i} \min_{\|z\|=1, z \in \mathbb{R}_+^k} \langle z, U_i^m(w_i, x_{\hat{i}}^m) - U_i^m(x_i^m, x_{\hat{i}}^m) \rangle \to$$

$$\max_{w_i \in X_i} \min_{\|z\|=1, z \in \mathbb{R}_+^k} \langle z, U_i(w_i, x_{\hat{i}}) - U_i(x_i, x_{\hat{i}}) \rangle$$

$\forall i \in \mathbb{N}$，$\forall m = 1, 2, 3, \cdots$，定义

$$\varphi_i^m(w_i, x, z) = \langle z, U_i^m(w_i, x_{\hat{i}}) - U_i^m(x_i, x_{\hat{i}}) \rangle$$

$$\varphi_i(w_i, x, z) = \langle z, U_i(w_i, x_{\hat{i}}) - U_i(x_i, x_{\hat{i}}) \rangle$$

则 φ_i^m 和 φ_i 在 $X_i \times X \times Z$ 上连续，$\forall (w_i, x, z) \in X_i \times X \times Z$，因

$$|\varphi_i^m(w_i, x, z) - \varphi_i(w_i, x, z)|$$

$$= |\langle z, U_i^m(w_i, x_{\hat{i}}) - U_i^m(x_i, x_{\hat{i}}) \rangle - \langle z, U_i(w_i, x_{\hat{i}}) - U_i(x_i, x_{\hat{i}}) \rangle|$$

$$\leqslant |\langle z, U_i^m(w_i, x_{\hat{i}}) - U_i(w_i, x_{\hat{i}}) \rangle| + |\langle z, U_i^m(x_i, x_{\hat{i}}) - U_i(x_i, x_{\hat{i}}) \rangle|$$

$$\leqslant \|z\| \, \|U_i^m(w_i, x_{\hat{i}}) - U_i(w_i, x_{\hat{i}})\| + \|z\| \, \|U_i^m(x_i, x_{\hat{i}}) - U_i(x_i, x_{\hat{i}})\|$$

$$\leqslant 2\rho_{42}(\lambda_m, \lambda)$$

故得

$$\max_{(w_i, x, z) \in X_i \times X \times Z} |\varphi_i^m(w_i, x, z) - \varphi_i(w_i, x, z)| \leqslant 2\rho_{42}(\lambda_m, \lambda) \to 0$$

因 X_i 和 Z 是紧集，$x_m \to x$，故由引理 2.14 得，$\forall i \in \mathbb{N}$，有

$$\max_{w_i \in X_i} \min_{\|z\|=1, z \in \mathbb{R}_+^k} \langle z, U_i^m(w_i, x_{\hat{i}}^m) - U_i^m(x_i^m, x_{\hat{i}}^m) \rangle \to$$

$$\max_{w_i \in X_i} \min_{\|z\|=1, z \in \mathbb{R}_+^k} \langle z, U_i(w_i, x_{\hat{i}}) - U_i(x_i, x_{\hat{i}}) \rangle$$

于是，$\Phi_{42}(\lambda, x)$ 对 (λ, x) 是连续的.

定理 2.11 关于模型 $M_{42} = \{\Lambda_{42}, X, F_{42}, \Phi_{42}\}$ 的解的稳定性，定理 2.3 成立.

证明 Λ_{42} 是一个完备度量空间，X 是紧度量空

间，$F_{42}:\Lambda_{42}\to K(X)$ 连续，$\forall\lambda\in\Lambda,E_{42}(\lambda)\neq\varnothing$，又由引理2.20知，$\Phi_{42}(\lambda,x)$ 对 (λ,x) 是下半连续的，因此定理2.3成立.

注2.4 对于有限理性与多目标博弈问题稳定性的分析，参考资料[8-10]有更详细的研究.

参考资料

[1] ANDERLINI L, CANNING D. Structural stability implies robustness to bounded rationality[J]. Economic Theory, 2001, 101: 395-422.

[2] 俞建. 博弈论与非线性分析[M]. 北京：科学出版社，2008.

[3] 俞建. 博弈论与非线性分析续论[M]. 北京：科学出版社，2011.

[4] YU C, YU J. On structural stability and robustness to bounded rationality [J]. Nonlinear Analysis, 2006, 65: 583-592.

[5] YU C, YU J. Bounded rationality in multiobjective games[J]. Nonlinear Analysis, 2007, 67: 930-937.

[6] YU J, YANG H, YU C. Structural stability and robustness to bounded rationality for non-compact cases [J]. J. Global Optim. 2009, 44: 149-157.

[7] 俞建. 几类考虑有限理性平衡问题解的稳定性[J]. 系统科学与数学，2009, 29(7): 999-1008.

[8] RUBINSTEIN A. 有限理性建模[M]. 倪晓宁，译. 北京：中国人民大学出版社，2005.

[9] YU J, YANG H, YU C, et al. Bounded rationality and stability of equilibria[J]. International Federation of Nonlinear Analysts, 2008.

[10] MIYAZAKI Y, AZUMA H. (λ,ε) – stable model and essential equilibria[J]. Mathematical Social Science, 2013, 65: 85-91.

[11] BIANCHI M, KASSAY G, PINI R. Existence of equilibria via Ekeland's principle[J]. Mathematical Analysis and Applications, 2005, 305: 502-512.

[12]ALIPRANTIS C D,BORDER K C. Infinite dimensional analysis[M]. Berlin: Springer-Verlag, 2006.

[13]LIN L J, DU W S. On maximal element theorems, variants of Ekeland's variational principle and their applications[J]. Nonlinear Analysis, 2008,68:1246-1262.

[14]YU J, LUO Q. On essential components of the solution set of generalized games[J]. Mathematical Analysis and Applications,1999,230: 303-310.

[15]FAN K. A minimax inequality and applications[M]. New York: Academic Press, 1972.

[16]俞建. Fan Ky 引理的推广及其应用[J]. 应用数学学报,1988,11(4):423-428.

[17]TAN K K, YU J, YUAN X Z. The stability of Ky Fan's points[C]// Proceedings of the American Mathematical Society, 1995, 123: 1151-1519.

[18]王红蕾,俞建. 有限理性与多目标问题解的稳定性[J]. 运筹学学报,2008,12(1):104-108.

[19]王红蕾,俞建. 有限理性与多目标最优化问题弱有效解集的稳定性[J]. 中国管理科学,2008,16(4):155-158.